Jörgen Kolar

Stickstoffoxide und Luftreinhaltung

Grundlagen, Emissionen, Transmission, Immissionen, Wirkungen

Mit 67 Abbildungen und 102 Tabellen

Springer-Verlag Berlin Heidelberg NewYork
London Paris Tokyo Hong Kong 1990

Prof. Dr.-Ing., Dipl.-Ing., Dipl.-Wirtsch.-Ing. Jörgen Kolar

Technische Universität München,
Betriebsdirektor der EWAG Energie- und Wasserversorgung AG
und VAG Verkehrs-AG in Nürnberg

ISBN-13: 978-3-540-50935-6 e-ISBN-13: 978-3-642-93418-6
DOI: 10.1007/978-3-642-93418-6

CIP-Kurztitelaufnahme der Deutschen Bibliothek
Kolar, Jörgen: Stickstoffoxide und Luftreinhaltung: Grundlagen, Emissionen, Transmission, Immissionen, Wirkungen/Jörgen Kolar. – Berlin; Heidelberg; New York; London; Paris; Tokyo; Hongkong: Springer, 1990

Satz: Mit einem System der Springer Produktions-Gesellschaft; Datenkonvertierung: Brühlsche Universitätsdruckerei, Gießen; Druck: Kutschbach Druck u. Verlag GmbH, Berlin; Bindearbeiten: Lüderitz & Bauer, Berlin
2362/3020-543210 – Gedruckt auf säurefreiem Papier

Meiner lieben Frau

Vorwort

Seit 1961 beschäftige ich mich mit den vielfältigen Problemen der Luftreinhaltung. Als wissenschaftlicher Mitarbeiter, Assistent und akademischer Lehrer der TU München sowie als Betriebsdirektor eines kommunalen Energieversorgungsunternehmens galt seit 1970 mein besonderes Interesse den Stickstoffoxiden. Das bei diesen Tätigkeiten erworbene Wissen und die umfangreichen Erfahrungen habe ich im vorliegenden Buch zusammengefaßt.

Es behandelt die Kausalkette der Stickstoffoxide von den Eigenschaften und der Entstehung bis hin zu den Immissionen und ihren Wirkungen und berücksichtigt dabei auch die Entwicklung bundesdeutscher und internationaler Vorschriften. Erst nach den Definitionen der wichtigsten Begriffe und allgemeingültigen Erläuterungen folgen die speziellen Angaben für die Stickstoffoxide. So gesehen ist dieses Buch eine erste Einführung in die Probleme der Luftreinhaltung, dargestellt am Beispiel der äußerst aktuellen Gruppe der Stickstoffoxide. Sinnvoll war hinsichtlich der Emissionen eine Beschränkung auf die Verbrennungsprozesse, da sie mit 99,3% die wichtigste Quelle der Stickstoffoxide darstellen. Neben den Produktionsprozessen, wie z. B. die Glas- und die Salpetersäureherstellung konnte auch die so wichtige Meß- und Probenahmetechnik nicht behandelt werden. Der Abschn. 10.1 gibt deshalb Literaturhinweise zur Emissions- und Immissionsmeßtechnik.

Entgegen der heute oft üblichen Praxis, nur eine Quelle für quantitative Aussagen heranzuziehen, war es mein Ziel, möglichst viele Daten aus unterschiedlichen Veröffentlichungen zusammenzutragen. Daraus resultieren die umfangreichen Literaturhinweise, die auch einen schnellen Zugriff zum maßgebenden Schrifttum ermöglichen sollen. Für die Vollständigkeit, Aktualität und Richtigkeit der Texte, Zusammenhänge und Werte kann jedoch keine Gewähr übernommen werden. Dies gilt z. B. insbesondere für die mitgeteilten Grenzwerte, die raschen gesetzlichen Änderungen unterliegen. Maßgebend sind immer nur die neuesten Veröffentlichungen des Gesetzgebers. Bei der außerordentlichen Breite des hier dargestellten vollständig neuen Wissensgebietes wäre ich deshalb für Korrekturen, Anregungen und Kritik sehr dankbar.

Kritische Stellungnahmen sollten jedoch beachten, daß Vollkommenheit immer nur angestrebt werden kann und ferner die objektive, wissenschaftliche Darstellung für mich ein wesentliches, wenn nicht das wichtigste Ziel war. Ich habe mich bewußt jeglicher kommentierender, persönlich wertender Meinungsäußerungen enthalten. Der Leser soll in die Lage versetzt werden, selber seine Schlüsse aus den mitgeteilten Zusammenhängen und Daten sowie aus dem Studium der angezeigten Literatur zu ziehen.

Für das Schreiben des Manuskriptes danke ich meiner Frau sehr herzlich. Herrn Dipl.-Ing. (Univ.) K. Müller sei für das Korrekturlesen der Kap. 1, 2, 3 und 10 gedankt. Möge dieses Buch den in der Praxis tätigen Kollegen gleich welcher Fachrichtung und ebenso den Studierenden eine wertvolle, vor allem zeitsparende Hilfe zur Bewältigung ihrer aktuellen und zukünftigen Probleme sein und so eine gute Aufnahme finden.

Nürnberg, im Oktober 1989 Jörgen Kolar

Inhaltsverzeichnis

1 Chemisch-physikalischer Überblick über die Stickstoffoxide als luftverunreinigende Stoffe

1.1 Definition, Anzahl und Einteilung luftverunreinigender Stoffe

1.1.1 Definitionen und Erläuterungen

In der Gesamtheit technischer Anlagen, der sog. Technosphäre, laufen Prozesse ab, die prinzipiell in Verbrennungs- und Produktionsprozesse (z.B. Schwefelsäure- oder Salpetersäureherstellung) zu unterteilen sind. Bei den hier ausschließlich betrachteten Verbrennungsprozessen entstehen aus den Brenn- und Kraftstoffen und der Verbrennungsluft neben der Wärmeenergie feste und gasförmige Abfallprodukte. Die Abgase – bei festen und flüssigen Brennstoffen bisher Rauchgas genannt – enthalten zunächst die umweltneutralen Gase Stickstoff, Wasserstoff, Sauerstoff sowie Wasserdampf. Darüber hinaus sind luftverunreinigende Stoffe, auch Luftverunreinigungen oder luftfremde Stoffe, enthalten. Dabei handelt es sich um Substanzen, „die infolge menschlicher Tätigkeiten oder natürlicher Vorgänge in die Atmosphäre gelangen und nachteilige Wirkungen auf den Menschen und seine Umwelt haben können" [1]. Diese Definition beinhaltet sowohl die bezogenen (natürlichen) als auch anthropogenen (menschlichen) luftverunreinigenden Stoffe. Die häufig benutzte Bezeichnung „luftfremde" Stoffe ist nicht sinnvoll, da die wichtigsten luftverunreinigenden Stoffe auch in der natürlichen, nicht verunreinigten Luft vorkommen.

Die juristischen Begriffsbestimmungen zielen nur auf die anthropogenen luftverunreinigenden Stoffe ab. Die Legaldefinition des § 3 Ziff. 4 BImSchG lautet: „Luftverunreinigungen im Sinne dieses Gesetzes sind Veränderungen der natürlichen Zusammensetzung der Luft, insbesondere durch Rauch, Ruß, Staub, Gase, Aerosole, Dämpfe oder Geruchsstoffe".

Eine zunächst gleiche Formulierung enthält TAL in Ziff. 2.1.1: „Luftverunreinigungen im Sinne dieser Anleitung sind Veränderungen der natürlichen Zusammensetzung der Luft, insbesondere durch Rauch, Ruß, Staub, Gase, Aerosole, Dämpfe oder Geruchsstoffe; zu den Dämpfen kann auch Wasserdampf gehören". Der letzte Nebensatz ist in der Legaldefinition nicht enthalten und nur für den Betrieb von Kühltürmen von Bedeutung.

1.1.2 Anzahl luftverunreinigender Stoffe

Die juristischen Definitionen deuten schon die Vielfalt luftverunreinigender Stoffe an. Vor dem 1. Weltkrieg kannte man nur Rauch (Flugasche), Ruß, Gerüche,

Schwefeldioxid und Chlorwasserstoff. Durch die zunehmende Motorisierung kamen schon vor dem 2. Weltkrieg Kohlenmonoxid, Aldehyde aber auch Fluor hinzu. Die Zahl der interessierenden luftverunreinigenden Stoffe wuchs nach dem Krieg insbesondere durch das 1943 erstmals erkannte Phänomen des Los-Angeles-Smogs schnell an: um 1955 hatte man in den USA bereits mehr als 100 Stoffe festgestellt [2]. Die TAL 1974 führte mehr als 150 Stoffe auf. Im Kölner Emissionskataster wurden schon 338 Einzelkomponenten berücksichtigt [3]. Seine Fortschreibung, der Luftreinhalteplan Rheinschiene Süd, betrachtet 1976 ca. 1 000 Emissionskomponenten [4].

Allerdings machen nur 79 Stoffe bereits 97 % der durch einfache Addition ermittelten gesamten Emission der 1 000 luftverunreinigenden Stoffe aus [4]. Papa identifizierte 200 verschiedene Kohlenwasserstoffe im Abgas der Verbrennungsmotoren, während es nach Somers und Kittredge sogar 1 000 verschiedene luftverunreinigende Stoffe sein können [5, 6]. Heute wird die Zahl luftverunreinigender Stoffe auf 1 400 – 1 600 geschätzt [7]. Eine Systematisierung dieser Vielzahl von Substanzen ist deshalb unbedingt erforderlich.

1.1.3 Einteilungsprinzipien für luftverunreinigende Stoffe

Ausgehend von der Definition der VDI 2450 gibt es zwei Gruppen luftverunreinigender Stoffe:

- Primäre luftverunreinigende Stoffe: Sie gelangen aus technischen Anlagen oder durch natürliche Vorgänge in die offene Atmosphäre z.B. Schwefeldioxid, Kohlenmonoxid.
- Sekundäre luftverunreinigende Stoffe: Sie entstehen erst in der Atmosphäre aus den primären luftverunreinigenden Stoffen, z.B. Ozon, PAN

Stickstoffdioxid (NO_2) und Aldehyde sind sowohl primärer als auch sekundärer Art.

Bei den Abgasen von Verbrennungsprozessen könnte man sich hinsichtlich ihrer Entstehung (Emission) mit zwei Gruppen primärer luftverunreinigender Stoffe begnügen:

1. *Brennstoffabhängige luftverunreinigende Stoffe*
   Sie entstehen aus den schadstoffbildenden Elementen der Brennstoffe und sind deshalb abhängig von ihrer Zusammensetzung. Auch in einer idealen Feuerung sind sie nicht zu vermeiden. Beispiele: Schwefeldioxid aus Schwefel, gasförmige Fluorverbindungen aus Fluor, Flugasche aus dem Aschenanteil.
2. *Prozeßabhängige luftverunreinigende Stoffe*
   Sie sind durch die jeweilige Feuerungstechnik und Betriebsführung bedingt. Neben dem (thermischen) Stickstoffoxid gehören hierher die bekannten Produkte unvollkommener Verbrennung wie Kohlenmonoxid und Kohlenwasserstoffe.

Eine weitere Unterteilung ist aus den praktischen Gründen der Häufigkeit sowie der Meß- und Abscheidetechnik sinnvoll. Tabelle 1.1 enthält eine weitergehende Differenzierung. Die Stickstoffoxide erscheinen hier als gesonderte Gruppe, weil sie brennstoff- und prozeßabhängig sind. Die Stäube werden ebenfalls, ungeachtet ihrer Entstehung, zu einer Gruppe zusammengefaßt.

Tabelle 1.1. Bestandteile der Abgase von Verbrennungsprozessen

Umweltneutrale Gase

Sauerstoff	O_2
Stickstoff	N_2
Wasserstoff	H_2
Wasserdampf	H_2O

Luftverunreinigende Stoffe

- Aus schadstoffbildenden Elementen der Brenn- oder Kraftstoffe entstehende Substanzen (brennstoffabhängig):
  Kohlendioxid CO_2
  Schwefeloxide: Schwefeldioxid SO_2, Schwefeltrioxid SO_3
  Fluorverbindungen, z.B. Fluorwasserstoff HF
  Chlorverbindungen, z.B. Chlorwasserstoff HCl, Chlor Cl_2
  (Bleiverbindungen)
  (Flugasche)
- Stickstoffoxide (brennstoff- und prozeßabhängig):
  Stickstoffmonoxid NO
  Stickstoffdioxid NO_2
- Produkte unvollständiger Verbrennung (prozeßabhängig):

Kohlenmonoxid	CO
Schwefelwasserstoff	H_2S
Ammoniak	NH_3
Kohlenwasserstoffe	C_mH_n
Aldehyde	RCHO
Organische Säuren	RCOOH

- Stäube (Feststoffe)
  Flugasche
  Flugkoks
  Ruß
  Organische Feststoffe
- Radioaktive Stoffe

Die 13. BImSchV (Großfeuerungsanlagen-Verordnung) befaßt sich mit folgenden luftverunreinigenden Stoffen:

- Schwefeloxide (SO_2, SO_3)
- Halogenverbindungen (HF, HCl)
- Stickstoffoxide (NO, NO_2)
- Kohlenmonoxid (CO)
- Stäube

Hinsichtlich des Auftretens luftverunreinigender Stoffe in der bodennahen Schicht der Atmosphäre (Immission) sind andere Einteilungsprinzipien üblich, die sich stark an die Chemie anlehnen. Eine an der Chemie und vor allem an der Wirkung orientierte Aufgliederung ist auch der TAL zu entnehmen (Tabelle 1.2). Die EG benutzt in ihren Richtlinien folgende Einteilung:

- Schwefeldioxid und andere Schwefelverbindungen
- Stickstoffoxide und andere Stickstoffverbindungen
- Kohlenmonoxid

Tabelle 1.2. Klassifizierung luftverunreinigender Stoffe gemäß TAL 1986

- Dampf- und gasförmige anorganische Stoffe (Ziffer 3.1.6)
  - Klasse I (sehr hohes gesundheitsgefährdendes Potential) z.B. Arsenwasserstoff (AsH_3), Phosphorwasserstoff (PH_3)
  - Klasse II (hohes Gefährdungspotential, hohe Geruchsintensität) z.B. Chlor (Cl_2), Fluorverbindungen (z.B. HF)
  - Klasse III (mittleres Gefährdungspotential, Emissionsminderungspraxis), Chlorverbindungen (z.B. HCl)
  - Klasse IV (wie III): Schwefel- und Stickstoffoxide (SO_x, NO_x)
- Geruchsintensive Stoffe (Ziffer 3.1.9) z.B. Ammoniak (NH_3), Amine
- Gas- und staubförmige organische Stoffe (Ziffer 3.1.7, Anhang E)
  - Klasse I z.B. Formaldehyd (CH_2O)
  - Klasse II z.B. Essigsäure ($C_2H_4O_2$)
  - Klasse III z.B. Olefinkohlenwasserstoffe (z.B. Ethylen C_2H_4)
- Krebserzeugende (cancerogene) Stoffe (Ziffer 2.3)
  - Klasse I z.B. Benz(a)pyren ($C_{20}H_{12}$), Asbest
  - Klasse II z.B. Nickelverbindungen
  - Klasse III z.B. Benzol (C_6H_6)
- Stäube
  - Gesamtstaub (Ziffer 3.1.3)
  - Staubförmige anorganische Stoffe (Ziffer 3.1.4)
    - Klasse I z.B. Cadmium, Quecksilber und ihre Verbindungen
    - Klasse II z.B. Arsen, Nickel und ihre Verbindungen
    - Klasse III z.B. Blei und seine Verbindungen, leicht lösliche Fluoride

- Organische Stoffe und insbesondere Kohlenwasserstoffe (außer Methan)
- Schwermetalle und metallhaltige Verbindungen
- Staub, Asbest (Schwebeteilchen und Fasern), Glas- und Gesteinsfasern
- Chlor und Chlorverbindungen
- Fluor und Fluorverbindungen

1.2 Oxide des Stickstoffs im Überblick

Die Atmosphäre besteht zu 78,1 Vol-% (75,5 Masse-%) aus freiem Stickstoff (N_2). Ein viel kleinerer Teil findet sich gebunden in Nitraten (z.B. Chilesalpeter, $NaNO_3$), im Ammoniak (NH_3), im Granit sowie in den Organismen als Eiweiß und Nukleinsäuren. Freier Stickstoff ist ein sehr reaktionsträges Gas; die Dreifachbindung des molekularen Stickstoffs ($N \equiv N$) weist mit 943 kJ/mol eine sehr hohe Bindungsenergie auf [9]. Um sie zu sprengen, d.h. um den reaktionsfreudigen, atomaren Stickstoff zu erhalten, bedarf es der Zufuhr von Energie in Form von Wärme oder Elektrizität. Die Stickstoffoxide sind deshalb bezüglich ihrer Entstehung aus den Elementen Stickstoff (N_2) und Sauerstoff (O_2) – mit Ausnahme des festen Distickstoffpentoxid (N_2O_5) und flüssigen Distickstofftetroxid (N_2O_4) – endotherm, d.h. eine Wärmezufuhr ist notwendig (negative Wärmetönung, positive Bildungsenthalpie, früher: negative Bildungswärme) [10]. Aus diesem Grunde reagiert in der Luft der Stickstoff nicht mit dem gleichzeitig vorhandenen Sauerstoff.

Tabelle 1.3. Oxide des Stickstoffs

Formel	Bezeichnung			Oxida-tions-zahl
	n. IUPAC[a]-Regeln	Andere (ältere)	Englisch	
N_2O	Distickstoffmonoxid	Stickstoff(I)-oxid Stickstoffoxydul	Nitrous oxide	+1
NO	Stickstoffmonoxid	Stickstoff(II)-oxid Stickstoffoxid Stickoxid	Nitric oxide	+2
N_2O_3	Distickstofftrioxid	Stickstoff(III)-oxid Stickstofftrioxid Stickstoffsesquioxid	Dinitrogen trioxide	+3
NO_2	Stickstoffdioxid	Stickstoff(IV)-oxid	Nitrogen dioxide	+4
N_2O_4	Distickstofftetroxid		Dinitrogen tetroxide	+4
N_2O_5	Distickstoffpentoxid		(Di)nitrogen pentoxide	+5
NO_3	Stickstofftrioxid	Stickstoffperoxid	Nitrogen trioxide	+6
N_2O_6	Distickstoffhexoxid			+6

[a] Internationale Union für reine und angewandte Chemie

Für die Oxidationszahlen +1 bis +6 des Stickstoffs sind alle entsprechenden Oxide bekannt; sie sind in Tabelle 1.3 aufgelistet. Die insgesamt existierenden 8 Stickstoffoxide kann man in der Summenformel

$$N_yO_x \quad \text{mit } y=1 \text{ und } 2$$
$$x=1 \text{ bis } 6$$

zusammenfassen [11]. Sie erreichen vom sauerstoffärmsten, stabilen Distickstoffoxid (N_2O) bis zum sehr instabilen Distickstoffhexaoxid (N_2O_6). Die Verbindungen mit y=1 bezeichnet man als monomere Stickstoffoxide (NO, NO_2, NO_3). Sie haben ein ungepaartes Elektron, das ihnen Radikalcharakter verleiht und damit ihr vielseitiges reaktionskinetisches Verhalten in der Atmosphäre erklärt [12]. Diese Oxide können je nach Situation als Radikalbildner, reversible Radikalspeicher, irreversible Radikalspeicher oder irreversible Radikalsenken allgemein reaktionsbeschleunigend oder reaktionshemmend wirken [12]. Die Oxide mit y=2 x=1, besitzen keinen Radikalcharakter mehr, sie zerfallen als Dimere (Doppelmoleküle) leicht in die radikalischen Monomere, mit denen sie im Gleichgewicht stehen [11]. Die bedeutendsten Stickstoffoxide sind Distickstoffoxid (N_2O), Stickstoffmonoxid (NO) und Stickstoffdioxid (NO_2).

In der chemischen Industrie ist der Sammelbegriff „nitrose Gase" seit langem üblich für ein Gemisch aus NO, N_2O_3, NO_2 und N_2O_4 [13]. Wichtigste Primärformen hinsichtlich der Luftverunreinigung durch Verbrennungsprozesse sind Stickstoffmonoxid (NO) und Stickstoffdioxid (NO_2). Gemische beider Oxide werden allgemein in der Kurzform „NO_x" (Stickstoffoxide) zusammengefaßt; die korrektere Bezeichnung Σ (NO, NO_2) hat sich leider nicht durchgesetzt. Besonders in der BRD, aber auch im internationalen Schrifttum, ist es inzwischen üblich, die Massenkonzentration für NO_x als NO_2 in z.B. mg/m^3 anzugeben. Dies erfordert die Umrechnung des überwiegenden NO-Anteils in NO_2. Am Beispiel der Meßergebnisse einer älteren Schmelzkammerfeuerung sei die Ermittlung der NO_2-Massenkonzentration verdeutlicht:

Meßergebnisse:		
NO-Volumenkonzentration	1 010	ppm
NO_2-Volumenkonzentration	17	ppm
Auswertung:		
NO_x-Volumenkonzentration	1 027	ppm
Volumetrischer NO_2-Anteil φ	1,7	%
NO-Massenkonzentration als NO	1 353	mg/m^3
NO-Massenkonzentration als NO_2	2 070	mg/m^3
NO_2-Massenkonzentration	35	mg/m^3
NO_x-Massenkonzentration als NO_2	2 105	mg/m^3

1.3 Distickstoffoxid (N_2O)

1.3.1 Entstehung

Distickstoffoxid (Stickstoff(I)-oxid, Stickstoffoxydul, Lachgas) entsteht durch Zersetzung von Stickstoffverbindungen im Boden durch anaerobe Bakterien (Denitrifikation). Neuere Messungen sprechen eher für eine überwiegende N_2O-Bildung durch Oxidation von Ammonium-Ionen (Nitrifikation [14, 18]), wobei die Böden der Tropen den weitaus größten Beitrag liefern. Als weitere natürliche Quelle gelten die Ozeane [15, 17, 18]. Für weltweit jährlich in die Atmosphäre entweichende Mengen werden angegeben von:

		Mt/a als N
– Robinson u. Robbins 1970 [16]		534
– Söderlund u. Svensson 1976 [17]		
	Boden	16–69
	Meer	20–80
	Insgesamt	36–149
– Galbally u. Freney 1978 [17]		
	Boden	13
– Hutchinson u. Mosier 1979 [17]		
	Boden	20
– McElroy 1980 [14]		10–20
– McElroy u. Wolsky 1985 [18]		9,7
– Hao 1986 [19]		4,4–14,8
	Mittel	9,6

Als durch den Menschen bedingte Quelle wurde vor allem die künstliche Düngung angesehen, deren Beitrag mit Werten von 40–0,8 Mt/a beziffert wird [17–19]. Neuerdings mehren sich die Hinweise auf die N_2O-Gehalte der Abgase von Verbrennungsprozessen. Die Reaktionskinetik ihrer Entstehung ist noch nicht in allen Einzelheiten geklärt (vgl. auch Abschn. 2.33). Vermutlich bildet es sich in

Gasphasenreaktionen aus in der Flamme nicht ausreagiertem HCN bei Temperaturen zwischen 800 und 1 000 °C bzw. durch heterogene Nachreaktionen an Koks hinter der Flammenzone [52]. Die wohl ersten Untersuchungen teilten Weiss u. Craig sowie Pierotti und Rasmussen 1976 mit; für Kohle ermittelten sie etwa 50 ppm [17]. Kramlich u.a. geben für Kohlefeuerungen Werte bis 100 ppm an, die EPA nennt N_2O-Gehalte bis 200 ppm [20, 52]. Europäische Untersuchungen führen zu wesentlich niedrigeren Werten [52], z.B. fanden Biffar u.a. nur 5 bzw. 13 ppm (Sauerstoffgehalt 5 %) [20]. Der N_2O-Gehalt ist nach Tirpak annähernd proportional der NO_x-Konzentration [18]. Kavanaugh geht von N_2O-Gehalten im Abgas von Feuerungen aus, die bei Öl und Kohle 20 – 25 %, bei Gas 3 – 7 % der NO_x-Konzentration betragen [19].

Bei hohen Temperaturen entsteht N_2O durch die Oxidation von Ammoniak (NH_3)

$$4NH_3 + 4O_2 \rightarrow 2N_2O + 6H_2O\,, \qquad (1.1)$$

eine unerwünschte Nebenreaktion bei der selektiven thermischen (nichtkatalytischen) Reduktion der Stickstoffoxide (vgl. Abschn. 5.4.1). Bei der selektiven katalytischen Reduktion konnte im Bereich 300 – 420 °C keine N_2O-Bildung festgestellt werden [20]. Hingegen ist nach Dreiweg-Katalysatoren N_2O beobachtet worden [52].

1.3.2 Eigenschaften

Die physikalischen Daten des Distickstoffoxids enthält Tabelle 1.4. Das farblose Gas ist in Wasser gut löslich. N_2O ist nicht brennbar, unterhält jedoch die Verbrennung, da es bei Temperaturen > 500 °C gem.

$$2N_2O \rightarrow 2N_2 + O_2 \qquad (1.2)$$

in Stickstoff (N_2) und Sauerstoff (O_2) zerfällt; zwischen 700 und 1 350 °C kann in steigendem Maße auch Stickstoffmonoxid (NO) entstehen [9]. Bei Raumtem-

Tabelle 1.4. Daten für die wichtigsten Stickstoffoxide

	Einheit	N_2O	NO	NO_2
Molmasse	kg/kmol	44,02	30,01	46,01
Molvolumen	m^3 i.N./kmol	22,26	22,39	22,37
Normdichte	kg/m^3 i.N.	1,978	1,340	2,055
Dichteverhältnis	–	1,53	1,04	1,59
Festpunkt	°C	– 90,8	–163,6	– 11,2
Siedepunkt	°C	– 89,5	–151,8	21,2
Kritische Temperatur	°C	36,5	– 93	158,0
Kritischer Druck	bar	72,6	64,8	101,3
Gaskonstante	J/kg K	188,9	277,1	180,7
Löslichkeit 0 °C	cm^3/cm^3	1,305	0,074	1,26
Farbe	–	Farblos	Farblos	Braun
Geruch	–	Geruchlos	Geruchlos	Stechend

peratur ist N_2O recht reaktionsträge. Mit Sauerstoff (O_2), Ozon (O_3), Stickstoffmonoxid (NO), ja sogar mit dem Hydroxyl-Radikal (OH) reagiert es nicht [9, 21, 25]. So sind in der Troposphäre keine bedeutenden Reaktionsmechanismen bekannt, weshalb für die Lebensdauer (Verweilzeit) Werte zwischen 10 und 200 Jahre angegeben werden [14, 17, 18, 26]; die tatsächliche Lebensdauer soll bei etwa 100 Jahren liegen [14]. Durch turbulenten Austausch gelangen nach Schmeltekopf et al. 15 Mt/a, nach McElroy 11 Mt/a in die Stratosphäre [14, 26]. Hier dissoziiert N_2O bei Wellenlängen 210 bis 230 nm durch Bestrahlung mit Photonen (hν) gemäß [14, 17, 24, 26]:

$$N_2O + h\nu \rightarrow N_2 + O \quad (1.3)$$

$$N_2O + h\nu \rightarrow NO + N \quad (1.4)$$

N_2O kann aber auch mit angeregtem Sauerstoff O^* reagieren [14, 17, 22, 24]:

$$N_2O + O^* \rightarrow 2NO \quad (1.5)$$

$$N_2O + O^* \rightarrow N_2 + O_2 . \quad (1.6)$$

Nur 5 bzw. 10 % des stratosphärischen N_2O wird gem. (1.5) zu NO umgesetzt [14, 17], das weiter mit Ozon (O_3) zu Stickstoffdioxid (NO_2) reagiert [17]. Ferner kann N_2O aufgrund seiner Absorptionseigenschaften zum „Treibhauseffekt" beitragen. Distickstoffoxid hat einen schwachen, angenehm süßlichen Geruch und Geschmack [9, 22, 24]; allerdings wird es auch als geruchlos beschrieben [27]. In größeren Mengen eingeatmet, ruft N_2O beim Menschen einen rauschartigen Zustand hervor, der sich individuell verschieden in Heiterkeit, Lachlust, Ideenflug bis zur Tollheit äußern kann, weshalb es auch Lachgas genannt wird [9]. Außerdem setzt N_2O das Empfindungsvermögen herab; ein Gemisch mit Sauerstoff (z.B. 30 % N_2O) verwendet man als Anästhetikum.

1.3.3 N_2O-Gehalt der Troposphäre

N_2O ist ein seit 1939 bekanntes, weltweit vorhandenes Spurengas der natürlichen Atmosphäre, dessen Konzentration nach älteren Angaben zwischen 0,25 und 0,4 ppm liegt [17]. Neuere Meßmethoden ergaben einen Bereich von 0,29 – 0,34 ppm [17]; das globale Mittel beträgt 0,3 ppm [14, 18]. Fabian weist auf die räumliche Gleichverteilung hin [14].

Neueste Messungen im antarktischen Eis zeigen eine im 19. Jahrhundert einsetzende Zunahme des N_2O-Gehaltes. Erste Untersuchungen nannten jährliche Zuwachsraten für die 70er Jahre bis zu 2%/a [17]; heute werden für 5 Meßstationen Werte von 0,1 – 0,8 %/a genannt [18]. Die geringere Zunahme gilt für die südliche Halbkugel [18]. Im Mittel beträgt die Steigerungsrate 0,2 – 0,4%/a [18] oder in Absolutwerten 0,7 – 1 ppb/a [18, 52]. Bisher wurde N_2O nicht als luftverunreinigender Stoff angesehen. Wegen seiner möglichen Beteiligung an der Zerstörung der Ozonschicht und am Treibhauseffekt ist diese Sicht im Hinblick auf die Definitionen im Abschn. 1.1.1 nicht mehr aufrecht zu halten.

1.4 Stickstoffmonoxid (NO)

Stickstoffmonoxid (Stickoxid, Stickstoff(II)-oxid) ist ein bedeutendes Zwischenprodukt der chemischen Industrie zur Herstellung der Salpetersäure. Es wird heute durch katalytische Oxidation bei Temperaturen von 800–960 °C aus Ammoniak NH_3 nach dem Oswald-Verfahren hergestellt:

$$4NH_3 + 5O_2 \xrightarrow{Pt \cdot Rh} 4NO + 6H_2O\,. \qquad (1.7)$$

Die großtechnische Erzeugung von NO nach dem Birkeland-Eyde-Verfahren durch die sog. Luftverbrennung war in den 20er Jahren von Bedeutung. Auf diese Bildungsreaktionen aus den Elementen wird im Abschn. 2.3 ausführlich eingegangen. Sie läuft bei der Verbrennung aller fossilen Brennstoffe ab, weshalb NO zu den wichtigsten primären luftverunreinigenden Stoffen zählt.

Es ist ein farb- und geruchloses Gas, mit schlechter Löslichkeit in Wasser (Tabelle 1.4).

Stickstoffmonoxid brennt nicht, noch unterhält es die Verbrennung. Die Oxidation des NO zu Stickstoffdioxid (NO_2) durch molekularen und atomaren Sauerstoff wie Ozon und Radikalen ist sowohl in der Abgasreinigungstechnik als auch für die Luftchemie von großer Bedeutung (vgl. Abschn. 1.5.1, Kap 5 und 7). Großtechnisch verwirklicht ist inzwischen die Reduktion des NO (vgl. Abschn. 5.4 und 5.5).

1.5 Stickstoffdioxid (NO_2) und Distickstofftetroxid (N_2O_4)

1.5.1 Entstehung des Stickstoffdioxids

Stickstoffdioxid (Stickstoff(IV)-oxid) entsteht aus Stickstoffmonoxid (NO) durch Oxidation mittels atomaren oder molekularen Sauerstoffs, Ozon oder organischen Radikalen. Die Bildung kann während der Verbrennung, auf dem Weg zwischen Brennraum und Austritt aus der technischen Anlage (Kamin-, Auspuffrohrmündung) und in der offenen Atmosphäre erfolgen (Tabelle 1.5). Wegen der grundsätzlichen Bedeutung wird hier näher auf die molekulare Oxidation eingegangen (Bodenstein, 1918):

$$2NO + O_2 \rightleftarrows 2NO_2, \qquad \Delta H = -57\,\text{kJ/mol}\,. \qquad (1.8)$$

Die Reaktion ist exotherm, d.h. bei der Entstehung von NO_2 wird Wärme frei. Dementsprechend verschiebt sich das Gleichgewicht mit abnehmender Temperatur nach rechts. Bei Temperaturen zwischen 700 und 1 700 °C liegen nur 0,15–1,8 ppm als NO_2 vor [53, 54]. Erst unterhalb 600–650 °C bildet sich NO_2 im nennenswerten Umfang, wobei zunächst die NO-Konzentration von Einfluß ist (Bild 1.1). Das Verhältnis der Volumenkonzentrationen

$$\varphi = \frac{(NO_2)}{(NO) + (NO_2)} \qquad (1.9)$$

Tabelle 1.5. Entstehung von Stickstoffdioxid NO_2 (n. [28])

Ort der Entstehung	Reaktionsmechanismus	Einflußgrößen
Flamme	$NO + HO_2 = NO_2 + OH$ (nach Fenimore)	schnelle Abschreckung der Verbrennungsreaktion (Gasturbinen)
Abgaskanäle, Kamin	$2NO + O_2 = 2NO_2$ (nach Bodenstein)	Temperatur $< 650\,°C$, O_2-Konzentration, Verweilzeit
Troposphäre	$NO_2 + h \cdot \nu = NO + O$ $O + O_2 + M = O_3 + M$ $NO + O_3 = NO_2 + O_2$	O_2-Konzentration, Lichtintensität (Sonne), Verweilzeit Luftverschmutzung Smogbildung

beträgt 30–50 % bei Temperaturen um 450 °C und O_2-Gehalten zwischen 5 und 20 % [29, 33].

Von großer Bedeutung ist bei konstanter Temperatur die Geschwindigkeit der NO_2-Bildung. Die Bodensteinsche Gleichung (1.8) stellt eine termolekulare (trimolekulare) Reaktion dar, d.h. bei ihr stoßen gleichzeitig drei Moleküle zusammen, die auch von gleicher Art sein können. Die Umwandlungsrate des NO (Reaktionsgeschwindigkeit) ist bei dieser Gleichung dritter Ordnung gegeben durch:

$$-\frac{d(NO)}{dt} = 2k_8(O_2)(NO)^2. \tag{1.10}$$

Die Lösung der Differentialgleichung (1.10) bei zeitlicher konstanter Sauerstoffkonzentration lautet:

$$(NO)_t = \frac{(NO)_0}{1 + 2k_8 t (NO)_0 (O_2)}. \tag{1.11}$$

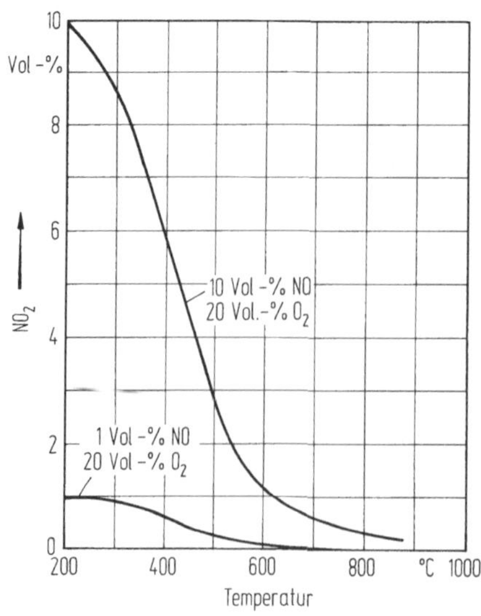

Bild 1.1. NO_2-Gleichgewichtskonzentration in Abhängigkeit von der Temperatur und dem NO-Gehalt bei konstantem O_2-Gehalt von 20 Vol. % [42]

Mit der Annahme $(NO)_0 = \Sigma(NO, NO_2)$ erhält man für das Verhältnis

$$\varphi = \left[1 + \frac{1}{2k_8 t(O_2)(NO)_0}\right]^{-1}. \tag{1.12}$$

Die Geschwindigkeitskonstante k hat die Dimension [Konzentration^{-2} · Zeit^{-1}]; sie nimmt ausnahmsweise mit abnehmender Temperatur zu [21]. Die allgemein verwandte, hier nicht gut zutreffende Arrhenius-Gleichung lautet [30]:

$$k_8 = 29{,}2 \cdot \frac{p^3}{T^3} \cdot \exp\left(\frac{4404}{RT}\right). \tag{1.13}$$

Lerner u.a. erwarten hinsichtlich Temperatur und Reaktionsgeschwindigkeit bei Verbrennungsmotoren eine maximale NO_2-Bildung im Bereich von 200 – 300 °C [33]. Forck und Krüger errechnen mit (1.11) bei 200 °C und 1 000 ppm NO sowie 1 min Reaktionszeit einen φ-Wert von 1 % bei O_2-Gehalten um 5 % [30].

Die Angaben für die Geschwindigkeitskonstante bei atmosphärischen Bedingungen schwanken von $6{,}8 \cdot 10^{-10}$ bis $7{,}85 \cdot 10^{-10}$ ppm^{-2}min^{-1} [31]; Glasson und Tuesday geben $(7{,}85 \pm 0{,}45) \cdot 10^{-10}$ ppm^{-2}min^{-1} an [32]. Einflüsse von Katalysatoren – z.B. Staub, Schwefeldioxid – können die NO_2-Bildung erhöhen, nach Lenner u.a. etwa um das Doppelte [33]. Sommers u.a. geben nach D'Ans Lax, Ausg. 1967 für 20 °C Lufttemperatur mit t in Stunden und (NO) in ppm an [34]:

$$\varphi = \left[1 + \frac{38}{t(NO)_0}\right]^{-1}. \tag{1.14}$$

Sehr häufig wird zur Charakterisierung des Umwandlungsprozesses die sogenannte Halbwertszeit $t_{1/2}$ benutzt, in der die Anfangskonzentration durch chemische Reaktionen auf die Hälfte abgesunken ist. Aus (1.11) erhält man:

$$t_{1/2} = [2k_8(O_2)(NO)_0]^{-1} \tag{1.15}$$

und aus (1.14) ergibt sich:

$$t_{1/2} = \frac{38}{(NO)_0}. \tag{1.16}$$

Der Arbeit von First und Viles ist die Beziehung

$$t_{1/2} = \frac{58{,}4}{(NO)_0} \tag{1.17}$$

zu entnehmen [35].

Gleichung (1.8) stellt nur die Bruttoreaktion dar. Denkbar ist die Oxidation des NO zu NO_2 über das Dimer N_2O_2 [21]:

$$2NO \rightarrow N_2O_2 \tag{1.18}$$

$$N_2O_2 + O_2 \rightarrow 2NO_2. \tag{1.19}$$

Als alternativer Mechanismus werden die Reaktionen mit NO_3 (Abschn. 1.6.3) und N_2O_5 (Abschn. 1.6.2) angesehen [21]:

$$NO + O_2 \rightleftarrows NO_3 \tag{1.20}$$

$$NO_3 + NO \rightarrow 2NO_2 \tag{1.21}$$

$$NO_3 + NO_2 \rightarrow N_2O_5 \tag{1.22}$$

$$N_2O_5 + NO \rightarrow 3NO_2 . \tag{1.23}$$

1.5.2 Eigenschaften des Stickstoffdioxids

NO_2 ist ein rotbraunes bis violettes Gas mit einem charakteristisch stechenden, ozonartigen Geruch (s. Abschn. 9.3.1). Seine Löslichkeit in Wasser ist um ein Vielfaches höher als die des NO. Mit Wasser reagiert es zu Salpetersäure (HNO_3) und NO:

$$3NO_2 + H_2O \rightarrow 2HNO_3 + NO . \tag{1.24}$$

In wässrigen Lösungen setzt sich NO_2 stets unter Disproportionierung um; mit Alkali- und Calziumhydroxid z.B. nach

$$2NO_2 + 2NaOH \rightarrow NaNO_2 + NaNO_3 + H_2O . \tag{1.25}$$

Es bilden sich also nebeneinander Nitrit ($NaNO_2$) und Nitrat ($NaNO_3$). NO_2 stellt ein kräftiges Oxidationsmittel dar, das z.B. die Verbrennung von Kohle unterhält. Gegenüber starken Oxidationsmitteln wie Ozon (O_3) und Wasserstoffsuperoxid (H_2O_2) wirkt es dagegen als Reduktionsmittel.
Entsprechend (1.8) zerfällt NO_2 oberhalb 120 – 200 °C in NO und Sauerstoff. Bei normalen Temperaturen wird eine Spaltung des NO_2 durch Licht bewirkt (Photolyse). Als photochemisch außerordentlich aktive Verbindung absorbiert NO_2 das in die untere Atmosphäre eindringende Sonnenlicht um Größenordnungen stärker als alle anderen Spurengase [36, 37]. Infolge der Filterwirkung der Ozonssphäre ist das Sonnenlicht auf Wellenlängen oberhalb >290 nm beschränkt. Oberhalb 430 nm reicht die Strahlungsenergie zur Dissoziation nicht mehr aus. Zwischen diesen beiden Wellenlängen (UV-Licht) laufen die folgenden Reaktionen ab [38],

$$\text{Lichtabsorption} \quad NO_2 + h\nu \rightarrow NO_2{}^* \tag{1.26}$$

$$\text{Dissoziation} \quad NO_2{}^* \rightarrow NO + O \tag{1.27}$$

$$\text{Bruttoreaktion} \quad NO_2 + h\nu \rightarrow NO + O \tag{1.28}$$

Ein NO_2-Molekül absorbiert ein Photon mit der Energie $h\nu$ und gerät dadurch in den angeregten Zustand $NO_2{}^*$, der sehr kurzlebig ist ($\ll 10^{-6}$ s [38]). Die anschließende Dissoziation führt zu NO und atomarem Sauerstoff als hochaktives Molekülfragment. Gleichung (1.28) ist deshalb der bei weitem wichtigste Auslöser von atmosphärischen Radikalkettenreaktionen und spielt somit eine

Schlüsselrolle in der Luftchemie, insbesondere bei der Bildung des photochemischen Smogs (Abschn. 9.4).

Die Zerfallsrate dieser pseudo-monokularen Reaktion ist gegeben durch:

$$\frac{-d(NO_2)}{dt} = j(NO_2). \tag{1.29}$$

Im Gegensatz zur echten Geschwindigkeitskonstante erster Ordnung bezeichnet man die intensitätsabhängige Proportionalitätskonstante j (Dimension $= \text{Zeit}^{-1}$) als Photolysefrequenz [25]. Sie ist abhängig von der Intensität des Sonnenlichts, vom Absorptionsspektrum des Licht absorbierenden Moleküls und seiner Quantenausbeute. Bei konstantem Wellenlängenbereich ist deshalb für die untere Troposphäre maßgebend:

- Geographische Breite des Ortes
- Zenitwinkel z der Sonne

Für Mitteleuropa werden folgende Anhaltswerte genannt:

– Bereich [39]	$0{,}1-0{,}45\,\text{min}^{-1}$
– Wolkenloser Sommermittag [40]	$0{,}4\ \text{min}^{-1}$
– Sommersonnenwende, mittags [25]	$0{,}47\,\text{min}^{-1}$

Schurath nennt für weniger als 400 nm die Näherungsbeziehung mit G als Globalstrahlung (in J/cm^2 min) [11]:

$$j \approx 0{,}084\,G. \tag{1.30}$$

Für Bonn mit wolkenfreiem Himmel wird die Gleichung angegeben [25]

$$j = 60\exp\{-0{,}64\,z - 4{,}14\}. \tag{1.31}$$

1.5.3 Gleichgewicht mit Distickstofftetroxid (N_2O_4)

Stickstoffoxid (NO_2, braun) und Distickstofftetroxid (N_2O_4, Stickstoff(IV)-oxid, farblos) stehen sowohl in der flüssigen als auch gasförmigen Phase im stark temperaturabhängigen Gleichgewicht gemäß

$$2NO_2 \rightleftarrows N_2O_4, \qquad \Delta H = -57\,\text{kJ/mol}. \tag{1.32}$$

Das Gleichgewicht stellt sich sehr rasch ein [35]. Entsprechend dem exothermen Charakter der Reaktion verschiebt es sich mit zunehmender Temperatur in Richtung der NO_2-Bildung (Tabelle 1.6). Unterhalb des Schmelzpunktes von (je nach Quelle) −11,2 °C bis −9 °C sind farblose Kristalle von reinem N_2O_4 vorhanden. Entsprechend dem zunehmenden, in Lösung befindlichen NO_2 ist die Flüssigkeit bei 10 °C gelb, bei 15 °C gelb-rot gefärbt; beim Siedepunkt von ca. 21 °C enthält sie 99,9% N_2O_4 [41]. Im Gas nimmt der N_2O_4-Gehalt mit der Temperatur sehr schnell ab (Tabelle 1.6). Sind die Stickstoffoxide stark mit Luft verdünnt, dann ist der N_2O_4-Anteil außerordentlich gering; bei 40 °C und 1 ppm NO_2 beträgt er nur $8 \cdot 10^{-4}$% statt 70% in der unverdünnten Mischung

Tabelle 1.6. Gleichgewichtskonzentrationen für NO_2 und N_2O_4 gem. Gleichung $2NO_2 \rightleftarrows N_2O_4$ ([21], ergänzt durch [9, 21, 22, 35, 41])

Temperatur °C	Phase	Anteil in %	
		NO_2	N_2O_4
−11,2	Fest	0	100
−11,2	Flüssig	0,01	99,99
21,15	Flüssig	0,1	99,9
21,15	Gasförmig	15,9	84,1
27	Gasförmig	20	80
40	Gasförmig	30	70
50	Gasförmig	40	60
64	Gasförmig	50	50
100	Gasförmig	90	10
135	Gasförmig	99	1
140−150	Gasförmig	100	0

von NO_2 und N_2O_4 [35]. In der chemischen und toxischen Wirkung verhält sich N_2O_4 wie NO_2 [27, 42].

1.6 Weitere Stickstoffoxide

1.6.1 Distickstofftrioxid (N_2O_3)

Die blaßblauen Kristalle des Distickstofftrioxids (N_2O_3, Stickstoff(III)-oxid, Stickstofftrioxid, Stickstoffsesquioxid, Salpetrigsäure-anhydrid) schmelzen, je nach Angabe zwischen −100,7 und −111 °C [9, 22, 27]. Die tiefblaue Flüssigkeit siedet zwischen −40 °C und +3 °C und beginnt oberhalb −10 °C zu zerfallen [22]. Unter normalen Bedingungen liegt bereits ein gasförmiges Gemisch von überwiegend NO und NO_2 vor:

$$N_2O_3 \rightarrow NO + NO_2 . \tag{1.33}$$

Bei 25 °C und Atmosphärendruck sind nur 10 %, bei 100 °C nur noch 1,2 % undissoziiertes N_2O_3 vorhanden [22]. Formal gesehen stellt N_2O_3 das Anhydrid der salpetrigen Säure HNO_2 dar:

$$N_2O_3 + H_2O \rightarrow 2HNO_2 . \tag{1.34}$$

Sie ist nicht sehr beständig, sondern oxidiert und reduziert sich gegenseitig zu Salpetersäure (HNO_3) und NO (Disproportionierung) nach der Gleichung

$$3HNO_2 \rightarrow HNO_3 + 2NO + H_2O . \tag{1.35}$$

Salpetrige Säure könnte in der Atmosphäre durch die wahrscheinlich heterogene Reaktion

$$NO + NO_2 + H_2O \rightarrow 2HNO_2 \tag{1.36}$$

entstehen. Allerdings unterliegt sie dann der Photolyse

$$HNO_2 + h\nu \rightarrow OH + NO \tag{1.37}$$

($j = 0{,}08\ min^{-1}$), weshalb sie in vielen chemischen Modellen als Quelle für OH-Radikale angesehen wird [11, 25].

1.6.2 Distickstoffpentoxid (N_2O_5)

Distickstoffpentoxid (Stickstoffpentoxid) ist unterhalb 8 °C eine farblose kristalline Substanz, die sich bei 20 °C gelb verfärbt [9]. Als Schmelzpunkt werden ca. 30 °C, als Siedepunkt 45 °C angegeben [9, 27]. Die Existenz einer flüssigen Phase scheint zweifelhaft zu sein; es wird auch ein Sublimationspunkt von 32,4 bzw. 34 °C genannt [21, 27].

N_2O_5 kann als Zwischenprodukt in der Atmosphäre auftreten. Es entsteht z.B. aus Stickstoffdioxid (NO_2) und Stickstofftrioxid (NO_3):

$$NO_2 + NO_3 \rightleftarrows N_2O_5\,. \tag{1.38}$$

Im dampfförmigen Zustand ist N_2O_5 recht unbeständig; die Angaben für die Geschwindigkeitskonstante liegen zwischen 7 und $13{,}8\ min^{-1}$ [36, 43, 45, 46].

Die Bildungskonstanten für N_2O_5 schwanken zwischen $(3{,}8-5{,}6) \cdot 10^3\ ppm^{-1}min^{-1}$ [36, 43–46]. Als Anhydrid der Salpetersäure reagiert N_2O_5 mit Wasser(dampf)

$$N_2O_5 + H_2O \rightarrow 2HNO_3\,. \tag{1.39}$$

Die Geschwindigkeit der Reaktion in der Gasphase ist nicht genau bekannt [47], wie auch folgende Angaben zeigen:

Johnston	1970 [36]	$2{,}5 \cdot 10^{-3}ppm^{-1}min^{-1}$
Morris und Niki	1973 [45]	$1{,}5 \cdot 10^{-5}ppm^{-1}min^{-1}$
Dermerjian	1974 [44]	$4{,}9 \cdot 10^{-5}ppm^{-1}min^{-1}$
Richards	1983 [46]	$< 3 \cdot 10^{-6}ppm^{-1}min^{-1}$

Man nimmt an, daß die Reaktion in erster Linie heterogen an feuchten Aerosolen erfolgt [25, 47].

Von großer Bedeutung ist die Salpetersäurebildung in der Atmosphäre gemäß der Reaktion:

$$OH + NO_2 + M \rightarrow HNO_3 + M\,. \tag{1.40}$$

Als Geschwindigkeitskonstanten bei 25 °C werden Werte zwischen $(1{,}2-1{,}8) \cdot 10^4 ppm^{-1}min^{-1}$ genannt [11, 36, 40, 44, 45]. Die Reaktion verläuft damit etwa zehnmal schneller als die Rekombination von OH-Radikalen mit SO_2 [11].

1.6.3 Stickstofftrioxid (NO_3)

Stickstofftrioxid (Stickstoffperoxid) ist weiß und nur bei sehr tiefen Temperaturen beständig [9, 22]. Es entsteht durch Reaktion des NO_2 mit Ozon (O_3):

$$NO_2+O_3\rightarrow NO_3+O_2\,. \tag{1.41}$$

In der Atmosphäre wurde NO_3 erstmals von Platt u.a. 1980 in Los Angeles nachgewiesen; später stellte man es auch in Jülich und Deuselbach fest [25]. Nachts sind bisher Volumenkonzentrationen von 1–350 ppt in der bodennahen Luft beobachtet worden [25, 46, 48]. Durch die Forschung der letzten Jahre ist NO_3 als ein bedeutender Bestandteil der nächtlichen reinen und verunreinigten Troposphäre erkannt worden [47–49]. Am Tage unterliegt NO_3 der Photolyse:

$$NO_3+h\nu\rightarrow NO+O_2 \tag{1.42}$$

$$NO_3+h\nu\rightarrow NO_2+O\,. \tag{1.43}$$

Für die sehr schnelle Reaktion (1.43) werden folgende Photolysefrequenzen genannt:

Crutzen 1974 [50]	Schätzung, 40 °N, mittags, Mitte Juli	3,96 min^{-1}
Hov u.a. 1978 [51]	60 °N, 12 Uhr, Sommer	4,38 min^{-1}
Becker u.a. 1983 [25]		6 min^{-1}

Außerdem reagiert NO_3 rasch mit NO zu NO_2:

$$NO_3+NO\rightarrow 2NO_2\,.$$

Die Lebensdauer des NO_3 beträgt deshalb am Tage weniger als 10 s [47].

1.7 Literatur

1 VDI 2450 Messen von Emission, Transmission und Immission luftverunreinigender Stoffe. Begriffe, Definitionen, Erläuterungen. Hrsg. v. VDI. Ausg. Sept. 1977

2 Die Verunreinigung der Luft. Weinheim: Chemie

3 Emissionskataster Köln. Hrsg. v. Minister für Arbeit, Gesundheit und Soziales des Landes Nordrhein-Westfalen. Köln: TÜV Rheinland, 1972

4 Luftreinhalteplan Rheinschiene Süd (Köln) 1977 bis 1981, Hrsg. v. Ministerium für Arbeit, Gesundheit und Soziales des Landes Nordrhein-Westfalen. Düsseldorf 1976

5 May, H.; Plassmann, E.: Abgasemissionen von Kraftfahrzeugen in Großstädten und industriellen Ballungsgebieten. Köln: TÜV Rheinland, 1973

6 Somers, J.H.; Kittredge G.D.: Review of federally sponsored research on diesel exhaust odors. J. Air Poll. Contr. Ass. 21 (1971) Nr. 12, 764/769

7 Graedel, T.E.: Chemical compounds in the atmosphere. New York: Academic Press 1978

8 Davids, P.; Lange, M.: Die TA Luft 1986. Technischer Kommentar. Düsseldorf: VDI 1986

9 Hofmann, U.; Rüdorff, W.: Anorganische Chemie. 21. Aufl., Braunschweig: Friedr. Vieweg und Sohn, 1973

10 Klemm, W.; Hoppe, R.: Anorganische Chemie 16. Aufl., Berlin: Walter de Gruyter 1980

11 Schurath, U.: Luftchemisches Verhalten von NO_x in Luftchemisches Verhalten anthropogener Schadstoffe. VDI-Kommission Reinhaltung der Luft Düsseldorf 1980, 36/42

12 Schurath, U.: Chemische Reaktionen von SO_2, NO_x und organischen Verbindungen in Handbuch: Chemische und physikalische Reaktionen von Spurenstoffen in der Atmosphäre 1984, VDI-Bildungswerk BW 43-28-02, Düsseldorf 1, Postfach 11 39
13 VDI 2295 E: Emissionsminderung-Salpetersäureanlagen. Hrsg. v. Verein Deutscher Ingenieure, Ausg. Feb. 1982
14 Fabian, P.: Atmosphäre und Umwelt. Berlin, Heidelberg, New York, Tokyo: Springer, 1984
15 Leithe, W.: Die Analyse der Luft und ihrer Verunreinigungen. 2. Aufl. Stuttgart: Wissenschaftliche Verlagsgesellschaft mbH, 1974
16 Robinson, E.; Robbins, R.C.: Gaseous nitrogen compound pollutants from urban and natural sources. Journ. Air Poll. Contr. Ass. Vol. 20 (1970) Nr. 5, 303/306
17 Smith, I.: Nitrogen oxides from coal combustion Rep. Nr. ICTIS/TR 10, London: IEA Coal Research 1980
18 Tirpak, D.A.: The role of nitrous oxide (N_2O) in global climate change and stratospheric ozone depletion. New Orleans: Joint symposium on stationary combustion NO_x control, 1987, paper 1 D
19 Kavanaugh, M.: Estimates of future CO, N_2O and NO_x-emissions from energy combustion Atm. Environment Vol. 21 (1987) Nr. 3, 463/468
20 Biffar, W. u.a.: Kein N_2O durch japanische Entstickungskatalysatoren. BWK Bd. 37 (1985) Nr. 12, 465
21 Jones, K.: Nitrogen in: Boular, J.C.: Comprehensive inorganic chemistry Vol. 2, Oxford u.a.: Pergamon Press, 1973
22 Hollemann, A.F.; Wiberg, E.: Lehrbuch der anorganischen Chemie. 81.–90. Aufl. Berlin: Walter de Gruyter, 1976
23 Mohry, H.; Riedel, H.-G.: Reinhaltung der Luft. Leipzig: VEB Deutscher Verlag für Grundstoffindustrie 1981
24 Calvert, S.; Englund, H.M.: Handbook of air pollution technology. New York u.a.: John Wiley & Sons
25 Umweltbundesamt (Hrgb.): Luftqualitätskriterien für photochemische Oxidantien. Berlin: Erich Schmidt, 1963
26 Böttger, A. u.a.: Atmosphärische Kreisläufe von Stickoxiden und Ammoniak. Ber. d. Kernforschungsanlage Jülich Nr. 1 558, Nov. 1978
27 Ullmanns Enzyklopädie der technischen Chemie. Chemie, Weinheim/Bergstr.
28 Kremer, H. u.a.: NO_x-Emissionen und Minderungsmaßnahmen von Gasfeuerungsanlagen im häuslichen, gewerblichen und industriellen Bereich. gwf-gas/erdgas Jg. 126 (1985) H. 10/11, 581/589
29 Biberacher, G. u.a.: Entstehung und Beseitigung von nitrosen Gasen in Flammen. Verfahrenstechnik 5 (1971) Nr. 3, 108/114
30 Forck, B.; Krüger, H.: Übersicht über Sekundärmaßnahmen in: NO_x-Minderungen bei Feuerungen, S. 64/69. Essen: VGB-Kraftwerkstechnik, 1984
31 Elshout, A.J. u.a.: Die oxidatie van stikstofmonoxide in rookpluimen Elektrotechniek 56 (1978) Nr. 6, 429/437
32 Aiman, W.R.: A critical test for models of the nitric oxide formation process in spark ignition engines. General Motors Research Laboratories Warren, Michigan
33 Lenner, M. et al.: The NO_2/NO_x ratio in emissions from gasoline-powered cars: High NO_2 percentage in idle engine measurements. Atm. Environment Vol. 17 (1983) Nr. 8, 1 395/1 398
34 Sommers, H. u.a.: Gasanwendung im Dienste des Umweltschutzes. DVGW-Schriftenreihe Gas Nr. 1, 5/22. ZfGW, Frankfurt sowie persönliche Mitteilung
35 First, M.; Viles, F.J.: Cleaning of stack gases containing high concentrations of nitrogen oxides. J. Air Poll. Control Ass. 21 (1971) Nr. 3, 122
36 Seinfeld, J.H.: Air pollution: physical and chemical fundamentals. New York: McGraw-Hill, Inc. 1975
37 Becker, K.-H.; Schurath, U.: Der Einfluß von Stickstoffoxiden auf atmosphärische Oxydationsprozesse. Staub-Reinhalt. Luft 35 (1975) Nr. 4, 156/161
38 Schurath, U.: Grundlagen der chemischen Kinetik von Gasen. In: Chemische und physikalische Reaktionen von Spurenstoffen in der Atmosphäre. Düsseldorf: VDI-Bildungswerk, 1984
39 Bruckmann, P.; Eynck, P.: Analyse der Bildung von Photooxidantien an der Meßstelle Essen-Süd. Schriftenr. Landesanstalt für Immissionsschutz d. Landes NW H. 49 (1979), 19/28

40 Becker, K.-H.: Stand der Untersuchungen über Reaktionen und Lebensdauer gasförmiger Stoffe in der Atmosphäre. VGB-Konferenz Kraftwerk u. Umwelt 1977, 50/59. Essen: VGB-Dampftechnik
41 Cotton, F.A.; Wilkinson, G.: Anorganische Chemie – eine zusammenfassende Darstellung für Fortgeschrittene – 3. Aufl. New York, London: Chemie Interscience Publishers
42 Biberacher, G. u.a.: Entstehung und Beseitigung von nitrosen Gasen in Flammen. Verfahrenstechnik 5 (1971) Nr. 3, 108/114
43 Shen, Ch.-H. et al.: Photochemical ozone formation in cyclohexenenitrogen dioxide – air mixtures. Environm. Science & Technology Vol. 11 (1977) Nr. 2, 151/158
44 Bottenheim, J.W. u.a.: Modeling study of seasonal effect on air pollution at 60 °N latitude. Environmental Science & Technology Vol. 11 (1977) Nr. 8, 802/808
45 Seinfeld, J.H.: Lectures in atmospheric chemistry AIChE Monograph Series Vol. 76, Nr. 12, New York: American Inst. of Chem. Engineers, 1980
46 Jones, C.L.; Seinfeld, J.H.: The oxidation of NO_2 to nitrate – day and night. Atm. Environment Vol. 17 (1983) Nr. 11, 2370/2373
47 Bruckmann, P.: Bildung von Säuren und Oxidantien durch Gasphasenreaktionen. VDI-Berichte Nr. 500 (1983), 21/33
48 Winer, A.M. u.a.: Gaseous nitrate radical: Possible nighttime atmospheric sink for biogenic organic compounds. Science Vol. 224 (1984), 156/159
49 Atkinson, R. u.a.: Kinetics and atmospheric implications of the gas-phase reactions of NO_3 radicals with a series of monoterpenes and related organics at 294 t 2K. Environ. Sci. Technol. Vol. 19 (1985) Nr. 2, 159/163
50 Graedel, T.E. u.a.: Kinetic studies of the photochemistry of the urban troposphere. Atmosph. Env. Vol. 10 (1976), 1 095/1 116
51 Hov, Ø. u.a.: Diurnal variations of ozone and other pollutants in an urban area. Atm. Environment Vol. 12 (1978), 2 469/2 479
52 Jacobs, J.; Hein, K.R.G.: Bedeutung des N_2O innerhalb der Stickoxidemissionen. VGB-Kraftwerkstechnik 68 (1988) H. 8, 841/843
53 MacKinnon, D.J.; Ingraham, T.R.: Minimiring NO_x pollutants from steam boilers. Journ. Air. Poll. Contr. Ass. Vol. 22 (1972) Nr. 6, 471/472
54 Perkins, H.C.: Air Pollution New York: McGraw-Hill Book Comp., 1974

1.8 Formelzeichen

G Gesamtstrahlung ($J/cm^2 min$), mit Pyranometer gemessen
ΔH Bildungswärme (kJ/mol)
j Photolysefrequenz (min^{-1}), auch Geschwindigkeitskonstante für pseudo-monokulare Reaktion
k Geschwindigkeitskonstante
M Dreierstoßpartner
p Druck (bar)
R Allgemeine Gaskonstante = 8,31 J/mol K
t Zeit
$t_{1/2}$ Halbwertszeit
T Absolute Temperatur
z Zenitwinkel der Sonne
φ Volumenverhältnis der NO_2-Konzentration zu Σ (NO, NO_2)-Konzentration

2 Entstehung der Stickstoffoxide in Verbrennungsprozessen

2.1 Übersicht zu den Bildungsmechanismen für Stickstoffmonoxid

Der im Brennstoff enthaltene, chemisch gebundene Stickstoff setzt sich während der Verbrennung teilweise zu Stickstoffmonoxid (NO) um. Wegen der Abhängigkeit dieser NO-Bildung von der Art des Brennstoffs spricht man vom Brennstoff-NO (fuel-NO). Zumindest formal besteht eine Analogie zum Schwefel der Brennstoffe, aus dem die Schwefeloxide (SO_2, SO_3) entstehen.

Daneben findet bei der Verbrennung eine ungewollte Nebenreaktion zwischen dem Stickstoff und Sauerstoff der Verbrennungsluft statt, die ebenfalls zur Bildung von Stickstoffmonoxid führt. Dieses thermische NO ist im starken Maße von der Prozeßtechnik abhängig. Bei der Verbrennung von Kohlenwasserstoffen kommt noch das prompte NO hinzu, das aus dem Luftstickstoff und Brennstoffradikalen entsteht. Somit existieren drei Mechanismen für die NO-Bildung beim Verbrennungsvorgang (Bild 2.1):

- Brennstoffabhängiges Stickstoffmonoxid, Brennstoff-NO
- Prozeßabhängiges, thermisches Stickstoffmonoxid
- Promptes Stickstoffmonoxid

Sie unterscheiden sich hinsichtlich der Stickstoffquelle (Luft- oder Brennstoffstickstoff) und des Orts der Reaktion (Flammenfront oder Nachreaktionszone). Eine weitere Übersicht zu den Bildungsmechanismen vermittelt Tabelle 2.1. Die nachstehende ausführliche Behandlung stellt den Chemismus der NO-Bildung in den Vordergrund. In der Regel geht man noch von

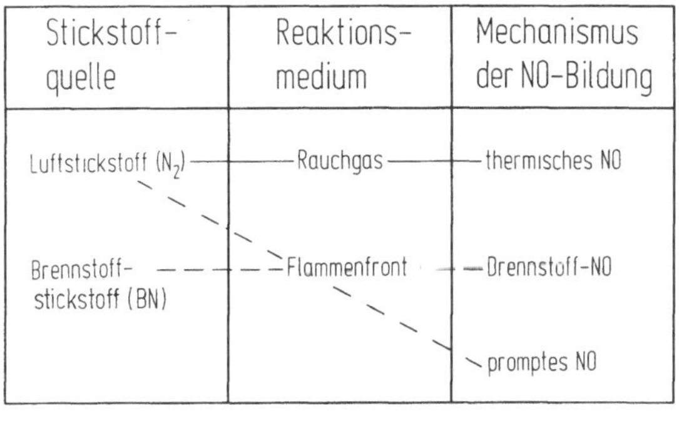

Stickstoff-quelle	Reaktions-medium	Mechanismus der NO-Bildung
Luftstickstoff (N_2)	Rauchgas	thermisches NO
Brennstoff-stickstoff (BN)	Flammenfront	Brennstoff-NO
		promptes NO

Bild 2.1. Mechanismen der Stickstoffoxid-Bildung bei Verbrennungsprozessen [1]

Tabelle 2.1. Entstehungsmechanismen für Stickstoffmonoxid in Verbrennungsprozessen

	Stickstoff-quelle	Ort der Entstehung	Reaktionen	Haupteinflußgrößen
Brennstoff NO	Brennstoff	Flammenfront	Brennstoff −N+ Kohlenwasserstoffradikal +Oxidator→NO	N-Gehalt d. Brennstoffs O_2-Konz. (Luftzahl) Verweilzeit (Temperatur >800 °C)
Thermisches NO	Luft	Rauchgase (Nachreaktionszone)	$O+N_2 \rightarrow NO+N$ $N+O_2 \rightarrow NO+O$ $N+OH \rightarrow NO+H$	Flammentemperatur >1300 °C Verweilzeit O_2-Konz. (Luftzahl)
Promptes NO	Luft	Flammenfront	z.B.: $N_2+CH \rightarrow HCN+N$	O_2-Konz. (Luftzahl) Temperatur

der additiven Überlagerung der drei Bildungsreaktionen aus. De Soete weist jedoch darauf hin, daß die Mechanismen in keiner Weise als völlig voneinander getrennt zu verstehen sind, also eine gegenseitige Beeinflussung vorhanden ist [1]. Ferner werden die physikalischen Vorgänge der Turbulenz und Diffusion, die die Kinetik der Reaktionen und damit die Größe der NO-Bildung beeinflussen, nicht behandelt.

2.2 Entstehung des Stickstoffmonoxids aus dem Stickstoff der Brennstoffe

2.2.1 Grundsätzliches zum Brennstoff-NO

Vor allem die flüssigen und festen Brennstoffe enthalten organisch gebundenen Stickstoff in Form zahlloser Stickstoffverbindungen. Während der Verbrennung wandeln sie sich in mehr oder minder großem Maße in Stickstoffmonoxid um. Stickstoffquelle ist hier also nicht die Luft, auch nicht der molekulare Stickstoff im Brennstoff – wie z.B. im niederländischen Erdgas vorhanden – sondern chemisch gebundener Stickstoff des Brennstoffs (kurz BN). Stark vereinfacht entsteht aus ihm unter Mitwirkung von Kohlenwasserstoffradikalen (CH) durch Reaktion mit einem Oxidator (OX) das Stickstoffmonoxid (NO):

$$BN+CH+OX \rightarrow NO+\ldots \tag{2.1}$$

Die Reaktionen laufen vergleichsweise schnell ab und setzen bereits bei relativ niedrigen Temperaturen von ca. 800 °C ein [2]. Das ist auf die gegenüber dem Stickstoffmolekül relativ geringen Bindungsenergien der Brennstoff-Stickstoff-Verbindungen zurückzuführen [1]:

- Dreifache Stickstoffbindung $N \equiv N$ 945 kJ/mol
- dreifache Kohlenstoff-Stickstoff-Bindung $C \equiv N$ 790 kJ/mol
- einfache Stickstoff-Kohlenstoff-Bindung $N-C$ } 400–500 kJ/mol
- einfache Stickstoff-Wasserstoff-Bindung $N-H$ }

Beim Verbrennungsvorgang erfolgt eine Aufspaltung des Brennstoff-Stickstoffs auf die flüchtigen Bestandteile und den Restkoks, die nachfolgend ausführlicher behandelt wird. Die NO-Bildung findet im wesentlichen in der Flammenfront (Oxidationszone) statt, kurz dahinter ist sie bereits beendet [1]. Die Erklärung des Mechanismuses der Brennstoff-NO-Bildung wird dadurch erschwert, daß bereits gebildetes NO wieder reduziert werden kann. Deshalb findet sich meist nicht der gesamte Stickstoff des Brennstoffs als NO im Abgas wieder. Diese Tatsache beschreibt quantitativ die Umwandlungsrate γ (Konversions-, Konvertierungsrate):

$$\text{Umwandlungsrate } \gamma = \frac{\text{in NO umgewandelter Stickstoff}}{\text{organisch gebundener Stickstoff}} \leqq 1 .$$

2.2.2 Stickstoffgehalt und weitere Brennstoffkenngrößen

2.2.2.1 Stickstoffgehalt

Kohlen und Heizöle enthalten neben Schwefel auch organisch gebundenen Stickstoff als weiteres, schadgasbildendes Element. Bei Kohlen liegt er hauptsächlich in aromatischen Strukturen wie Pyridin, Pyrol oder Aminen vor [3]. Jüngere Kohlen enthalten den Stickstoff aufgrund ihres höheren Anteils an Seitenketten eher aliphatisch gebunden [4].

Der Stickstoffgehalt der Steinkohlen kann zwischen 0,2 und 3,5 Masse-% (bezogen auf den wasser- und aschefreien Zustand, waf) liegen (Tabelle 2.2). Sehr stickstoffreich mit 1,8 – 3,5 % sind die Kohlen aus Kuznetsk (UdSSR) [5]. N-Gehalte >2 % haben z.B. Kohlen aus Warkworth (Australien, 2,8 %), Podscherra (UdSSR, 2,7 %) und Schottland (Großbritannien, 2,1 %). Deutsche Steinkohlen haben Werte von 0,4 – 1,7 %. Für Ruhrkohlen wird folgende, allerdings nicht sehr stark gesicherte Korrelation zu den Flüchtigen Bestandteilen angegeben [6]:

$$n_{waf} = 1{,}66 - 0{,}0025\,FB_{waf} . \tag{2.2}$$

Mit zunehmendem Heizwert steigt der Stickstoffgehalt deutscher und amerikanischer Kohlen an, wenn auch mit großer Streubreite [7, 8]. Brandt gibt folgende Beziehung an [8]:

$$n_{iroh} = 0{,}000909 + 0{,}000394\,H_u . \tag{2.3}$$

Bezogen auf den Heizwert ist damit die Stickstoffmasse der Kohlen mit 0,4 – 0,5 g/MJ nahezu konstant [9]. Rheinische Braunkohle hat mit 0,4 – 0,6 % (waf) einen auf den Heizwert bezogenen 30 – 40 % geringeren Stickstoffgehalt als Ruhrkohle. Grobe Näherungswerte für weitere feste Brennstoffe enthält Tabelle 2.2.

Der Stickstoffgehalt der Rohöle kann zwischen 0,01 und 1 % liegen, wobei etwa 0,1 – 0,2 % die Regel sind. Hoher Stickstoffgehalt tritt sehr oft gleichzeitig mit hohen Schwefelanteilen auf. Bei der Destillation der Rohöle bleiben wie beim Schwefel etwa 90 % des Stickstoffs im Rückstand d.h. im schweren Heizöl zurück. Der Stickstoffgehalt des nicht entschwefelten schweren Heizöles dürfte je nach

Tabelle 2.2. Anhaltswerte für den Stickstoffgehalt verschiedener fester Brennstoffe bezogen auf wasser- und aschefreien Zustand (waf)

Brennstoff	Stickstoff-gehalt n_{waf} in %
Steinkohlen	
Allgemein	0,2–3,5
Ruhr, allgemein	1,4–1,75
Ruhr, Mittel	1,5
Saar	1,2–1,3
Braunkohlen	
Allgemein	0,4–2,5
Rheinland	0,4–0,6
Helmstedt	0,4
DDR, Westelbe	0,8 und 0,9
DDR, Ostelbe	1,1
Österreich	1,2
Kohlenprodukte	
Steinkohlenkoks	1 –1,45
Steinkohlenbrikett	1,3–1,55
Braunkohlenkoks, rheinischer	0,6
Braunkohlenbrikett, rheinisches	0,6
Torf	0,7–3,4
Holz	0,1–0,3
Müll, kommunaler	?0,3–1,4?

Herkunft zwischen 0,1 und 0,8% schwanken. Marx gibt je nach Provenienz folgende Stickstoffgehalte an [10]:

Nordsee	0,11–0,18 %
Arabien und Afrika	0,22–0,3 %
Venezuela	0,35–0,44 %

Der Stickstoffgehalt des in Westeuropa verfeuerten Heizöles liegt zwischen 0,2–0,5 %. In den USA werden Heizöle mit $n > 0{,}3$ % als stickstoffreich angesehen [11]. Bei der direkten Entschwefelung des Heizöls S nimmt auch der Stickstoff um ca. 20–30 % ab [12]. In Japan verwendetes schweres Heizöl hat deshalb Stickstoffgehalte von 0,05–0,5 %. Leichtes Heizöl hat sehr niedrige Werte zwischen 0,005 und 0,07 %. Nach der neuesten Untersuchung lag der Stickstoffgehalt 1986 in der BRD zwischen 0,005 und 0,022 % (50–220 mg/kg) mit einem Mittel von 0,0135 % [13].

Erdgas enthält keinen organisch gebundenen Stickstoff. Die 12,6 Vol % molekularen Stickstoffs beim Erdgas L (Niederlande) und die 0,7 % N_2 beim Erdgas H sind ohne Bedeutung für die Bildung von Brennstoff-NO.

2.2.2.2 Weitere Brennstoff-Kenngrößen

Neuere Forschungsergebnisse zeigen, daß außer dem Stickstoffgehalt auch andere brennstoffspezifische Kenngrößen die Bildung des Brennstoff-NO beeinflussen.

Neben dem Heizwert der Reinkohle ($H_{u, waf}$) sind es zunächst die Flüchtigen Bestandteile. Die wasser- und aschefreie Kohle (waf, Reinkohle) besteht aus dem Tiegelkoks (fixer Kohlenstoff) und den Flüchtigen Bestandteilen. Darunter versteht man die beim Erhitzen fester Brennstoffe unter Luftabschluß gasförmig entweichenden Zersetzungsprodukte der organischen Brennstoffsubstanz [6].

Von japanischen und amerikanischen Brennerherstellern wurde der Begriff des „fuel ratio" als Verhältnis des fixen Kohlenstoffs zu den Flüchtigen Bestandteilen eingeführt ($FR = c_{fix}/FB$). Er soll bei Primärmaßnahmen besser als der Stickstoffgehalt die Umwandlung des Brennstoffstickstoffs in NO beschreiben. Einige Zahlenwerte für diese neue Brennstoffkenngröße seien genannt [14]:

Ruhrkohle:	
Anthrazit	>9
Magerkohle	4–9
Fettkohle	2,3–4
Ruhr- und Saarkohle:	
Gasflammkohle	1,5–2,3
Braunkohle:	0,7–1,5
Importkohlen für Japan	0,5–1,2

Als weitere für die NO-Bildung maßgebende Brennstoffgröße wird das Verhältnis Sauerstoff- zu Stickstoffgehalt o/n angesehen. Reidick gibt folgende Mittelwerte an [15]:

Anthrazit	1,9	Fettkohle	4,2
Magerkohle	2,1	Gaskohle	5,5
Eßkohle	3,1	Gasflammkohle	7

Aus dieser Aufstellung ist schon die Korrelation zwischen der Größe o/n und den Flüchtigen ersichtlich (vgl. auch [7]).

2.2.3 Stickstoffmonoxid aus den Flüchtigen Bestandteilen

Die Verbrennung der Kohle vollzieht sich in folgenden Schritten:

- Erwärmung
- Entgasung (Pyrolyse) und Zündung der Flüchtigen Bestandteile (FB)
- Verbrennung der Flüchtigen Bestandteile
- Restkoksverbrennung

Bei der Pyrolyse (Bild 2.2) wird unterhalb 800 °C der in den Seitenketten z.B. in Aminogruppen, oberhalb 800 °C der fester gebundene, heterozyklisch vorliegende Brennstoffstickstoff abgespalten [4]. Er findet sich gasförmig in den Flüchtigen Bestandteilen als Cyanide ($C \equiv N$, z.B. HCN, Blausäure) und Amine (N-H- und N-C-Bindungen) wieder. Die Oxidation zu NO erfolgt in homogenen Gasphasenreaktionen. Wie in Bild 2.3 dargestellt, wird wahrscheinlich die Blausäure (HCN) überwiegend durch OH zu Cyan- oder Isocyansäure (HNCO) oxidiert [16]. Durch Reaktion mit Wasserstoffatomen entstehen NH_i-Radikale, die mit O-Atomen oder OH-Radikalen NO bilden oder aber NO zu molekularem Stickstoff (N_2) reduzieren [16].

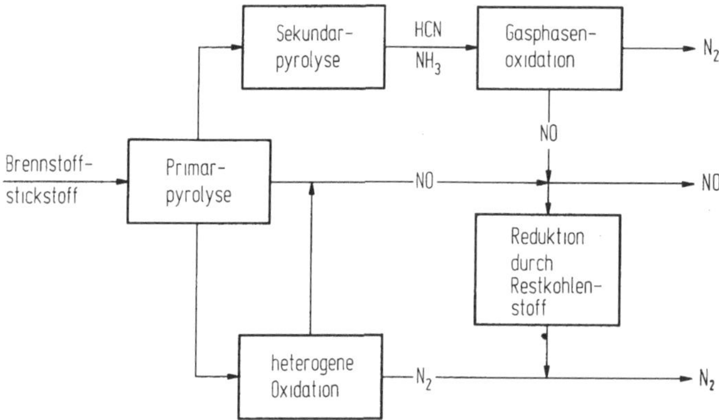

Bild 2.2. Schematische Darstellung des Mechanismus der NO-Bildung aus dem Stickstoff der Kohle [2]

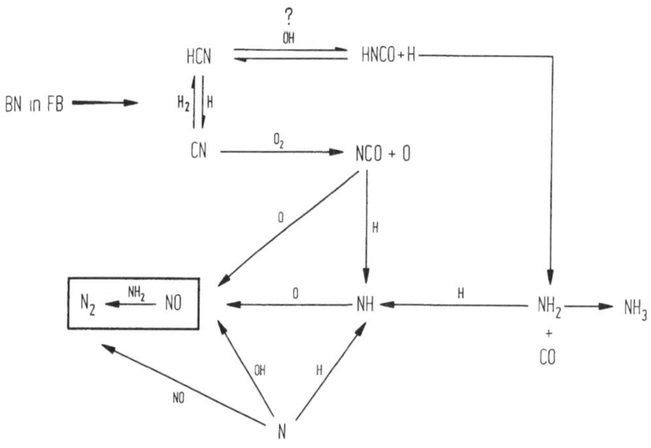

Bild 2.3. Reaktionen des Brennstoffstickstoffs der Flüchtigen Bestandteile [16]

Der Anteil des Brennstoffstickstoffs, der mit den Flüchtigen Bestandteilen freigesetzt wird, ist von der Kohleart und ihrem petrochemischen Aufbau, von der Pyrolyseendtemperatur und eventuell von der Aufheizgeschwindigkeit abhängig [9, 17]. Bei Braunkohlen und jüngeren Steinkohlen (hoher Gehalt an FB) geht bei gleicher Temperatur ein größerer Teil des Brennstoffstickstoffs in die Flüchtigen über als bei älteren Kohlen [9]. Pershing und Wendt stellten experimentell für zahlreiche Kohlesorten fest, daß etwa die Hälfte des Brennstoffstickstoffs mit den Flüchtigen austritt [18]. Der Anteil der früh, vor der Zündung austretenden Stickstoffverbindungen ist relativ gering; sie verbrennen jedoch partiell vorgemischt bei hoher Temperatur und Sauerstoffkonzentration [2, 9]. Umwandlungsraten bis zu 70 % sind denkbar [2]. Später, bei hohen Temperaturen finden sich bis zu 70 – 90 % des Brennstoffstickstoffs in den Flüchtigen wieder [3]. Die Umsetzung erfolgt nun wie in einer Diffussionsflamme bei niedrigen Sauerstoffgehalten; die Umwandlungsrate ist jetzt niedriger [2, 9].

Die Umwandlungsrate des Stickstoffs in den Flüchtigen Bestandteilen ist prinzipiell größer als beim Restkoks. Als Anhaltswert wird im Schrifttum oft angegeben, daß sie das 2,5-fache der Umwandlungsrate des Restkoksstickstoffs beträgt [9]. Wegen der Vielzahl einwirkender Parameter dürfte dieser Wert zu pauschal sein [9].

Der Anteil des NO aus dem „flüchtigen" Brennstoffstickstoff ist bei Luftmangel ($\lambda < 1$) nach Phong-Anant et al. 10–40 % [19]. Bei Trockenfeuerungen dürfte er zwischen 60 und 80 % liegen [19, 20]. Paersch gibt für Rostfeuerungen mit hochflüchtiger Kohle 70 %, für niederflüchtige 40 % an [21].

2.2.4 Stickstoffmonoxid-Bildung aus dem Restkoks

Die Bildung von NO aus dem im Restkoks verbleibenden Brennstoffstickstoff ist naturgemäß auf die Kohleverbrennung beschränkt. Über die ablaufenden Vorgänge liegen bisher nur wenige Erkenntnisse vor.

Für die heterogene Umsetzung sind die chemischen Reaktionen der stickstoffhaltigen Komponenten *und* die Diffusion maßgebend. Nach Song erfolgt die Oxidation des Kohlenstoffs und Stickstoffs nicht selektiv [22]. Sie verläuft langsamer als bei den Flüchtigen Bestandteilen und ist auch weniger temperaturabhängig [2]. Bei unterstöchiometrischer Verbrennung liegt die Umwandlungsrate nach Pohl bei weniger als 10 %; bei Luftüberschuß erreicht sie Werte bis 30 oder 50 % [18, 19]. Die NO-Konversion ist damit niedriger als bei der Gasphasenreaktion.

Wegen des geringen Einflusses der Verbrennungsparameter auf die NO-Bildung aus dem Restkoks wird vermutet, daß dadurch eine untere Grenze für die Höhe des NO-Gehaltes festgelegt ist [2].

2.2.5 Heterogene Reduktion des Stickstoffoxids

Unter geeigneten Bedingungen kann bei der Verbrennung von Kohlenstaub bereits gebildetes NO (auch thermisches) während des Ausbrandvorganges wieder zu Stickstoff reduziert werden. Als Ursache sind homogene Umsetzungen, vor allem aber heterogene Gas-Feststoff-Reaktionen anzusehen [1, 23]. Erst seit 1978 kennt man diese Reduktionen an Kohle-, Ruß-, Koks- und Aschepartikeln; an der Kohlenstoffoberfläche können sie wie folgt ablaufen [1, 23]:

$$2NO + C \rightarrow CO_2 + N_2 \tag{2.4}$$

$$2NO + 2C \rightarrow 2CO + N_2 \tag{2.5}$$

Gleichung 2.5 ist erst bei Temperaturen > 700 K von Bedeutung; die Geschwindigkeit der NO-Zersetzung ist zwischen 900 bis 1 300 K kinetisch, ab etwa 1 300 K durch die Diffusion bestimmt [9]. Neben dieser direkten Umwandlung (Bild 2.4), die auch nach

$$2NO + 2CO \rightarrow 2CO_2 + N_2 \tag{2.6}$$

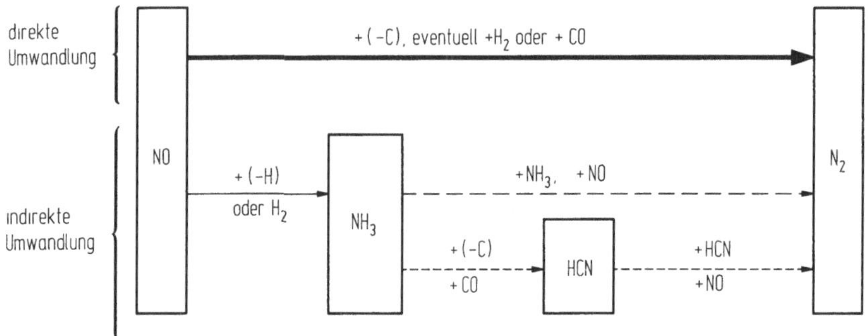

Bild 2.4. Heterogene Reduktion des Stickstoffmonoxids [1]

erfolgen kann [23], gibt es noch den indirekten Reduktionsweg über Ammoniak (NH_3) und Blausäure (HCN, Bild 2.4). Bei Anwesenheit von Wasserstoff (H_2, H) wird Ammoniak gebildet [1], aus dem NH_2 entsteht [23]:

$$NH_3 + OH \rightarrow NH_2 + H_2O \quad (2.7)$$

NH_2 reduziert NO gem. folgender Gleichung [23]:

$$NO + NH_2 \rightarrow H_2O + N_2 . \quad (2.8)$$

Die Vorgänge bei der NO-Zersetzung in technischen Kohleflammen sind noch nicht geklärt. Ihre Erforschung hat erst in den letzten Jahren begonnen. Vielen feuerungstechnischen Maßnahmen (Primär-) zur NO_x-Minderung liegt eine Beeinflussung der NO-Reduktion am Kohlenstoff zugrunde [9].

2.2.6 Einflußgrößen auf die Umwandlungsrate

Die voranstehenden Ausführungen zeigen, daß die Bildung des Brennstoff-NO durch verschiedene Vorgänge und Parameter beeinflußt wird, die nicht voneinander unabhängig sind. In einer ingenieursmäßigen Betrachtungsweise wird hier die Abhängigkeit der Umwandlungsrate (s. Abschn. 2.2.1) von den wesentlichen Größen Stickstoffgehalt, Brennstoffkenngrößen, Temperatur und Luftzahl kurz dargestellt:

- *Stickstoffgehalt*
  Viele Messungen insbesondere auch an Schwerölfeuerungen, zeigen, daß die NO-Konzentration nicht linear mit dem Stickstoffgehalt der Brennstoffe zunimmt, d.h. die Umwandlungsrate γ wird mit zunehmendem Stickstoffanteil kleiner. Bild 2.5 veranschaulicht diese generelle Tendenz. Die Abweichungen davon können beachtlich sein; van Heek und Mühlen bezweifeln diese Korrelation für Kohlen [4]. Neueste Ergebnisse von Schulz zeigen aber eine deutliche Abnahme der Umwandlungsrate mit von 0,8 auf 1,84 % steigendem Stickstoffgehalt der Kohlen [17].
- *Weitere Brennstoffkenngrößen*
  Nach sowjetischen Untersuchungen ist die Umwandlungsrate proportional dem Heizwert der Reinkohle ($H_{u,\,waf}$) und der Flüchtigen Bestandteile

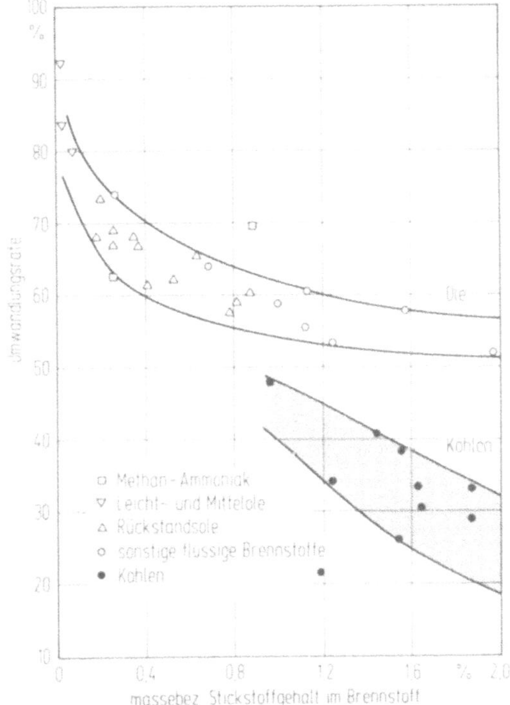

Bild 2.5. Umwandlungsrate in Abhängigkeit vom Stickstoffgehalt der Brennstoffe [15]

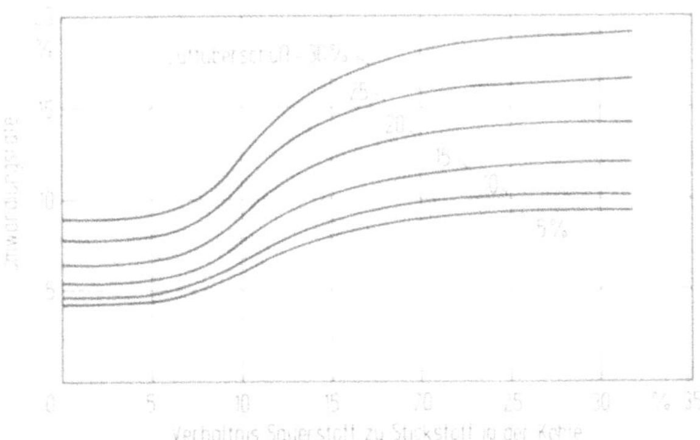

Bild 2.6. Umwandlungsrate bei Tangentialfeuerung in Abhängigkeit des o/n-Wertes und dem Luftüberschuß [24]

($H_{u,\ FB}$) [9]. Nach Schulz steigt die Umwandlungsrate mit den Flüchtigen an [17].

Die Abhängigkeit der Umwandlungsrate vom o/n-Wert und der Luftzahl λ gibt Reidick im Bild 2.6 für Staubfeuerungen mit Tangentialbrennern (Strahl-) an [26]. Auf die Korrelation zwischen o/n-Zahl und Flüchtige Bestandteile sei in diesem Zusammenhang verwiesen.

Das „fuel ratio" FR (c_{fix}/FB) scheint vor allem bei Anwendung der Primärmaßnahme „Luftstufung" (vgl. Abschn. 5.2) von Bedeutung zu sein. Dann nimmt die NO-Bildung mit FR zu.

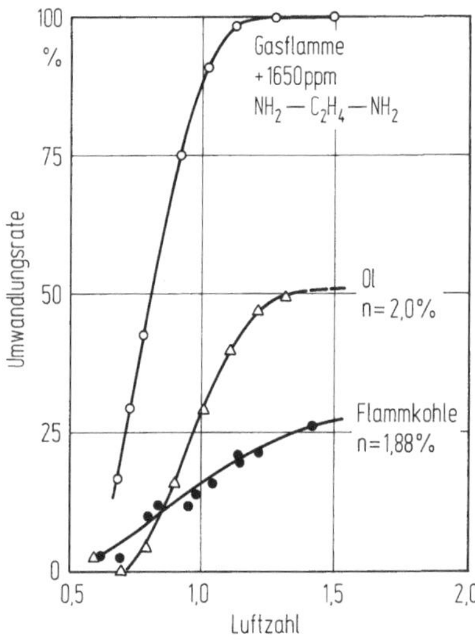

Bild 2.7. Abhängigkeit der Umwandlungsrate von der Brennstoffart und Luftzahl [2]

– *Luftzahl*
Eine sehr wichtige Einflußgröße ist die Luftzahl. Bild 2.7 zeigt beispielhaft ihre Bedeutung im unter- und nachstöchiometrischen Bereich. Für eine Versuchsfeuerung mit Kohlenstaub gibt Zelkowski eine Zunahme der Umwandlungsrate mit dem Quadrat der O_2-Konzentration für $O_2 < 6$ % an [9]. Nach den Ausführungen in Abschn. 2.2.3 ist nicht nur die mittlere, sondern vor allem die örtliche Luftzahl maßgebend.

– *Temperatur*
Brennstoff-NO entsteht schon bei im Vergleich zum thermischen NO niedrigen Temperaturen; als auslösende Temperaturschwelle werden genannt:

Tumanovskij, A.G. u.a. (Vanilin-Zusatz [63])	500 °C
Babij et al. (Staubflamme [9])	680 °C
Reidick (Trockenfeuerung [24])	800 °C
Pohl; Dusat [25]	1 150 °C

Nach Zelkowski ist der Temperatureinfluß zunächst recht stark; bei höherer Temperatur stabilisiert sich die NO-Bildung auf hohem Niveau [9]. Aufgrund von Messungen in einer Laborbrennkammer ist für Trockenfeuerungen mit $\lambda < 1{,}4$ die Umwandlungsrate [9]

$$\gamma \sim \sqrt[3]{T - 1\,025}$$

In Tabelle 2.3 sind sehr grobe Anhaltswerte für die Umwandlungsrate von Feuerungen ohne Primärmaßnahmen angegeben. Diese Zahlen sowie die voranstehenden Erläuterungen zur Bildung des Brennstoff-NO können nur Hinweise zu einem qualitativen Verständnis der Vorgänge sein, die im einzelnen und wegen ihrer wechselseitigen Beziehungen nicht vollständig geklärt sind. Eine exakte Vorausberechnung des brennstoffbedingten NO auf der Grundlage wissenschaftlicher Zusammenhänge ist z.Z. nicht möglich, man behilft sich – wie so häufig in der Technik – mit ingenieurmäßigen, aus der Erfahrung hergeleiteten Abschätzungen.

Tabelle 2.3. Grobe Anhaltswerte für die Umwandlungsrate γ

	Umwandlungsrate γ
Steinkohle	
Staubfeuerungen	0,1 – 0,6
Rostfeuerungen	0,08 – 0,2
Braunkohle	
Trockenfeuerungen	0,1 – 0,3
Rostfeuerungen	
Müll, kommunaler	0,07 – 0,12
Wirbelschichtfeuerung (atmosph.)	
Statisch	0,1 – 0,3
Zirkulierend	~0,025[a]
Heizöl S, europäisch	0,4 – 0,5
Heizöl EL, Kerosin	0,85 – 1

[a] mit Primärmaßnahmen

2.3 Thermisches Stickstoffmonoxid

2.3.1 Betrachtung der Bruttoreaktion

Stickstoffmonoxid (NO) entsteht aus den Elementen Stickstoff (N_2) und Sauerstoff (O_2) gem.

$$N_2 + O_2 \underset{k_{-9}}{\overset{k_9}{\rightleftharpoons}} 2NO \quad \Delta H = 90{,}37 \text{ kJ/mol}\,. \tag{2.9}$$

Die Bildungswärme für das Mol NO beträgt also bei dieser stark endothermen Reaktion 90,37 kJ. Diese NO-Entstehung ist *nicht* an den Verbrennungsvorgang geknüpft, sondern läuft auch in Luft bei entsprechender Energiezufuhr durch elektrische Entladung (Lichtbogen) ab, weshalb sie auch Heißluftreaktion genannt wird. Als sog. Luftverbrennung diente sie früher der großtechnischen Herstellung von NO, das weiter zu Salpetersäure verarbeitet wurde (Verfahren nach Birkeland-Eyde, Schönherr oder Pauling). Aus (2.9) erhält man die NO-Bildungsrate zu

$$\frac{d(NO)}{dt} = k_9(N_2)(O_2) - k_{-9}(NO)^2\,. \tag{2.10}$$

Für die Geschwindigkeitskonstanten der Hin- bzw. Rückreaktion gilt nach Ammann und Timmins (1966) [26]:

$$k_9 = 9{,}1 \cdot 10^{24} T^{-2{,}5} \exp\left(-\frac{538000}{RT}\right) \tag{2.11}$$

$$k_{-9} = 4{,}8 \cdot 10^{23} T^{-2{,}5} \exp\left(-\frac{358000}{RT}\right). \tag{2.12}$$

Etwas andere Ausdrücke findet man bei Pattas und Häfner [27].

Bei unendlich langer Reaktionszeit stellt sich das thermodynamische Gleichgewicht ein d.h. d(NO)/dt=0. Aus (2.10) erhält man für die NO-Konzentration bei diesem Zustand:

$$(NO)=\left(\frac{k_9}{k_{-9}}\right)^{1/2}(N_2)^{1/2}(O_2)^{1/2}. \tag{2.13}$$

Für die Gleichgewichtskonstante K_G ergibt sich mit (2.11) und (2.12) die Beziehung (n. [31], geringfügig andere Zahlenwerte bei [26, 27]):

$$K_{G,14}=\frac{k_9}{k_{-9}}=21{,}3\exp\left(-\frac{180300}{RT}\right). \tag{2.14}$$

Die Gleichgewichtskonzentrationen für NO lassen sich für bestimmte N_2- und O_2-Gehalte (z.B. Luft) in Abhängigkeit von der Temperatur berechnen. Wolfrum gibt z.B. für den Verbrennungsmotor folgende Werte an [28]:

T in K	(NO) in ppm
500	0,001
1 000	35
1 500	1 300
2 000	8 000
2 500	24 000

Die NO-Bildung nimmt danach bei sonst gleichen Parametern exponentiell mit der Temperatur zu. Die maximale in einer Feuerung auftretende Temperatur wird adiabate Verbrennungstemperatur genannt; sie hängt vom Heizwert, der Luftzahl und der Vorwärmung der Verbrennungsluft ab. Für Erdgas H ist sie in Bild 2.8 dargestellt; gleichzeitig eingetragen ist die NO-Gleichgewichtskonzentration bei der adiabaten Verbrennungstemperatur. Bild 2.9 enthält für einen Otto-Motor ebenfalls die Gleichgewichtskonzentration bei der maximalen Temperatur. In beiden Fällen sind sie sehr hoch. Sie werden durch die tatsächlich gemessenen Konzentrationen nicht erreicht (Bild 2.9), da in den Brennräumen nicht genügend Zeit zur Einstellung des Gleichgewichts vorhanden ist. Im folgenden Beispiel ist die zur Bildung von 500 ppm NO notwendige Zeit sowie die Gleichgewichtskonzentration angegeben (Gemisch aus 75 % N_2 und 3 % O_2 [61]):

Temperatur °C	Zeit in s für 500 ppm	Gleichgewichts-konzentration ppm
1 315	1 370	550
1 540	16,2	1 380
1 760	1,1	2 600
1 980	0,117	4 150

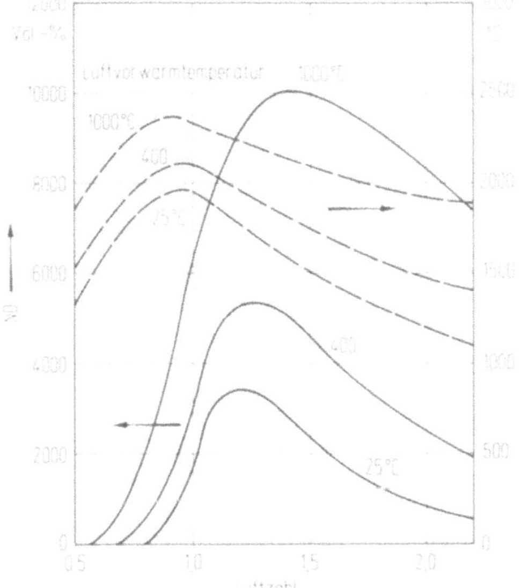

Bild 2.8. Berechnete adiabate Flammentemperaturen und NO-Gleichgewichtskonzentrationen in Vormischflammen bei der Erdgasverbrennung [2]

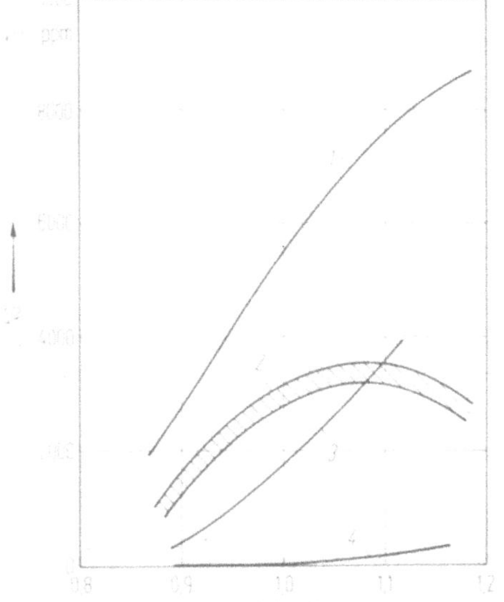

Bild 2.9. Berechnete NO-Gleichgewichtskonzentration und gemessene NO-Gehalte für den Ottomotor [29]. **1** Gleichgewichtskonzentration bei Maximaltemperatur; **2** Gemessene NO-Konzentrationen; **3** Gleichgewichtskonzentration bei der Temperatur am Verbrennungsende; **4** Gleichgewichtskonzentration bei der Abgastemperatur

Bei einer für Feuerungen realistischen Verweilzeit von 1 s und einer Temperatur von 1 760 °C entstehen nicht 2 600 ppm sondern 500 ppm.

Allerdings entsprechen die tatsächlichen NO-Gehalte auch nicht der Gleichgewichtskonzentration bei der Abgastemperatur (Bild 2.9). Mit zunehmender Abkühlung müßte sich eigentlich in (2.9) die Rückreaktion, d.h. der Zerfall des NO bemerkbar machen. Bei Abgastemperaturen $<1\,000$ K wären NO-Gehalte <35 ppm zu erwarten, was nach Bild 2.9 nicht der Fall ist. Die Geschwindigkeit der Einstellung des Gleichgewichts ist bei niedrigen Temperaturen zu klein; die Gleichgewichtszusammensetzung höherer Temperaturen bleibt erhalten. Man spricht vom „Einfrieren" des Gleichgewichtszustandes. Stickstoffmonoxid ist somit in Bezug auf den Zerfall in seine Elemente *thermodynamisch* instabil; seine Stabilität bei niedrigen Temperaturen ist also kinetisch bedingt, was als Metastabilität bezeichnet wird.

2.3.2 Zeldovich-Mechanismus

Stoßwellenexperimente mit Luft haben ergeben, daß eine direkte Reaktion von N_2- mit O_2-Molekülen auch bei Temperaturen bis 6 000 K nicht stattfindet [28]. Die Oxidation des Stickstoffs läuft also nicht nach der einfachen Bruttoreaktion (2.9) ab; sondern besteht aus einer Reihe von Elementarreaktionen, wobei nicht molekularer, sondern atomarer Sauerstoff mit dem N_2-Molekül reagiert. Zeldovich gab 1946 erstmals den Mechanismus der NO-Bildung an [30]:

$$O_2 + M \underset{k_{-15}}{\overset{k_{15}}{\rightleftarrows}} 2O + M \tag{2.15}$$

$$N_2 + O \underset{k_{-16}}{\overset{k_{16}}{\rightleftarrows}} NO + N \tag{2.16}$$

$$N + O_2 \underset{k_{-17}}{\overset{k_{17}}{\rightleftarrows}} NO + O \tag{2.17}$$

M ist ein Stoßpartner z.B. N_2 oder Argon, der lediglich der Energieabfuhr dient. Die Reaktion des atomaren Sauerstoffs mit dem Stickstoffmolekül in (2.16) ist als langsamste für die NO-Bildung geschwindigkeitsbestimmend.

Bei Verbrennung unter Luftmangel (Otto-Motor) oder in brennstoffreichen Zonen der Flammen muß auch die Reaktion

$$N + OH \underset{k_{-18}}{\overset{k_{18}}{\rightleftarrows}} NO + H \tag{2.18}$$

berücksichtigt werden. Die Gleichungen (2.15–2.18) bezeichnet man häufig als „erweiterten Zeldovich-Mechanismus". Aus (2.16–2.18) folgt für die NO-Bildungsgeschwindigkeit [18, 31]:

$$\begin{aligned}\frac{d(NO)}{dt} = {} & k_{16}(N_2)(O) + k_{17}(N)(O_2) + k_{18}(N)(OH) \\ & - k_{-16}(N)(NO) - k_{-17}(NO)(O) - k_{-18}(NO)(H)\end{aligned} \tag{2.19}$$

In anderer Schreibweise lautet sie:

$$\begin{aligned}\frac{d(NO)}{dt} = {} & k_{16}(N_2)(O) - k_{-17}(NO)(O) - k_{-18}(NO)(H) \\ & + (N)\{k_{17}(O_2) + k_{18}(OH) - k_{-16}(NO)\}.\end{aligned} \tag{2.20}$$

Für Bildung und Abbau des atomaren Stickstoffs N ergibt sich entsprechend:

$$\frac{d(N)}{dt} = k_{16}(N_2)(O) + k_{-17}(NO)(O) + k_{-18}(NO)(H)$$
$$-k_{-16}(N)(NO) - k_{17}(N)(O_2) - k_{18}(N)(OH). \quad (2.20a)$$

Die den atomaren Stickstoff betreffenden Reaktionen laufen um eine Größenordnung schneller ab als die der NO-Bildung, weshalb die Annahme eines quasistationären Gleichgewichts für N berechtigt ist. Mit $d(N)/dt = 0$ erhält man aus (2.20a):

$$(N) = \frac{k_{16}(N_2)(O) + k_{-17}(NO)(O) + k_{-18}(NO)(H)}{k_{-16}(NO) + k_{17}(O_2) + k_{18}(OH)}. \quad (2.21)$$

Ersetzt man (N) in (2.20) durch (2.21), so erhält man eine Bildungsgleichung für (NO) in Abhängigkeit von den Konzentrationen von N_2, O, H, O_2 und OH, die zu ihrer Berechnung die Kenntnis des detaillierten Reaktionsmechanismus des Verbrennungsvorganges voraussetzen. Cremer benötigt zur rechnerischen Erfassung der Methan-Oxidation 44 Elementarreaktionen mit 20 Komponenten [32]. Pischinger verwendet für die motorische Verbrennung 19 Reaktionen [29]. Eine erhebliche Vereinfachung ergibt sich, wenn man die rein überstöchiometrische Verbrennung $\lambda > 1$ betrachtet, d.h. (2.18) vernachlässigt. Mit $k_{18} = k_{-18} = 0$ folgt aus (2.20) und (2.21):

$$\frac{d(NO)}{dt} = 2\frac{k_{16}(N_2)(O)}{1 + \frac{k_{-16}(NO)}{k_{17}(O_2)}} - 2\frac{\frac{k_{-17}k_{-16}}{k_{17}}\frac{(NO)^2(O)}{(O_2)}}{1 + \frac{k_{-16}(NO)}{k_{17}(O_2)}} \quad (2.22)$$

Mit der Annahme, daß $(O_2) \gg (NO)$ ist, erhält man die folgende Beziehung für die NO-Bildungsrate:

$$\frac{d(NO)}{dt} = 2k_{16}(N_2)(O) - 2\frac{k_{-17}k_{-16}}{k_{17}}(NO)^2(O_2)^{-1}(O). \quad (2.23)$$

Vernachlässigt man wegen der kurzen Verweilzeiten die Rückreaktionen in (2.16) und (2.17) ($k_{-16} = k_{-17} = 0$) oder sieht in (2.23) den negativen Term (NO-Reduktionsgeschwindigkeit) wegen der relativ niedrigen NO-Gehalte als klein an, dann ergibt sich die oft genannte, einfache Gleichung:

$$\frac{d(NO)}{dt} = 2k_{16}(N_2)(O). \quad (2.24)$$

Für die Geschwindigkeitskonstante k_{+16} gilt [31]:

$$k_{+16} = 7{,}6 \cdot 10^{13} \exp\left(-\frac{316000}{RT}\right). \quad (2.24a)$$

Die Angaben für den Vorfaktor schwanken allerdings zwischen 5 und 14 [28, 31, 43, 54]. Die Geschwindigkeitskonstante nimmt von etwa 0 bei 1 600 K auf $8 \cdot 10^{-5}\ cm^3\ mol^{-1} s^{-1}$ bei 2 050 K zu [31]. Wegen der starken Temperaturabhängigkeit der (2.24) wird dieser Mechanismus der NO-Bildung als „thermisch" bezeichnet.

In (2.23) und (2.24) ist die O-Konzentration unbekannt. Zeldovich ging von einem Gleichgewicht zwischen atomaren und molekularem Sauerstoff in (2.15) aus:

$$(O) = K_{G,15}\sqrt{(O_2)}. \tag{2.25}$$

Damit erhält man für (2.23) und (2.24) die häufig angegebenen Beziehungen:

$$\frac{d(NO)}{dt} = k_{23}(N_2)(O_2)^{1/2} - k_{-23}(NO)^2(O_2)^{-1/2} \tag{2.26}$$

$$\frac{d(NO)}{dt} = 2k_{+16}K_{G,15}(N_2)(O_2)^{1/2}. \tag{2.27}$$

Für die Konstanten in (2.27) sei folgende Gleichung genannt ([33], etwas unterschiedlich in [31]):

$$2k_{16}K_{G,15} = 5{,}74 \cdot 10^{14} \exp\left(-\frac{560000}{RT}\right). \tag{2.27a}$$

Die Annahme des einfachen Gleichgewichts des nur aus der Dissoziation stammenden atomaren Sauerstoffs führt zu ungenügenden Ergebnissen [1]. Bessere Resultate soll die Annahme partiellen Gleichgewichts für die folgenden Reaktionen liefern [1,25]:

$$H + O_2 \rightarrow OH + O \tag{2.28}$$

$$O + H_2 \rightarrow OH + H \tag{2.29}$$

$$H_2 + OH \rightarrow H_2O + H \tag{2.30}$$

$$2OH \rightarrow H_2O + O \tag{2.31}$$

$$CO + OH \rightarrow CO_2 + H \tag{2.32}$$

Aus (2.28 – 2.31) erhält de Soete die Beziehung [1]:

$$(O) = K_{G,28} \cdot K_{G,30} \cdot (H_2)(O_2)(H_2O)^{-1} \tag{2.33}$$

die in (2.24) einzusetzen ist.

Hingegen geben Pohl u.a. ausgehend von den (2.28) und (2.32) die Beziehungen an [25]:

$$(O) = K_{G,28} \cdot K_{G,32}(O_2)(CO)(CO_2)^{-1}. \tag{2.34}$$

Weitere Gleichungen für die NO-Bildungsrate findet man in [1, 25, 26, 31, 33].

Trotz der großen Fortschritte in der Erkenntnis der Bildung des thermischen NO, die in den vergangenen 15 Jahren erzielt wurden, ist eine exakte Vorausberechnung unter Berücksichtigung aller Einflußgrößen sowie der Turbulenz und Diffusion noch nicht möglich [25, 62].

2.3.3 Weitere Reaktionsmechanismen

Neben dem erweiterten Zeldovich-Mechanismus sind weitere zusätzliche Reaktionen für den Ablauf der Bildung des thermischen NO angegeben worden. 1966 nannten Ammann und Timmins und später andere Verfasser die unmittelbare Reaktion zwischen atomarem Stickstoff und Sauerstoff [26,28,34]:

$$N + O + M \rightleftarrows NO + M\,. \qquad (2.35)$$

Es handelt sich um einen Dreierstoß, der relativ selten auftritt [27]; auch Allen beurteilt die Bedeutung dieser Reaktion sehr skeptisch.

Oft wird auch ein Mechanismus mit Distickstoffoxid (N_2O) als Zwischenprodukt angegeben [28, 35, 43]

$$N_2 + O + M \rightarrow N_2O + M \qquad (2.36)$$

$$N_2 + OH \rightarrow N_2O + H \qquad (2.37)$$

$$N_2 + O_2 \rightarrow N_2O + O \qquad (2.38)$$

$$N_2O + O \rightarrow 2NO\,. \qquad (2.39)$$

Obwohl eher für die Erklärung der NO-Bildung in Verbrennungsmotoren formuliert, soll dieser Mechanismus auch bei Feuerungen (Luftüberschuß) bei niedrigen Temperaturen auftreten. Nach Wolfrum ist er bei Temperaturen $<1\,500$ K von Bedeutung [28]. Angaben über die Geschwindigkeitskonstanten finden sich z.B. bei Seinfeld [26], Wolfrum [28] und Pattas und Häfner [27].

2.3.4 Betrachtung der Haupteinflußgrößen

Die Bildung des thermischen NO in Feuerungen und Motoren hängt von einer Fülle von konstruktiven und betrieblichen Parametern ab (vgl. Kap. 3,4 und Abschn. 5.2). Ihr Einfluß läßt sich jedoch immer auf die drei maßgebenden Größen

- Verbrennungstemperatur
- Verweilzeit bei dieser Temperatur
- Sauerstoffangebot

zurückführen.

Eine merkliche NO-Bildung setzt erst ab Temperaturen von etwa 1 300 °C ein. Sie steigt dann exponentiell an (Bild 2.10), erreicht ein Maximum und nimmt danach wegen der Dissoziation wieder ab. Der Verlauf der NO-Bildung in Bild 2.10 wurde experimentell bei einer Verweilzeit von ca. 8 sec aufgenommen. Bei 1 600 °C beträgt die Konzentration 400 ppm; als Maximum erreicht sie 12 400 ppm bei 1 950 °C [36]. Ab 2 025 °C existiert kein NO mehr unter diesen Versuchsbedingungen [36]. Eine Herabsetzung der maximalen Verbrennungstemperatur von 2 000 °C auf 1 857 °C, also um knapp 150 K, bewirkt rechnerisch eine Senkung des NO-Gehalts auf weniger als ein Fünftel [2]. Maßgebend ist nicht die mittlere, sondern die örtlich auftretende, maximale Verbrennungstemperatur. Bild 2.11 zeigt den Einfluß der Überschreitung des Temperaturmittels $\bar{T}$ um

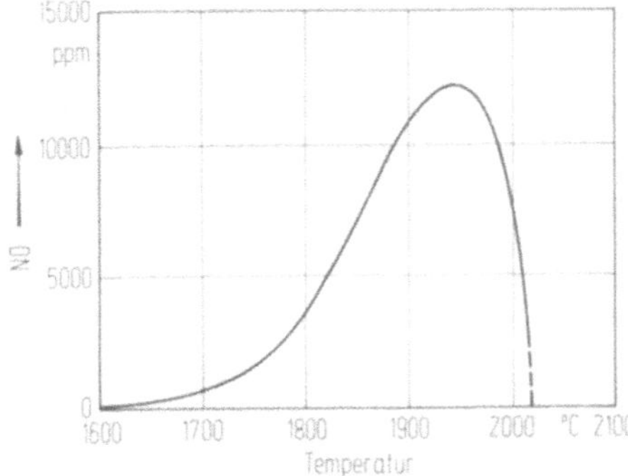

Bild 2.10. Gemessene NO-Bildung in Abhängigkeit von der Flammentemperatur (Luftverhältnis und Verweilzeit konstant, n. [36])

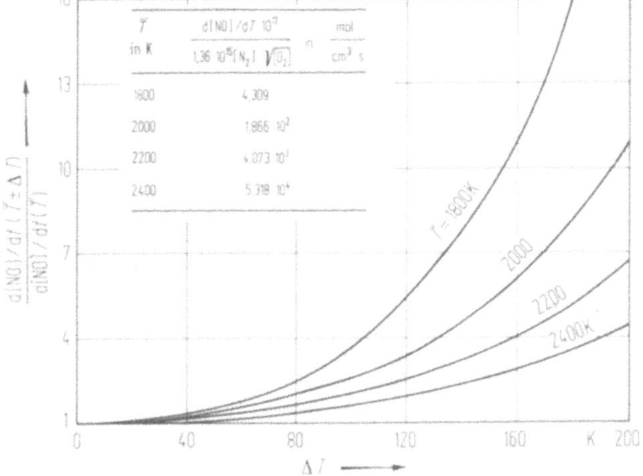

$\bar{T}$ in K	$\frac{d[NO]/dT \cdot 10^{17}}{1{,}36 \cdot 10^{16}[N_2]\sqrt{[O_2]}}$ in $\frac{mol}{cm^3\,s}$
1800	4,309
2000	$1{,}866 \cdot 10^2$
2200	$4{,}073 \cdot 10^3$
2400	$5{,}318 \cdot 10^4$

Bild 2.11. Einfluß der Abweichung ΔT von der mittleren Temperatur $\bar{T}$ auf die Bildungsgeschwindigkeit des thermischen Stickstoffmonoxids [2]

ΔT auf die NO-Bildungsgeschwindigkeit d(NO)/dt. Er ist um so stärker, je niedriger die mittlere Temperatur $\bar{T}$ ist.

Die Bedeutung der Verweilzeit bei der maximalen Verbrennungstemperatur zeigt wiederum aufgrund von Labormessungen Bild 2.12. Deutlich ersichtlich ist das rapide Ansteigen des NO-Gehaltes mit der Verweildauer, bis nach ca. 5 s der Gleichgewichtszustand erreicht ist. Allerdings liegen die tatsächlichen Verweilzeiten in der Praxis zwischen 0,01 und 1 s. Rechnungen nach dem Zeldovich-Mechanismus ergeben, daß bei Erdgasfeuerungen ($\lambda = 1{,}05$) bereits nach etwa 0,3 s die NO-Bildung abgeschlossen ist [2].

Aus (2.24) in Verbindung mit (2.33) oder (2.34) folgt eine lineare Zunahme der NO-Bildungsrate mit dem O_2-Gehalt; nach (2.27) nimmt sie mit der Wurzel aus dem Sauerstoffpartialdruck zu. McKinnon bestätigt letzteres aufgrund seiner experimentellen Untersuchungen [36]. Auch hier ist wiederum der örtliche Sauerstoffgehalt, nicht der Mittelwert maßgebend. Die Abhängigkeit der NO-Konzentration von der Luftzahl λ geht aus Bild 2.8 hervor. Sie ist durch

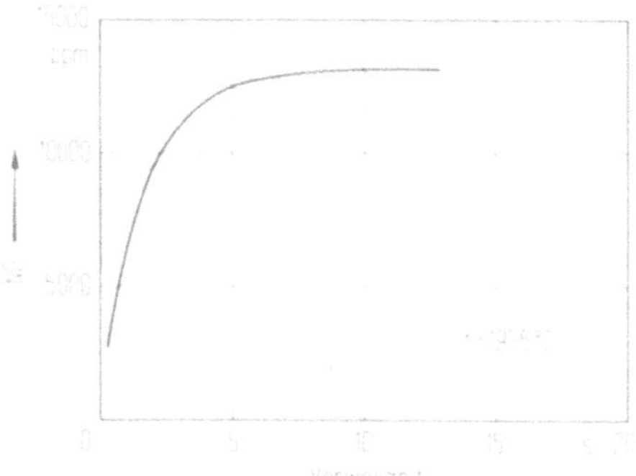

Bild 2.12. Gemessener Einfluß der Verweilzeit auf die Bildung des thermischen Stickstoffoxids [36]

Sauerstoff- *und* Temperatureinfluß bedingt. Mit zunehmendem Sauerstoffangebot und auch höherer Temperatur steigt bei $\lambda < 1$ der NO-Gehalt an. Nach einem Maximum fällt er mit der Luftzahl λ stark ab, da die Verbrennungstemperatur geringer wird. Das Maximum ist stark ausgeprägt bei Vormischflammen (Otto-Motor) und liegt bei $\lambda \approx 1{,}05$. Diffusionsflammen zeigen einen flacheren Verlauf der NO-Konzentration.

2.4 Promptes Stickstoffmonoxid

2.4.1 Erläuterungen zur Entstehung

Bei der Verbrennung von Wasserstoff (H_2) und Kohlenmonoxid (CO) entsteht nur thermisches Stickstoffmonoxid. Fenimore stellte 1970 beim Verbrennen von Kohlenwasserstoffen NO-Gehalte fest, deren Höhe durch den Zeldovich-Mechanismus nicht erklärbar war. Das zusätzlich zum thermischen gebildete Stickstoffmonoxid bezeichnet er als „promptes" NO, da es im Gegensatz zum thermischen NO äußerst schnell entsteht. Heute sind auch die Bezeichnungen zusätzlich, frühes oder primäres NO üblich. Quelle des Stickstoffs ist die Verbrennungsluft (Bild 2.1 und Tabelle 2.1); im Gegensatz zum thermischen NO entsteht das prompte NO nur in der dünnen Hauptverbrennungszone (Flammenfront). Hier bilden sich besonders in sauerstoffarmen Vormischflammen Kohlenwasserstoff-Radikale, z.B. CH, CH_2, die den molekularen Stickstoff (N_2) der Luft angreifen [1, 16, 18]:

$$N_2 + CH_2 \rightarrow HCN + NH \tag{2.40}$$

$$N_2 + CH \rightarrow HCN + N \quad \Delta H \approx 15\,\text{kJ/kmol} \tag{2.41}$$

$$N_2 + C_2 \rightarrow 2CN \tag{2.42}$$

$$N_2 + C \rightarrow CN + N \tag{2.43}$$

Durch Nebenreaktionen

$$CN + H_2 \rightarrow HCN + H \tag{2.44}$$

$$CN + H_2O \rightarrow HCN + OH \tag{2.45}$$

kann ebenfalls Blausäure (HCN) entstehen [18]. Atomarer Stickstoff (N), NH- und CN-Radikale sowie Blausäure (HCN) werden durch atomaren und molekularen Sauerstoff (O, O_2) zu NO oxidiert. Für nicht zu brennstoffreichen (weniger „fette") Flammen diskutieren Iverach et al. folgendes Reaktionsschema [31, 39]:

$$HCN + H \rightarrow H_2 + CN \tag{2.46}$$

$$CN + CO_2 \rightarrow NCO + CO \tag{2.47}$$

$$NCO + O \rightarrow CO + NO\,. \tag{2.48}$$

De Soete sieht im prompten NO nur einen Sonderfall des Brennstoff-NO, bei dem der Luftstickstoff sich bei Anwesenheit von Kohlenwasserstoff-Radikalen wie eine Brennstoff-Stickstoff-Verbindung verhält [1].

2.4.2 Einflußgrößen und Bedeutung

Maßgebende Einflußgröße ist die Sauerstoffkonzentration in der Reaktionszone [33, 38]. Bei Äthylen-Flammen tritt bei $\lambda < 0{,}8$ eine alleinige NO-Bildung nach dem Fenimore-Mechanismus (promptes NO) auf [16]. Vormischflammen neigen zu wesentlich stärkerer NO-Bildung infolge prompten NO als Diffusionsflammen [33, 37]. Im Innenkegel eines Bunsenbrenners – eine vorgemischte, laminare Flamme – entsteht etwa 60–80% des gesamten NO-Gehalts als promptes NO; für die umgebende laminare Diffusionsflamme ist die thermische NO-Bildung charakteristisch [33]. Im Gegensatz zum thermischen NO besteht nur ein schwacher Temperatureinfluß (Bild 2.13). Für Propan (C_3H_8) wird für Luftzahlen zwischen 0,7 und 0,83 folgende Beziehung genannt ((NO) in ppm, [39]):

$$(NO) = 0{,}0745\ T - 106 \qquad T = 1\,850 - 2\,400\ K \tag{2.49}$$

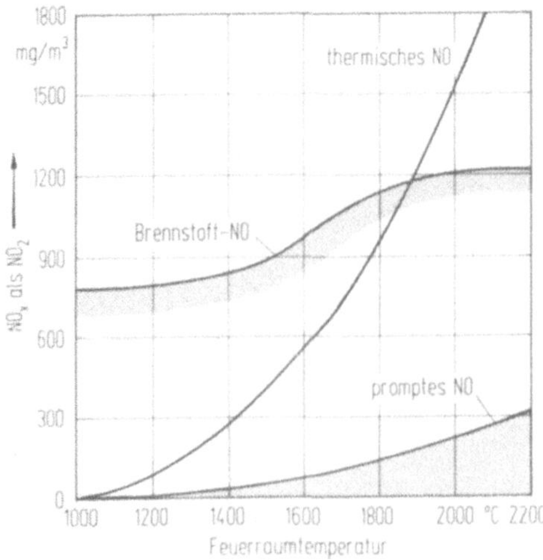

Bild 2.13. NO_x-Bildung in Abhängigkeit von der Temperatur nach den drei Entstehungsmechanismen [64]

Allgemein geben Kremer u.a. für das prompte NO von Feuerungen einen Wert von $< 100\,mg/m^3$ (als NO_2) bzw. von etwa 10 % des gesamten NO-Gehaltes an [18]. Bei der Verbrennung von gesättigten Kohlenwasserstoffen bei einer Luftzahl von 0,83 fanden Eberius und Just $120\,mg/m^3$ (als NO_2) promptes NO [39]. Auch bei der Verbrennung von Kohlenstaub mit Luftüberschuß ($\lambda = 1{,}25 - 1{,}66$) ist es festgestellt worden [19]. Hayhurst und Vince schätzen den Anteil des prompten NO bei Kohle auf weniger als 5 % [19]. Nach Sigal hat eine Kohlefeuerung bei 1 600 °C ca. $50\,mg/m^3$ promptes NO (vgl. Bild 2.13). Für stationäre Wirbelschichtfeuerungen nennen Schilling und Münzner ca. $40\,mg/m^3$ [40].

Nach den heute vorliegenden Erkenntnissen ist demnach das prompte Stickstoffmonoxid bei technischen Feuerungen von untergeordneter Bedeutung. Bei weiterer Senkung des thermischen und brennstoffbedingten Stickstoffmonoxids durch Primärmaßnahmen (vgl. Abschn. 5.2) könnte sich das in Zukunft möglicherweise ändern.

2.5 Entstehung von Stickstoffdioxid

2.5.1 Möglichkeiten der Stickstoffdioxid-Bildung

Im allgemeinen wird davon ausgegangen, daß in der Verbrennungszone primär Stickstoffmonoxid entsteht. Merryman und Levy beobachteten in einer Methan-Luft-Flamme das Auftreten von Stickstoffdioxid *vor* der NO-Bildung und sprechen deshalb von „anormalen" oder „frühen" Stickstoffdioxid (NO_2) [41]. Für den Fall, daß sich ihre Messungen bestätigen sollten, geben sie für die „frühe" NO_2-Entstehung folgende Mechanismen an [41]:

$$C_2 + 2N_2 \rightarrow 2CN + 2N \tag{2.50}$$

$$CN + O_2 \rightarrow NO_2 + C \tag{2.51}$$

$$CNN + O_2 \rightarrow CN + NO_2 \tag{2.52}$$

$$CNO + O_2 \rightarrow CO + NO_2 . \tag{2.53}$$

In der Oxidationszone der Flamme ist NO_2 experimentell nachgewiesen worden [1]. Es scheint heute Übereinstimmung darüber zu herrschen, daß dieses NO_2 durch Oxidation des primär gebildeten NO entsteht. Folgende Reaktionen sind genannt worden, wobei letztere am wahrscheinlichsten ist [1, 42]:

$$NO + O + M \rightarrow NO_2 + M \tag{2.54}$$

$$NO + O \rightarrow NO_2 + h\nu \tag{2.55}$$

$$NO + HO_2 \rightarrow NO_2 + OH . \tag{2.56}$$

Nach der termolekularen Raktion (vgl. Abschn. 1.51)

$$2NO + O_2 \rightarrow 2NO_2 \tag{2.57}$$

können im Brennraum nur äußerst geringe Mengen an NO_2 entstehen; Abschätzungen ergaben NO_2-Gehalte von 0,05 – 1 ppm [35, 43]. Auf dem Weg zwischen Brennraum und Austritt in die Atmosphäre (Kamin- bzw. Auspuffrohrmündung) erfolgt die Oxidation gem. (2.57). Bei Kraftwerksfeuerungen beträgt die zur Verfügung stehende Zeit ca. 1 Minute; bei 1000 ppm NO ergibt sich dann ein NO_2-Anteil $<3\%$ [44].

Bei Feuerungen ist der volumetrische NO_2-Anteil neuerdings von Bedeutung bei der kontinuierlichen Überwachung der Emissionen; bei φ-Werten $\geqq 5$ bzw. 10% ist eine getrennte Messung des NO_2 erforderlich (§25 13. BImSchV bzw. Nr. 3.2.3.3 TAL).

2.5.2 Anhaltswerte für den volumetrischen NO_2-Anteil

Im folgenden werden Anhaltswerte für den NO_2-Anteil mitgeteilt, wobei Angaben von Verfassern bevorzugt werden, die über eigene Messungen verfügen. Für die Verbrennung von Erdgas werden folgende φ-Werte genannt:

– Kochherde	[45]	37 %
– Raumheizer	[45]	46 %
– Gebläsebrenner <1 MW	[46, 47]	10 – 20 %
– Große Feuerungen	[49, 50]	0 – 4 %

Bei Heizkesseln sind NO_2-Konzentrationen von 4 – 16 mg/m^3 i.N. (bei 3 % Sauerstoff) beobachtet worden [47]. Hoher Luftüberschuß und Teillast können zu wesentlich höheren φ-Werten führen [47, 50]. Bei Kokereigas (Stadt-) ist der NO_2-Anteil gegenüber Erdgas niedriger ([45, 46], vgl. Abschn. 2.6). Lützke und Guse konnten im Abgas von Ölfeuerungen kein NO_2 feststellen. Kohlefeuerungen (Staub-) hatten bei Vollast φ-Werte von 1,3 – 2,8 %; bei Teillast stieg φ bis 15 % an [48, 49]. Allgemein wird für Kohlefeuerungen ein NO_2-Anteil von 5 % angegeben. Für die Verbrennung kommunalen Mülls ist nur Braun ein Mittel von 8 % zu entnehmen [53].

Bei stationären Gasturbinen werden φ-Werte bei Vollast zwischen 0 und 15 % genannt [34, 42, 49]. Mit fallender Last nimmt der NO_2-Anteil zu, nach Johnson und Smith ist für Halblast mit 80 % zu rechnen [42].

Für stationäre, mit Erdgas betriebene Verbrennungsmotoren sind folgende φ-Werte verfügbar:

Angle [51]:		$3 \pm 2,4$ %
van Heyden [52]:		
Hubkolbenmotor	$\lambda = 1,1$	5 – 10 %
	$\lambda = 1,5$	30 – 80 %
Kreiskolbenmotor	$\lambda = 1,1$	3 – 5 %
	$\lambda = 1,5$	25 – 50 %

Der NO_2-Anteil bei mobilen Otto-Motoren wird allgemein mit ca. 1 %, von Lenner u.a. mit 2 – 5 % angegeben [42, 54, 55]. Pkw mit Abgasrückführung (s. Abschn. 5.2.4) haben nach neuesten Untersuchungen bei allen Betriebszuständen

0–4 %, im US-Testzyklus (s. Abschn. 4.1.3) 2,7 % NO_2 [56]. Mit dem Dreiweg-Katalysator sank der NO_2-Wert auf 0,5 % [56].

Dieselmotoren haben im Leerlauf φ-Werte von 10 bis 40 % [56]. Mit zunehmender Last bzw. Geschwindigkeit fällt der NO_2-Anteil auf 2–20 % [56]. Im US-Fahrzyklus erreichte der Diesel-Pkw mit Abgasrückführung ein Mittel von ca. 19 % [56].

2.6 Wechselwirkung der Stickstoffoxide mit den Schwefeloxiden

Bisher wurden Wechselwirkungen mit anderen luftverunreinigenden Stoffen nicht in Betracht gezogen. Schwefeloxide z.B. können Stickstoffoxide reduzieren. Wendt et al. stellten in Laborversuchen an vorgemischten Methanflammen durch Zugabe von 4,9 % Schwefeldioxid (SO_2) eine Verminderung des NO-Gehaltes um bis zu 30 % fest [7, 57]. Nach Ots u.a. nimmt die NO-Konzentration einer Versuchsfeuerung um 40 % ab, wenn bei gleichem Brennstoff-Stickstoff der Schwefelgehalt des flüssigen Brennstoffs von 0,19 auf 1,5 % ansteigt [58]. Bei Wirbelschichtfeuerungen führte eine verbesserte SO_2-Abscheidung durch erhöhte Zugabe von Kalk (CaO) zu größeren NO-Konzentrationen (vgl. Abschn. 3.6.2). Der Einfluß des Schwefels auf das Schicksal des Brennstoffstickstoffs sehen Corley und Wendt noch als bedeutendes ungelöstes Problem an [60].

Ots u.a. nehmen z.B. an, daß die Abnahme des NO-Gehaltes durch die Reaktion

$$2NO + SO_2 \rightarrow N_2O + SO_3 \tag{2.58}$$

bedingt ist, wobei das N_2O bei $>500\,°C$ zerfällt gem.

$$2N_2O \rightarrow 2N_2 + O_2\,. \tag{2.59}$$

Bei Temperaturen zwischen 600 und 300 °C vermutet Wahnschaffe die Bildung flüchtiger Stickstoff-Schwefel-Verbindungen (z.B. Nitrosylschwefelsäure $HNOSO_4$) [59].

Unterhalb 300 °C reagiert NO_2 unmittelbar mit SO_2:

$$NO_2 + SO_2 \rightarrow NO + SO_3\,. \tag{2.60}$$

Diese Gleichung könnte die Ursache dafür sein, daß bei Stadtgasen (Kokerei-) niedrigere NO_2-Anteile als beim schwefelfreien Erdgas beobachtet werden.

2.7 Literatur

1 de Soete, G.: Physikalisch-chemische Mechanismen bei der Stickstoffoxidbildung in industriellen Flammen. Gas wärme international 30 (1981) H. 1, 15/23

2 Kremer, H. u.a.: NO_x-Entstehung in Feuerungen. In: NO_x-Minderung bei Feuerungen VGB-TB 310, 24/43. Essen: VGB-Kraftwerkstechnik, 1984

3 Schulz, W.; Kremer, H.: Bildung von Stickstoffoxiden bei der Kohlenstaubverbrennung. BWK Bd. 37 (1985) Nr. 1–2, 29/35
4 van Heek, K.H.; Mühlen, H.-J.: Heterogene Reaktionen bei der Verbrennung von Kohle. BWK Bd. 37 (1985) Nr. 1–2, 20/28
5 Kotler, V.R. et al.: Reducing the emissions of nitrogen oxides when burning Kuznetsk bituminous coals. Therm. Eng. 30 (1983) Nr. 2, 96/98
6 Ruhrkohlen-Handbuch 6. Aufl. Essen: Glückauf, 1984
7 VGB Technische Vereinigung der Großkraftwerksbetreiber e.V. (Hrsg.): Minderungstechnologie für NO_x-Emissionen steinkohlengefeuerter Großkraftwerke VGB-TW 301. Essen 1980
8 Brandt, F.: Brennstoffe und Verbrennungsrechnung. Essen: Vulkan-Verlag Dr. W. Classen Nachf., 1981
9 Zelkowski, J.: Kohleverbrennung. Essen VGB-Kraftwerkstechnik, 1986
10 Marx, E.: Minderung von NO_x-Emissionen aus Feuerungsanlagen für gasförmige und flüssige Brennstoffe, Gas wärme international Bd. 35 (1986) H. 1, 33/39
11 Lim, K.J. et al.: A promising NO_x-control technology. Environmental Progress Vol. 1 (1982) Nr. 3, 167/177
12 Ando, J.: NO_x abatement for stationary sources in Japan. U.S. Environmental Protection Agency, Office of Research and Development, Washington D.C. 20460
13 Gas und Öl umweltfreundlich! Schwendi: Max Weishaupt, 1987
14 Rennert, K.D.: Möglichkeiten der Stickstoffoxidreduzierung in Feuerräumen. Fachreport Rauchgasreinigung FR 13/17
15 Potthast, G. u.a.: NO_x-Bildung bei der Verbrennung. VGB-Handbuch: NO_x-Bildung und NO_x-Minderung bei Dampferzeugern für fossile Brennstoffe. Essen: VGB-Kraftwerkstechnik
16 Wolfrum, J.: Lasermesstechnik und mathematische Simulation von Maßnahmen zur NO_x-Minderung im Rahmen des Tecflam-Verbundprojektes in: Stickoxidminderung bei Kraftwerken, S. 61/76. Jülich. Kernforschungsanlage Jülich GmbH. Jül-Conf. 59, 1986
17 Schulz, W.: Bildung von Stickstoffoxiden in Kohlenstaubfeuerungen und deren Unterdrückung. VGB-Kraftwerkstechnik 66 (1986) H. 6, 541/550
18 Kremer, H.: Grundlagen der NO_x-Entstehung und -Minderung. Gas wärme international Bd. 35 (1986) H. 4, 239/246
19 Phong-Anant, D. u.a.: Nitrogen oxide formation from Australian coals. Comb. and Flame 62 (1985), 21/30
20 Leikert, K. u.a.: NO_x-Minderung mit Primärmaßnahmen an Neu- und Altanlagen in: Jahrbuch der Dampferzeugungstechnik Bd. 1, 5. Ausgabe, 274/293. Essen: Vulkan, 1985/86
21 Paersch, M.J.; Franke, F.H.: Senkung von SO_2- und insbesondere NO_x-Emissionen an Kohlefeuerungen durch Einsatz von Kohlepellets in: Stickoxidminderung bei Kraftwerken, Jülich: Kernforschungsanlage Jülich, Jül-Conf. 59, 1986
22 Song, J.H. et al.: Oxidation and devolatilization of nitrogen in coal char. Combustion Science and Technology Vol. 28 (1982), 177/183
23 Kremer, H.; Schulz, W.: Reduzierung der NO_x-Emissionen von Kohlenstaubflammen durch Stufenverbrennung. VDI Ber. Nr. 574, 413/437
24 Reidick, H.: Verbrennung mit niedriger NO_x-Bildung. VDI-Berichte 574 (1985), 439/461
25 Pohl, J.H.; et al.: The influence of fuel properties and boiler design and operation on NO_x-emissions
26 Seinfeld, J.H.: Air pollution: physical and chemical fundamentals. New York: McGraw-Hill Inc., 1975
27 Pattas, K.; Häfner, G.: Stickoxidbildung bei der ottomotorischen Verbrennung. MTZ Jg. 34 (1973) Nr. 12, 397/404
28 Wolfrum, J.: Bildung von Stickstoffoxiden bei der Verbrennung. Chemie-Ing. Technik Jg. 44 (1972) Nr. 10, 656/659
29 Pischinger, F.: Der Mechanismus der Stickoxidbildung im Otto-Motor. ISU 2. Jg. 1/1972, 69/78
30 Zeldovich, J.: The oxidation of nitrogen in combustion and explosions. Acta physicochim. URSS 21 (1946) H. 4, 577/628
31 Kremer, H.; Škunca, I.: Untersuchung der Bildung von Stickstoffoxiden in häuslichen und gewerblichen Gasfeuerstätten, Gaswärmeinstitut e.V. Bericht Nr. 2 821, Essen 1978

32 Cremer, H.: Zur Reaktionstechnik der Methan-Oxidation. Chemie-Ing.-Techn. Jg. 44 (1972) Nr. 1+2, 8/15
33 Boschán, E.; Meggyes, A.: NO_x-Bildung in Bunsenflammen. Gas wärme international Bd. 35 (1986) H. 5, 297/303
34 Gaśparović, N.: Stickoxide in den Gasturbinen: Bildung und Gegenmaßnahmen, Brennstoff-Wärme-Kraft Bd. 25 (1973) Nr. 1, 1/6
35 McKinnon, D.J.; Ingraham, T.R.: Minimizing NO_x pollutants from steam boilers. Journ. Air Poll. Control Ass. Vol. 22 (1972) Nr. 6, 471/472
36 McKinnon, D.J.: Nitric oxide formation at high temperatures. Journ. Air Poll. Control Ass. 24 (1974) Nr. 3, 237/239
37 Hatami, R.: Einfluß der Luftströmung auf die Stickstoffmonoxid-Bildung. Gas wärme international Bd. 30 (1981) H. 2/3, 127–133
38 Michelfelder, S. u.a.: Durch Verbrennungsvorgänge verursachte Schadstoffemission aus industriellen Feuerungen und präventive Maßnahmen zu ihrer Verringerung. VDI-Berichte Nr. 246 (1975) 173/184
39 Eberius, H.; Just, Th.: Untersuchungen zur Stickoxidbildung unter Beteiligung des Cyanidradikals bei der Verbrennung von Kohlenwasserstoffen. VDI-Berichte Nr. 246 (1975), 137/142
40 Schilling, H.-D.; Münzner, H.: Stand der Entwicklung der Wirbelschichtfeuerungsanlagen VDI-Ber. Nr. 495, 165/176. Düsseldorf: VDI, 1984
41 Merryman, E.L.; Levy, A.: NO_x-formation in combustion: Anomalous – early NO_2-formation. Proc. Third Int. Clean Air Congr. Düsseldorf 1973, VDI, C117/C120
42 McLean, W.J. et al.: Direct formation of NO_2 in combustion products. Proc. 14th Intern. Colloquium Paris 1980, Elsevier Scientific Publ. Comp. Amsterdam, 173/180
43 Bernhardt, W.: Untersuchungen der Nichtgleichgewichtsvorgänge der im Brennraum von Verbrennungsmotoren ablaufenden Stickoxidreaktionen. Staub-Reinhalt. Luft 31 (1971) Nr. 7, 279/282
44 Forck, B.; Krüger, H.: Übersicht über Sekundärmaßnahmen in: NO_x-Minderung bei Feuerungen, VGB-TB 310, 64/69. Essen: VGB-Kraftwerkstechnik, 1984
45 Mohry, H.; Riedel, H.-G. (Hrsg.): Reinhaltung der Luft. Leipzig: VEB Deutscher Verlag für Grundstoffindustrie, 1981
46 Sommers, H. u.a.: Gasanwendung im Dienst des Umweltschutzes. DVGW-Schriftenreihe Gas Nr. 1, 5/22. Frankfurt: ZfGW, 1973
47 Bathke, H. u.a.: Stickoxidmessungen in Feuerungsabgasen von Kesseln. BWK 26 (1974) Nr. 1, 20/26
48 Lützke, K.; Guse, W.: Theorie und Praxis der NO_x-Emission aus Feuerungen in Kraftwerken. Proc. Third Int. Clean Air Congr. E 86/90, Düsseldorf: VDI 1973
49 Lützke, K.: Emissionen von Stickstoffoxiden aus Feuerungsanlagen (Industrie, Haushalt). Staub-Reinhalt.-Luft 35 (1975) Nr. 4, 127/134
50 Leuppi, F.; Nyfelder, A.: Stickstoffoxid-Emissionen aus großen Erdgasfeuerungen. Gesundheitstechnik 1978, 308/310
51 Angle, R.P. et al.: Observed and predicted values of NO_2/NO_x in the exhaust from a compressor installation. JAPCA 29 (1979) Nr. 3, 253/255
52 van Heyden, L. u.a.: Gasförmige Emissionen von Verbrennungsmotoren bei stationärem Betrieb mit Erdgas. VDI-Berichte Nr. 246 (1975), 163–171
53 Braun, R.: Umwelthygiene unter besonderer Berücksichtigung fester Abfälle. München: Schutz unseres Lebensraumes 171/179 BLV, 1971
54 Winkler, G.: Stickoxid-Emission und Spitzendruck im Otto-Motor. Staub-Reinhalt. Luft 32 (1972) Nr. 6, 239/242
55 Lenner, M.; Lindqvist, O.: The NO_2/NO_x ratio in emissions from gasoline-powered cars: High NO_2 percentage in idle engine measurements. Atm.: Environm. Vol. 17 (1983) Nr. 8, 1 395/1 398
56 Lenner, M.: Nitrogen dioxide in exhaust emissions from motor vehicles. Atm. Environm. Vol. 21 (1987) Nr. 1, 37/43
57 Kremer, H.; Schulz, W.: Minderung der NO_x-Emissionen durch verbrennungstechnische Maßnahmen. VDI-Ber. 495, 133/142
58 Ots, A.A. u.a.: Untersuchung der Stickoxidbildung aus stickstoffhaltigen Verbindungen im Brennstoff und die diesen Prozeß beeinflussenden Faktoren. Arch. Energiewirtschaft Aug. 1983, 639/645

59 Wahnschaffe, E.: Die Bildung der Stickstoffoxide bei der Verbrennung von schwerem Heizöl. VGB-Kraftwerkstechnik 53 (1973) Nr. 4, 213/218
60 Corley, T.L.; Wendt, J.O.L.: Postflame behavior of nitrogenous species in presence of fuel sulfur: II. Rich, $CH_4/H_2/O_2$ flames. Comb. and Flames 58 (1984), 141/152
61 Perkins, H.C.: Air Pollution New York: McGraw-Hill Book Comp., 1974
62 Zinser, W.: Die mathematische Modellierung technischer Kohlenstaubflammen. VGB-Kongreß „Kraftwerke 1985", 537/546
63 Tumanovskij, A.G. u.a.: Formation of NO_x from nitrogen of the fuel in the combustion chambers of gasturbine plants. Therm. Eng. 30 (1983) H. 2, 99/102
64 Necker, P.: Überblick über die NO_x-Minderungsmaßnahmen in Europa. Proc. NO_x-Symposion Karlsruhe, Universität Karlsruhe (TH), 1985 D 1/D 44

2.8 Formelzeichen

c_{fix}	Fixer Kohlenstoff (Tiegelkoks)
E	Aktivierungsenergie (scheinbare)
FB	Flüchtige Bestandteile der festen Brennstoffe
FR	Fuel-ratio $= c_{fix}/FB$
H_u	Heizwert
k	Geschwindigkeitskonstante ($cm^3 mol^{-1} s^{-1}$)
K_G	Gleichgewichtskonstante
M	Dreierstoßpartner, dient nur der Energieabfuhr
n	Stickstoffgehalt der Brennstoffe (kg/kg)
R	Universelle Gaskonstante (8,314 J/mol · K)
t	Zeit (s)
T	Absolute Temperatur (K)
γ	Umwandlungs-, Konversionsrate
λ	Luftverhältnis
φ	Volumetrischer NO_2-Anteil am gesamten Stickstoffoxid-Gehalt
(NO)	Mol-Konzentration des NO (mol/cm^3)

3 Emissionen[1] und Emissionsgrenzwerte der Feuerungen und stationären Gasturbinen

3.1 Grundsätzliches zur Emission

3.1.1 Erläuterungen zum Begriff „Emission"

Die luftverunreinigenden Stoffe gelangen nach dem Verlassen ihrer Quellen in die Atmosphäre und werden somit zur Emission. Man versteht darunter „das Entweichen von luftverunreinigenden Stoffen jeglicher Art und Herkunft in die Atmosphäre" [1], also den „Übertritt luftverunreinigender Bestandteile in die offene Atmosphäre" [2]. Dabei kann es sich sowohl um natürliche (biogene) als auch durch die menschliche Tätigkeit bedingte (anthropogene) Quellen handeln. Nach einer anderen Definition ist Emission der Transport luftverunreinigender Stoffe von der Technosphäre, worunter die Gesamtheit aller technischen Anlagen zu verstehen ist, in die Atmosphäre [3]. Der Hinweis auf die „offene Atmosphäre" schließt „physisch abgegrenzte Teilräume, wie Maschinenhallen, Ofenhallen oder geschlossene Anlagen zur Tierintensivhaltung bewußt aus" [2]. Vereinfacht ausgedrückt ist also Emission das Austreten luftverunreinigender Stoffe aus der Kaminmündung und aus dem Auspuffrohr (definierte oder gefaßte Quellen) oder aus im Freien liegenden undichten Anlageteilen, Hallenöffnungen und Halden (diffuse Quellen). Nach der Legaldefinition des § 3 Abs. 3 BImSchG sind Emissionen „die von einer Anlage ausgehenden Luftverunreinigungen". Neben diesen Definitionen der Emission als *Vorgang* wird der Begriff auch als allgemeine Kennzeichnung der übertretenden luftverunreinigenden Stoffe selbst benutzt.

3.1.2 Ermittlung des Emissionsmassenstromes

Der Emissionsmassenstrom (Emissionsstrom, Quellstärke) $\dot{Q}$ in t/h, kg/h oder g/s ist die wichtigste anlagenbezogene Größe zur quantitativen Beschreibung der Emission. Über die Ausbreitungsrechnung ist sie u.a. maßgebend für die Immission (vgl. Kap. 7 und 8) und damit für mögliche Wirkungen (vgl. Kap. 9). Die Notwendigkeit der kontinuierlichen Überwachung der Emission einer Anlage ist in Abhängigkeit vom Massenstrom des luftverunreinigenden Stoffes festgelegt. Bei den Stickstoffoxiden sind ständig registrierende Messungen bei Massenströmen von mehr als 30 kg/h erforderlich (Nr. 3.2.3.3 TAL). Mittellungszeitraum (Bezugszeit) ist eine Stunde (Nr. 2.1.3b TAL). Bei einer bestehenden Anlage ist

1 Alle Zahlenangaben über die tatsächlichen Emissionen beziehen sich in diesem Kapitel auf den Stand ohne jegliche Minderungsmaßnahmen.

der Emissionsstrom $\dot{Q}$ durch Messungen des Abgasvolumenstroms $\dot{V}$ und der Emissionsmassenkonzentration E zu bestimmen:

$$\dot{Q}=E\cdot\dot{V}\,. \tag{3.1}$$

Bei gleichem Brennstoff und gleicher Feuerungsart hängt er im wesentlichen von der Anlagengröße und dem Lastgrad (Teil- oder Vollast) ab. Gleichung (3.1) läßt sich weiter umformen in:

$$\dot{Q}=\dot{B}\cdot v\cdot E \tag{3.2}$$

$$\dot{Q}=\frac{\Phi}{H_u}v\cdot E\,. \tag{3.3}$$

Für eine zu planende Anlage sind Feuerungswärmeleistung Φ und Brennstoffmassenstrom $\dot{B}$ sowie Brennstoffart (Heizwert H_u, spezifisches Abgasvolumen v) bekannt, nicht jedoch die Emissionskonzentration E.

3.1.3 Definition und Ermittlung der Emissionskonzentrationen

Ersatzmaße für den Emissionsmassenstrom sind seit langem die Emissionskonzentrationen:

- Volumenkonzentration: Volumen luftverunreinigender Stoff pro Abgasvolumen z.B. in Vol-% oder ppm
- Massenkonzentration: Masse luftverunreinigender Stoffe pro Abgasvolumen z.B. in g/m^3 i.N. oder mg/m^3 i.N.

Für eindeutige, vergleichbare Aussagen sowie insbesondere für Grenzwerte ist die Angabe eines Bezugswertes für die Luftzahl, den Sauerstoff- oder Kohlendioxidgehaltes des Abgas (O_2- oder CO_2-Gehalt), notwendig. In Japan und den westeuropäischen Staaten hat sich der Sauerstoffgehalt (Bezugs-Sauerstoffgehalt, $O_{2,B}$), eingebürgert, der für verschiedene Brennstoffe im Anhang C zusammengestellt ist.

Die bundesdeutschen Vorschriften begrenzen bei Verbrennungsabgasen die *Massen*konzentration E_B, angegeben als mg oder g luftverunreinigender Stoff pro Kubikmeter im Normzustand nach Abzug der Feuchte, bezogen auf den jeweiligen Bezugs-Sauerstoffgehalt. Eine Umrechnung von gemessenen Werten E_M bei $O_{2,M}$ erfolgt gem. Beziehung (Nr. 3.1.2 TAL):

$$E_B=\frac{21-O_{2,B}}{21-O_{2,M}}\cdot E_M \tag{3.4}$$

Nach den Ausführungen in Kap. 2 besteht die NO_x-Emissionskonzentration aus der Addition des Brennstoff- und thermischen Stickstoffmonoxids. Für die durch den Brennstoff-Stickstoff bedingte Emission ist eine grobe empirische Abschätzung der Emissionskonzentration aus dem Stickstoffgehalt n (s. Abschn. 2.2.2) und der Umwandlungsrate γ (s. Abschn. 2.2.1 und 2.2.4) möglich:

$$E_B=\frac{k\gamma n}{v_B}=\frac{3{,}29\gamma n}{v_B} \tag{3.5}$$

Tabelle 3.1. Anhaltswerte für einige Kenngrößen der Brenn- und Kraftstoffe

Brennstoff	Heizwert H_u	Bezugs-O_2-Gehalt %	Spez. Abgasvolumen m^3/m^3 u. m^3/kg			$\frac{H_u}{v_{F,B}}$
			Minimal ($\lambda=1$) Feucht	Trocken	Bezugs-O_2 Trocken	
Erdgas H	39,7 MJ/m^3 i.N.	3	11,6	9,5	11,4	3,49
Erdgas L	32,5 MJ/m^3 i.N.	3	9,6	7,9	9,4	3,45
Benzin	43,5 MJ/kg	–	11,6	10,6	–	–
Heizöl EL (Dieselöl)	42,7 MJ/kg	3	11,9	10,4	12,2	3,53
Heizöl S	41,0 MJ/kg	3	11,3	10,0	11,8	3,47
Steinkohle	29,3 MJ/kg	6, (7)		7,5	10,6	2,79
Braunkohlen-briketts	19,5 MJ/kg	7	7,4			
Holz (feucht)	12,4 MJ/kg	(7) 11 (13)			6,7	1,84
Müll (kommunaler)	7,5 MJ/kg	11			5	

k ist der Stöchiometriefaktor, der hier angibt, daß aus 14 kg N durch Oxidation 46 kg NO_2 entstehen. Mittelwerte für das trockene, spezifische Abgasvolumen v_B sowie einige andere Brennstoffkenngrößen enthält für Überschlagsrechnungen Tabelle 3.1. Bei einer Umwandlungsrate $\gamma = 1$ ergeben sich für deutsche Kohlen in Trocken- und Rostfeuerungen allein durch den Brennstoffstickstoff bedingte NO_x-Konzentrationen von 3 600 – 4 300 mg/m^3 i.N. [4]. Nach den Darlegungen in Abschn. 2.3 ist die Vorausberechnung des Gehaltes an thermischem Stickstoffmonoxid bisher nicht möglich.

3.1.4 Definitionen und Ermittlung der Emissionsfaktoren

Als relative Maße, die gegenüber dem Emissionsmassenstrom den Einfluß der Anlagengröße eliminieren, haben sich inzwischen allgemein die masse- und energiebezogenen Emissionen oder Emissionsfaktoren eingeführt. Nach § 2 Ziff. 2 der 11. BImSchV (Emissionserklärungsverordnung) sind Emissionsfaktoren „das Verhältnis der Masse der Emissionen zu der Masse der erzeugten oder verarbeiteten Stoffe, der eingesetzten Brenn- oder Rohstoffe oder der Menge der eingesetzten oder erzeugten Energie“.

Der auf die Masse des eingesetzten Brennstoffs bezogene Emissionsfaktor ist definiert durch:

$$q_B = \frac{\dot{Q}}{\dot{B}} . \tag{3.6}$$

Beim Müll wird oft mit diesem Emissionsfaktor gearbeitet, da sein Heizwert in der Regel nicht bekannt ist. Er berücksichtigt ja nicht den Einfluß unterschiedlicher

Heizwerte, weshalb am häufigsten der auf die Feuerungswärmeleistung Φ bezogene Emissionsfaktor benutzt wird:

$$q_{\Phi} = \frac{\dot{Q}}{\Phi} . \tag{3.7}$$

Übliche Einheit ist g/GJ, neuerdings auch g/kWh. Manchmal wird der Emissionsmassenstrom auf die nutzbar abgegebene Wärme oder auf den erzeugten elektrischen Strom P bezogen:

$$q_P = \frac{\dot{Q}}{P} = \frac{q_{\Phi}}{\eta} . \tag{3.8}$$

Dieser Emissionsfaktor unterscheidet sich also vom feuerungsleistungsbezogenen durch den Wirkungsgrad η der Anlage. Mit den Emissionsfaktoren sind objektive Vergleiche von Anlagen unterschiedlicher Größe und mit verschiedenem Brennstoffeinsatz möglich. Sie werden auch als Mittelwerte für Emittentengruppen, z.B. Kraftwerke oder Haushalte und Kleinverbraucher, angegeben. Mit der Emissionskonzentration E steht der Emissionsfaktor q_{Φ} in folgendem Zusammenhang:

$$q_{\Phi} = \frac{v}{H_u} E . \tag{3.9}$$

Für den durch den Brennstoff-Stickstoff bedingten Emissionsfaktor $q_{\Phi,BN}$ ergibt sich:

$$q_{\Phi,BN} = \frac{k\gamma n}{H_u} = \frac{3{,}29\gamma n}{H_u} . \tag{3.10}$$

3.1.5 Grundsätzliches zum internationalen Vergleich von Emissionsbegrenzungen

Ein Blick auf die Emissionsbeschränkungen anderer Staaten ist aus wissenschaftlichen und ökonomischen Gesichtspunkten sehr interessant und spielt in der öffentlichen Diskussion eine große Rolle. Deswegen werden hier einige Gesichtspunkte aufgeführt, die insbesondere bei wertenden Vergleichen zu beachten sind:

- Unterschiedliche Emissionsmaßstäbe
  Japan benutzt Volumenkonzentrationen in ppm, die westeuropäischen Staaten Massenkonzentrationen in mg/m^3. Kanada, Schweden und die USA verwenden Emissionsfaktoren (z.B. in ng/J). Unterschiedliche Bezugssauerstoffgehalte und Kohlen sind zu beachten.
- Brennstoffsorten
  Die USA differenzieren stark nach Kohlenarten, andere Staaten kaum; in Japan kennt man keine Braunkohlen.
- Feuerungssysteme
  Japanische Werte gelten z.B. nicht für Schmelzfeuerungen.
- Existenz von Begrenzungen für Kohlenmonoxid, Ruß und Kohlenwasserstoffen.
  Gerade für Stickstoffoxide ist dies wegen Gegenläufigkeit der Emissionen von besonderer Bedeutung. Japan und USA kennen z.B. keine Kohlenmonoxid-Grenzwerte.

- Statistische Beurteilung der Emissionsmeßergebnisse Mittelungszeitraum (Bezugszeit) für Emissionen ist in der BRD u. Österreich für Gase eine halbe Stunde; ein genaues statistisches Vergleichsverfahren mit den Grenzwerten ist vorgeschrieben (§ 27 13. BImSchV u. Nr. 2.1.5 TAL). In Japan sind es Stunden-, in den USA gleitende Monats- und in Schweden Jahresmittel, die nicht überschritten werden dürfen.
- Unterschiedliche Anlagenbegriffe
  Bei den weitgefaßten Anlagenbegriffen des BImSchG fallen oft kleine Einheiten in die Anlagengröße >300 MW und müssen dann sehr niedrige, international nicht übliche Grenzwerte einhalten.
- Handlungsspielraum regionaler und lokaler Behörden im Rahmen des Genehmigungsbescheides.
- Juristische Qualität der Beschränkungen
  Viele Angaben über Emissionsbeschränkungen anderer Staaten sind bei genauerem Hinsehen als Richtlinien oder gar Vorschläge ausgewiesen. Die Überschreitung eines Grenzwertes der 13. BImSchV oder eines Genehmigungsbescheides ist dagegen eine Ordnungswidrigkeit, die auch den Leitstandfahrer treffen kann.

Wenn im folgenden Emissionsbeschränkungen anderer Staaten aufgelistet werden, ist stets an diese Beurteilungsmaßstäbe zu denken.

3.2 Verbrennung von gasförmigen Brennstoffen[1]

3.2.1 Wichtige Einflußgrößen auf die NO_x-Emission

Die drei grundsätzlichen Parameter Temperatur, Verweilzeit und Sauerstoffpartialdruck wirken sich über die folgenden Auslegungs- und Betriebsgrößen, die wiederum untereinander in Wechselbeziehung stehen können, auf die Bildung thermischen Stickstoffmonoxids aus:

- *Art des Brenngases*
  Bedingt durch die unterschiedlichen adiabaten Verbrennungstemperaturen beeinflußt die Gasart die NO_x-Emission. L-Gas hat im allgemeinen niedrigere NO_x-Gehalte als H-Gas [5, 6]. Nach Kremer und Skunca ist bei Raum- und Wasserheizern der NO_x-Auswurf um 14 %, bei Heizkesseln um 30 % höher als beim L-Gas [6]. Gegenüber Methan haben Vorratswasserheizer mit Butan im Mittel um 40 % höhere, Gebläsebrenner um 20 % höhere Emissionen [7]. In größeren Kesselfeuerungen entstehen bei Propan durchschnittlich um 20 mg/m^3 (ca. 12 %) höhere Emissionen [8].
- *Luftvorwärmung*
  Die aus Gründen der Energieeinsparung erwünschte Vorwärmung der Verbrennungsluft durch die Abgase führt zu größeren NO_x-Emissionen.

1 Wegen seiner Homogenität und der rein thermischen Herkunft der NO_x-Emissionen bietet sich der Brennstoff Erdgas als Beispiel für die Darstellung der grundsätzlichen Beziehungen geradezu an. Seine ausführliche Behandlung darf nicht zur Schlußfolgerung verleiten, daß beim Erdgas in irgendeiner Weise besondere Probleme auftreten – das Gegenteil ist der Fall.

Nach Tornier nimmt die Emission um 0,5 mg/m³ pro K zu, einem Diagramm von Reidick sind sogar Werte von 1,8 – 2,4 mg/m³ K zu entnehmen [9]. Sehr häufig wird auch ein exponentieller Anstieg der Emission mit der Verbrennungslufttemperatur angegeben [10, 11]. Bei Wasserrohrkesseln mit Luftvorwärmung ist in den USA die NO_x-Emission im Mittel 2,4 mal so hoch wie bei Dampferzeugern ohne Luftvorwärmung [12]. Der große Einfluß der Vorwärmtemperatur geht auch aus dem Bild 2.8 hervor.

– *Feuerraumkühlung* (äußere Flammenkühlung)
  In größeren technischen Feuerungen wird die adiabate Verbrennungstemperatur nicht erreicht, da der Feuerraum nicht nur der Wärmeentbindung, sondern auch der Wärmeübertragung durch Strahlung an die Kühlflächen dient. Dadurch ist die tatsächlich vorhandene Feuerraumtemperatur niedriger als die adiabate, was eine wesentlich niedrigere NO_x-Emission bedingt. Quantitative Angaben finden sich nur bei Kremer und Skunca sowie Lowes u.a. [13, 14].

– *Feuerraum- und Brenngürtelbelastung*
  Über die Feuerraumbelastung macht sich der Einfluß der Temperatur, Kühlung, Verweildauer und internen Rezirkulation bemerkbar. Bei kleinen Gasfeuerungen stellten Kremer und Otto keinen Einfluß der Brennkammerbelastung im Bereich von 0,5 – 5,0 MW/m³ fest, wobei sie die Größe des Brennraumes variierten [15]. Nach Marx besteht keine wesentliche Abhängigkeit bis zu Werten von 1,6 – 1,8 MW/m³, darüber hinaus, insbesondere aber ab 2,5 MW/m³ ist sie beachtlich [16, 17]. Nach Sigal et al. steigt bei großen Feuerungen die NO_x-Emission mit der Quadratwurzel aus der Feuerraumbelastung an [18].
  Die Zunahme mit der Feuerraumbelastung wurde auch experimentell an Kraftwerksfeuerungen mehrfach beobachtet [18 – 21]; noch besser scheint die Korrelation zur Brennergürtelbelastung zu sein [22, 23]. Nach Oppenberg steigt sie bei Wasserrohr-Dampferzeugern zwischen 0,5 und 2,5 MW/m³ linear an [24].

– *Luftzahl*
  Die Abhängigkeit von der Luftzahl ist durch das Zusammenwirken von Temperatur und Sauerstoffgehalt bedingt (Bild 2.8). Im unterstöchiometrischen Bereich ($\lambda < 1$) steigt die NO-Bildung mit der Luftzahl an, um nach einem Maximum wegen der nun kleiner werdenden Temperatur wieder abzunehmen. Die Lage des Maximums ist recht unterschiedlich (Bild 3.1). Bei Brennern mit guter Vormischung und damit kurzer Flamme liegt das Maximum im nahstöchiometrischen Bereich, während es bei Parallelstrombrennern erst bei Luftzahlen $> 1{,}9$ auftreten kann [15, 25]. Aus Bild 3.1 geht auch sehr klar die gegenläufige Tendenz der CO-Bildung hervor.

– *Brennerart*
  Grundsätzlich haben vorgemischte oder teilweise vorgemischte Flammen geringere Emissionen als reine Diffusionsflammen. Die NO_x-Bildung bei atmosphärischen Brennern (Injektor-) ist – bedingt durch die schlechte Vermischung und den daraus resultierenden Temperaturspitzen – um das 2 – 3,1fache höher als beim Gebläsebrenner.

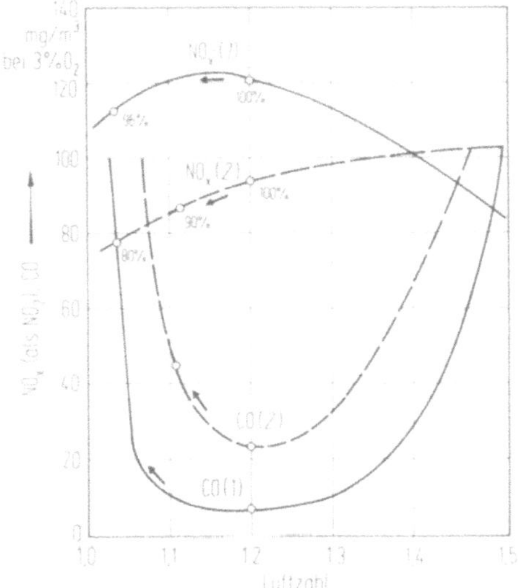

Bild 3.1. NO_x- und CO-Emissionen von Gasbrennern mit Gebläse [10]. **1** Brenner mit großer Mischintensität (Kreuzstrom, Vormischflamme); **2** Brenner mit geringer Mischintensität (Parallelstrom, Diffusionsflamme)

Drallbrenner produzieren mehr NO_x als Strahlbrenner mit ihrer langgezogenen „weichen" Flamme. Wichtige Parameter sind Drallintensität, Geschwindigkeit der Verbrennungsluft, Eindüsungswinkel des Brennstoffstromes etc. [14, 26]; ihre Veränderung führte an einem Versuchsbrenner zu max. Unterschieden des NO_x-Gehalts von 1:3,5 [14].

– *Dampfkessel- und Feuerungssystem*
Das Dampferzeugerprinzip (Großwasserraum – oder Wasserrohrkessel) legt auch die Brennraumgeometrie und Abgasführung fest. Flammrohrkessel (Dreizug-) weisen nach neuesten Untersuchungen um 20 mg/m³ höhere Emissionen auf als entsprechende Wasserrohrkessel [8]. Bei großen Wasserrohr-Dampferzeugern haben Linearfeuerungen (Front- oder Boxer-) bei gleicher Feuerraumbelastung 1,4 – 3 mal höhere NO_x-Emissionen als Tangentialfeuerungen (Ecken-) [21, 27].

– *Feuerungswärmeleistung* (Anlagengröße)
Bei den bestehenden, noch nicht auf geringere NO_x-Emissionen ausgelegten Anlagen ist eine schwache, oft nur stufenweise erkennbare Zunahme der NO_x-Gehalte mit der Größe (Feuerungswärmeleistung) festzustellen, die z.B. auf höhere Luftvorwärmung und Feuerraumbelastung zurückzuführen ist. Es wurden mehrfach empirische Gleichungen für die NO_x-Emission in Abhängigkeit von der Wärmeleistung angegeben (vgl. [28]); die neueste für große Wasserrohrkessel lautet [29]:

$$E = 320 + 0{,}5 \cdot \Phi \qquad (3.11)$$

$\Phi < 1\,500$ MW, Streubreite: ± 350 mg/m³.

Zur Abschätzung der Emissionen von Neuanlagen sind diese Regressionsgleichungen heute nicht geeignet, da sie Minderungsmaßnahmen nicht berücksichtigen.

– *Lastgrad*
  Die voranstehenden Betrachtungen bezogen sich auf die Vollast, bei der die höchsten NO_x-Emissionen auftreten. Mit sinkender Last nimmt die NO_x-Emission insbesondere bei großen Gasfeuerungen ab (vgl. z.B. [20]), die CO-Emission hingegen zu. Dies ist auf die höheren Luftzahlen und damit niedrigen Verbrennungstemperaturen zurückzuführen. Bei mittleren Feuerungen ist diese Abnahme nicht so stark ausgeprägt; in Nähe der Minimallast ist u.U. sogar wieder eine geringe Zunahme zu beobachten [8].

3.2.2 Größe der Emissionen

Ausführungen über die Größe der Emissionen sollten sich an die durch die Gesetzgebung inzwischen festgelegten Bereiche der Feuerungsgrößen orientieren (Tabelle 3.2). Gasfeuerungen mit einer Feuerungswärmeleistung >100 MW unterliegen nach § 2 Nr. 1 4. BImSchV dem förmlichen Genehmigungsverfahren gem. § 10 BImSchG. Für Anlagen mit Wärmeleistungen zwischen 10 und 100 MW gilt das vereinfachte Verfahren nach § 19 BImSchG. Feuerungen <10 MW sind nach dem BImSchG nicht genehmigungsbedürftig; die TAL gilt für sie nicht. Nach der Grundpflicht des § 22 BImSchG sind auch die nicht genehmigungsbedürftigen Anlagen so zu errichten und zu betreiben, daß schädliche Umwelteinwirkungen verhindert werden, die nach dem Stand der Technik vermeidbar sind. Ferner ist eine Genehmigung nach den jeweiligen Bauordnungen der Länder erforderlich.

Aufgrund einer Vielzahl von Publikationen sind in Tabelle 3.3 die NO_x-Gehalte der Feuerungen und Geräte zusammengestellt. Die enormen Schwankungsbereiche sind Ausdruck des Einflusses der vorstehend diskutierten Parameter. Die Forderungen nach sehr gutem Wirkungsgrad und Kompaktheit führten zu hoher Feuerraumbelastung und Luftvorwärmung. Hohe Emissionen weisen auch Feuerungen auf, die nachträglich von Kohle auf Gas umgestellt wurden. Die großen Unterschiede in der Tabelle 3.3 deuten aber auch auf ein beachtliches Minderungspotential hin (s. Abschn. 5.2).

Tabelle 3.2. Gültigkeitsbereiche der bundesdeutschen Vorschriften für Feuerungen (Feuerungswärmebelastung in MW (th))

Brennstoff	1. BImSchV	TA Luft 1. BImSchVwV	13. BImSchV GFA-VO[a]
Feste, herkömmliche Brennstoffe	< 1	1 – < 50[b]	≧ 50
Heizöl EL	< 5	5 – < 50	≧ 50
Sonstige Heizöle (z. B. HS)	Nicht zulässig	1 – < 50[c]	≧ 50
Gasförmig	<10	10 – <100[d]	≧100
Sonstige feste oder flüssige Brennstoffe	< 0,1	0,1 – < 50	≧ 50

[a] Weitere Grenzen für Emissionsgrenzwerte: 100 und 300 MW (th)
[b] Entsprechend etwa 6 t/h Steinkohle
[c] Entsprechend 4,5 t/h schweres Heizöl
[d] Entsprechend etwa 11 000 m^3/h Erdgas
[e] Nur Stroh zulässig

Tabelle 3.3 NO_x-Auswürfe von Gasfeuerungen und Gasgeräten ohne Minderungsmaßnahmen (als NO_2 in mg/m^3 i.tr.N. bei 3% O_2)

Anlagengröße und Bauart	NO_x-Auswurf	
	Bereich	Mittel
>100 MW	200–2000	650[a]
10–100 MW	150– 800	
<10 MW:		
Dreizugkessel	120–140	
Gebläsebrenner (Heizkessel)	55–195	120[b]
Atmosphärische Brenner:		
Gasspezialheizkessel	140–480	230[b]
Vorratswasserheizer	110–180	160[b]
Umlauf- und Durchlauferhitzer		250[b]
Raumheizer	145–270	200[b]
Infrarotstrahler		25[b]
Backofen	90–200	130[b]
Kochstellen	100–140	

[a] Nach [35]
[b] Nach [34]

Als Mittelwerte für die Emittentengruppe „Kraftwerke" werden genannt:

- BRD:
  UBA [30], 1977 170 g/GJ
  UBA [31], 1978 190 g/GJ
  VGB [30] 215 g/GJ
- USA:
  Bartok et al. [32], 1960 160 g/GJ
  Davids/Lange [33], 60er Jahre 333 g/GJ
  EPA [30] 185 g/GJ

Für Industriefeuerungen wird als Mittel angegeben:

- USA
  Bartok et al. [32], 1966 88 g/GJ
- BRD
  UBA [31], 1978 100 g/GJ

Auch im Sektor Haushalte und Kleinverbraucher (HuK) sind bei relativ niedrigen Emissionen die Unterschiede noch beachtlich. So schwanken z.B. bei den Gebläsebrennern selbst die Mittelwerte der jeweiligen Untersuchungen zwischen 83 und 140 mg/m^3. Die durchschnittlichen NO_x-Gehalte für den HuK-Bereich sind der Arbeit von Joos entnommen [34]. Als gruppenspezifische Emissionsfaktoren wurden für die Haushalte und Kleinverbraucher verwendet:

5. BImSchVwV	35 g/GJ,	126 mg/m^3
UBA [31]	50 g/GJ,	180 mg/m^3
Ruhrgebiet Ost u. Mitte [36]	30 g/GJ,	110 mg/m^3

3.2.3 Entwicklung und Stand bundesdeutscher Emissionsbegrenzungen

Die TAL 1964 in Verbindung mit der Verordnung über genehmigungsbedürftige Anlagen nach § 16 GewO (VgA) am 4.8.1960 galt nicht für Gasfeuerungen. Erst die Änderung der VgA am 7.7.1971 bezog Gasfeuerungen mit Feuerwärmeleistungen >580 MW mit ein. Die TAL 1974 enthielt erstmals in Nr. 3.1.3.1 Grenzwerte für die Emissionen von Schwefeldioxid, Kohlenmonoxid und Aldehyde für Gasfeuerungen >556 MW (4. BImSchV vom 14.2.1975). Hinsichtlich der Stickstoffoxide galt die allgemeine Anforderung Nr. 3.1.3.2: „Soweit wie möglich sind die Emissionen von Stickoxiden durch technische Maßnahmen, z.B. durch Absenken der Verbrennungstemperatur mit Hilfe der Abgasrückführung oder Zweistufenverbrennung zu vermindern.“ Die TAL 1983 hatte daran nichts geändert.

Inzwischen liefen die Arbeiten an der Großfeuerungsanlagen-Verordnung (GFA-VO, 13. BImSchV), die auf einen Beschluß der Bundesregierung vom 11.11.1977 zurückgeht. Der erste Arbeitsentwurf wurde im Mai 1978 vorgelegt. Der Entwurf der Bund/Länder-Arbeitsgruppe vom Mai 1982 enthielt für Gasfeuerungen die herabgesetzte Grenze von 100 MW (th) für die Feuerungswärmeleistung. Der inzwischen sehr weit gefaßte Anlagenbegriff bringt eine weitere Ausdehnung auf niedrige Leistungsbereiche.

Die 13. BImSchV (auch GFA-VO) vom 1.7.1983 führte ferner erstmals mit den §§ 15 und 19 für gasbefeuerte Anlagen mit Feuerungswärmeleistungen >100 MW Grenzwerte für Stickstoffoxide ein (vgl. Tabelle 3.4). Dadurch sind die feuerungstechnischen Maßnahmen (Primär-) der Nr. 3.1.3.2 der TAL 1974, nämlich Stufenverbrennung oder Abgasrückführung konkretisiert worden [33]. Neben diesen Grenzwerten enthält die 13. BImSchV auf Wunsch des Bundesrates zusätzlich die weitreichende, dynamisierende Anforderung (§ 15 S. 2 und § 19

Tabelle 3.4. Bundesdeutsche Grenz- und Richtwerte für gasförmige Brennstoffe in Neuanlagen (als NO_2 in mg/m^3 i.N. bei 3% O_2)

Feuerungswärme-leistung	Quelle	Emission mg/m^3
>100 MW	13. BImSchV vom 1.7.1983	350[a]
>300 MW	UMK-Beschluß[b]	100
100–300 MW	vom 5.4.1984	200
10–100 MW	TAL vom 1.3.1986	200
Atmosph. Brenner	Umweltzeichen	175
Gebläsebrenner	„Blauer Engel“	100
	DIN 4702 Teil 3	
Gasspezialheizkessel	Ab 1988	250
	Ab 1990	200

[a] Ausschöpfung der Möglichkeiten zur Verminderung der Emissionen durch feuerungstechnische oder anderen dem Stand der Technik entsprechende Maßnahmen

[b] Umweltministerkonferenz des Bundes und der Länder vom 5.4.1984

Abs. 1 S. 2): „Die Möglichkeiten, die Emissionen durch feuerungstechnische oder *andere* dem Stand der Technik entsprechende Maßnahmen weiter zu vermindern, sind auszuschöpfen." Diese Forderung nach Anwendung der dem Stand der Technik entsprechenden Primär- oder/und Sekundärmaßnahmen (vgl. Kap. 5.) bezeichnet man als Dynamisierungsklausel; d.h. die enthaltenen Emissionsgrenzwerte sind lediglich Mindestanforderungen. Zu ihrer Konkretisierung schlug der Rat von Sachverständigen für Umweltfragen am 8.11.1983 einen endgültigen Grenzwert von 200 mg/m^3 für Neuanlagen vor. Auf Vorschlag des Länderausschusses für Immissionsschutz (LAI) vom 8.2.1984 legte die Umweltministerkonferenz (UMK) am 5.4.1984 die in Tabelle 3.4 enthaltenen Emissionswerte fest.

Die TAL v. 1.3.1986 (Zweite Allgemeine Verwaltungsvorschrift zur Änderung der Ersten Allgemeinen Verwaltungsvorschrift zum Bundesimmissionsschutzgesetz, 1. BImSchVwV) enthält Grenzwerte für Gasfeuerungen zwischen 10 und 100 MW (th) Feuerungswärmeleistung (Tabelle 3.4). Er entspricht dem Wert lt. UMK-Beschluß für Anlagen von 100 – 300 MW, und soll durch Primärmaßnahmen eingehalten werden können [45].

Für Altanlagen sind folgende Grenzwerte festgelegt:

13. BImSchV:

> 100 MW ab 1.7.1988		500 mg/m^3 i.N.

UMK-Beschluß:

> 100 MW	Restnutzung < 30 000 h	350 mg/m^3 i.N.
> 300 MW	Restnutzung ≧ 30 000 h	100 mg/m^3 i.N.
100 – 300 MW	Restnutzung ≧ 30 000 h	350 mg/m^3 i.N.

TAL, 10 – 100 MW:

- Nachrüstung in < 5 Jahren (bis 1991) auf 200 mg/m^3 bei vorhandener Emission > 300 mg/m^3
- Nachrüstung in < 8 Jahren (bis 1994) auf 200 mg/m^3 bei vorhandener Emission < 300 mg/m^3

Für Anlagen < 10 MW wird auf die (anerkannten) Richtlinien der Technik (z.B. VDI-Richtlinien, DIN-Normen) verwiesen (vgl. Tabelle 3.4). Große Bedeutung hinsichtlich des Marktes hat das vom UBA kreierte Umweltzeichen „Blauer Engel" (Tabelle 3.4).

3.2.4 Entwicklung und Stand der Emissionsbeschränkungen in anderen Staaten

Die weltweit erste gesetzliche Beschränkung der Stickstoffoxid-Emission überhaupt wurde am 4.12.1969 vom Los Angeles Air Pollution Control District (LAAPCD) erlassen (Rule 67) [21, 38]. Der Emissionsmassenstrom durfte als NO_2 bei Neuanlagen nicht mehr als 63,6 kg/h betragen. Bei einer Feuerungswärmeleistung von 100 MW sind das 630 mg/m^3, bei 400 MW nur 160 mg/m^3 – eine damals nicht einzuhaltende Vorschrift! Für gasgefeuerte Altanlagen mit einer Feuerungswärmeleistung > 520 MW folgten am 7.1.1971 die Grenzwerte (Rule 68) 460 mg/m^3 ab 31.12.1971 und 256 mg/m^3 ab 31.12.1974. Die meisten Bundesstaaten setzten etwas später 86 g/GJ als NO_2-Emissionsfaktor von Neuanlagen fest; einige ließen auch höhere Werte, North Carolina sogar 256 g/GJ, zu [39].

Aufgrund des Clean Air Act von 1970 erläßt die Environmental Protection Agency (EPA, US-Umweltschutzbehörde) bundeseinheitlich sogenannte New Source Performance Standards (NSPS), die Mindestanforderungen für die Genehmigungspraxis der Bundesstaaten sind. Für Gasfeuerungen mit mehr als 73 MW Feuerungswärmeleistung gilt seit 1971 als Grenzwert 86 g/GJ, entsprechend 275 mg/m^3. 1979 wurde zusätzlich für Kohlegas (heizwertarme Gase) der Wert 220 g/GJ eingeführt. Obiger Grenzwert für Erdgas ist auch in der neuesten, im Februar 1983 verkündeten NSPS-Liste beibehalten worden, obwohl um 1977 als Zielvorstellung für 1980 200 mg/m^3 und für 1985 ca. 100 mg/m^3 genannt wurden [40, 41]. Neben dem Grenzwert von 86 g/GJ wird in der neuesten NSPS-Liste ein Reduktionsgrad von 75 % gefordert. Für Dampferzeuger der Industrie >29 MW sind 43 g/GJ, entsprechend 160 mg/m^3 i.N. bei 3 % O_2, neuerdings vorgeschlagen worden [42]. In Kalifornien existiert für häusliche Gasgeräte ohne Gebläse ein auf die *Nutzwärme*leistung bezogener Wert von 144,3 mg/kWh (40 g/GJ).

In Japan wurden bereits im August 1973 auf der Grundlage des Artikels 3 des „Air Pollution Control Law" die ersten nationalen Emissionsgrenzwerte für die Stickstoffoxide erlassen. Es folgten Änderungen im Dezember 1975, Juni 1977 und August 1979; im Hinblick auf ihre zunehmende Bedeutung betrifft die Verschärfung im September 1983 nur die Kohlefeuerungen. Die Werte der Gasfeuerungen sind offensichtlich nicht verändert worden. Innerhalb von 6 Jahren ist der Grenzwert für neue Feuerungen mit Abgasströmen zwischen 40 000 und 500 000 m^3/h vom an sich schon niedrigen Niveau von 300 mg/m^3 (130 ppm) auf

Tabelle 3.5. Ausländische Beschränkungen der NO_x-Emission neuer Gasfeuerungen (als NO_2 in mg/m^3 i.N. bei 3% O_2)

Staat	Stand	Gültigkeitsbereich	Emission
Japan	Sept. 1983	>376 MW	138
		30 –375 MW	230
		7,5– 30 MW	300
		<7,5 MW	345
Kanada	1984		310[a]
Niederlande	Okt. 1984	ab 1.1.1988, >50 MW	200
Österreich	1987	>300 MW	100
		150–300 MW	150
		50–150 MW	200
Schweden		$\dot{Q}$>300 t/a 175–300	175–300
		$\dot{Q}$<300 t/a 300–700	300–700
Schweiz	1986	>300 MW	100
		1–300 MW	200
USA	1983	Kraftwerke >73,3 MW	310
		Industrie >29,3 MW	155[a]
EG	Dez. 1983	>50 MW, ab 1.1.1985	350[a]
		>50 MW, ab 1.1.1995	180[a]

[a] Vorschläge

230 mg/m³ (100 ppm) gesenkt worden. Die jetzt gültigen Grenzwerte enthält Tabelle 3.5. Darüber hinaus können die Präfekturen (Provinzregierungen) und Kommunen vor allem in den Belastungsgebieten mit den Betreibern wesentlich niedrigere Grenzwerte vereinbaren. Für 2 LNG-gefeuerte Kraftwerksblöcke wurden z.B. 21 mg/m³ als „agreements" akzeptiert, obwohl der nationale Grenzwert 123 mg/m³ betrug. Die japanischen Grenzwerte haben den Charakter von nicht überschreitbaren maximalen Stundenwerten.

In Europa folgte Österreich den gesetzgeberischen Aktivitäten der Bundesrepublik Deutschland. Die 1. Durchführungsverordnung vom Sept. 1982 zum Dampfkessel-Emissionsgesetz (DKEG) vom 19.12.1980 forderte für Brennstoffwärmeleistungen >100 MW mindestens eine der folgenden Primärmaßnahmen (vgl. Abschn. 5.2):

- NO_x-armer Brenner
- Rauchgasrezirkulation
- Stufenverbrennung
- Verminderte Luftvorwärmtemperatur

Die 2. Durchführungsverordnung vom 30.5.1984 sieht für Feuerungsleistungen zwischen 2 und 50 MW (th) ebenfalls die Anwendung feuerungstechnischer Maßnahmen vor. Für Brennstoffwärmeleistungen >50 MW waren 350 mg/m³ vorgesehen. Die herabgesetzten Werte der 3. DVO zum DKEG enthält Tabelle 3.5.

Die Schweiz schreibt für Gasfeuerungen >1 MW (th) 200 mg/m³, für Wärmeleistungen <300 MW 100 mg/m³ vor. Im Kanton Zürich sollen ab 1. 7. 1992 für 70 kW bis 5 MW bei Gebläsebrennern 80 mg/m³, bei atmosphärischen Brennern 120 mg/m³ eingehalten werden (vgl. a. [59]).

3.3 Verbrennung von flüssigen Brennstoffen

3.3.1 Emissionen bei der Verbrennung von Heizöl EL

Mineralöl wird in der Bundesrepublik Deutschland nur noch in Form von schwerem und leichtem Heizöl (Heizöl S u. EL) in den Gruppen „Industrie" und „Haushalte und Kleinverbraucher" (s. Abschn. 6.2.1) verwandt. Ihr Anteil – überwiegend leichtes Heizöl – am Endenergieverbrauch der Haushalte und Kleinverbraucher betrug 1985 43,4%. Etwa 48% der bundesdeutschen Wohnungen heizten mit Heizöl EL.

Bisher wenig beachtet wurde die Bildung von Brennstoff-NO beim Heizöl EL. Bei einem durchschnittlichen Stickstoffgehalt von 0,0135% (vgl. Abschn. 2.2.2.1) beträgt die Emission immerhin 35 mg/m³ i.N. (~10 g/GJ). Bezüglich des thermischen Stickstoffmonoxids gelten die qualitativ gleichen Abhängigkeiten von den maßgebenden Einflußgrößen wie beim Erdgas (Abschn. 3.2.1). So verhindern die seit 1976 verkauften Feuerungen mit „heißen" Brennkammern oder feuerfesten Ausmauerungen eine Auskühlung der Flamme und führen zu durchschnittlich um 20% höheren NO_x-Emissionen [43, 44]. Bei der Einflußgröße „Brennerart" ist grundsätzlich zwischen Zerstäubungs- und Verdampfungsbrennern zu unterscheiden. Der Luftzerstäuber bietet gegenüber dem üblichen Öldruckzerstäuber keine Vorteile hinsichtlich der NO_x-Emission [53]. Die bisher ausschließlich verwendeten „Gelbbrenner" haben etwa die doppelte NO_x-Emission wie die neuentwickelten sog. „Blaubrenner", die bereits als NO_x-arme Brenner für Ölfeuerungen anzusehen sind. (vgl. Abschn. 5.2.6). Die Ursache der hohen NO_x-Bildung der „Gelbbrenner" sieht Buschulte nicht im thermischen NO, sondern im *nicht* durch den Zeldovich-Mechanismus erklärbaren NO (promptes NO?), das bei fettem Gemisch vor allem am brennenden Tropfen im Sprühnebel entsteht [44].

Angesichts der breiten Anwendung des leichten Heizöls liegen nur wenige umfassende Angaben über seine Emissionen vor. Pauschalwerte für die Emittentengruppe „Industrie" sind nicht verwertbar, da sie auch die Emissionen der Schwerölfeuerungen enthalten können. Für größere Anlagen sind nur folgende Werte verfügbar:

Bundesrepublik Deutschland:		
	Industrie (nur EL!) UBA 1978 [31]	360 mg/m³
	TAL-Bereich [45]	150 – 400 mg/m³
	Wasserrohrkessel [8]	200 – 300 mg/m³
	Großwasserraumkessel [8]	250 – 350 mg/m³
USA:		
	Wasserkessel [12], mit Luftvorw.	320 mg/m³
	ohne Luftvorw.	195 mg/m³
	Flammrohrkessel [12]	250 mg/m³

Die den TAL-Bereich (> 5 MW (th)) betreffende Angabe von Davids und Lange [45] könnte schon Feuerungen mit Minderungsmaßnahmen (Primär-, s. Abschn. 5.2) enthalten.

Die NO_x-Emissionen der im Bereich Haushalte und Kleinverbraucher verwendeten Gebläsebrenner schwanken zwischen 65 und 400 mg/m³ (3 % O_2-Gehalt) [43, 46 – 53]. Die *Mittel*werte der jeweiligen Meßserien liegen zwischen 130 und 250 mg/m³. Bei den 1984 vorgenommenen Messungen an 138 Anlagen überschritten nur 9 % den Emissionswert von 250 mg/m³ [43].

Verdampfungsbrenner stellen die einfachste Form von Haushaltsfeuerungen mit einem Nennleistungsbereich von 1,8 – 29 kW dar, die bis 12 kW meist atmosphärisch betrieben werden. Die NO_x-Emissionen der Feuerungen mit Verdampfungsbrennern liegen zwischen 85 und 250 mg/m³ (3 % O_2-Gehalt, 23 – 70 g/GJ), wobei für den Ölofen die niedrigen Werte gelten [54 – 56].

Als pauschale, mittlere Emissionsfaktoren für die Gruppe „Haushalte und Kleingewerbe" wurden meist 50 g/GJ (z.B. 5. BImSchVwV), nur vereinzelt 70 g/GJ (Luftreinhalteplan Ruhrgebiet West) benutzt.

3.3.2 Bedeutung und Emission der Feuerungen für schweres Heizöl

Der Einsatz des schwefelreichen schweren Heizöles hat in der Bundesrepublik Deutschland seit der ersten Ölkrise im Jahre 1973 stark abgenommen:

1970 26,3 Mt/a	1980 20,3 Mt/a	1988 ~ 8 Mt/a
1973 29,7 Mt/a	1985 9,8 Mt/a	

Entsprechend sank z.B. sein Anteil an der Stromerzeugung von 8,7 % im Jahr 1975 auf 2,3 % im Jahr 1985. Im Geltungsbereich der TAL (1 – 50 MW (th)) gab es 1982 ca. 7 900 Anlagen, davon 6 800 im Bereich 1 – 5 MW [33]. Durch die verschärfte Luftreinhaltungsgesetzgebung dürfte ihre Zahl stark abnehmen (Übergang auf Heizöl EL oder Gas).

Schweres Heizöl kann in beachtlichem Maße organisch gebundenen Stickstoff enthalten (vgl. Abschn. 2.2.2), dessen Umwandlungsrate mit zunehmendem Stickstoffgehalt abnimmt. (vgl. Abschn. 2.2.4). Der Brennstoffstickstoff allein kann rechnerisch je nach Größe und Umwandlungsrate zu NO_x-Gehalten von ca. 450 mg/m³ führen. Die Luftzahl ist vor allem bei größeren Feuerungen von untergeordneter Bedeutung, da sie im Hinblick auf die Niedertemperatur-Korrosionen ohnehin nahstöchiometrisch betrieben werden. Nachteilig wirkt sich dagegen die zur Erlangung der Pumpfähigkeit notwendige Vorwärmung des Öles aus. Sehr groß ist wiederum der Einfluß der Luftvorwärmung; bei einer Vorwärmtemperatur von 300 °C ist die NO_x-Emission 3 mal so groß wie bei Luft von Umgebungstemperatur [57]. Oberhalb 100 °C steigt die Emission um ca. 1 mg/m³K an [8]. Bis zu einer Brennkammerbelastung von 1,1 MW/m³ ist ihr Einfluß unwesentlich; ab 2,5 MW/m³ macht er sich jedoch verstärkt bemerkbar [16]. Durch die verschiedene Brennkammerbelastung ergeben sich die Unterschiede für die Dampferzeugersysteme [8]:

Wasserrohrkessel	450 – 600 mg/m³
Großwasserraumkessel	550 – 800 mg/m³.

Allerdings zeigen die Durchschnittswerte für die USA eine andere Tendenz [12]:

Wasserrohrkessel	580 mg/m³
Flammrohrkessel	415 mg/m³.

Beim Heizöl ist wie beim Gas das Feuerungssystem von Einfluß. Eckenfeuerungen und Boxerfeuerungen haben mit 450 – 700 mg/m³ die niedrigsten NO_x-Emissionen; Front- und vor allem Bodenfeuerungen weisen in der Regel höhere Werte auf [58]. Für deutsche Feuerungen wird für die Emissionskonzentration E folgende Regression zur Feuerungswärmeleistung Φ angegeben [29]:

$$E = 620 + 0{,}15\Phi \qquad (3.12)$$

$\Phi < 1\,100$ MW (th), Streubreite: ± 300 mg/m³.

Die Emission der Feuerungen für Heizöl S hat einen Schwankungsbereich von 400 – 1 600 mg/m³ (3 % O_2-Gehalt).

Für „Kraftwerke", die ausschließlich nur Heizöl S verfeuern dürften, werden als mittlere Emissionen angegeben:

USA:

Bartok et al. [32], 1960	296 g/GJ,	1 065 mg/m³
Davids und Lange [33],		740 mg/m³
EPA [30], 1972	270 g/GJ,	970 mg/m³

BRD:

UBA [31], bis 1978	240 g/GJ,	865 mg/m³
VGB [30]	245 g/GJ,	880 mg/m³

Für Feuerungen im Bereich der TAL ist von Emissionskonzentrationen zwischen 400 und 900 mg/m³ i.N. auszugehen; das Mittel für die Industrie im Jahr 1978 betrug 600 mg/m³ [31]. Bei Heizkesseln (< 58 kW) fand Ulmer bei Verbrennung schwefelreichen Heizöl S (2,4 %) 620 mg/m³ als Emission [53].

3.3.3 Grenz- und Richtwerte für flüssige Brennstoffe

Der im Abschn. 3.2.4 schon erwähnte Grenzwert für den Emissionsmassenstrom von Kraftwerken in Los Angeles County galt auch für Heizöle. Der erste bundeseinheitliche NSPS-Wert in Höhe von 130 g/GJ – entsprechend etwa 460 mg/m³ bei 3 % O_2 – gilt seit Dezember 1971 auch heute noch in den USA (Tabelle 3.6). Hinzugekommen sind in den USA Vorschläge für Industriefeuerungen, die interessanter Weise nach dem Stickstoffgehalt differenzieren (Tabelle 3.6).

Tabelle 3.6. Ausländische Beschränkungen der NO_x-Emissionen neuer Heizölfeuerungen (umgerechnet auf mg/m³ i.N. als NO_2 bei 3% O_2)

Staat	Stand	Anlagengröße	Bemerkungen	Emission mg/m³ i.N.
Dänemark	~1988	Φ > 100 MW (th)	200 g/GJ	700
Großbritannien	~1988	> 700 MW	275 ppm	564
Finnland	~1988	Φ > 300 MW	70 g/GJ	245
		50–300 MW	150 g/GJ	490
Italien		Φ > 100 MW		650
Niederlande		Φ > 50 MW	80 g/GJ	300
Österreich	1.1.89	Φ > 300 MW		150
	Entwurf	150–300 MW	60 g/GJ	200
	1986	50–150 MW	80 g/GJ	300
Schweden		$\dot{Q}$ > 300 t/a	50–100 g/GJ	175–350
		$\dot{Q}$ < 300 t/a	100–200 g/GJ	350–700
Schweiz LRV	1.10.87	Φ > 300 MW	Heizöl EL, M, S	150
		50–300 MW	Heizöl M, S	300
		5– 50 MW	Heizöl M, S	450
		1–300 MW	Heizöl EL	250
Kanton Zürich	ab 1.7.92	0,07–5 MW	Heizöl EL	120
USA	1984	Φ > 73,3 MW	Kraftwerke	455
		Φ > 29,3 MW	Heizöl S, n ≦ 0,35%	448
		Φ > 29,3 MW	Heizöl S, n > 0,35%	620
		Φ > 29,3 MW	Heizöl EL	150
EG	ab 1.1.85	Φ > 50 MW		450
	ab 1.1.96	Φ > 50 MW		220

In Japan wurden die ersten Beschränkungen des Jahres 1973 von 390 mg/m^3 für den Abgasvolumenstrom von >40 000 m^3/h entsprechend 30 MW (th) auf 325 mg/m^3 für Feuerungen bis 500 000 m^3/h ~400 MW (th) bereits 1975 herabgesetzt. Gleichzeitig erfolgten weitere Differenzierungen nach der Anlagengröße; heute sind alle Anlagen, auch die kleinen, einbezogen. Für die Schweiz hat der Kanton Zürich bereits eine Absenkung des Grenzwertes 250 mg/m^3 auf 120 mg/m^3 ab 1992 für Leistungen zwischen 0,07 u. 5 MW beantragt [59]. Die Beschränkungen weiterer Staaten sind ebenfalls in Tabelle 3.6 aufgenommen, wobei nicht immer sicher ist, ob sie dem neuesten Stand entsprechen und welche juristische Qualität sie haben.

In der Bundesrepublik Deutschland unterliegen neue Ölfeuerungen >50 MW dem förmlichen Genehmigungsverfahren gem. § 10 BImSchG. Feuerungen für Heizöl EL zwischen 5 und 50 MW werden nach dem vereinfachten Verfahren nach § 19 BImSchG genehmigt (vgl. Tabelle 3.2). Die in der Bundesrepublik Deutschland gültigen Grenz- und Richtwerte der NO_x-Emission neuer Anlagen enthält Tabelle 3.7. Wie ein Vergleich mit den Angaben in Abschn. 3.3.2 zeigt werden insbesondere beim Heizöl S Minderungsmaßnahmen erforderlich, die durch seine Neigung zur Rußbildung sehr erschwert sind. Bei Altanlagen gelten folgende Regelungen:

13. BImSchV:

>50 MW ab 1.7.1988	700 mg/m^3

UMK-Beschluß:

>50 MW; Restnutzung ≦30 000 h	450 mg/m^3
50–300 MW, unbegrenzt	450 mg/m^3
>300 MW, unbegrenzt	150 mg/m^3

TAL:

Anlagen, deren Emissionen mehr als das Eineinhalbfache der Werte der Tabelle 3.7 betragen, müssen ab 1.3.1991 250 bzw. 450 mg/m^3 einhalten, sofern bis zum 29.2.1988 eine nachträgliche Anordnung erlassen wurde

Tabelle 3.7. Bundesdeutsche Grenz- und Richtwerte der NO_x-Emission für flüssige Brennstoffe in Neuanlagen (in mg/m^3 i.N. bei 3% O_2)

Feuerungswärmeleistung	Quelle	Emission
≧50 MW	13. BImSchV v. 1.7.1983	450
>300 MW	UMK-Beschluß v. 5.4.1984	150
50–300 MW		300
	TAL v. 1.3.1986:	
5–50 MW	Heizöl EL	250
1–50 MW	Heizöl S	450
23,7–180 kW	„Blauer Engel" für Zerstäuberbrenner	150[a]

[a] Originalangabe: 150 mg/kWh = 42 g/GJ

(Nr. 4.2.3). Liegt die derzeitige Emission zwischen dem Ein- und Eineinhalbfachen der Emission der Tabelle 3.7, dann muß die Konzentration ab 1.3.1994 kleiner 250 bzw. 450 mg/m³ sein (Nr. 4.2.4).

3.4 Verbrennung von Kohlen

3.4.1 Emissionen und Grenzwerte der Schmelzfeuerungen

Staubfeuerungen werden in Schmelz- und Trockenfeuerungen unterteilt. Bei den Schmelzfeuerungen liegt die Flammentemperatur oberhalb des Aschefließpunktes, so daß die Asche schmelzflüssig aus dem Feuerraum abgezogen wird und in einem Wasserbad als Schlacke granuliert. Die Schmelzfeuerung ist in der Bundesrepublik Deutschland weit verbreitet, vor allem zur Verbrennung aschereicher oder niederflüchtiger Kohle. 1985 betrug ihr Anteil an der Dampfleistung steinkohlebefeuerter Dampferzeuger in Industrie-, Heiz- und öffentlichen Kraftwerken 53,8 % [60]. In Japan gibt es keine Feuerungen mit flüssigem Aschenabzug.

Wegen der hohen Verbrennungstemperaturen zwischen 1 400 und 1 800 °C entsteht in beachtlichem Maße thermisches NO; sein Anteil beträgt 40–60 % [61]. Die gesamte NO_x-Emission steigt mit dem Sauerstoffgehalt gemäß der Beziehung

$$E \sim \left(\frac{O_2}{5}\right)^{0,15} \tag{3.13}$$

an [62]. Ein wesentlicher Einfluß von Feuerungsbauart, Heizwert und Ausmahlung der Kohle ist nicht festzustellen. Hingegen nimmt der NO-Gehalt bei gleicher Feuerungs- und Brennerbauart mit den Flüchtigen Bestandteilen stark zu [62]. Am stärksten beeinflußt die Brennerbauart die Größe der NO_x-Emission; Drallbrenner haben wesentlich höhere NO_x-Gehalte als Strahlbrenner [61, 62]. Bei letzteren ist eine gewisse Abhängigkeit von der spezifischen Brennerleistung zu erkennen [61, 62].

Die Emissionskonzentrationen (bezogen auf 5 % O_2) liegen zwischen 900 und 3 000 mg/m³; das Mittel bei 1 700 mg/m³ [33]. Für die NO_x-Emission deutscher Schmelzfeuerungen zwischen 1979 und 1984 wird die folgende, allerdings schwache Regression zur Feuerungswärmeleistung Φ (MW (th)) angegeben [29]:

$$E = 1\,140 + 0{,}58\Phi\,. \tag{3.14}$$

Die Streubreite beträgt ± 600 mg/m³. Als mittlere Emissionsfaktoren für Schmelzfeuerungen in Kraftwerken wurden genannt:

Bundesrepublik Deutschland:

VGB [63] 1970/1980	655 g/GJ

USA:

EPA [64]	478 g/GJ
Mason [65]	580 g/GJ
EPA [30]	548 g/GJ.

In den USA sind Schmelzfeuerungen (Zyklon-) auch für Braunkohlen (Dakota, Montana) im Einsatz. Für nach 1971 errichtete Anlagen $>73{,}3$ MW (th) gilt der Grenzwert 340 g/GJ (ca. 810 mg/m^3). Er ist auch für Industriefeuerungen $>29{,}3$ MW (th) vorgeschlagen. In der Bundesrepublik Deutschland hielten die Kesselhersteller im Vorfeld der Diskussion um die 13. BImSchV 2 900 mg/m^3 (5 % O_2-Gehalt) für 1978 bestellte Anlagen für erreichbar. Der vorgesehene Grenzwert von 2 000 mg/m^3 wurde vom Bundesrat auf 1 800 mg/m^3 für Anlagen >50 MW (th) herabgesetzt (§ 5 Abs. 2 13. BImSchV). Gemäß UMK-Beschluß sind folgende Werte für Neuanlagen als Stand der Technik erklärt worden:

$\Phi > 300$ MW (th) 200 mg/m^3
$50 < \Phi < 300$ MW (th) 400 mg/m^3.

Bezüglich der Altanlagen sei auf § 19 13. BImSchV bzw. auf die Literatur z.B. [58] verwiesen. In Österreich enthielt die 2. DVO ebenfalls den Grenzwert von 1 800 mg/m^3 für Anlagen >50 MW (th), allerdings bezogen auf 6 % O_2. Die 3. DVO sieht für Schmelzfeuerungen keine speziellen Werte mehr vor. Der Entwurf der Europäischen Großfeuerungsanlagenverordnung schlägt als Grenzwert 1 300 mg/m^3 vor.

3.4.2 Emissionen der Trockenfeuerungen für Steinkohle

Trockenfeuerungen verbrennen gemahlene Kohle, wobei die Asche im Feuerraumtrichter trocken in pulverförmigem Zustand anfällt. Die maximalen Verbrennungstemperaturen überschreiten 1 500 – 1 600 °C nicht. Die Gesamtluftzahl liegt je nach Kohle zwischen 1,2 und 1,3. Bei Feuerungswärmeleistungen >150 MW werden Trockenfeuerungen – und bei höheren Leistungen auch Schmelzfeuerungen – gebaut. Im Bereich zwischen 80 und 150 MW konkurriert die Trockenfeuerung mit der Wanderrostfeuerung (s. Abschn. 3.4.5). Unterhalb 50 MW (th) gab es 1982 in der Bundesrepublik Deutschland nur 140 Anlagen (3,6 %) für Stein-, Braunkohle und Holz [67].

Der Anteil des thermischen NO am gesamten NO_x-Gehalt wird zu 10 bis 30 % geschätzt [61]. Die NO_x-Emission in Höhe von 600 bis 1 700 mg/m^3 (6 % O_2-Gehalt) ist vor allem durch das Brennstoff-NO bedingt. Den größten Einfluß hat das Feuerungssystem und damit die Brennerart. Niedrige Emissionen von 600 bis 1 100 mg/m^3 weisen die Eckenfeuerungen (Tangential-) mit ihren Strahlbrennern auf. Der Schwankungsbereich ist durch den Einfluß der Kohlesorten (Stickstoffgehalt, Umwandlungsrate) bedingt. Die Abhängigkeit vom Sauerstoffgehalt ist kleiner als bei den Schmelzfeuerungen. Auch eine wesentliche Beziehung zur Feuerungswärmeleistung ist nicht zu erkennen.

Die Linearfeuerungen (Front-, Seitenwand-, Boxer-) haben mit ihren Drallbrennern NO_x-Emissionen zwischen 900 – 1 700 mg/m^3. Bei der Frontfeuerung sinkt die NO_x-Emission mit abnehmendem Verhältnis Seitenwand- zu Frontwandlänge. Bei kleineren Frontfeuerungen fällt der NO_x-Gehalt um 50 mg/m^3 je Vol-%-Punkt des O_2-Gehaltes, allerdings steigt der Gehalt an Unverbranntem in der Flugasche um 1 %-Punkt [8]. Zu geringer Abstand der Brenner führt zu hohen Gürtelbelastungen und damit zur verstärkten Bildung thermischen NO [63]. Die Beziehung zur Feuerungswärmeleistung ist wesentlich ausgeprägter als bei der Eckenfeuerung [62].

Als mittlere Emissionfaktoren für Kraftwerke mit Steinkohle-Trockenfeuerungen wurden benutzt:

Bundesrepublik Deutschland:

VGB [63]	1970	525 g/GJ
	1975	500 g/GJ
UBA [30]		240 g/GJ
		52 g/GJ

USA:

EPA [64]		287 g/GJ
Mason [65]		322 g/GJ
EPA [30]	(275–322)	298 g/GJ

Japan:

1972 [66]		340 g/GJ

3.4.3 Zusammenstellung nationaler Grenzwerte

Die Grenzwerte der verschiedenen Staaten sind sehr unterschiedlich differenziert nach Kohlenart und Feuerungssystem. Hier sollen nur die für Trockenfeuerungen mit Steinkohle gültigen Werte betrachtet werden; die einzelnen Abschnitte enthalten weitere Hinweise auf spezielle Regelungen.

Die weltweit erste Begrenzung für Kohlefeuerungen erfolgte wiederum in Los Angeles (vgl. Abschn. 3.2.4 u. 3.3.3). Für die USA galt für neue Feuerungen >73,3 MW (th) ab 1971 ein NSPS-Wert von 300 g/GJ, der 1979 auf 258 g/GJ (Tabelle 3.8) herabgesetzt wurde.

Für Japan (vgl. Abschn. 3.2.4 u. 3.3.3) gilt folgende Zeitreihe für die Grenzwerte neuer großer Feuerungen (>100 000 $m^3/h \triangleq 64$ MW (th)):

1973 985 mg/m^3
1977 820 mg/m^3
1984 615 mg/m^3
1987 513 mg/m^3, 410 mg/m^3 für >700 000 m^3/h.

Wie bei den gasförmigen und flüssigen Brennstoffen wurde die Grenzwertfestlegung auf immer kleinere Feuerungen ausgedehnt. Ferner führten freiwillige Vereinbarungen zwischen Betreibern und regionalen bzw. lokalen Behörden zu beachtlich niedrigeren Grenzwerten. So wurde z.B. für Takehara 1 und 3 statt der gültigen nationalen Standards von 820 mg/m^3 für den Betrieb ab 1981 bzw. 1983 als NO_x-Emissionen 156 bzw. 123 mg/m^3 festgelegt.

In der Bundesrepublik Deutschland begannen die Diskussionen über quantitative Emissionswerte im Vorfeld der Erstellung der 13. BImSchV, die ja auf einen Beschluß der Bundesregierung vom 11.11.1977 zurückgeht. Die Kesselhersteller sahen für 1978 bestellte Anlagen 1 400 mg/m^3 als erreichbar an. Als Erwartungswert für die Mitte der 80er Jahre galt 860 mg/m^3. Der im letzten Entwurf der Verordnung enthaltene Wert von 900 mg/m^3 wurde vom Bundesrat wegen der

Tabelle 3.8. Emissiongrenzwerte für Steinkohlenfeuerungen

Staat	Stand	Gültigkeitsbereich	Originalangabe	mg/m^3 i.N.
Dänemark	1984	Kraftwerke	–	1000[a]
Japan	1983	$\geqq 700\,000\ m^3/h$	200 ppm	410
		40000–700000	250 ppm	512
		$\leqq 40\,000\ m^3/h$	300 ppm	615
Niederlande	1984		270[a,b] (190)[c] g/GJ	640[a,b] (450)[c]
Österreich	1986	>300 MW (th)	200 mg/m^3	200
		>150–300 MW	300 mg/m^3	300
		> 50–150 MW	400 mg/m^3	400
Schweden	1984		280 g/GJ	670
Schweiz	1986	>300 MW (th)	200 mg/m^3	200
		50–300 MW (th)	400 mg/m^3	400
		<50 MW (th)	500 mg/m^3	500
USA	1984	Kraftwerke >73,3 MW (th)	260 g/GJ	614
		Industrie >73,3 MW (th)	300 g/GJ	714
		Industrie >29,3 MW (th)	301 g/GJ	714
EG	ab 1.1.85	>50 MW (th)	800	800
	n. 31.12.95		400	400

[a] Richtlinie
[b] Normalbetrieb
[c] Versuch über 24 h

Tabelle 3.9. Bundesdeutsche Emissionsgrenzwerte (in mg/m^3 i.N. als NO_2) für Trockenfeuerungen mit Kohle

Feuerungswärmeleistung MW	Quelle	O_2-Gehalt %	Neuanlagen	Altanlagen Restnutzung	
				<30000 h	>30000 h
> 50	13. BImSchV v. 1.7.83	6	800	1300	1300
>300	UMK v. 5.4.1984	6	200	650	200
50–300	UMK v. 5.4.1984	6	400	650	650
1–50	TAL v. 1.3.1986	7	500	500[a]	500[a]
	Dynamisierung	7	400[b]	500	500

[a] Bei NO_x-Emissionen >750 mg/m^3 nach 5 Jahren; bei NO_x-Emissionen <750 mg/m^3 nach 8 Jahren
[b] Ausgenommen Einzelfeuerungen bis 20 MW: 500 mg/m^3

Erfahrungen an 3 großen Blöcken auf 800 mg/m^3 herabgesetzt (Tabelle 3.9). Er fügte am 29.4.1983 auch die sogenannte „Dynamisierungsklausel" ein (s. Abschn. 3.2.3). Der Rat von Sachverständigen für Umweltfragen schlug am 8.11.1983 zu ihrer Konkretisierung 400 mg/m^3 vor. Die Umweltministerkonferenz (UMK) beschloß am 5.4.1984 200 mg/m^3 (Tabelle 3.9). Das Tempo der

Änderungen wird noch klarer bei Betrachtung der Altanlagen z.B. >300 MW (th):

13. BImSchV v. 1.7.1983	1 300 mg/m³
Rat von Sachverständigen 8.11.1983	600 mg/m³
UMK-Beschluß v. 5.4.1984	200 mg/m³

Die TAL lehnt sich an den UMK-Wert von 400 mg/m³ für den Leistungsbereich von 50 bis 300 MW (th) an (Tabelle 3.9) [45]. Wegen der sehr unterschiedlichen Feuerungssysteme und Brennstoffe für Leistungen <50 MW wurde der Wert 500 mg/m³ in Verbindung mit einer Dynamisierungsklausel in die TAL 1986 aufgenommen. Die kürzlich erfolgte Konkretisierung nennt für Neuanlagen 400 mg/m³ (0,4 g/m³), wobei für Einzelfeuerungen bis 20 MW (th) 500 mg/m³ zugelassen werden. Für Altanlagen gilt der Grenzwert 500 mg/m³.

3.4.4 Trockenfeuerungen für Braunkohlen

Der Anteil der Braunkohle am Primärenergieverbrauch der Bundesrepublik Deutschland betrug 1985 9,3 %, in der DDR waren es 66,6 %. Im gleichen Jahr wurden 21,5 % des Stroms der Bundesrepublik Deutschland durch Verbrennung von Braunkohle erzeugt, in der DDR 82,7 %. 85 % der Förderung des größten bundesdeutschen Reviers Aachen-Köln werden in den umliegenden Kraftwerken verstromt, deren Blockleistungen zwischen 150 und 600 MW (el) liegen. Die Dampferzeuger haben Staubfeuerungen mit trockenem Aschenabzug und folgenden Besonderheiten:

- Niedrige Verbrennungstemperaturen (ca. 1 100 °C) infolge hohen Ballastgehaltes (55–62 % Feuchte, 4–10 % Asche im langjährigen Mittel) und geringer Feuerraumbelastung
- Rauchgasrückführung zur Mahltrocknung auf Feuchten <20 %
- Sauerstoffarmes Primärgemisch im Anzündebereich
- Tangentialfeuerungen mit Strahlbrennern.

Alle diese Auslegungsmerkmale bewirken eine im Vergleich zu Steinkohle-Trockenfeuerungen niedrige NO_x-Emission. Wegen der geringen Verbrennungstemperatur entsteht kein thermisches NO. Der Stickstoffgehalt der rheinischen Braunkohle ist mit 0,15–0,37 Masse-% (i.roh) niedrig. Die Umwandlungsrate nimmt leicht mit zunehmendem Stickstoffgehalt ab und liegt zwischen 0,1 und 0,3. Die Emissionskonzentrationen rheinischer Braunkohle schwanken deshalb zwischen 450 und 750 mg/m³ i.N. ($O_{2,B}=6$ %); das Mittel beträgt 620 mg/m³ [29].

Die Emissionen der Braunkohlen anderer Herkunft (Hessen, Niedersachsen, Schwandorf), liegen zwischen 600 und 1 000 mg/m³ i.N.. Als mittlere Emissionsfaktoren werden für die Bundesrepublik Deutschland genannt:

Kraftwerke:	VGB [30]	215 g/GJ
	UBA [30], bis 1975	290 g/GJ
	UBA [31], bis 1978	210 g/GJ
Industrie:	UBA [31], bis 1978	240 g/GJ

Für Braunkohlen der DDR ist nur der auffallend niedrige Wert von 80 g/GJ (110–180 mg/m³) bekannt [68]. Realistischer scheint die Annahme von

300 g/GJ zu sein [69]. Für amerikanische Braunkohlen-Kraftwerke wird ein Bereich von 245–353 g/GJ mit einem Mittel von 299 g/GJ genannt [30], das jedoch durch die Schmelzfeuerungen bedingt sein kann.

Grenzwerte sind in der Bundesrepublik Deutschland die allgemeinen Emissionskonzentrationen für Trockenfeuerungen (s. Tabelle 3.8). In den USA gilt seit 1971 für Anlagen >73,3 MW (th) ein Grenzwert von 260 g/GJ. Er soll auch auf Industriefeuerungen >29,3 MW (th) ausgedehnt werden.

3.4.5 Mechanische Rostfeuerungen

Rostfeuerungen mit mechanischer Beschickung werden für Feuerungswärmeleistungen zwischen 0,25 und 150 MW – entsprechend Dampfmassenströmen von 0,4–200 t/h – eingesetzt. Ihr Anteil an der Dampfleistung steinkohlebefeuerter Dampferzeuger in Industrie-, Heiz- und öffentlichen Kraftwerken beträgt nur 4,7 % [60]. Die Schätzungen für die Anzahl der kohlegefeuerten Anlagen im Gültigkeitsbereich der TAL (1–50 MW (th)) schwankten zwischen 5 000 und 3 000 [67, 70]. Für 1982 nennt das UBA 3 900 Anlagen mit einer Feuerungsleistung von 20 700 MW (th); die Mehrzahl von 3 250 Anlagen hat Leistungen zwischen 1 und 5 MW (th) [45]. 95 bzw. 97 % der Anlagen sind Rostfeuerungen [67, 70]. Die Wanderrostfeuerung nimmt eine Vorrangstellung ein. Erst neuerdings widmet man ihr gerade im Hinblick auf die NO_x-Emissionen wieder besondere Aufmerksamkeit.

Die Rostfeuerungen weisen nämlich hinsichtlich einer geringen NO_x-Bildung günstige Verbrennungsbedingungen auf:

- Infolge des hohen Luftüberschusses (Gesamt-Luftzahl bei Steinkohle zwischen 1,3 und 1,6) ist die Verbrennungstemperatur mit etwa 1 300 °C niedrig.
- Der Anteil der Primärluft an der gesamten Verbrennungsluftmenge liegt mit 70 bis 85 % recht günstig (Luftstufung!).
- Die bei der Restkoksverbrennung gebildeten Stickstoffoxide werden wieder in den oberen Schichten des Kohlebetts reduziert [71].

Bei Wanderrostfeuerungen für Steinkohle liegen die NO_x-Emissionen ohne Minderungsmaßnahmen zwischen 200 und 700 mg/m^3 (7 % O_2-Gehalt). Ursachen für die große Streubreite sind Kohleart, Auslegung und Betriebsweise (Luftverteilung, Schichthöhe der Kohle, Rostgeschwindigkeit). Wanderrostfeuerungen für rheinische Braunkohle und Braunkohlenbriketts haben NO_x-Emissionen zwischen 250 und 350 mg/m^3 (7 % O_2-Gehalt). Bei ihnen ist eine *Zunahme* der Emissionskonzentration bezogen auf 7 % O_2-Gehalt (bzw. des Emissionsfaktors) mit sinkender Last festgestellt worden [8]. Systematische Untersuchungen über den Einfluß der verschiedenen Parameter auf die NO_x-Emission sind nicht bekannt. Mit den hier mitgeteilten Emissionswerten konkurriert die Rostfeuerung schon ohne Ausnutzung ihres Minderungspotentials (s. Abschn. 5.2) mit der stationären Wirbelschichtfeuerung (vgl. Abschn. 3.6).

Über andere Rostsysteme ist kaum zu berichten. Tornier gibt für eine Unterschubfeuerung (4,4 MW (th)) je nach Luftüberschuß 510–640 mg/m^3 an. Für die USA geben Lim u.a. folgende Werte an [12]:

Wurffeuerung (44 MW (th))	265 g/GJ
Unterschubfeuerung (9 MW (th))	150 g/GJ

Tabelle 3.10. Bundesdeutsche Emissionsgrenzwerte für Rostfeuerungen

Brennstoff	Quelle	Anlagengröße	O_2-Gehalt %	Neuanlagen mg/m³	Altanlage mg/m³
Kohle	1. BImSchV	<1 MW (th)	7	–	–
	TAL	1– 50 MW	7	500	500 n. 5 a[a]
	Dynamisg.	>10 MW		400	500 n. 8 a[b]
	13. BImSchV	50–300 MW	7	800	1000
	UMK v. 5.4.84	50–300 MW	7	400	650
Torf, Holz, Holzreste	1. BImSchV	<1 MW	13	–[c]	
	TAL	1– 50 MW	11	500	500 n. 5 a[a]
					500 n. 8 a[b]
	13. BImSchV	50–300 MW	7	800	1000
	UMK	50–300 MW	7	400	650
Müll	TAL	>0,75 t/h	17	–	
		>0,75 t/h	11	500	

[a] Anpassung an Neuanlagen innerhalb 5 Jahre, wenn Emission >750 mg/m³
[b] Anpassung an Neuanlage innerhalb 8 Jahre, wenn Emission <750 mg/m³
[c] Keine Holzreste aus nicht naturbelassenem Holz <15 kW

Für die Rostfeuerung gelten in der Bundesrepublik Deutschland als Grenzwerte die Emissionskonzentrationen der Tabelle 3.10. Die kürzlich erfolgte Konkretisierung der TAL gibt für Neuanlagen 400 mg/m³ an; ausgenommen sind Einzelfeuerungen für Steinkohle bis 10MW mit 500 mg/m³ als Grenzwert. Bezüglich der Altanlagen <50 MW (th) sei auf die Ausführungen in den Abschn. 3.2.3 und 3.3.3 bzw. direkt auf Ziff. 4.2.2 bis 4.2.4 TAL verwiesen. Aus den USA ist folgender Vorschlag aus dem Jahre 1984 für Industriefeuerungen >29,3 MW (th) bekannt [42]:

Wurffeuerung	258 g/GJ
Mass feed stoker	215 g/GJ

In Japan gelten die Werte der Tabelle 3.8. Für eine gewisse Zeit dürfen Wurffeuerungen mit 40 000–100 000 m³/h NO_x-Emissionen von 656 mg/m³ haben.

3.4.6 Handbeschickte Rostfeuerungen

Die begrenzte Wurfweite des Heizers beschränkte die Leistung dieser Planrostfeuerungen auf ca. 2 MW (th). Gebaut werden heute nur noch handbeschickte Koksfeuerungen bis 116 kW. Beim Prinzip des „oberen Abbrand" durchziehen die Gase die gesamte Brennstoffschicht, während beim „unteren Abbrand" die Abgase durch seitliche Kanäle im unteren Teil des Füllschachtes abströmen. Überwiegend wird Koks eingesetzt. Es sind nur Emissionsmessungen an 2 Heizkesseln mit 14 kW (Unterbrand) und 18 kW (kombinierter unterer und oberer Abbrand) bekannt [72]:

Koks	45 g/GJ
Anthrazit Nuß 2 (Unterbrand)	30 g/GJ
Anthrazit Nuß 3 (gemischt)	67 g/GJ

Etagen- oder Zimmeröfen mit ihren Planrosten hatten früher große Bedeutung für die Raumheizung. Einzelöfen mit dem Unterbrandprinzip sind heute nicht mehr auf dem Markt [72]. Universal-Dauerbrenner sind Unterbrandöfen mit Zweitluftzufuhr, bei denen die Ruß- und Teer-Bestandteile der Abgase in der Glutschicht nachverbrennen. Ihr Anteil am Kohleofenbestand wird zu 10 % geschätzt [72]. Am häufigsten, mit etwa 90 % ist der Ofen mit Durchbrandfeuerung vertreten [72]. Ihre Nennleistungen liegen zwischen 3,5 und 14,9 kW. Als Brennstoffe überwiegen in der Bundesrepublik Deutschland Braunkohlenbriketts, Koks und Steinkohlenbriketts. Nach Baum u.a. hat der Universaldauerbrenner mit 194 g/GJ wesentlich höhere NO_x-Emissionen als der Durchbrandofen mit 65 g/GJ [73]. Neueste Untersuchungen ergeben stets Werte unter 100 g/GJ; der Durchschnitt beträgt ca. 50 g/GJ [72].

Für die NO_x-Emission von Braunkohlenbriketts wurden im ersten Emissionskataster Köln zunächst 40 bzw. 60 g/GJ genannt. Die Messungen von Weber u.a. ergaben 10,6 g/GJ als Mittel für 2 Durchbrandöfen und 2 Universaldauerbrenner [74]. Neueste Untersuchungen hatten 66 g/GJ für den Durchbrandofen und 96 g/GJ für den Universaldauerbrenner als Ergebnis [72]. Zur Erstellung der Emissionskataster verwendete man als Mittel 12 g/GJ.

3.5 Feuerungen für Holz und kommunalen Müll

3.5.1 Emissionen und Grenzwerte der Holzfeuerungen

Die 4. BImSchV reiht den Brennstoff Holz in 2 Kategorien ein:

- Holz oder Holzreste ohne Kunststoffbeschichtung oder Holzschutzmittel (4. BImSchV Nr. 1.2)
- Sonstige feste brennbare Stoffe (4. BImSchV Nr. 1.3) z.B. Holzwerkstoffe wie Spanplatten und Holz mit Beschichtungen und Schutzmitteln (noch strittig) [45].

Eine weitergehende Unterteilung nimmt neuerdings die 1. BImSchV vor:

- naturbelassenes stückiges Holz einschließlich anhaftender Rinde, beispielsweise in Form von Scheitholz, Hackschnitzeln sowie mit Reisig,
- naturbelassenes nicht stückiges Holz, beispielsweise in Form von Sägemehl, Spänen, Schleifstaub oder Rinde,
- gestrichenes, lackiertes oder beschichtetes Holz sowie daraus anfallende Reste, soweit keine Holzschutzmittel aufgetragen oder enthalten sind und Beschichtungen nicht aus halogenorganischen Verbindungen bestehen,
- Sperrholz, Spanplatten, Faserplatten oder sonst verleimtes Holz sowie daraus anfallende Reste, soweit keine Holzschutzmittel aufgetragen oder enthalten sind und Beschichtungen nicht aus halogenorganischen Verbindungen bestehen.

Die Verbrennung von Holz und Holzabfällen erfolgt überwiegend in Rostfeuerungen, von denen es in der Bundesrepublik Deutschland im Bereich zwischen 1 und 50 MW (th) ca. 1 300 mit einer Feuerungswärmeleistung von 4 300 MW (th) gibt [45]. Ihre NO_x-Emission ist wegen der relativ niedrigen Verbrennungstemperaturen vor allem durch den Brennstoffstickstoff bedingt. Bei naturbelassenem Holz liegt er zwischen 0,1 und 0,3 % (waf); bei Abfällen und Holz mit Schutzmitteln kann der Stickstoffgehalt auch höhere Werte annehmen. Die NO_x-Emissionskonzentrationen, bezogen auf einen Sauerstoffgehalt von 11 %, liegen bei gewerblichen Feuerungen (1 – 50 MW (th)) zwischen 100 und 600 mg/m³ [45]. Höhere Werte können durch Art und Menge der Bindemittel und/oder Beschichtungen bedingt sein, wobei neben Stickstoffoxiden auch andere Stickstoffverbindungen möglich sind [45]. Diesen Einfluß zeigen deutlich die folgenden Meßergebnisse der NO_x-Emission an Heizkesseln mit 30 bis 70 kW Leistung (in g/GJ, [75]):

	Fichtenholz	UF-Span-	PF-Spanplatte
Oberer Abbrand	30	120	50
Unterer Abbrand	100	300	120

Mit UF- sind harnstoffharzgebundene, mit PF- phenolharzgebundene Spanplatten gemeint.

Holz ist ein seit altersher bekannter Brennstoff in privaten Haushalten, heute besonders in offenen Kaminen. Die Angaben über deren Emissionen schwanken zwischen 0,2 – 1,85 g/kg, entsprechend 10 – 110 g/GJ; das Mittel könnte bei 0,7 g/kg liegen [76 – 78]. Als Durchschnitt für die Gruppe der Haushalte und Kleinverbraucher (vgl. Abschn. 6.2.1) wurde für die Erstellung von deutschen Emissionskatastern 12 g/GJ verwendet.

Die TAL Ziff. 3.3.1.2.1 schreibt auch für Holzfeuerungen mit Feuerungswärmeleistungen zwischen 1 und 50 MW (th) einen Grenzwert von 500 mg/m³ (11 % O_2) vor. Die inzwischen erfolgte Dynamisierung schreibt 400 mg/m³ vor; ausgenommen sind aminoplastharzgebundene Holzwerkstoffreste. Gem. 1. BImSchV dürfen Feuerungen mit einer Nennwärmebelastung <15 kW sowie offene Kamine nur mit stückigem, naturbelassenen Holz betrieben werden. Die Schweiz hat für Brennholz folgende Grenzwerte (11 % O_2):

$1 < \Phi < 50$ MW	500 mg/m³
$50 < \Phi \leqq 300$ MW	400 mg/m³
$\Phi > 300$ MW	200 mg/m³

3.5.2 Bedeutung und Emissionen der Müllfeuerungen

In der Bundesrepublik Deutschland sind 1986 ca. 8,5 Mt/a Abfälle in 47 Müllverbrennungsanlagen, an die ca. 35 % der Gesamtbevölkerung angeschlossen waren, verbrannt worden.

Die NO_x-Emission der Müllfeuerungen war bisher kaum Gegenstand von Untersuchungen, da sie vergleichsweise gering ist. Ihre Ursache ist wegen der niedrigen Feuerraumtemperaturen zwischen 800 und 1 000 °C der Stickstoffgehalt des Mülls. Nach den wenigen Angaben dürfte er bei 0,3 – 1,4 % liegen (Tabelle 2.2); die Umwandlungsrate ist mit ca. 0,1 % gering (Tabelle 2.4). Ältere amerikanische Untersuchungen ergeben eine gewisse Zunahme der NO_x-Emission mit der Anlagengröße; das Mittel kleiner Feuerungen betrug 75 g/GJ, während Anlagen mit einem Durchsatz >45 t/d einen Emissionsfaktor von 125 g/GJ aufwiesen [79].

Neuere Angaben über die NO_x-Emissionen kommunaler Müllfeuerungen lauten:

Bereiche:	200 – 500 mg/m³
	0,5 – 2,2 g/kg
	90 – 180 g/GJ
Mittelwerte aus dem UBA:	260 mg/m³
	1,3 g/kg
	150 g/GJ

Abschließend sei auf die beachtlichen zeitlichen Schwankungen der Emission beim sehr heterogenen Brennstoff „Müll" anhand zweier langfristiger Meßserien hingewiesen:

	$\overline{E}$	E_{95}
Davids u.a. [81]	380 mg/m³	930 mg/m³
Braun [82]	180 mg/m³	250 mg/m³

Das 95-Perzentil E_{95} beträgt danach das 2,4 bzw. 1,4fache des Mittelwerts.

3.5.3 Grenzwerte für Müllfeuerungen

Der vermutlich erste Grenzwert für Müllverbrennungsanlagen wurde 1977 in Japan für Neubauten mit Abgasvolumenströmen >40 000 m³ i.N./h zu 250 ppm (bei 12 % O_2, entspricht 560 mg/m³) festgesetzt. Ab 1979 gilt er auch für Anlagen <40 000 m³/h. Die TAL schreibt 500 mg/m³ i.N. bezogen auf 11 % O_2 vor für Anlagen mit einem Mülldurchsatz von >0,75 t/h (entsprechend 300 g/GJ); gleichzeitig ist Kohlenmonoxid auf 100 mg/m³ beschränkt. Die Schweiz hat den NO_x-Grenzwert übernommen. In Österreich ist er bereits auf 200 mg/m³ (11 % O_2) herabgesetzt worden; Kleinanlagen mit Φ < 350 kW sind für die Verbrennung von Siedlungsabfällen verboten. Im Kanton Zürich soll ab 1994 der NO_x-Grenzwert von 100 mg/m³ gelten.

3.6 Wirbelschichtfeuerungen

3.6.1 Systeme von Wirbelschichtfeuerungen

Obwohl das erste Patent für ein Wirbelbett bereits 1922 erteilt wurde und in der mechanischen und chemischen Verfahrenstechnik Wirbelschichten seit langem im Einsatz sind, begannen Versuchsanlagen zur Energieerzeugung erst 1970 ihren Betrieb. Die Wirbelschichtfeuerung liegt in verfahrenstechnischer Hinsicht zwischen der Rost- und Staubfeuerung (Bild 3.2). Die Fluidisierung des Schichtmaterials, bestehend aus Asche und/oder Sand sowie Kalkstein, erfolgt durch die

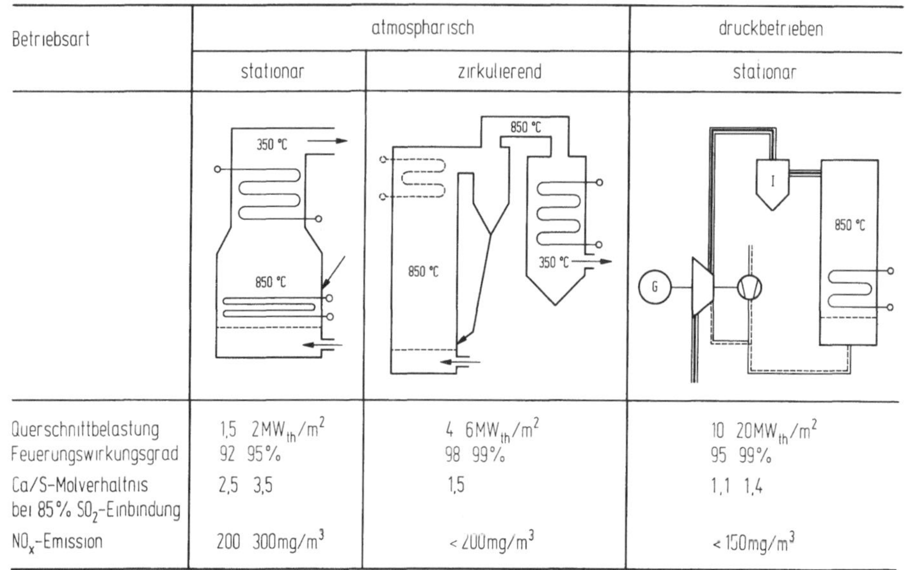

Betriebsart	atmosphärisch		druckbetrieben
	stationär	zirkulierend	stationär
Querschnittbelastung	1,5 2 MW_{th}/m^2	4 6 MW_{th}/m^2	10 20 MW_{th}/m^2
Feuerungswirkungsgrad	92 95 %	98 99 %	95 99 %
Ca/S-Molverhältnis bei 85 % SO_2-Einbindung	2,5 3,5	1,5	1,1 1,4
NO_x-Emission	200 300 mg/m^3	< 200 mg/m^3	< 150 mg/m^3

Bild 3.2. Systeme von Wirbelschichtfeuerungen [83]

Verbrennungsluft. Der Brennstoff wird pneumatisch oder mechanisch in das Wirbelbett zugegeben und hat einen Massenanteil von nur 1 – 3 %. Wirbelschichtfeuerungen werden wie folgt eingeteilt:

- Atmosphärische Wirbelschichtfeuerung
  - Stationäre (langsame) Wirbelschicht
    Die in Großbritannien entwickelte Flachbettechnik (Schichthöhe ca. 20 cm) erfüllt die heutigen SO_2- und NO_x-Grenzwerte nicht. In der Bundesrepublik Deutschland wurde deshalb die Entwicklung der Tiefbettwirbelschicht (Schichthöhe 1 – 1,5 m) vorangetrieben.
  - Zirkulierende (instationäre, schnelle) Wirbelschicht
    Infolge der hohen Gasgeschwindigkeit werden die Kohlekörner aus der Schicht ausgetragen, im Zyklon abgeschieden und dem Bett erneut zugegeben.
- Druckbetriebene (aufgeladene) Wirbelschicht
  Als stationäre oder zirkulierende Wirbelschichtfeuerung bringt sie bei Drücken zwischen 3 und 30 bar und im kombinierten Gas-/Dampfturbinen-Prozeß (Kombi-Prozeß, GuD-Anlage) viele Vorteile. Von ihr erwartet man die geringsten SO_2- und NO_x-Emissionen. Allerdings befindet sich die aufgeladene Wirbelschichtfeuerung noch im Stadium der Entwicklung.

Hingegen ist die atmosphärische stationäre Wirbelschichtfeuerung bis etwa 100 MW (th) ausgereift [84]. Die ersten größeren Anlagen nahmen in der Bundesrepublik Deutschland im Jahr 1979 ihren Betrieb auf; Anfang 1987 waren bereits 22 in Betrieb oder bestellt. Eine stürmische Entwicklung nahm die zirkulierende Wirbelschichtfeuerung; nach der ersten Inbetriebnahme 1982 sind Anfang 1987 bereits 23 in Betrieb oder geordert [85]. Die gesamte Feuerungswärmeleistung aller Anlagen betrug 1986 2 100 MW (th) [86].

3.6.2 Emissionen atmosphärischer Wirbelschichtfeuerungen

Die Bildungs- und Zersetzungsmechanismen für die Stickstoffoxide sind bei Wirbelbettfeuerungen erst sehr lückenhaft bekannt [87, 88]. Wegen der niedrigen und gleichmäßigen Verbrennungstemperaturen ist eigentlich die Bildung von thermischem NO ausgeschlossen. Nach Pereia, F. J. u.a. deutet jedoch ein NO_x-Anteil von 10 % auf Zonen höherer Temperatur, vornehmlich aus der Verbrennung der flüchtigen Bestandteile, hin [89]. Schilling und Münzner nennen 40 mg/m³ als promptes NO [88]. 90 % des NO_x sind durch den Brennstoffstickstoff bedingt.

Kohlen mit hohem Gehalt an Flüchtigen (z.B. Gaskohlen) haben eine größere Umwandlungsrate als z.B. Anthrazit. Von ausschlaggebender Bedeutung ist die Luftzahl. Ferner nimmt die NO_x-Emission für < 900 °C in Näherung linear mit der Wirbelbettemperatur zu. Von besonderem Einfluß ist die erwünschte SO_2-Abscheidung d.h. die Kalksteinzugabe, charakterisiert durch das Molverhältnis Ca/S (vgl. Abschn. 2.6). Martin gibt folgende Regressionsgleichung für den NO_x-Emissionsfaktor an [90]:

$$q_{\Phi} = 62{,}4 \exp\{0{,}247 \cdot \mathrm{Ca/S}\}. \tag{3.15}$$

In einer Laboranlage nahm die Umwandlungsrate von 20 % auf 45 % zu, wenn das Ca/S-Verhältnis von 0 auf 3 erhöht wurde [91]. Weitere Parameter für die NO_x-Emission sind Betthöhe und -fläche sowie die Abströmgeschwindigkeit [91].

Die NO_x-Emissionen der Laborfeuerungen sind in der Regel höher als die ausgeführten Anlagen [87]. Für atmosphärische stationäre Wirbelschichten ohne Luftstufung und Ascherückführung werden NO_x-Emissionen von 350 – 700 mg/m³ genannt [87]. Hohe Emissionen von 700 – 1 000 mg/m³ traten bei sehr kleinen Wirbelbettfeuerungen von 2 MW auf, bei denen aus Kostengründen der NO_x-Auswurf nicht genügend beachtet wurde [45]. Bei den später hinzugekommenen zirkulierenden Wirbelschichten schenkte man wegen der sich ändernden gesetzlichen Vorschriften der NO_x-Minimierung größere Beachtung. Die maximalen Emissionen lagen bei 400 – 500 mg/m³; Primärmaßnahmen werden von vornherein vorgesehen.

3.6.3 Emissionsgrenzwerte

Sofern überhaupt Grenzwerte für die NO_x-Emission existieren, gelten für Wirbelschichtfeuerungen meist die allgemeinen Beschränkungen für feste Brennstoffe (Tabelle 3.8). In Japan werden als Ausnahme zu Tabelle 3.8 für Wirbelschichtfeuerungen $< 40\,000$ m³/h ab September 1984 738 mg/m³ zugelassen.

In der Bundesrepublik Deutschland sind bei > 50 MW (th) wie bei Trockenfeuerungen bis zu 400 mg/m³, allerdings bezogen auf 7 %, zulässig (Tabelle 3.11). Die TAL nennt besondere Werte für Wirbelschichtfeuerungen (Tabelle 3.11). Der CO-Grenzwert beträgt für den gesamten Bereich der Feuerungswärmeleistung 250 mg/m³ i.N.. Bei Vergleichen und Entwicklung von Minderungsmaßnahmen ist bei Wirbelschichtfeuerungen auch der jeweilige SO_2-Grenzwert

Tabelle 3.11. Bundesdeutsche Emissionsgrenzwerte für Wirbelschichtfeuerungen

Art	Quelle	Feuerungs-wärmeleistung MW	O_2-Gehalt f. Kohlen (%)	Emission mg/m³ i.N.
Allgemein	§§ 3 u. 5 13. BImSchV	>50	7	800[a]
	UMK-Beschluß vom 5.4.1984	>300		200
		50–300		400
Zirkulierende Wirbelsch.	Nr. 3.3.1.2.1 TAL	1–50	7	300
Atmosphärische Wirbelsch.	Nr. 3.3.1.2.1 TAL	20–50	7	300
		1–20	7	500[b]

[a] Die Möglichkeiten, die Emissionen durch feuerungstechnische oder andere, dem Stand der Technik entsprechende Maßnahmen weiter zu vermindern, sind auszuschöpfen (§ 5, Abs. 1 13. BImSchV)

[b] Die Möglichkeiten, die Emissionen durch feuerungstechnische Maßnahmen weiter zu vermindern, sind auszuschöpfen (Nr. 3.3.1.2.1 TAL)

zu beachten. Als Zielwert sieht man im UBA offensichtlich 400 mg/m³ für stationäre Wirbelbettfeuerungen <20 MW an [92].

3.7 Stationäre Gasturbinen

3.7.1 Bedeutung und Emissionen

Die Gasturbine verwirklicht den verlustlosen, theoretischen Joule-Prozeß mit äußerer Verbrennung. Inzwischen kann sie den Leistungsbereich von 0,08–140 MW (el) abdecken und findet Anwendung in

- Reserve- und Spitzenanlagen der Stromerzeugung
- Verdichterstationen für den Erdgastransport
- Industrieller Kraft-Wärme-Kopplung (Blockheizkraftwerke)
- Kombinierten Gas-Dampf-Anlagen (GuD) zur Stromerzeugung.

In der Stromwirtschaft der Bundesrepublik Deutschland waren 1984 128 Gasturbinen mit 5 720 MW (el) in Betrieb [45]. 1986 gab es ca. 195 Anlagen mit einer elektrischen Leistung von ca. 6 600 MW [45, 93]. Die wichtigsten Brennstoffe sind Erdgas und Heizöl EL.

Beim Einsatz von Öl (Dieselkraftstoff) treten gegenüber Erdgas um 20–100 % höhere Emissionen auf [45]. Als wichtige konstruktive und betriebliche Einflußgröße ist der Druck zu nennen. Neben der Brennkammerbauart (z.B. Großraum- oder Einzelbrennerkammern) wirkt sich die rekuperative Luftvorwärmung vor Eintritt in die Brennkammer stark auf die NO_x-Emission aus. Bei baugleichen Gasturbinen bringt zwar ein Rekuperator eine 10 %ige Wirkungsgradverbesserung, führt aber zu 30 % höheren NO_x-Emissionen [45]. Sie schwanken bei Gasturbinen ohne Minderungsmaßnahmen zwischen 100 und 450 mg/m³ i.N. bezogen auf 15 % O_2, wobei CO-Gehalte zwischen 20 und 50 mg/m³ (Vollast) auftreten. Höhere NO_x-Werte bis zu 800 mg/m³ weisen aus dem Flugzeugbau übernommene Jetturbinen auf.

Tabelle 3.12. Grenzwerte für stationäre Gasturbinen (Sauerstoffgehalt 15%)

Staat	Anlagengröße	Grenzwert			Gültig ab
		E bei η		$E=f(\eta)$	
		mg/m³	%	mg/m³	
USA	≧29,8 MW (th)	154[a]	25		3.10.1977
	3–29,8 MW	308	25		3.10.1982
BRD				$\eta>30$:	
	≧60000 m³/h	300[b]	≦30	$E=10\eta$	1.3.1986
	<60000 m³/h	350[b]	≦30	$E=11{,}7\eta$	
Schweiz					
LRV		300			1.10.1987
Kanton Zürich	0,07–5 MW (th)	40			1.7.1992

[a] Außerhalb von Ballungsgebieten und im Bereich der Erdöl-/Erdgasgewinnung und des -transports eingesetzte Gasturbinen: 308 mg/m³

[b] Die Möglichkeiten, die Emissionen durch verbrennungstechnische Maßnahmen weiter zu verhindern, sind auszuschöpfen. In Diskussion ist z. Z. ein Wert von 150 mg/m³.

3.7.2 Amerikanische und bundesdeutsche Grenzwerte

Sehr strenge Grenzwerte wurden bereits im Oktober 1977 in den USA festgesetzt (Tabelle 3.12). Sie beziehen sich auf einen Wirkungsgrad von 25 %. Für Gasturbinen >29,8 MW (th), die außerhalb von Ballungsgebieten im Bereich der Gewinnung und des Transports von Erdöl und Erdgas eingesetzt sind, beträgt der US-Grenzwert nicht 154 sondern 308 mg/m³ i.N.. Für die Bundesrepublik Deutschland enthält erstmals die TAL 1986 Grenzwerte für Gasturbinen (Tabelle 3.12). Der höhere Grenzwert von 350 mg/m³ (Tabelle 3.12) ist mit Rücksicht auf kleinere, von Flugtriebwerken abgeleitete stationäre Anlagen entstanden, die mit hohen Drücken arbeiten [45]. Die bundesdeutschen NO_x-Grenzwerte sind wiederum mit einer Dynamisierungsklausel versehen (Tabelle 3.12 und TAL Nr. 3.3.1.5.1). An der Entwicklung der verbrennungstechnischen Maßnahmen (Primär-) wird intensiv gearbeitet (vgl. Abschn. 5.2), wobei der ebenfalls nur in der deutschen TAL enthaltene Grenzwert von 100 mg/m³ für Kohlenmonoxid zu beachten ist.

Die kontinuierliche Überwachung der NO_x-Emission ist gem. TAL Nr. 3.2.3.3 ab NO_x-Massenströmen >30 kg/h erforderlich, was etwa 10 MW (el) entspricht [45].

3.8 Literatur

1 VDI-Richtlinie 2104: Begriffsbestimmungen Reinhaltung der Luft. Hrsg. v. VDI, Sept. 1966

2 VDI-Richtlinie 2450: Messen von Emission, Transmission und Immission luftverunreinigender Stoffe – Begriffe, Definitionen, Erläuterungen. Hrsg. v. VDI, Sept. 1977

3 Stratmann, H.; Buck, M.: Allgemeine Grundlagen der Emissions- und Immissionsmessungen. Schriftenr. d. LIB NW, H. 6 (1967), 7/27, W. Giradet, Essen
4 Zelkowski, J.: Kohleverbrennung Essen: VGB-Kraftwerkstechnik, 1986
5 Sommers, H. u.a.: Gasanwendung im Dienst des Umweltschutzes. DVGW-Schriftenreihe Gas Nr. 1, 5/22. Frankfurt: ZfGW, 1973
6 Kremer, H., Škunca, I.: Untersuchung der Bildung von Stickstoffoxiden in häuslichen und gewerblichen Gasfeuerstätten. Gaswärmeinstitut e.V. Bericht Nr. 2821, Essen 1978
7 Kremer, H. u.a.: NO_x-Emissionen u. -Minderungsmaßnahmen von Gasfeuerungsanlagen im häuslichen, gewerblichen und industriellen Bereich. Gaswärme-Institut e.V., Essen
8 Tornier, W.: Derzeit erreichbare Emissionswerte von Kesselanlagen und ihre Minderung durch Primärmaßnahmen. VDI-GET-VIK Tagung: Kessel- und Prozeßwärmeanlagen. Essen, Oktober 1985
9 Reidick, H.: Verbrennung mit niedriger NO_x-Bildung VDI-Berichte 574, 439/461. Düsseldorf: VDI, 1985
10 Joos, L.; Menzel, O.: Maßnahmen zur Reduzierung der NO_x-Emission von Gasbrennern. gwf-gas/erdgas 126 (1985) H. 2, 73/86
11 Diehl, H.: Emissionen und NO_x-Minderung bei gasgefeuerten Großkesselanlagen. Gas wärme international Bd. 35 (1986) H. 4, 212/216
12 Lim, K.J. et al.: A promising NO_x-control technology. Environmental Progress Vol. 1 (1982) No. 3, 167/177
13 Kremer, H.; Skunca, I.: Möglichkeiten der Verminderung der Emission von Stickoxiden aus Gasfeuerungen. gwf-gas/erdgas 117 (1976) H. 10, 423/429
14 Lowes, T.M. u.a.: Die Beeinflussung der NO_x-Emission brennstoffgefeuerter Kessel und Öfen durch Veränderung von Brennerparametern. BWK 26 (1974) Nr. 1, 26/31
15 Kremer, H.; Otto, D.: NO_x-Emissionen von Heizungsanlagen mit Öl- und Gasbrennern. Gaswärme intern. 30 (1981) H. 1, 41/48
16 Marx, E.: Minderung von NO_x-Emissionen aus Feuerungsanlagen für gasförmige und flüssige Brennstoffe. Gas wärme intern. Bd. 35 (1986) H. 1, 33/39
17 Heeb, A.: Möglichkeiten zur Verminderung der Stickoxid-Bildung aus der Sicht des Kesselherstellers. Gas-Wasser-Abwasser Jg. 67 (1987) Nr. 2, 63/69
18 Sigal, I.J. u.a.: Die Entstehung von Stickoxiden in Kesselfeuerungen Arch Energiewirtsch. (1971) Nr. 15, 751/759
19 van der Kooij, J.; Elshout, A.J.: NO_x-Messungen in Niederländischen Kraftwerken. Sammelband VGB Kongreß, 1974
20 von der Kooij, J.: Einfluß der Brennstoffart auf die Stickoxidbildung in Kesselfeuerungen. VGB-Kraftwerkstechnik 57 (1977) H. 10, 679/684
21 Tomany, J.P. u.a.: A survey of nitrogen-oxides control technology and the development of a low NO_x-emissions combustor. J. Eng. Power Trans. ASME. July 1971, 293/299
22 Rawdon, A.H.; Sadowski, R.S.: An experimental correlation of oxides of nitrogen emissions from power boilers based on field data. J. Eng. Power Trans. ASME, July 1973, 165/1970
23 Sommerlad, R.E. u.a.: Nitrogen oxides emission: An analytical evaluation of test data. Proc. American Power Conf. Vol. 33 (1971) 631/638
24 Oppenberg, R.: NO_x-arme Feuerungen. VDI-Berichte 574, 709/738. Düsseldorf: VDI, 1985
25 Bathke, H. u.a.: Stickoxidmessungen in Feuerungsabgasen von Kesseln. BWK 26 (1974) Nr. 1, 20/26
26 Michelfelder, S.: Die Verminderung der Stickoxidemission über die Optimierung der Brennerkonstruktion – Betriebsergebnisse mit einem Versuchsbrenner. VGB-Kraftwerkstechnik 56 (1976) H. 10, 622/629
27 Hatami, R.: Einfluß der Luftströmung auf die Stickstoffmonoxid-Bildung. Gas wärme international 30 (1981) H. 2/3, 127/133
28 Kolar, J.: NO_x-Emissionen von Gasfeuerungen – ein Überblick. gwf-gas/erdgas 117 (1976) H. 2, 57/62
29 Kolar, J.: NO_x-Minderung. Tätigkeitsbericht 1984/1985, 135/141. VGB Technische Vereinigung der Großkraftwerksbetreiber e.V., Essen
30 Kremer, H.: NO_x-Emission aus Feuerungsanlagen und aus anderen Quellen. Kraftwerk und Umwelt 1979, 163/170 Essen: VGB-Kraftwerkstechnik, 1979
31 Umweltbundesamt (Hrsg.): Luftreinhaltung 1981. Berlin: Erich Schmidt, 1981

32 Bartok, W. et al.: Stationary sources and control of nitrogen oxide emissions. Proc. Second Intern. Clean Air Congr., Washington 1970, 801/818
33 Davids, P.; Lange, M.: Die Großfeuerungsanlagen-Verordnung. Technischer Kommentar. Düsseldorf: VDI, 1984
34 Joos, L.: Stand der NO_x-Emissionen und der Minderungsmaßnahmen bei Gasfeuerungen im Huk-Bereich. Gas wärme intern. Bd. 35 (1986) H. 4, 187/195
35 Davids, P. u.a.: Technische Konsequenzen der NO_x-Emissionsgrenzwerte in der Bundesrepublik Deutschland. Gas wärme intern. Bd. 25 (1986) H. 4, 178/186
36 Min. f. Arbeit, Gesundheit und Soziales des Landes NW: Luftreinhalteplan Ruhrgebiet Ost 1979–1983; Luftreinhalteplan Ruhrgebiet Mitte 1980–1984 Düsseldorf, 1978 bzw. 1980
37 Kolar, J.: NO_x-Grenzwerte und Emissionsniederungsmaßnahmen im internationalen Vergleich. Gas wärme intern. Bd. 35 (1986) H. 4, 227/237
38 Chass, R.L. et al.: Los Angeles county acts to control emissions of nitrogen oxides from power plants. JAPCA 22 (1972) No. 1, 15/19
39 Chass, R. L. et al.: Know your state's emission regulations. Power 1973, July 44/48 and Aug. 74/79
40 Rentz, O. u.a.: Entwicklungsstand und Tendenz einer NO_x-Abscheidung aus Kraftwerk-Rauchgasen. Gas wärme international 28 (1979) H. 4, 173/182
41 Pahl, D.: EPA's program for establishing standards of performance for new stationary sources of air pollution. JAPCA 33 (1983) No. 5, 468/474
42 Mobley, J.D.; Jones, G.D.: Review of U.S. NO_x abatement technology. Proc. NO_x-Symposion Karlsruhe 1985, B1/B24
43 Mobley, J.D.: Gas und Öl- umweltfreundlich! Schwendi: Max Weishaupt, 1987
44 Buschulte, W.: Untersuchungen über die NO_x-Reduzierung bei blaubrennenden Haushaltsölbrennern. VDI-Berichte Nr. 574, 465/479 Düsseldorf: VDI, 1985
45 Davids, P.; Lange, M.: Die TA Luft 1986. Technischer Kommentar. Düsseldorf: VDI, 1986
46 Wasser, J.H. et al.: Effects of air fuel stochiometry on air pollutant emissions from an oilfired test furnace. Journ. Air Poll. Contr. Assoc. Vol. 18 (1968) No. 5, 332/337
47 Michel, B. u.a.: Schadstoffemissionen von Haushaltsfeuerungen, Abgasmessungen an Öl- und Gasfeuerungen. Staub-Reinh. Luft 34 (1974) Nr. 5, 164/172
48 Kremer, H.: Schadstoffemission von Ölbrennern niedriger Leistung mit Druckzerstäubung unter verschiedenen Betriebsbedingungen. VDI-Berichte Nr. 246, 199/210 Düsseldorf: VDI, 1975
49 Kremer, H.: Möglichkeiten und Grenzen der Heizkesseltechnik HLH Bd. 36 (1985) Nr. 11, 539/553
50 Max Weishaupt: Saubere Umwelt durch Öl und Gas. Schwendi, 1985
51 Haeberlin, A.: Emissionsvergleich verschiedener Heizungssysteme. Erdgas und Umwelt. Referate Gaggenau, Nov. 1985, ASUE, Frankfurt
52 Krebs, A.W.: Konsequenzen für die Verbesserung der Luftqualität. Erdgas und Umwelt. Referate Gaggenau, Nov. 1985, ASUE, Frankfurt
53 Olschewski, K.H.: Der Beitrag der Ölheizung zum Umweltschutz heute und zukünftig. Das Schornsteinfegerhandwerk 8/87, 4/9
54 Ulmer, G.: Étude des émissions de pollutants par les appareils de chauffage individuel. Fonderie 27 (1972) Nr. 309, 49/54
55 VDI 2177: Auswurfbegrenzung. Feuerstätten für Heizöl EL mit Verdampfungsbrennern. Hrsg. v. VDI, Ausg. Aug. 1977
56 Herlan, A.; Mayer, J.: Polycyclische Aromaten in Verbrennungsgasen aus Öl- und Gasfeuerungen. gwf-gas/erdgas 120 (1979) H. 2, 82/89
57 Stiefel, W.: Kesselkonstruktion und Schadstoffbildung. Techn. Rundschau Sulzer 4 1984, 21/25
58 Jacobs, J.; Żelkowski, J.: Perspektiven für NO_x-arme Kraftwerksfeuerungen. VGB-Kraftwerkstechnik 67 (1987) H. 8, 803/810
59 Stadelmann, M.: Aufgepaßt mit Gasmotoren. Gas-Wasser-Abwasser Jg. 68 (1988) Nr. 6, 281/282
60 Risse, F.; Żelkowski: Anfall und Verwertung von Asche aus Steinkohlenkraftwerken in den Jahren 1981 und 1985 in der Bundesrepublik Deutschland. VGB-Kraftwerkstechnik 67 (1987) H. 11, 1 065/1 069

61 Bertram, J.: Übersicht über Erfahrungen und Stand feuerungstechnischer NO_x-Minderungsmaßnahmen bei Steinkohlenstaubfeuerungen mit flüssigem Ascheabzug. VGB-Kraftwerkstechnik 66 (1986) H. 12, 1 150/1 159
62 VGB Technische Vereinigung der Großkraftwerksbetreiber e.V.: VGB-Handbuch VGB-B 301: NO_x-Bildung und NO_x-Minderung bei Dampferzeugern für fossile Brennstoffe. Essen: VGB-Kraftwerkstechnik, 1986
63 VGB Technische Vereinigung der Großkraftwerksbetreiber e.V.: Minderungstechnologie für NO_x-Emissionen steinkohlengefeuerter Großkraftwerke. Essen 1980
64 Gerold, F. u.a.: Emissionsfaktoren für Luftverunreinigungen. Materialien 2/80, Berlin: Erich Schmidt, 1980
65 Mason, H.B.: Entwicklung von Verfahren zur Verminderung der NO_x-Emissionen bei Kraftwerkskesseln in USA. Die Industriefeuerung Nr. 13, 5/9
66 Environment Agency: Air polluters unveiled by Tokyo government. Japan Environment Summary 1973–1982. Vol. 1 (1973), 18/19
67 Auswirkungen der „TA-Luft 86" auf die Wettbewerbssituation der Energieträger in Kesselfeuerungen. gwf Gas-Erdgas 128 (1987) H. 3, 137/144
68 Mohry, H.; Riedel, H.-G.: Reinhaltung der Luft. Leipzig: VEB Deutscher Verlag für Grundstoffindustrie, 1979
69 Jänicke, M. u.a.: Skizze einer alternativen Stromerzeugung für die DDR. BWK Bd. 39 (1987) Nr. 7/8, 375/377
70 Schulteß, W.: Saubermacher-Kohlefeuerungen von 1 bis 50 MW. Energie Jg. 37 (1985) Nr. 1/2, 17/25
71 Kremer, H. u.a.: NO_x-Entstehung in Feuerungen in NO_x-Minderung bei Feuerungen VGB-TB 310, 24/43. Essen: VGB-Kraftwerkstechnik, 1985
72 Ratajczak, E.-A.; Ahland, E.: Emissionen von Stickoxiden aus kohlegefeuerten Hausbrandfeuerstätten. Staub Reinh. Luft Bd. 47 (1987) Nr. 1/2, 7/13
73 Baum, F. u.a.: Über die Erfassung gasförmiger Schadstoffe bei steinkohlengefeuerten Einzelöfen. Ges.-Ing. Jg. 93 (1972) H. 4, 105
74 Weber, E. u.a.: Emissionen von braunkohlenbrikettgefeuerten Haushaltsöfen. Staub Reinh. Luft Bd. 35 (1975) Nr. 3, 82/86
75 Umweltbundesamt: Jahresbericht 1985
76 Cooper, J.A.: Environmental impact of residential wood combustion emissions and its implications. Journ. Air Poll. Control Association Vol. 30 (1980) No. 8, 855/861
77 Hall, R.E.; De Angelis, D.G.: Epa's research program for controlling residential wood combustion emissions. Journ. Air Poll Control Assoc. Vol. 30 (1980) No. 8, 862/867
78 Dasch, J.M.: Particulate and gaseous emissions from woodburning fireplaces. Environ. Sci. Technol. Vol. 16 (1982) No. 10, 639/645
79 Niessen, W.R.; Sarofim, A.F.: The emission and control of air pollutants from the incineration of municipal solid waste. Proc. Second International Clean Air Congress Washington, 1970
80 Barniske, L.: Emissionen bei Müllverbrennung. Umweltmagazin Feb. 1985, 24/29
81 Davids, P. u.a.: Die derzeitige und zukünftige Luftverunreinigung durch Müllverbrennungsanlagen – Emission und Emissionsverminderung –. Staub-Reinhalt. Luft 33 (1973) No. 12, 483/489
82 Braun, R.: Untersuchungen in der Schweiz über Schadstoffemissionen und -immisionen aus Müllverbrennungsanlagen. Müll und Abfall 12/80, 360/364
83 Frewer, H.: Strukturwandel in der Technik fossilbeheizter Kraftwerke in der Bundesrepublik Deutschland. VGB-Kongreß „Kraftwerke 1985"
84 Reidick, H.: Zirkulierende atmosphärische Wirbelschichtfeuerung. VDI-Ber. 574, 71/90. Düsseldorf: VDI, 1985
85 Kreise gezogen. Energie Spektrum Dez. 1987, 14
86 Schilling, H.-D.: Wirbelschichtfeuerung – Bilanz, Konzepte, Perspektiven. VDI Berichte Nr. 601, 9/25
87 Bonn, B.; Kirchhoff, R.: Das technische Umweltschutzpotential von Wirbelschichtfeuerungen. VDI-Ber. Nr. 601, 299/315. Düsseldorf: VDI, 1986
88 Schilling, H.-D.; Münzner, H.: Stand der Entwicklung bei Wirbelschichtfeuerungsanlagen. VDI-Ber. Nr. 495, 165/176. Düsseldorf: VDI, 1984
89 Kremer, H. u.a.: NO_x-Entstehung in Feuerungen. NO_x-Minderung bei Feuerungen 24/43. Essen VGB-Kraftwerkstechnik, 1984

90 Martin, A.F.: Techno-Ökonomie der Wirbelschichtfeuerung. Berlin: Erich Schmidt, 1982
91 Münzner, H.: Mechanismen der Schadstoffbildung und -rückhaltung. VDI-Ber. 601 (1986), 491/506
92 Lange, M.; Oels, H.-J.: Gesetzliche Vorschriften und technische Maßnahmen zur NO_x-Emissionsminderung bei Feuerungsanlagen und stationären Verbrennungsmotoren. Special NO_x-Minderung in Rauchgasen R5/R12. Düsseldorf: VDI, Okt. 1987
93 Lange, M.: Koppel-Konkurrenz. Energie Spektrum Juli 1987, 34/36

3.9 Formelzeichen

$\dot{B}$	Brennstoffmassenstrom
$\bar{E}$	Arithmetische Mittel der Emissionskonzentration
E_{95}	95-Perzentil der Emissionskonzentration
E_B	Emissionsmassenkonzentration beim Bezugssauerstoffgehalt (mg/m³ i.N.)
E_M	Emissionsmassenkonzentration beim tatsächlich gemessenen Sauerstoffgehalt
H_u	Unterer Heizwert
k	Stöchiometriefaktor
n	Stickstoffgehalt der Brennstoffe (kg/kg)
$O_{2,B}$	Bezugs-Sauerstoffgehalt des Abgases (%)
$O_{2,M}$	Gemessener Sauerstoffgehalt des Abgases (%)
$q_{\dot{B}}$	Brennstoffbezogener Emissionsfaktor
q_P	Nutzleistungsbezogener Emissionsfaktor
q_Φ	auf die Feuerungswärmeleistung bezogener Emissionsfaktor
$q_{\Phi,BN}$	Nur durch den Brennstoffstickstoff bedingter Emissionsfaktor
$\dot{Q}$	Emissionsmassenstrom
v	Spezifische Abgasmenge (m^3 i.N./kg)
v_B	Spezifische Abgasmenge beim Bezugs-Sauerstoffgehalt
$\dot{V}$	Abgasvolumenstrom
γ	Umwandlungsrate oder -grad, Konvertierungsrate
η	Wirkungsgrad
Φ	In die Feuerung eingebrachter Energiestrom, Feuerungswärmeleistung

4 Emissionen und Emissionsgrenzwerte der Verbrennungsmotoren

4.1 Grundsätzliches zur Emission mobiler Anlagen

4.1.1 Emissionsmaße für mobile Anlagen

Zu Beginn der Abgasgesetzgebung in den USA und der BRD benutzte man die Volumenkonzentration als Emissionsmaß (z.B. Kohlenmonoxid-Grenzwert im Leerlauf: 4,5 Vol-%). Abgesehen von Japan, dessen Grenzwerte heute noch in ppm festgelegt sind, ist inzwischen der Emissionsmassenstrom $\dot{Q}$ eines Kraftfahrzeuges (g/Kfz · h) die grundlegende Ausgangsgröße. Der massenbezogene Emissionsstrom $q_{\dot{m}}$ in g/kg

$$q_{\dot{m}} = \frac{\dot{Q}}{\dot{m}_{kr}} \tag{4.1}$$

sowie der energiebezogene Emissionsstrom q_{Φ} in g/GJ

$$q_{\Phi} = \frac{\dot{Q}}{\Phi} \tag{4.2}$$

werden vor allem zur Errechnung regionaler, nationaler und globaler Emissionen (vgl. Kap. 6) gebildet. Neuerdings wird für schwere Nutzfahrzeuge der auf die Nutzleistung P des Motors bezogene Emissionsmassenstrom q_p in g/kWh verwendet:

$$q_p = \frac{\dot{Q}}{P} . \tag{4.3}$$

Die größte Bedeutung hat für die Pkw der fahrstreckenbezogene Emissionsstrom in g/km erlangt:

$$q_F = \frac{\dot{Q}}{v} . \tag{4.4}$$

Für den Vergleich der verschiedenen Verkehrsmittel werden die auf die Verkehrsleistung bezogenen Emissionen verwendet. So eignet sich z.B. für eine Gegenüberstellung von Individualverkehr und öffentlichem Nahverkehr die Emission bezogen auf die beförderten Personen-Kilometer (g/Pkm). Beim Güterverkehr ist die entsprechende Kenngröße Emission pro Tonne Gut und Fahrstrecke (g/tkm).

4.1.2 Notwendigkeit von Fahrtests

Der Emissionsmassenstrom Q (z.B. in g/h) einer mobilen Anlage wird durch den Fahrzeugtyp sowie durch die jeweiligen Fahr- und Betriebszustände bestimmt. Die sich daraus ergebende Vielfalt der Einflußgrößen unterteilt man für die Kraftfahrzeuge in folgende Gruppen [1–5]:

- Fahrzeugspezifische Kenngröße z.B.
  - Größe (Leistung)
  - Motorisches Arbeitsverfahren (Otto- oder Dieselprozeß)
  - Auslastung (beförderte Personenzahl, Ladegewicht)
  - Alter
  - Weitere Einflußgrößen werden in Abschn. 4.2.1 und 4.3.2 behandelt.
- Verkehrsspezifische Kenngrößen
  - Verkehrsaufkommen
  - Fahrgeschwindigkeit
  - Art der Verkehrsregelung (Ampeln, Beschilderung)
  - Straßenführung und Ausbaugrad der Straße
- Gebietsspezifische (topographische) Kenngrößen
  - Steigung und Gefälle
  - Höhenlage der Straße
- Meteorologische Größen
  - Temperatur, Druck, Feuchte
  - Sichtweite

Die Höhe der Emissionen der Kraftfahrzeuge ist stark abhängig von den verkehrsspezifischen Kenngrößen. Deshalb ist wegen des Einflusses der instatio-

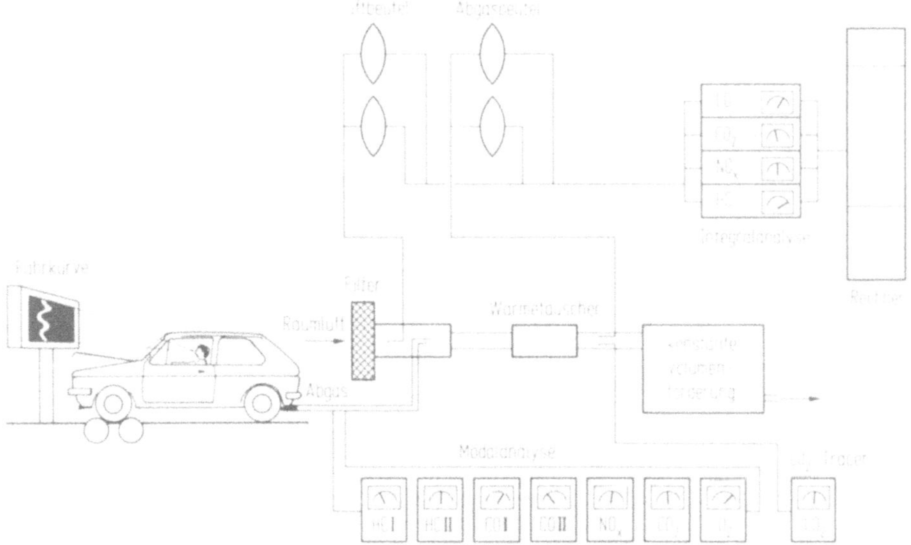

Bild 4.1. Durchführung eines Abgastests auf dem Rollenprüfstand nach dem US-Prüfverfahren [7]

nären Betriebszustände (Beschleunigungen, Verzögerungen) die Ermittlung repräsentativer Pkw-Emissionen auf den herkömmlichen Motorenprüfständen nicht möglich. Denkbar wäre die ständige Erfassung der Emissionen durch am Stadtverkehr teilnehmende Versuchsfahrzeuge, in denen sich die notwendigen Meßgeräte befinden. Diese Vorgehensweise scheitert schon an den beschränkten Raumverhältnissen eines Pkws (Vielzahl von Meßgeräten), dem hohen Aufwand (Hersteller- u. Typenvielfalt) sowie der mangelnden Reproduzierbarkeit. Sehr früh entschloß man sich deshalb zur Ermittlung charakteristischer, repräsentativer Fahrverläufe der Pkws im Großstadtverkehr. Als Fahrtests, auch Fahrzyklen, Testzyklen, Fahrprogramme oder Fahrmodi bezeichnet, stellen sie somit das durchschnittliche Fahrverhalten der Kraftfahrzeuge auf den Straßen der Großstädte dar. Die Fahrtests für Pkws werden auf dem Fahrleistungsprüfstand nachgefahren. Er hat zuschaltbare Schwungräder zur Simulation der unterschiedlichen Fahrzeugmassen und variabel belastbare Bremseinrichtungen, die die während der Straßenfahrt auftretenden Verluste (z.B. Luftwiderstand, Reibung, Walkarbeit) berücksichtigen [6]. Die aufwendigen Messungen der Emissionen finden somit unter Laborbedingungen statt (Bild 4.1).

4.1.3 Beispiele internationaler Fahrzyklen für Pkw

Aus umfangreichen Fahrten im Stadtgebiet von Los Angeles wurde der California-Test entwickelt, der bereits ab Modelljahr 1965 (1966?) in Kalifornien Grundlage der Abgasgesetzgebung war. Beginnend mit einem Kaltstart besteht er grundsätzlich aus 4 Kalt- und 5 Warmzyklen; nur bei den Kaltzyklen sowie beim 6. und 7. Warmzyklus werden Abgasmessungen durchgeführt. Ohne Verdampfungsmessung wird der Zyklus 7 mal durchfahren, wobei die Emissionen des Zyklus Nr. 5 nicht bewertet werden. Jeder Zyklus besteht aus 10 Stufen (Bild 4.2), von denen Nr. 3, 8 und 10 ebenfalls nicht in die Wertung eingehen. Der Zyklus dauert 137 s, entsprechend einer Fahrstrecke von 1,35 km (0,81 mi). Der Abgastest mit seinen 7 Zyklen hat eine Dauer von 25,5 min was eine Fahrstrecke von 12 km

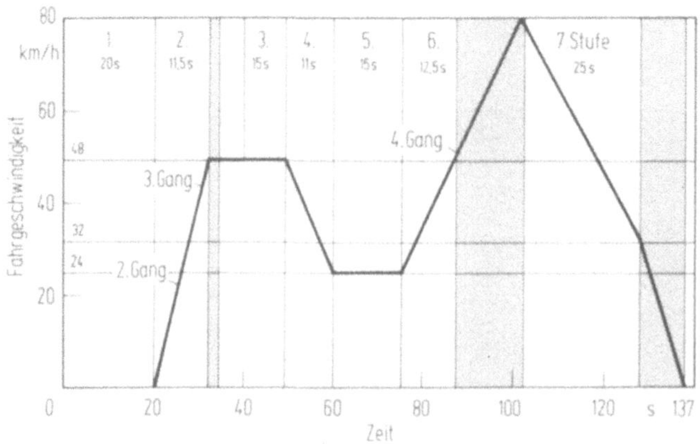

Bild 4.2. California-Zyklus

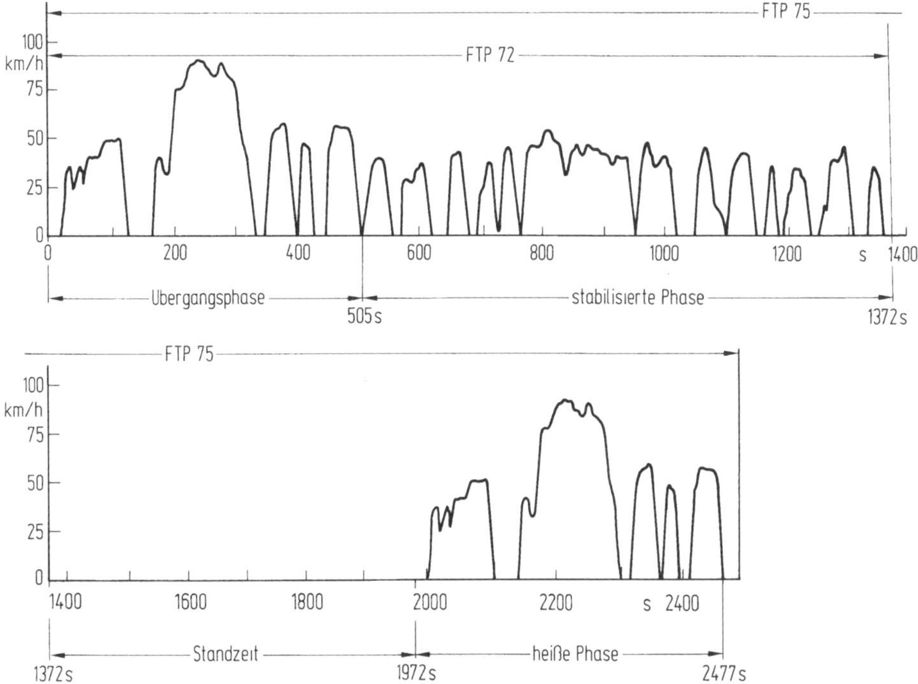

Bild 4.3. US – Fahrtest 1972

ergibt. Das Gesundheitsministerium der USA (Department of *H*ealth, *E*ducation and *W*elfare) stellte einen als HEW-Test bezeichneten Fahrtest auf, dessen Probenahme- und Meßtechnik sowie Bewertungsverfahren kurz danach entscheidend geändert wurden. Der so entstandene US-Test 72 (auch FTP 72, CVS 72) galt ab Modelljahr 1972 (Bild 4.3). Nach einem Kaltstart enthält er eine nicht zyklische Serie von typischen Phasen des Kurzstrecken-Verkehrs, bestehend aus Leerlauf-, Beschleunigungs-, Gleichfahrt- und Verzögerungszuständen. Im Gegensatz zu den anderen Tests wird er nur einmal durchfahren mit einer relativ langen Dauer von 1 372 s, entsprechend 12,1 km (7,5 mi). Aus diesem US-Test 72 entstand der ab Modelljahr 1975 für die USA vorgeschriebene US-Test 75. Er besteht nominell aus 5, praktisch nur aus 4 Testphasen:

1 – Einlaufphase des Kaltstarts (cold transient) vom Kaltstart bis zur 505. s des US-Test 72
2 – Stabilisierte Phase des Kaltstarts (cold stabilized), von der 505. s bis zur 1 372. s des US-Test 72
3 – Parkphase, 10 min bei abgestelltem Motor
4 – Einlaufphase des Warmstarts (hot transient), US-Test 72 von der 0. bis 505. s
5 – Stabilisierte Phase des Warmstarts (hot stabilized), rechnerische Berücksichtigung durch Einsetzen der Werte der Phase 2.

Die Gesamtdauer beträgt 41 min 17 s (inkl. des 10minütigen Parkens); im Gegensatz zum California-Test und insbesondere zum nachfolgenden ECE-Test

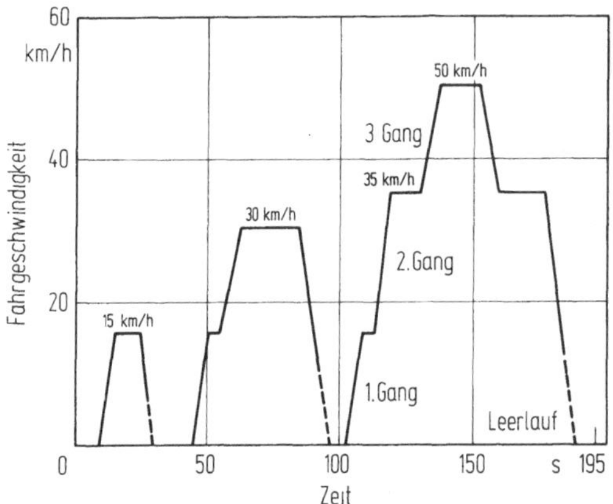

Bild 4.4. ECE – (Europa-)Fahrtest

erfaßt er einen wesentlich größeren Teil des Motorkennfelds mit höheren Mitteldrücken und Drehzahlen.

In der BRD bestanden in den 60er Jahren wegen der unterschiedlichen Gegebenheiten erhebliche Bedenken gegen eine Übernahme des California-Tests. Sie bezogen sich vor allem auf die maximale Geschwindigkeit von 80 km/h auf einer Stadtautobahn sowie auf die in einigen Phasen notwendigen hohen Beschleunigungen; amerikanische Wagen bewältigen sie in der Teillast, während europäische Pkw mit Vollast fahren müßten [8]. Nach Meßfahrten mit 5 verschiedenen Fahrzeugen in sechs deutschen Großstädten erstellte die Berg-Akademie Clausthal-Zellerfeld (Harz) in Zusammenarbeit mit Frankreich, Großbritannien und Schweden den Europa-Test [8, 9]. Er besteht aus 4 Zyklen

Tabelle 4.1. Merkmale verschiedener Fahrzyklen für Pkw

Kriterium	Einheit	California-Test	Europa-Test	CVS-1 1972	CVS-3 1972	Japan 10-Mode	Japan 11-Mode
Geschwindigkeiten							
Durchschnitt d. ges. Zyklus	km/h	35,6	18,7	31,5	34,1	17,8	28,9
Mittel der Fahrphasen	km/h	41,7	27	38,1	41,2	23,7	38,4
Maximale Geschwindigkeit	km/h	80	50	90	90	40	60
Beschleunigung, mittlere	m/s^2	0,64	0,64	0,58	0,52	0,63	0,52
Verzögerung, mittlere	m/s^2	0,65	0,75	0,69	0,58	0,62	0,58
Zeitanteile							
Leerlauf	%	14,6	30,8	17,3	17,4	25,4	
Beschleunigungsphasen	%	32,8	21,5	34,0	33,7	25,9	
Konstantfahrt	%	21,2	20,2	20,0	20,5	22,2	
Verzögerungsphasen	%	31,4	18,5	28,6	28,5	26,1	
Dauer eines Zyklus	s	137	195			135	126
Fahrstrecke eines Zyklus	km	1,35	1,013			0,664	1,051
Zahl der Zyklen	–	7	4	1	3 (s. Text)	6	4
Dauer der Prüfung	s	959	780	1372	2400		505
Fahrstrecke der Prüfung	km	9,45	4,052	1210			

mit je 25 Stufen, die in Bild 4.4 dargestellt sind. Der ECE-Test simuliert nach einem Kaltstart die Fahrt zur Hauptverkehrszeit in den Kernzonen einer europäischen Großstadt mit ihren typischen „stop and go“ Phasen. Einen Vergleich mit anderen Fahrtests ermöglicht Tabelle 4.1. Der ECE-Test war erstmals in der Anlage XIII zum § 47 Abs. 1 der Verordnung über die Änderung der StVZO v. 18.10.1968 enthalten; die auf den ECE-Test bezogenen Grenzwerte für CO und C_mH_n sollten ab 1.10.1970 Inkraft treten. Die Typprüfung I des ECE-Reglement Nr. 15 hat ebenfalls als Grundlage den ECE-Test, deren Grenzwerte ab 1.10.1971 galten. Der Rat der EG übernahm am 20.3.1970 das ECE-Reglement Nr. 15.

In Japan wurde der noch nicht für die NO_x-Emission maßgebende, auf dem Motorenprüfstand zu fahrende 4-mode-Zyklus am 1.4.1974 durch den 10-mode-hot-test ersetzt (vgl. Tabelle 4.1). Sein Fahrprogramm gleicht auf dem ersten Blick dem Europa-Test, unterscheidet sich aber wesentlich von ihm, da er mit warmgelaufenem Motor gestartet wird; er soll eher Stadtverhältnisse simulieren [6]. Seit 1.4.1976 gilt daneben der 11-mode-cold-test, der mit einem Kaltstart beginnt und mehr die Verhältnisse auf Landstraßen wiedergibt [6].

Die kurze Darstellung der maßgebenden Fahrtests läßt die großen, zwischen ihnen bestehenden Unterschiede erkennen. Dabei wurde die Versuchstechnik (Probenahme, Meßtechnik, Auswertung) überhaupt nicht angesprochen (vgl. [6]). Eine Vorstellung von der Problematik des Vergleichs von Meßergebnissen verschiedener Fahrtests und der auf sie bezogenen Emissionsgrenzwerte, vermittelt folgende Gegenüberstellung, die nur für die NO_x-Emission gilt [6]:

US-Test 75	1
US-Test 72	1,4
ECE-R 49	0,8
Japan 11-mode-Test	1,9
Japan 10-mode-Test	0,5.

Diese Angaben beziehen sich auf einen nicht besonders abgestimmten Pkw. Bei Verwendung solcher Vergleichszahlen als Umrechnungsfaktoren ist zu beachten, daß sie abhängen von [6,10,11]:

- Art des luftverunreinigenden Stoffs (CO, C_mH_n, NO_x)
- Fahrzeugtyp
- Art der Abgasminderungsmaßnahmen
- Laufleistung in km

Für das Verhältnis der NO_x-Emission von ECE-Test zu US-Test 75 werden folgende Werte angegeben:

Hauschulz u.a. [6]		0,8
Bier [10]		1,1
Neumann [11]	Otto-Motor ECE 15 04	~0,8
	Dieselmotor	0,73 – 1,71
	Dieselmotor, Mittel	~1,4
	US-PKW, Dreiweg-Katalysator	0,36 – 2,68

Die Angaben von Zander beruhen auf Messungen an 81 Fahrzeugtypen mit Laufleistungen zwischen 0 und 150 000 km [11].

4.1.4 Bundesdeutsche Fahrzyklen

Die bundesdeutschen Fahrzyklen entstanden aufgrund umfangreicher Untersuchungen im Bereich der Stadt Köln, die der TÜV Rheinland e.V. im Auftrag des Ministers für Arbeit, Gesundheit und Soziales des Landes Nordrhein-Westfalen durchführte. Neben der Verkehrsdichte sind für das Fahrverhalten weitere Einflußfaktoren, wie Straßenführung, Art der Verkehrsregelung (Ampeln, Beschilderung, Verkehrspolizisten), nicht so sehr dagegen die Motorleistung maßgebend. Zur Charakterisierung des Fahrverhaltens wird die relativ leicht erfaßbare mittlere Fahrgeschwindigkeit herangezogen. Die anderen das Fahrverhalten kennzeichnenden Parameter, wie die Zeitanteile an Stand, Beschleunigung, Verzögerung und Gleichfahrt, stehen in statistisch gesichertem Zusammenhang mit der mittleren Fahrgeschwindigkeit (vgl. Bild 4.5). Zu diesem Ergebnis führte die Auswertung der kontinuierlichen Aufschreibung von Geschwindigkeit, Drehzahl, Drossel-Klappenstellung und CO-Konzentration eines Testfahrzeugs, das über einen längeren Zeitraum mit verschiedenen Fahrern eine Vielzahl von

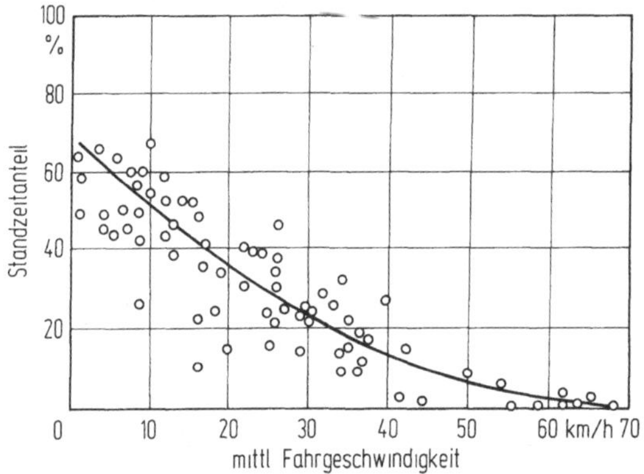

Bild 4.5. Standzeitanteil in Abhängigkeit von der mittleren Fahrgeschwindigkeit [1]

Tabelle 4.2. Kriterien bundesdeutscher Fahrmodi

Fahrmodus	Verkehrsituation	Geschwindigkeit km/h			Testzeit in s				
		Bereich	Mittl.	Max.	Stand	Beschleunigung	Konst. Geschw.	Verzögerung	Stand
1	Flüssiger Verkehr auf Schnellstr.	>65	100	100	–	–	–	–	–
2	Verkehr auf Ausfallstraße	55–65	60	67	1	19	177	19	1
3	Flüssiger Durchgangsverkehr	30–55	42,5	56	7	16	79	16	7
4	Flüssiger Stadtverkehr	22–30	26	45	14	13	45	13	14
0	Vergleichzyklus zum Europatest	17–22	19,5	38	18	11	38	11	18
5	Zähflüssiger Stadtverkehr	10–17	13,5	30	21	8	32	8	21
6	Verstopfte Straßen	2–10	6	17	25	4	26	4	25
7	Verkehrstauungen	0– 2	1	4	28	1	23	1	28
8	Kaltstart, Warmlaufen	0	0	0	–	–	–	–	–

Verkehrssituationen erfaßte. Die unterschiedlichen Fahrzustände werden für die Prüfstandversuche durch Testzyklen nachgebildet, die aus den aufeinanderfolgenden Phasen, Stand – Beschleunigung – konstante Geschwindigkeit – Verzögerung – Stand bestehen und folgende Bedingungen erfüllen [1]:

1. Die zeitlichen Anteile der einzelnen Phasen der Testzyklen sollen mit den im Straßenverkehr aufgenommenen Werten identisch sein,
2. die mittlere Geschwindigkeit des Testzyklus soll der mittleren Geschwindigkeit des zu simulierenden Fahrzustandes entsprechen,
3. Beschleunigungs- und Verzögerungswerte sollen etwa 1 m/s^2 für Pkw und 0,55 m/s^2 für Lkw betragen.

Tabelle 4.2 enthält wichtige Kennwerte für die 8 Fahrmodi. Den Verkehr auf Autobahnen und Schnellstraßen im Stadtbereich simuliert die Gleichfahrt mit 100 km/h bzw. 85 km/h bei Lkws. Die Aufgliederung der Fahrzyklen 2–7 nach Betriebszuständen enthält Tabelle 4.3, und Bild 4.6 gibt eine anschauliche Darstellung. Zyklus 0 ist als Vergleichsmodus zum Europa-Test konzipiert. Der Leerlauf ist aus folgenden Gründen von Bedeutung:

1. Abschätzung der Auswirkung extremer Verkehrssituation
2. Auslegungsgrundlage für Lüftungsanlagen von Tunnel, Parkgaragen etc.
3. Repräsentativ für andere Fahrzustände.

In Tabelle 4.4 sind die Anteile der Fahrmodi an der gesamten Fahrleistung (in km/a) in Belastungsgebieten zusammengestellt. Es fällt auf, daß der Europazyklus 0 nur mit 2–6 % an der gesamten Fahrleistung beteiligt ist. Der ECE-Test ist somit nicht mehr repräsentativ für den Stadtverkehr insgesamt, weshalb Schwan-

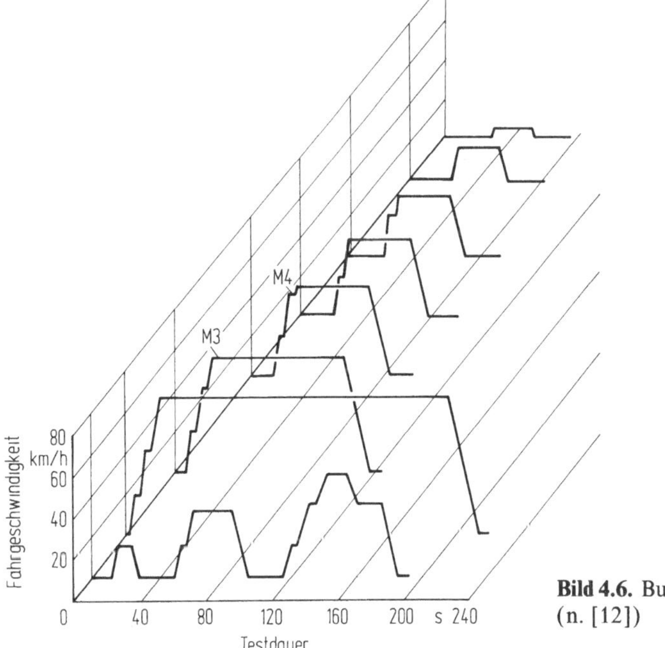

Bild 4.6. Bundesdeutsche Fahrmodi (n. [12])

Tabelle 4.3. Aufgliederung der Fahrmodi nach Betriebszuständen [12]

	Betriebszustände	Modus 2			Modus 3			Modus 4			Modus 5		
		a [m/s²]	v [km/h]	t [s]	a [m/s²]	v [km/h]	t [s]	a [m/s²]	v [km/h]	t [s]	a [m/s²]	v [km/h]	t [s]
1	Leerlauf	–	–	1,5	–	–	7,0	–	–	14,0	–	–	20,5
2	Beschleunigung	1,59	0–20	3,5	1,59	0–20	3,5	1,59	0–20	3,5	1,39	0–20	4,0
3	Schalten 1–2	–	–	2,0	–	–	2,0	–	–	2,0	–	–	2,0
4	Beschleunigung	1,46	20–41	4,0	1,46	20–41	4,0	1,46	20–41	4,0	1,11	20–30	2,5
5	Schalten 2–3	–	–	2,0	–	–	2,0	–	–	2,0	–	–	–
6	Beschleunigung	1,03	41–67	7,0	0,93	41–56	4,5	0,74	41–45	1,5	–	–	–
7	Schalten 3–4	–	–	2,0	–	–	–	–	–	–	–	–	–
8	Konstantfahrt	–	67	172,0	–	56	79,0	–	45	45,0	–	30	32,0
9	Verzögerung	–1,0	67– 0	18,5	–1,0	56– 0	15,5	–1,0	45– 0	12,5	–0,98	30– 0	8,5
10	Leerlauf	–	–	1,5	–	–	7,0	–	–	14,0	–	–	20,5

	Betriebszustände	Modus 0			Modus 6			Modus 7		
		a [m/s²]	v [km/h]	t [s]	a [m/s²]	v [km/h]	t [s]	a [m/s²]	v [km/h]	t [s]
1	Leerlauf	–	–	18,5	–	–	24,0	–	–	28,0
2	Beschleunigung	1,39	0–20	4,0	1,05	0–17	4,5	1,0	0–4	1,0
3	Schalten 1–2	–	–	2,0	–	–	–	–	–	–
4	Beschleunigung	1,11	20–38	4,5	–	–	–	–	–	–
5	Konstantfahrt	–	38	38,0	–	17	26,0	–	4	23,0
6	Verzögerung	–1,0	38– 0	10,5	–0,95	17– 0	5,0	–1,0	4–0	1,0
7	Leerlauf	–	–	18,5	–	–	24,0	–	–	28,0

Tabelle 4.4. Häufigkeit der Fahrmodi für Pkw in bundesdeutschen Belastungsgebieten (in %, n. [13, 14])

Fahr-modus	Rhein-schiene Süd 1973/74	Ruhrgebiet West 1975	Ruhrgebiet Ost 1977	Ruhrgebiet Mitte 1978	Erlangen Fürth Nürnberg 1979
1	27,9	20,2	26,6	27,7	27,5
2	4,3	12,5	19,1	1,7	1,4
3	25,6	46,1	32,1	31,2	34,0
4	39,5	17,9	16,3	35,1	29,6
0	1,8	2,7	5,6	4,2	6,2
5	0,5	0,6	0,3	0,1	1,3
6	0,4	0	–	–	–

Tabelle 4.5. Angaben zu den drei wichtigesten Straßenkategorien (n. [16])

	Jahr	Straßen innerorts	Straßen außerorts	Auto-bahnen
Mittlere Geschwindigkeit km/h	~1980	39	70	110
Netzlänge in km				
Anteile in %:	1970	62,0	37	1,0
	1983	64,4	34	1,6
Fahrleistung in km/a				
Anteile in %:	1970	35	50	15
	1985	33	40	27
	2000	28	41	31

häusser einen neuen Fahrtest für den normalen, heutigen Verkehr in Innenstadtbereichen angegeben hat [5]. Am häufigsten ist Modus 3, in einigen Gebieten Modus 4 vertreten (Tabelle 4.4). Eine Mitteilung über 7 Luftreinhaltegebiete ergab für den innerörtlichen Verkehr einen Anteil von 65 % nach Modus 3 und 35 % nach Modus 4 [15].

Neuerdings wird vielfach mit einer Einteilung in innerörtlicher, außerörtlicher und Autobahnverkehr gearbeitet (Tabelle 4.5). Im Rahmen des 1985 durchgeführten Abgas-Großversuchs sind auch Fahrzyklen für die Autobahn entwickelt worden. Merkmal für die Einteilung des Pkw-Bestandes in Pkw-Typklassen war das Verbrennungsverfahren und die Leistungsmasse [40, 77]:

	kg/kW	Anteil auf Autobahn %
Otto-Motor:		
leistungsstark (schwer)	<21,6	25
mittel	21,6 – 31	42
leistungsschwach (leicht)	>31	20
Dieselmotor (leicht)		13

Mit 30 ausgewählten Fahrzeugen wurden auf 20, etwa 40 km langen Teststrecken umfangreiche Versuchsfahrten mit insgesamt etwa 600 000 km zurückgelegt [40, 77]. Aus den dabei aufgenommenen Meßdaten entwickelte man für jede der 3 Pkw-Typklassen 21 Autobahn-Fahrzyklen. Sie unterscheiden sich durch die Geschwindigkeit (Richtgeschwindigkeit 130 km/h bzw. Tempolimit 100 km/h), die Auslastung (Verkehrsdichte) und die Längsneigung (Höhenprofil).

4.1.5 Fahrzyklen für Nutzfahrzeuge mit Dieselmotor

In Kalifornien wurde bereits am 18.11.1970 ein 13-Stufen-Zyklus für die gasförmigen Emissionen der Dieselfahrzeuge mit zulässiger Gesamtmasse >2,72 t vorgeschlagen [1]. Für die übrigen Staaten der USA galt ab 1973 ein 21-Stufen-Zyklus, der gegenüber dem kalifornischen Test 8 zusätzliche Stufen aufwies [1, 17]. Der ihn ablösende, bundeseinheitliche 13-Stufen-Zyklus der USA wird auf dem Motorprüfstand – nicht auf dem Rollenprüfstand – bei 3 verschiedenen Drehzahlen (Leerlauf, Drehzahl beim maximalen Drehmoment, Nenndrehzahl) und verschiedenen Belastungsstufen gefahren.

Die ECE-Regelung Nr. 49 vom 15.4.1982 für Dieselfahrzeuge mit einer Gesamtmasse über 3,5 t enthält einen ähnlich konstruierten 13-Stufen-Zyklus (Bild 4.7). Die Emission wird auf dem Motorenprüfstand nach folgender Beziehung ermittelt [18]:

$$q_P = \frac{\Sigma \dot{Q} \cdot GF}{\Sigma P \cdot GF} \qquad (4.5)$$

GF sind Bewertungsfaktoren, mit denen die Emissionsströme $\dot{Q}$ bzw. Nutzleistungen P der 13 Stufen gewichtet werden (Bild 4.7).

Als Unterschiede zum 13-Stufen-Test der USA sind anzuführen [19]:

– Zwischendrehzahl der Stufen 2–6: Während die ECE-Regelung grundsätzlich 60 % der Nenndrehzahl vorsieht, entspricht sie beim US-Zyklus der Drehzahl des maximalen Drehmoments und liegt zwischen 60 und 75 % der Nenndrehzahl.

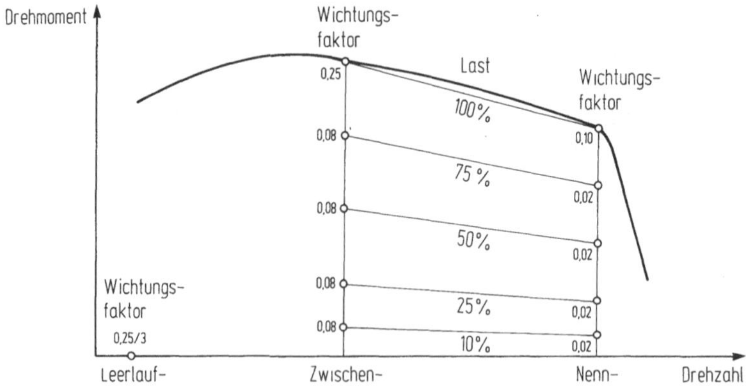

Bild 4.7. 13-Stufen-Zyklus der ECE für Nutzfahrzeuge

- Belastung bei Stufe 2 und 12: Die ECE-Regelung sieht 10 % Last, die US-Vorschrift nur 2 % der Höchstlast vor.
- Bewertungsfaktoren (Gewichte). Die Bewertungsfaktoren sind den europäischen Straßenverhältnissen angepaßt worden. Die 3 Leerlaufstufen 1, 7, 13 haben das Gewicht 0,25 statt 0,2 beim US-Test. Alle anderen 10 Stufen werden beim amerikanischen Test mit 0,08 gewichtet.

Vergleichsuntersuchungen ergaben, daß bei 5 Nutzfahrzeugmotoren mit gleichen NO_x-Konzentrationen die Ergebnisse nach dem US-Zyklus infolge der anderen Gewichtung immer größer als beim ECE-R 49-Test ausfielen [20].

Ab 1985 soll in den USA der sog. Transient-Test gelten, der auf dem Rollenprüfstand gefahren wird und damit die instationären Zustände (z.B. Beschleunigung) besser berücksichtigt. In Analogie zu den im Abschn. 4.1.3 behandelten bundesdeutschen Fahrmodi für Pkw sind auch solche für Nutzfahrzeuge aufgestellt worden (vgl. [1]).

4.1.6 Ermittlung der Quellstärken des Straßenverkehrs

Grundsätzlich ist jeder Straßenzug als eine Linienquelle zu betrachten, wobei als unterste Grenze ihrer Länge 10 m anzusehen sind [21]. Nach Jost gelten die nachfolgend angegebenen Emissionsströme für Streckenabschnitte von mehreren 100 m und ein Meßzeitintervall von einer halben Stunde, wenn in diesem Zeitraum mehrere 100 Fahrzeuge den Streckenabschnitt durchfahren [22]. Die Linienquellstärke $\dot{Q}_L$ (z.B. in g/km · h) einer Fahrspur ist abhängig vom Emissionsmassenstrom $\overline{\dot{Q}}$ eines Durchschnittsfahrzeuges (Otto- oder Dieselmotor), dem Verkehrsaufkommen a (auch Verkehrsmenge, -stärke, -frequenz), dem Fahrmodus (mittlere Fahrgeschwindigkeit v) und der Fahrzeugzusammensetzung (Otto- und Dieselmotoranteil). Das Verkehrsaufkommen a wird durch eine Verkehrszählung als sog. Querschnittszählung durch die Zahl der pro Zeiteinheit einen Punkt passierenden Pkws bzw. Lkws ermittelt. Für die Fahrspur eines Straßenzuges ergibt sich somit bei reinem Pkw-Verkehr (ohne Nutzfahrzeuge mit Diesel) als Linienquellstärke $\dot{Q}_L$:

$$\dot{Q}_L = \frac{a}{v}\overline{\dot{Q}(v)} . \tag{4.6}$$

Die Fehler sind am kleinsten, wenn für v die mittlere Geschwindigkeit v_m des Fahrmodus eingesetzt wird [1]:

$$\dot{Q}_L = \frac{a}{v_m}\overline{\dot{Q}(v_m)} . \tag{4.7}$$

Für Berlin (West) wurde auf dem Stadtautobahnring als maximale Linienquellstärke $\dot{Q}_L = 240$ kg/km d ermittelt [4].

Obige Gleichungen gelten nur bis zu mittleren Geschwindigkeiten < 10 km/h, also nicht für die Fahrmodi 6 und 7 [1]. Bei verstopften Straßen ist die Beziehung

$$\dot{Q}_L = \frac{\overline{\dot{Q}}}{A(v_m)} \tag{4.8}$$

anzuwenden [1]. $A(v_m)$ ist der mittlere Abstand zweier Fahrzeuge, der sich aus der mittleren Fahrzeuglänge plus ihrem mittleren Zwischenraum errechnet [1]. Für dichtesten Verkehr nehmen Hess und Haerter als Fahrzeuglänge 5 m und für den Abstand die Regel „1/2 Tachometeranzeige" an [2]. Für stehenden Verkehr gibt Deuber als Grenzwert (ohne Lkw-Anteil) der Verkehrsdichte (in Kfz/km, entsprechend a/v) ca. 150 Pkw/km an [2].

Aus Zeit und Kostengründen werden bei der Aufstellung von Luftreinhaltungsplänen nur die Hauptverkehrsstraßen als Linienquellen behandelt. Die innerörtlichen Straßen insbesondere des Stadtkerns betrachtet man zusammenfassend als Flächenquellen. Bezüglich der Ermittlung ihrer Quellstärke (z.B. in $g/h\,km^2$) sei auf das Schrifttum verwiesen [1, 3, 21]. In bundesdeutschen Belastungsgebieten schwankt die Flächenquellstärke für NO_x zwischen 5 und 23 $t/a\,km^2$, wobei der Anteil der Pkw und Kombi ca. 90 % beträgt [4].

4.2 Otto-Motoren in Pkw, Kombi und leichten Nutzfahrzeugen

4.2.1 Einflußgrößen auf die Emissionen der Otto-Motoren

Eine Übersicht über die Vielfalt der die Abgaszusammensetzung bestimmenden meteorologischen und kraftfahrzeugspezifischen Parameter enthält das Bild 4.8. Die Vielzahl dieser Einflußgrößen, die noch um Fahrzeugalter, Wartungszustand, Auslastung und Fahrverhalten zu ergänzen wäre, überlagern sich in ihrer Wirkung und führen somit zu äußerst komplexen Verhältnissen. Auf einige für die NO_x-Emission wichtige Parameter wird im folgenden näher eingegangen, wobei generell darauf hinzuweisen ist, daß auch immer die Parameter Kraftstoffverbrauch und Fahrverhalten zu berücksichtigen sind.

Von grundsätzlicher Bedeutung ist das Luftverhältnis, das beim herkömmlichen Otto-Motor im relativ engen Bereich zwischen 0,75 und 1,35 liegt. Den Einfluß des Luftverhältnisses auf die Entstehung der wichtigsten luftverunreinigenden Stoffe zeigt für konstante Drehzahl und Leistung das Bild 4.9. Entsprechend den Ausführungen in Abschn. 2.3.4 existiert ein Maximum der NO-Bildung bei Luftverhältnissen um 1,05 – 1,1 [1]. Mit zunehmendem Verdichtungsverhältnis und früherer Zündung verschiebt es sich etwas zu höheren Luftverhältnissen hin [1, 24]. Niedrige NO-Emissionen entstehen bei Luftverhältnissen $<1{,}3$, bei denen jedoch auch der Betriebsbereich des heutigen Otto-Motors wegen Störungen im Verbrennungsablauf (geringe Zündgeschwindigkeit, Aussetzer) endet. Aus Bild 4.9 geht klar die Gegenläufigkeit von NO-Bildung und CO- bzw. C_mH_n-Entstehung hervor; maximale NO-Konzentrationen sind mit geringen CO- und C_mH_n-Gehalten verbunden. Es gibt keinen einheitlichen Wert des Luftverhältnisses, bei dem alle Emissionen und der Kraftstoffverbrauch ein Minimum, die Leistung jedoch ein Maximum aufweisen. Die grundsätzliche Schwierigkeit der Minderung der Emissionen durch motorinterne Maßnahmen (Primär-) ist damit angezeigt (vgl. Abschn. 5.2).

Das Verdichtungsverhältnis liegt bei 4-Takt-Otto-Motoren zwischen 6,5 und 11 [25]. Eine Erhöhung des Verdichtungsverhältnisses führt zu besserem

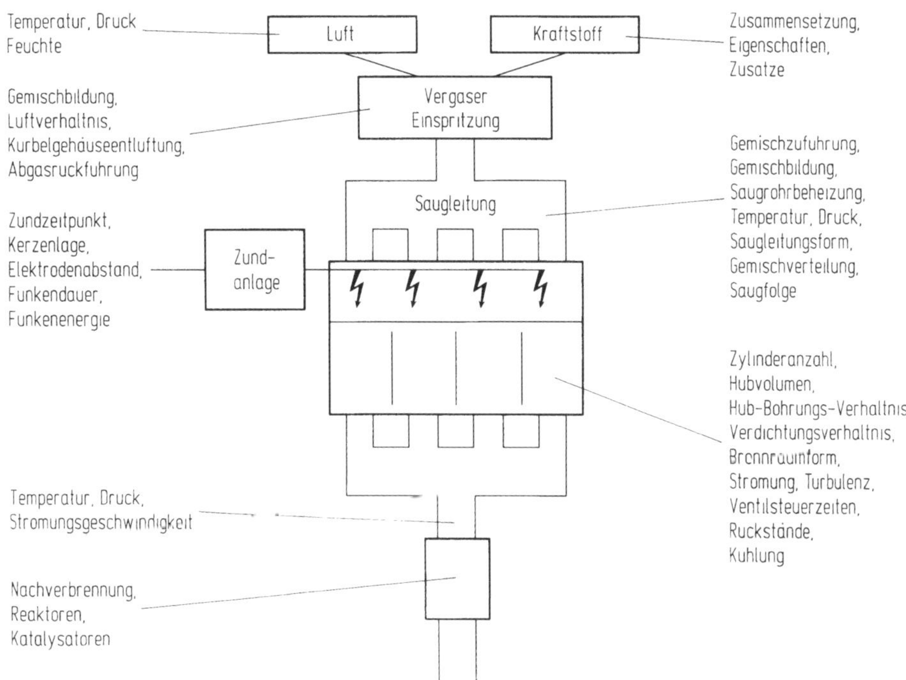

Bild 4.8. Meteorologische und fahrzeugspezifische Einflußgrößen auf die Abgaszusammensetzung [25]

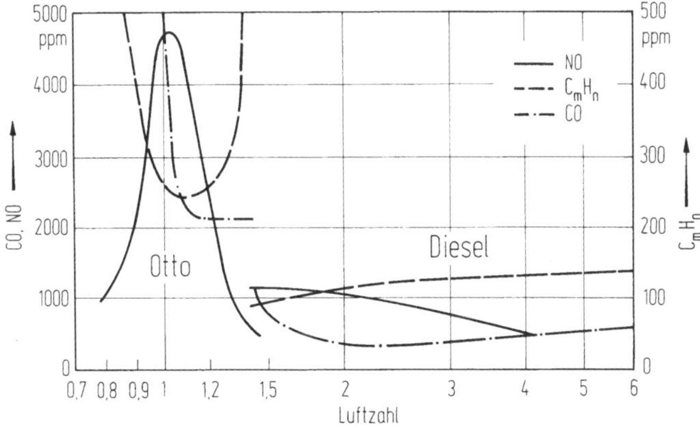

Bild 4.9. Einfluß des Luftverhältnisses auf die Entstehung von Stickstoffoxid, Kohlenmonoxid und Kohlenwasserstoffen (Konstante Last und Drehzahl)

Wirkungsgrad und Verbrennungsablauf (allerdings nur bis zur Klopfgrenze), infolge der höheren Temperaturen aber auch zu größeren NO-Gehalten (Bild 4.10). Im Teillastbereich hat es für einen festen Betriebspunkt wegen mehrerer gegenläufiger Parameter fast keinen Einfluß auf die NO_x-Bildung [27]. Durch die bei größerem Verdichtungsverhältnis mögliche Erhöhung des Luftverhältnisses

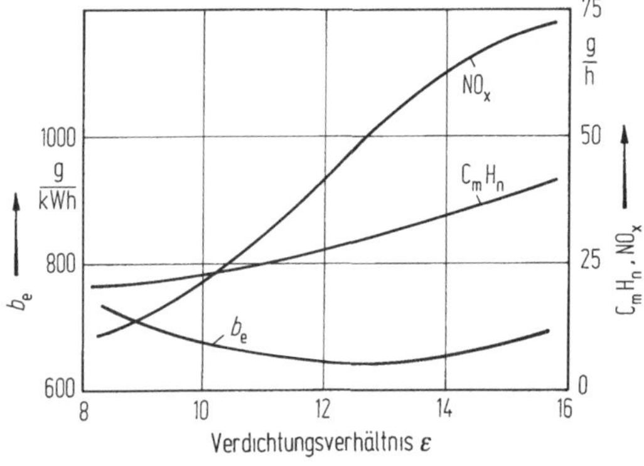

Bild 4.10. Abhängigkeit des Kraftstoffverbrauchs und der Stickstoffoxid- und Kohlenwasserstoff-Emission vom Verdichtungsverhältnis im stationären Betrieb (2,0 l Vierzylindermotor) [26]

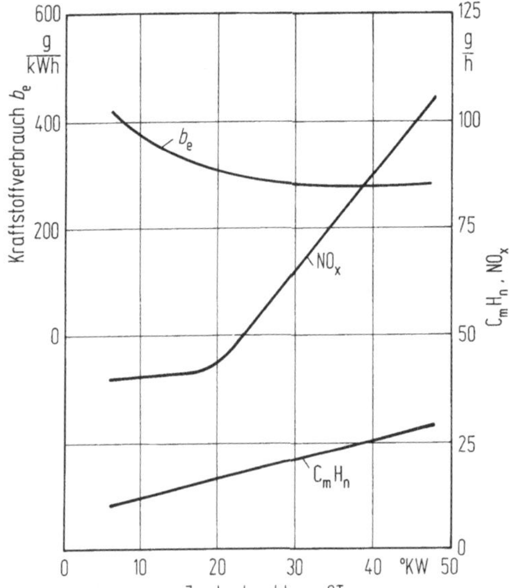

Bild 4.11. Einfluß des Zündzeitpunktes auf die Emissionen und den Kraftstoffverbrauch (λ=const für minimalen Verbrauch [26])

gleicht man die größeren NO-Gehalte aus, so daß richtig abgestimmte, hochverdichtende Otto-Motoren geringere Emissionen aufweisen als solche mit niedrigerem Verdichtungsverhältnis [26].

Der Zündzeitpunkt wurde früher im Hinblick auf Leistung und Kraftstoffverbrauch optimiert. Er ist jedoch auch von maßgeblichem Einfluß auf die Abgaszusammensetzung. Eine möglichst späte Zündung vor dem oberen Totpunkt (d.h. kleiner Kurbelwinkel vor o.T. bzw. Zurücknahme des Zündzeitpunktes) führt zu niedrigeren NO_x-Emissionen (Bild 4.11). Der Einfluß des Zündzeitpunktes ist im Bereich des Luftverhältnisses maximaler NO-Emissionen am größten [1, 24]. Schon eine Rücknahme des Zündzeitpunktes um nur 5 oder 10 °KW führt zu einer drastischen Reduzierung der NO-Emission [29].

Unter Ventilüberschneidung versteht man den Kurbelwinkelbereich, innerhalb dessen sowohl das Auslaß- als auch das Einlaßventil gleichzeitig geöffnet sind; Ausschiebe- und Ansaugvorgang überlappen sich also. Der dadurch bedingte erhöhte Abgasanteil im Frischgas senkt die Verbrennungstemperatur und bewirkt damit niedrige NO_x-Emissionen [1, 27, 28]. Eine zu hohe Ventilüberschneidung führt jedoch zu einem unstabilen Motorlauf mit Zündaussetzern [28].

Die Geometrie des Brennraums im Kolben und Zylinderkopf beeinflußt vor allem die C_mH_n-Emissionen. Bei den Stickstoffoxiden macht sich die Brennraumform erst bei Luftverhältnissen >1,1 bemerkbar [24]. Neben dem Oberflächen-Volumen-Verhältnis beim oberen Totpunkt sind vor allem die Turbulenzzustände maßgebend; Untersuchungen über die Bedeutung der Brennraumform sind in [10, 24, 26, 27, 29] enthalten.

Die Zusammensetzung der handelsüblichen Kraftstoffe schwankt sehr stark; der Anteil der aromatischen Kohlenwasserstoffe liegt zwischen 10 und 70 % [30, 31]. Organische Kraftstoffe mit hohem C/H-Verhältnis, wie die z.B. aromatischen Kohlenwasserstoffe, führen erfahrungsgemäß zu einer hohen NO_x-Bildung [30–32]. Als Ursache wird der hohe Gemischheizwert (hohe Verbrennungsendtemperatur!) sowie das Vorhandensein deutlich höherer Konzentrationen an Kohlenstoffradikalen – Bildung von promptem Stickstoffoxid (s. Abschn. 2.4) – angeführt [32]. In Richtung abnehmender NO-Emission dürfte sich folgende ungefähre Rangfolge einstellen:

- Aromatische Kohlenwasserstoffe
  Benzol, C_6H_6, C/H = 1
  Toluol, $C_6H_5CH_3$, C/H = 0,88
- Normal-, Superbenzin z.B. C/H = 0,47
- Kettenförmige Kohlenwasserstoffe (Paraffine, Alkane)
  Flüssiggas (Propan C_3H_8, Butan C_4H_{10})
  Erdgas, CH_4, C/H = 0,25
- Alkohole
  Ethanol, C_2H_5OH, C/H = 0,33
  Methanol, CH_3OH, C/H = 0,25.

Neben Benzin haben eine kurzfristig reale Einsatzchance die Kraftstoffe Flüssiggas (LPG), Methanol und Ethanol. Ihre Emissionen zeigt für gleiches Verdichtungsverhältnis und optimalen Zündzeitpunkt das Bild 4.12; die Emission des Benzins beim Luftverhältnis 1,1 ist darin gleich 100 % gesetzt. Butan und Propan (Flüssig- oder Autogas) haben nur die 0,2–0,8fache Emission des Benzins [32,

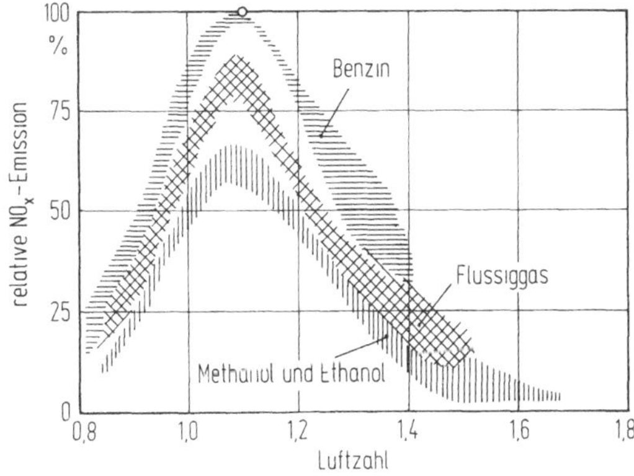

Bild 4.12 Relative Stickstoffoxid-Emissionen für verschiedene Kraftstoffe [32]

33]. Erdgas – komprimiert oder verflüssigt (LNG) eingesetzt – führt zu einer Senkung der Emission auf das 0,07–0,66fache [33–35]. Besonders vorteilhaft sind Alkohole mit um rund 40 % abgesenkten Emissionen; dabei ist außerdem die Zündgrenze bis zum Luftverhältnis von ca. 1,6 erheblich erweitert [32]. Überraschend ist dagegen das Ergebnis eines Großversuchs mit dem Mischkraftstoff M 15 (85 % Benzin, 15 % Methanol), der je nach Fahrzeugtyp zu einer Erhöhung des NO_x-Auswurfes um 18–57 % führte [36].

4.2.2 Mittlere Emissionen bundesdeutscher Pkw

Bereits 1970 begann der TÜV Rheinland im Rahmen der Erhebungen für das Emissionskataster Köln mit Untersuchungen über die Emissionen der Pkw für die bundesdeutschen Fahrmodi. Von den ca. 300 Motortypen, die in der Bundesrepublik Deutschland zugelassen waren, wählte man 30 aus [1]; 41 Pkw mit Otto-Motoren sollten den Fahrzeugbestand des Jahres 1969 repräsentieren [37]. Die Emissionen für das Bezugsjahr 1975 wurden durch Messungen an 100 Pkw-Typen der Baujahre 1965–1975 ermittelt [37]; diese Stichprobengröße wird hinsichtlich der Aussagesicherheit als untere Grenze angesehen [38]. Aus Gründen des Zeit- und Kostenaufwands dienten erneute Messungen an einer gezielten Auswahl von nur 31 Fahrzeugen des Baujahres 1977 der Prognose der Emissionen für das Bezugsjahr 1980 [38]. Die Emissionen der Baujahre 1978–1985 wurden aus einer repräsentativen Stichprobe von 74 Pkw mit Otto-Motor ermittelt [78]. Aus den Teilemissionsfaktoren für die Baujahrsklassen und ihrer Häufigkeit am jeweiligen Kraftfahrzeugbestand werden die mittleren Emissionen eines repräsentativen, imaginären Durchschnitts-Pkw für ein bestimmtes Bezugsjahr errechnet.

Die Ergebnisse für den Emissionsmassenstrom der Stickstoffoxide bei den verschiedenen Fahrmodi enthält Tabelle 4.6. Wie aus Bild 4.13 ersichtlich, steigt er progressiv mit der Zyklusgeschwindigkeit an. Die Kurve zwischen Modus 2 und 1 wurde bewußt strichiert, da Modus 1 (Gleichfahrt) keine instationären Phasen

Tabelle 4.6. Kraftstoffverbräuche (g/h) und NO_x-Emissionsmassenströme (g/h als NO_2) für bundesdeutsche Pkw und Kombi mit Ottomotor (imaginäres Durchschnittsfahrzeug)

Fahrmodus		1	2	3	4	0	5	6	7	8
Mittl. Fahrgeschw. km/h		100	60	42,5	26	19,5	13,5	6	1	0
1970	Kraftstoff	5590	3268	2751	2113	2066	1574	1282	864	1125
	NO_x	165	94	64,8	38,6	33,9	19,3	9,2	3,5	6,0?
1975	Kraftstoff	6510	3480	2924	2300	2055	1665	1138	761	838
	NO_x	382	114	74,4	42,5	31,4	21,5	9,0	1,06	0,84
1977	Kraftstoff	6396	3469	2912	2300	2039	1690	1282	970,2	870
	NO_x	370,2	113,9	73,8	42,1	31,4	20,5	8,77	1,34	0,98
1980	Kraftstoff	6270	3412	2882	2282	2034	1711	1336	1052	895,3
	NO_x	366	116,4	75,43	42,66	32,11	20,68	8,77	1,43	1,17
1985	Kraftstoff		3053	2621	1951	1768	1509	1224	943	848
	NO_x		106,6	71,6	40,4	30,8	21,0	8,54	2,35	2,04

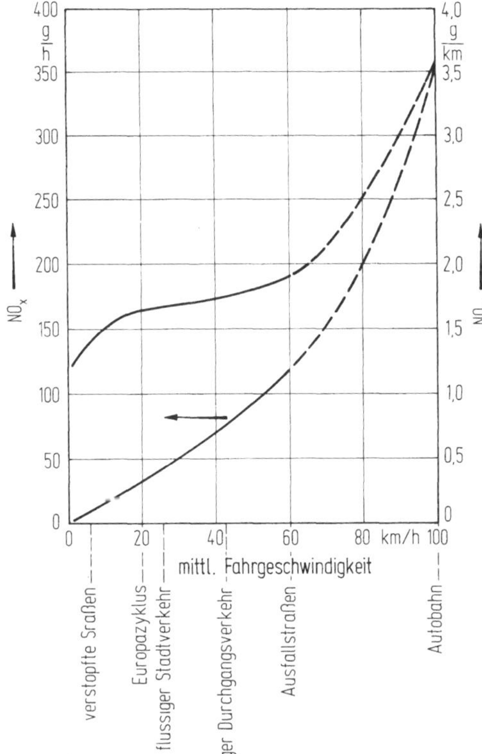

Bild 4.13. NO_x-Emissionen des imaginären, bundesdeutschen Durchschnitts – Pkw mit Ottomotor für das Jahr 1980

enthält. Das „Emissionskataster für Motorfahrzeuge in der Schweiz" (1976) gibt folgende Beziehung für den durchschnittlichen Emissionsmassenstrom $\bar{\dot{Q}}$ der Pkw an [21]:

$$\bar{\dot{Q}} = 12{,}9 + 0{,}77 v^{1{,}33} \,. \tag{4.9}$$

Die fahrstreckenbezogenen Kraftstoffverbräuche und Emissionen des bundesdeutschen Durchschnitts-Pkw mit Otto-Motor sind in Tabelle 4.7 zusammengestellt. Tabelle 4.8 enthält den Kraftstoffverbrauch und die NO_x-Emission von Otto-Motoren der Baujahre 1978–1985 in Abhängigkeit von der Geschwindigkeit bei Gleichfahrt (stationäre Fahrzustände). Die Werte $\geqq 130$ km/h sind wenig abgesichert, da die Zahl der untersuchten Pkw gering ist und unterschiedliche Fahrzeugkollektive vorlagen. Sowohl der Emissionsstrom als auch die streckenbezogene Emission nehmen ab 45 km/h mit der Geschwindigkeit zu. Auch bei den Autobahn-Fahrzyklen ergab sich ein Anstieg mit der mittleren Geschwindigkeit (Tabelle 4.9). Er ist allerdings bei leichten und mittleren Pkw geringer als bei leistungsstarken Fahrzeugen (s. Abschn. 4.14 und [77]). Die Übereinstimmung der Ergebnisse aus den Prüfstandsmessungen und den beim Abgas-Großversuch vorgenommenen Immissionsmessungen ist recht gut [77]. Für Autobahnen wurde am Sonntag (kein Lkw-Verkehr) ein Wert von 6,5 g/km ermittelt [40].

Tabelle 4.7. Fahrstreckenbezogene Kraftstoffverbräuche und NO_x-Emissionen (g/km als NO_2) für bundesdeutsche Pkw und Kombi mit Ottomotor

Fahrmodus		1	2	3	4	0	5	6	7
Mittl. Fahrgeschw. km/h		100	60	42,5	26	19,5	13,5	6	1
1970	Kraftstoff	55,9	54,5	64,7	81,3	106	116,6	213,6	863,6
	NO_x	1,66	1,56	1,53	1,49	1,73	1,43	1,53	3,52
1975	Kraftstoff	65,1	58,0	68,8	88,5	105,4	123,3	189,7	761
	NO_x	3,82	1,9	1,75	1,63	1,61	1,59	1,5	1,06
1977	Kraftstoff	64,0	57,8	68,4	90,3	105,2	128,9	204,8	822
	NO_x	3,71	1,90	1,73	1,65	1,62	1,56	1,4	1,13
1980	Kraftstoff	62,7	56,7	67,78	89,7	105,1	130,6	213,4	891,5
	NO_x	3,66	1,93	1,77	1,68	1,66	1,58	1,40	1,21
1985	Kraftstoff		50,9	61,7	73,4	90,7	111,8	194,3	785,8
	NO_x		1,78	1,68	1,52	1,58	1,56	1,36	1,96

Tabelle 4.8. Kraftstoffverbrauch und NO_x-Emission bei Konstantfahrt von Personen- und Kombi-Kraftwagen mit Ottomotor der Baujahre 1978–1985 im Bezugsjahr 1985 (Anlieferungszustand, n. [77])

	Geschwindigkeit in km/h/Gang											
	20/2	30/2	30/3	45/3	45/4	56/4	67/4	90/5	120/5	130[a]	140[b]	150[c]
Verbrauch:												
g/h	1297	1757	1388	1980	1761	2647	2785	4416	7591	9156	11690	14936
g/km	64,9	58,8	46,4	44,1	39,2	47,8	42,6	49,5	63,3	70,4	83,7	99,4
NO_x-Emission:												
g/h	6,51	18,6	10,4	34,2	29,1	68,6	101	254	579	437	537	737
g/km	0,326	0,622	0,346	0,763	0,649	1,25	1,53	2,83	4,83	3,33	3,8	4,78

[a] 6 Fahrzeuge der Baujahre 1978/83 und 2 Kfz der Baujahre 1984/85
[b] 2 Fahrzeuge der Baujahre 1978/83, 8 Kfz der Baujahre 1984/85
[c] 26 Fahrzeuge der Baujahrsgruppe 1978/83, 16 Kfz der Baujahre 1984/85

Tabelle 4.9. Kraftstoffverbrauch und NO_x-Emission für Personen- und Kombi-Kraftwagen mit Ottomotoren auf Autobahnen für das Bezugsjahr 1985 (n. [78])

	Geschwindigkeit in km/h										
	75	85	95	105	115	125	135	145	155	165	175
Verbrauch:											
g/h	3700	4499	5460	6711	8215	9980	11995	14248	16744	19522	22562
g/km	49,3	52,9	57,5	63,9	71,4	79,8	88,9	98,3	108	f18	129
NO_x-Emission:											
g/h	173	232	300	380	473	587	726	894	1092	1323	1576
g/km	2,31	2,73	3,16	3,62	4,11	4,70	5,38	6,17	7,05	8,02	9,01

Für die folgenden Belastungsgebiete ergeben sich als Mittelwerte für Pkw und Kombi mit Otto- und Dieselmotor:

Köln (1970) und Duisburg (1975)	1,5 g/km
Erlangen, Fürth, Nürnberg (1979)	2,2 g/km

Neuerdings nennt das UBA als mittlere Emissionen [39]:

Innerörtlicher Verkehr	2,3 g/km
Außerörtlicher Verkehr	3,0 g/km
Autobahnverkehr	5,3 g/km

Für die Otto-Motoren der Baujahre 1978 – 1985 sind mit dem Europatest (ECE-Zyklus) folgende Emissionen ermittelt worden (g/km):

	NO_x	$C_mH_n + NO_x$
Kaltstart [78]:		
vor Einstellung	1,61	5,31
nach Einstellung	1,66	5,11
Warmstart [78]:		
vor Einstellung	1,47	3,97
nach Einstellung	1,63	4,02
Mittel für neue Pkw [80]	1,73	

Im US-Test-75 betrugen die NO_x-Emissionen der Pkw der Baujahre 1978 – 1983 [78]:

Vor Einstellung	2,08 g/km
Nach Einstellung	2,14 g/km

Im Gegensatz zu den Schadstoffen CO und C_mH_n sind die NO_x-Emissionen beim US-Test um 29 % höher als beim Europazyklus mit Warmstart.

Beckhoven u.a. geben für die Niederlande an [41]:

	1980 g/km	2000
Innenstadtverkehr (Europatest)	1,7	1,0
Gleichfahrt 90 km/h	3,1	1,2
Gleichfahrt 120 km/h	4,9	2,2

4.2.3 Mittlere regionale und nationale Emissionsfaktoren

Gemittelte Emissionsfaktoren (in g/kg oder g/GJ) werden in der Regel zur Abschätzung der jährlichen Emissionen größerer geographischer Gebiete benutzt (s. Kap. 6). Für bundesdeutsche Belastungsgebiete ergaben sich folgende Werte:

Köln 1970 [13]	305 g/GJ
Erlangen, Fürth, Nürnberg 1979 [14]	430 g/GJ

Für die Baujahre 1978 – 1985 sind als Anhaltswerte für Otto-Motoren anzugeben:

Fahrmodus 3	632 g/GJ
Europazyklus	~410 g/GJ
US-Test-75	~650 g/GJ

Tabelle 4.10. Mittlere nationale Emissionsfaktoren für Kraftfahrzeuge (in g/GJ)

Staat und Verfasser	Quelle	Emissionsfaktor	
		Benzin g/GJ	Dieselöl g/GJ
BR Deutschland			
Schikarski (1974)	[41]	275	240
Batelle-Institut (1976)	[42]	325	360
UBA (1981), 1966 u. 1970	[43]	780	840
1974		850	840
1978		940	840
1982			
Frankreich			
Hoilliers (1983)	[44]	455	795
Schweden			
Levander (1977)	[45]	655	1430
USA			
EPA (1973)	[45]	460	1215
Vereinigtes Königreich			
Derwent u. Stewart (1973)	[46]		385

Aus Ergebnissen des Abgas-Großversuchs errechnet sich für Autobahnen bei der Richtgeschwindigkeit 130 km/h (mittlere Geschwindigkeit 115 km/h) ein Emissionsfaktor von 1200 g/GJ, bei Tempolimit (mittlere Geschwindigkeit 105 km/h) ein Wert von 1160 g/GJ [40].

Einige verfügbare Mittelwerte, die zur Berechnung der jährlichen nationalen Emissionen verwendet wurden, enthält Tabelle 4.10. Sie hängen u.a. stark vom betrachteten Zeitraum ab, da infolge der Emissionsbeschränkungen für Kohlenmonoxid und Kohlenwasserstoffe die NO_x-Emission anstieg. Trotzdem bestehen erhebliche Unterschiede zwischen Houlliers, Levander und UBA (s. Tabelle 4.10).

Tabelle 4.11. Entwicklung der Emissionsgrenzwerte für die Stickstoffoxide in den USA für Pkw

Modelljahr	Test	Californien g/km	USA (49 Bundesstaaten) g/km
1971	California	2,49 (3,9)[a]	–
1972	US-72	2,0 (2,9)[a]	–
1973	US-72	1,86	1,86
1974	US-72	1,24	1,86
1975	US-75	1,24	1,93
1977	US-75	0,93	1,24
1980	US-75	0,62	1,24
1981	US-75	0,62	0,62
1982	US-75	0,25	0,62

[a] Umgerechnet auf den US-Test 75 [6]

4.2.4 Entwicklung der Emissionsgrenzwerte für Pkw

Als erster Staat führte Kalifornien für das Modelljahr 1971 einen Grenzwert von 2,49 g/km (4 g/Meile) für Stickstoffoxide (als NO_2) ein. Zwei Jahre danach folgten die 49 anderen Bundesstaaten mit 1,86 g/km (3 g/Meile) bezogen auf den neuen Fahrtest US-72. Die weitere Entwicklung zeigt die Tabelle 4.11, es sind die sog. Basiswerte für 80 000 km (50 000 Meilen) Dauerlauf 5 Jahre Garantieverpflichtung angegeben. Ab 1977 gibt es nämlich eine Fülle von Sonderregelungen, die eine vollständige Übersicht unmöglich machen [6]. Bis 1990 scheint keine Änderung der Werte von 1982 vorgesehen zu sein. Da die NO_x-Emission vor der Abgasgesetzgebung bei 3,1 g/km lag [6], ist eine Minderung auf 8 % erreicht worden.

Als nächster Staat begann Japan ab 1.4.1973 die NO_x-Emission für neue Modelle zu beschränken; danach wurden die Emissionen für Pkw auf folgende Werte gesenkt [47]:

Vor April 1973		100 %
Ab April 1973		71 %
Ab April 1975		39 %
Ab April 1976	<1 t	30 %
	>1 t	27 %
Ab April 1978		8 %

In Westeuropa sind Grundlage der Emissionsbeschränkungen die Beschlüsse der Mitgliedsstaaten der ECE (Economic Commission for Europe, Europäische Wirtschaftskommission der UNO), die von den Staaten der Europäischen Gemeinschaft als EG-Richtlinien und anschließend als nationales Recht übernommen werden. Für neue Kraftfahrzeuge wurden erstmals die Stickstoffoxide ab 1.10.1977 begrenzt (Tabelle 4.12); eine Senkung um 15 % erfolgte ab 1.10.1979.

Tabelle 4.12. Emissionsgrenzwerte der ECE-Regelung 15 für die Typprüfung[a] von Pkw-Ottomotoren[b] (g/Test)

Bezugsgewicht kg	NO_x		$C_mH_n+NO_x$ [c]
	Serie 02 1.3.77	Serie 03 1.10.79	Serie 04 1.10.85
$\leqq 1020$	10	8,5	19
1020–1250	12	10,2	20,5
1250–1470	14	11,9	22
1470–1700	14,5	12,3	23,5
1700–1930	15	12,8	25
1930–2150	15,5	13,2	26,5
>2150	16	13,6	28

[a] Bei der Serienprüfung um 20% höhere Werte zulässig
[b] Bis zu einem zulässigen Gesamtgewicht von 3500 kg
[c] Beförderungskapazität $\leqq 6$ Personen; bei >6 Personen und leichten Nutzfahrzeugen bis 3500 kg um 25% höhere Werte Verdünnungsmeßverfahren (CVS-Methode)

Tabelle 4.13. Emissionsgrenzwerte (ECE-Fahrzyklus) für Pkw und Kombi in der EG (Umweltministerrat vom 27.6.85, sog. Euronorm)

Fahrzeugklasse Hubraum	Emissionsgrenzwerte[a] g/Test (g/km)			Zeitpunkt	
	NO_x	$C_mH_n+NO_x$	CO	Neue Modelle	Erstzulassung
Oberklasse >2 l	3,5 (0,86)	6,5 (1,6)	25 (6,2)	1.10.88	1.10.89
Mittelklasse[b] 1,4–2,0 l		8 (2,0)	30 (7,4)	1.10.91	1.10.93
Kleinwagen <1,4 l	6 (1.5)	15 (3,7)	45 (11,1)	1.10.90	1.10.91

[a] Typprüfung.: Serienüberwachung: $C_mH_n+NO_x+25\%$, $CO+20\%$
[b] Werte auch gültig für Diesel-Pkw mit >2 l Hubvolumen

Ab 1.10.1985 galt ein Summenwert für Kohlenwasserstoffe und Stickstoffoxide ($HC+NO_x$, hier $C_mH_n+NO_2$). Für den Anteil des NO_x am Summenwert teilen Jost, P. u.a. folgende Werte mit [15]:

- Stadtverkehr 40–60 %
- Außerörtlicher Verkehr 40–70 %
- Bundesautobahnen 60–80 %

Die Ergebnisse der Sitzungen des EG-Umweltministerrates am 20./21.3.1985 in Brüssel und am 27./28.6.1985 in Luxemburg enthält Tabelle 4.13. Bis 1987 wird der ECE-Fahrtest und das europäische Prüfverfahren beibehalten [48]. Für Kleinwagen sollen in einer 2. Stufe verschärfte Werte festgelegt werden, deren Einführung ab 1992/1993 zu geschehen hat [49]. Die Werte der Tabelle 4.13 erfordern für die Oberklasse den geregelten Dreiweg-Katalysator. In der Mittelklasse kommen geregelter und ungeregelter Katalysator sowie das Magerkonzept mit Oxidationskatalysator zur Anwendung (vgl. Abschn. 5.2 u. 5.5).

4.3 Mobile Dieselmotoren (schwere Nutzfahrzeuge)

4.3.1 Bedeutung der Dieselmotoren im Straßenverkehr

Die westeuropäische Abgasgesetzgebung teilt die Fahrzeuge mit Dieselmotor ein in

- Pkw und Kombi
- Leichte Nutzfahrzeuge, z.B. Lieferwagen, zulässige Gesamtmasse ≦3,5 t
- Schwere Nutzfahrzeuge, z.B. Lkw, zulässige Gesamtmasse >3,5 t

Der Siegeszug des Dieselmotors im Straßenverkehr begann 1924 bei den Nutzfahrzeugen und 1935 (1936) beim Pkw. Der Anteil des Dieselmotors bei den

Tabelle 4.14. Bedeutung des Dieselmotors im Straßenverkehr

Jahr	Pkw und Kombi Anteil Dieselm.		Kraftstoffverbrauch Anteil in %	
	an Neuzulassungen %	am Bestand %	Pkw-Ver-Brauch zu Dieselöl[a]	Dieselölverbrauch zu Gesamtkraftstoffverbrauch
1970		3,1	14,3	29,2
1975	4,4	3,6	15,5	26,5
1980	8,1	4,9	20,2	29,5
1985	22,3	9,1		33,4
1987		12,5	56,0	34,6

[a] Dieselölverbrauch der Pkw und Kombi zu gesamten Dieselölverbrauch im Straßenverkehr (ohne Landwirtschaft)

Neuzulassungen der Pkw und Kombi hat besonders im letzten Jahrzehnt ständig zugenommen (Tabelle 4.14). Dementsprechend stieg der Prozentsatz der Dieselmotoren am Bestand der Pkw und Kombi 3,6 % im Jahr 1975 auf heute 9,1 %; für das Jahr 2000 erwartete 1982 die Shell AG einen Anteil von 20 %. Der Dieselkraftstoffverbrauch der Pkw betrug 1985 bereits 3,4 Mt/a; das sind 29,3 % des im Straßenverkehr getankten Dieselkraftstoffs.

Am Bestand der leichten Nutzfahrzeuge hatten die Dieselmotoren 1980 nur einen Anteil von etwa 8 % [37]. Ihr Verbrauch an Dieselöl betrug 1982 in der BRD schätzungsweise nur etwa 100 000 t/a, bei einem Verbrauch der Nutzfahrzeuge insgesamt von 7,7 Mt/a [52].

Bei den zur Erhebung von Emissionskatastern durchgeführten Verkehrszählungen gilt als Lkw jedes Fahrzeug ab VW Bus [37]. So ist es zu erklären, daß bei den Lkw nach den Luftreinhalteplänen Ost und Mitte nur ca. 52 % bzw. 58 % einen Dieselmotor haben, während es bei den Omnibussen und Zugmaschinen 98 % sind [13]. Die schweren Nutzfahrzeuge werden eingeteilt in [37]:

- Solofahrzeuge
- Lastzüge
- Busse

Diese Gruppe hatte 1980 einen Bestand von 786 656 Fahrzeugen; Daimler-Benz war mit 59,5 % und MAN mit 11,1 % beteiligt [37].

Am gesamten Kraftstoffverbrauch des Straßenverkehrs in der BRD ist das Dieselöl mit 33 % beteiligt (Tabelle 4.12); im Belastungsgebiet Erlangen-Fürth-Nürnberg aber nur zu 11 % [14].

4.3.2 Einflußgrößen bei Dieselmotoren

Dieselmotoren werden wegen der Rußgrenze mit Luftverhältnissen >1,1 – 1,3 betrieben, weshalb die NO_x-Bildung im Vergleich zum Otto-Motor niedriger ist

(Bild 4.9). Allerdings sind hier die unterschiedlichen Verbrennungsverfahren von großer Bedeutung, die seit langem Anwendung finden;

- Ungeteilte Brennkammer (Direkteinspritzung), überwiegend bei Nutzfahrzeugen verwirklicht
- Geteilte Brennkammer (Vorkammer- oder Wirbelkammer), fast ausschließlich nur im Pkw angewendet.

Bei direkteinspritzenden Motoren liegt das Maximum der NO_x-Emission bei etwa 1,5; sie ist gegenüber den Verfahren mit geteilter Brennkammer am höchsten. Bei Vorkammermotoren tritt das Maximum beim Luftverhältnis von 2,5 auf und ist beachtlich niedriger. Für den Europatest geben Obländer und Schmidt folgende Emissionen an [10]:

Direkteinspritzung	1,9 – 2,3 g/km
Vorkammer	0,9 – 1,2 g/km
Wirbelkammer	0,8 – 1,0 g/km

Neuerdings nennt Urlaub für Pkw-Motoren folgende rechnerisch ermittelte Verhältnisse [54]:

Gute Wirbelkammermotoren	1
Direkteinspritzer, Kraftstoff-Wandverteilung	1,5
Direkteinspritzer, Kraftstoff-Luftverteilung	2

Als Ursache für diese beachtlichen Unterschiede ist die gestufte Luftzufuhr anzuführen (Abschn. 5.2.2.3). Die erste Stufe der Verbrennung beginnt in der Vor- bzw. Wirbelkammer bei hohen Temperaturen unter Luftmangel mit entsprechend geringer NO-Bildung. Im Hauptverbrennungsraum ist in der zweiten Stufe zwar Luftüberschuß vorhanden, aber die Temperaturen und damit die NO-Entstehung sind wiederum niedrig.

Ein hohes Verdichtungsverhältnis führt zu größeren NO_x-Emissionen; dominierend für die Auslegung sind jedoch Startfähigkeit, Kraftstoffverbrauch, Geräuschentwicklung und Triebwerksbelastung [10, 56].

Die zur Steigerung des Wirkungsgrades eingesetzte Aufladung führt ebenfalls zur verstärkten NO_x-Bildung, jedoch zu geringerer Ruß-Emission. NO_x-reduzierende Maßnahmen sind deshalb erforderlich; durch die Aufladung können die Nachteile anderer NO_x-Minderungsmaßnahmen kompensiert werden [10].

Weitere wichtige Einflußgrößen sind Einspritzbeginn und -verlauf. Ein möglichst später Einspritzbeginn bewirkt eine starke Annäherung an den Gleichdruckprozeß mit entsprechend niedrigen Temperaturgradienten [10]. Geringe NO_x-Emissionen sind die Folge; ein relativ früher Einspritzbeginn führt zu überproportional steigenden NO_x-Emissionen (Bild 4.14). Hinsichtlich des Kraftstoffverbrauchs existiert ein optimaler Einspritzbeginn; aus dem Bild 4.14 sind auch die Veränderungen der Emissionen in Höhe von 20 % und mehr erkennbar, die sich schon allein aus der in der Praxis vorhandenen Toleranz von $\pm 2°$ KW ergeben. Auf die vielen weiteren konstruktiven Parameter, wie Spritzdauer, Einspritzdruck, Spritzlochzahl, Ventilüberschneidung, Brennraumform, Luftdrall und Drehzahlbereich sei hier nur hingewiesen.

Der Gehalt handelsüblicher Dieselkraftstoffe an aromatischen Kohlenwasserstoffen dürfte im Mittel um 26 % liegen [57]. Mit zunehmenden Aromatengehalt

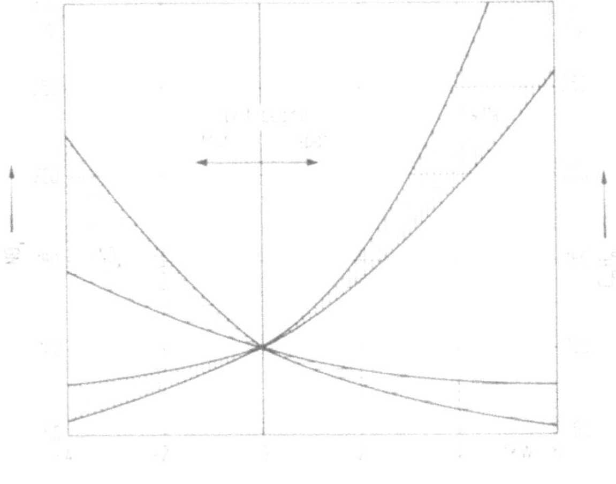

Bild 4.14. Abhängigkeit der Emissionen beim US-Test vom Einspritzbeginn bei Pkw-Motoren mit Wirbelkammer (Fahrzeuge der Gewichtsklasse 1020 – 1585 kg ohne Abgasrückführung, n. [56]

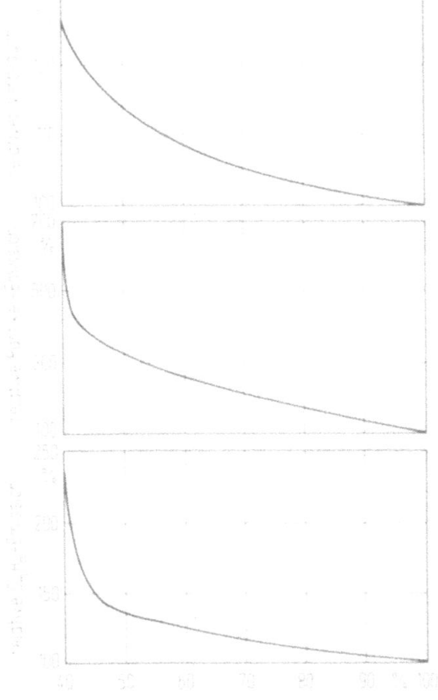

Bild 4.15. Zielkonflikte am Beispiel eines direkteinspritzenden Motors (100% gleich Optimum hinsichtlich Leistung und Kraftstoffverbrauch, n. [58])

nimmt die Cetanzahl (Zündwilligkeit) ab, die NO_x-Emission aber zu [55, 58]; bei einem Gehalt an Aromaten von knapp 90 Vol % kann sie auf das 1,6 – 1,9fache ansteigen [55, 59].

Am Beispiel des Dieselmotors sei nochmals auf den Zielkonflikt hingewiesen, der sich allein aus der Forderung nach möglichst geringen Emissionen luftverunreinigender Stoffe ergibt. In Bild 4.15 sind die Werte für den leistungs- und verbrauchsoptimierten Dieselmotor gleich 100 % gesetzt. Eine Senkung der NO_x-

Emission auf z.B. 50 % führt zu einer Erhöhung des C_mH_n-Auswurfs um 35 %. Die Ruß-Emission steigt jedoch auf das 3-fache an! Diese Tendenzen treten auch bei den sog. alternativen (besser additiven) Kraftstoffen auf [60]. Hardenberg weist darauf hin, daß mit abnehmender NO_x-Emission die Geruchsintensität zunimmt [63]. Der mit niedrigen NO_x-Emissionen verknüpfte höhere Kraftstoffverbrauch ist ebenfalls aus Bild 4.15 ersichtlich. Luftreinhaltung und Energiesparen stellen somit einen weiteren Zielkonflikt dar, der durch physikalische Gesetze bedingt ist. Hohe Prozeßtemperaturen führen in thermodynamischen Kreisprozessen zu größeren Wirkungsgraden, aber auch zu verstärkter NO_x-Bildung (vgl. Abschn. 2.3).

4.3.3 Emissionen bundesdeutscher Kraftfahrzeuge

Dem bislang geringen Anteil der Fahrzeuge mit Dieselmotor am gesamten Bestand entsprechend, liegen nur wenige Untersuchungen über deren Emissionen vor. Erstmals sind 1987 vom TÜV Rheinland e.V. für 8 Pkw und Kombi mit Dieselmotoren der Baujahre 1980–1985 repräsentative Meßergebnisse publiziert worden [78]. Kraftstoffverbräuche und Emissionsfaktoren für den Stadtverkehr enthält Tabelle 4.15, für Konstantfahrten bei bestimmten Geschwindigkeiten die Tabelle 4.16. Ihre Werte gelten in grober Näherung für das Bezugsjahr 1985, da die Pkw der Baujahre 1978–1985 einen Anteil von rund 85 % am Bestand des Jahres 1985 haben. Die Verbräuche und NO_x-Emissionen auf Autobahnen sind in Tabelle 4.17 für das Bezugsjahr 1985 wiedergegeben. Für die Testzyklen wurden folgende Werte ermittelt:

Europazyklus (Kaltstart) [78]:

$C_mH_n + NO_x$:	4,23 g/Test	104 g/km
NO_x:	3,58 g/Test	0,88 g/km

US-Test 75:

TÜV Rheinland [78]	0,76 g/km
Literatur [56, 61]	0,4–1,6 g/km

Tabelle 4.15. Kraftstoffverbrauch und NO_x-Emissionen für Personen- und Kombi-Kraftwagen mit Dieselmotor im Stadtverkehr (n. [78])

Fahrmodus	Baujahre 1978–1985 im Bezugsjahr 1985				Bezugsjahr 1985			
	Verbrauch		NO_x-Emission		Verbrauch		NO_x-Emission	
	g/h	g/km	g/h	g/km	g/h	g/km	g/h	g/km
M 2	2676	44,3	32,7	0,542	2749	45,5	33,9	0,562
M 3	2319	53,7	27,8	0,643	2383	55,4	28,7	0,665
M 4	1548	56,8	18,5	0,679	1626	60,3	19,3	0,716
M 0	1406	72,2	17,1	0,874	1476	75,8	17,7	0,907
M 5	1158	87,4	14,4	1,09	1205	91,1	14,8	1,12
M 6	910	144	11,9	1,88	932	147	11,9	1,90
M 7	597	504	8,8	7,43	612	516	8,48	7,47
O, Leerlauf	512	–	8,05	–	517	–	8,15	–

Tabelle 4.16. Kraftstoffverbrauch und NO_x-Emission bei Konstantfahrt von Personen- und Kombi-Kraftwagen mit Dieselmotor der Baujahre 1978 bis 1985 im Bezugsjahr 1985 (Anlieferungszustand n. [78])

	Geschwindigkeit in km/h/Gang											
	20/2	30/2	30/3	45/3	45/4	56/4	67/4	90/5	120/5	130[a]	140[b]	150[c]
Verbrauch:												
g/h	1091	1734	1150	1894	1521	2650	2678	4302	7988	10791	11854	11328
g/km	54,2	58,0	38,4	42,3	33,7	47,3	39,9	47,9	66,8	83	84,7	75,5
NO_x-Emission												
g/h	14,5	19,9	16,6	23,0	19,9	31,9	34,8	60,6	134	103	172	215
g/km	0,72	0,666	0,556	0,514	0,442	0,573	0,51	0,675	1,12	0,79	1,25	1,43

[a] Nur 4 Fahrzeuge des Baujahr 1978/83
[b] Nur 3 Fahrzeuge des Baujahres 1984/85
[c] Nur 1 Fahrzeug des Baujahres 1984/85

Tabelle 4.17. Kraftstoffverbrauch und NO_x-Emission für Personen- und Kombi-Kraftwagen mit Dieselmotor auf Autobahnen für das Bezugsjahr 1985 (n. [78])

	Geschwindigkeit in km/h									
	75	85	95	105	115	125	135	145	155	165
Verbrauch										
g/h	3169	4006	5065	6346	7850	9575	11522	13692	16083	18696
g/km	42,3	47,1	53,3	60,4	68,3	76,6	85,4	94,4	104	113
NO_x-Emission										
g/h	40,3	57,9	77,2	98,4	121	146	172	201	231	263
g/km	0,54	0,68	0,81	0,94	1,05	1,17	1,27	1,39	1,49	1,59

Als Prognosewert für 1986–2000 gibt der Verband der Automobilindustrie e.V. an [15]:

Ortsverkehr (Europazyklus)	0,9 g/km
Außerörtlicher Verkehr	0,5 g/km
Autobahnen	0,9 g/km

Für leichte und schwere Nutzfahrzeuge mit Dieselmotor verwendete man bisher für die Erstellung der Emissionskataster einheitliche Werte. Sie basieren auf Messungen im Jahr 1970 an 3 überwiegend leichten Nutzfahrzeugen (Leistung bis 74 kw, 2 mit Direkteinspritzung, 1 mit Vorkammermotor [1]). Die Werte enthält Tabelle 4.18. Höhere Emissionen gibt die 1979 erschienene 5. BImSchVwV an (Tabelle 4.19). Weitere Messungen erfolgten im Jahr 1982/1983 durch den TÜV Rheinland e.V. im Auftrag des UBA [37, 62]. Messungen an 5 Fahrzeugen auf dem Rollenprüfstand werden angesichts des geringen Anteils als ausreichend für die mittleren Emissionen dieser Gruppe angesehen [37]. Die Ergebnisse sind in Tabelle 4.18 zusammengestellt.

Für schwere Nutzfahrzeuge sind die 1970 ermittelten Emissionen zu niedrig. Die 5. BImSchVwV des Jahres 1979 nennt bereits höhere Emissionsströme

Tabelle 4.18. Emissionen durchschnittlicher Nutzfahrzeuge mit Dieselmotoren

Fahrmodus		1	2	3	4	0	5	6	7	Leerlauf
1970 [13]	g/h	120	88	70	52	44	33	22		
	g/km	1,4	1,5	1,6	2,0	2,3	2,4	3,7		
1979 [14]	g/h	280	200	148	88	68	47			
	g/km	3,29	3,33	3,48	3,38	3,49	3,48			
1980[a] [37]	g/h	120,2	74,4	49,5	31,6	25,9	21,5	16,9	14,4	14,0
	g/km	1,41	1,24	1,17	1,21	1,33	1,59	2,81	14,4	–
1980[b] [37]	g/h		819,8	598,7	383,7	294,8	223,1	129,8	62,5	52,5
	g/km		13,66	14,09	14,76	15,12	17,27	21,63	62,5	–

[a] Leichte Nutzfahrzeuge, Bezugsjahr 1980
[b] Schwere Nutzfahrzeuge >3,5 t (Bezugsjahr 1980) im innerstädtischen Verkehr

Tabelle 4.19. NO_x-Emissionen der Lkw mit Dieselmotoren gem. 5. BImSchVwV.

Originalangaben		Abgeleitete Angaben		
Fahrgeschwindigk. km/h	Emission g/h	Fahrmodus	Emission g/h	Emission g/km
85	280	1	280	3,29
60	200	2	200	3,33
50	170	3	148	3,48
40	140	4	88	3,38
30	100	0	68	3,49
20	70	5	47	3,48
10	35			

(Tabelle 4.19). Sie nehmen mit der mittleren Fahrgeschwindigkeit zu; das Schweizer Emissionskataster (1976) gibt dafür folgende Beziehung an [21]:

$$\overline{\dot{Q}} = 50{,}4 + 3{,}5v\,. \tag{4.10}$$

Mit den Werten der 5. BImSchVwV erhält man für das Belastungsgebiet Erlangen-Fürth-Nürnberg eine durchschnittliche Emission von 3,3 g/km. Der TÜV Rheinland e.V. führte 1982/1983 auch eine rechnerische Abschätzung mittels synthetischer Abgaskennfelder durch, da für die schweren Nfz ein Rollenprüfstand nicht zur Verfügung steht [37]. Aus den Werten für die 3 Klassen schwerer Nfz ergeben sich die in Tabelle 4.13 enthaltenen geschätzten Mittel für die schweren Nfz. Für die Autobahnen werden folgende Werte genannt [37]:

Solofahrzeuge	13,2 g/km
Lastzüge	23,6 g/km
Busse	17,2 g/km

Daraus sind als Emissionen für den schweren Nfz-Verkehr auf

Stadtautobahnen	18,3 g/km
Autobahnen	19,5 g/km

ermittelt worden [37].

Für die auf die Leistung bezogenen Emissionen der Nfz ergeben sich im 13-Stufentest folgende Werte (in g/kWh, [37]):

	t	kW	Bereich	Mittel
Gesamtmasse	3,5 – 7,	48 – 64	–	12
		60 – 130	8 – 14	–
Gesamtmasse	> 7,	90 – 235	10 – 21	18,7

4.3.4 Mittlere regionale und nationale Emissionsfaktoren

Für die bundesdeutschen Belastungsgebiete lassen sich aus den Luftreinhalteplänen bzw. Emissionskataster folgende energiebezogene Emissionsfaktoren ermitteln:

Rheinschiene Süd	205 g/GJ
Ruhrgebiet West	190 g/GJ
Erlangen-Fürth-Nürnberg	390 g/GJ

Diese auf dem Emissionskataster Köln bzw. der 5. BImSchVwV basierenden Werte sind, wie bereits im Abschn. 4.3.3 ausgeführt, für schwere Nfz zu niedrig. Für die Bundesrepublik Deutschland sind für 1980 als Emissionsfaktoren genannt worden:

UBA 1981	840 g/GJ
Daimler-Benz n. [37]	1 430 g/GJ
Daimler-Benz [60]	750 g/GJ

Auf Tabelle 4.10 wird verwiesen, die auch die mittleren Emissionsfaktoren für Dieselöl enthält, welche für die Berechnung nationaler Emissionen Verwendung fanden.

4.3.5 Entwicklung der Emissionsgrenzwerte

In Kalifornien und den USA gelten die Werte der Tabelle 4.11 auch für die entsprechenden Fahrzeuge mit Dieselmotor. Japan erließ bereits im Jahr 1974 besondere Grenzwerte für Pkw mit Dieselmotor, die einer Senkung der Emissionen auf 80 % gleich kamen. Die Grenzwerte nahmen wie folgt ab [47]:

Vor September	1974	100 %
Ab September	1974	80 %
Ab August	1977	68 %
Ab April	1979	60 %
Ab Januar	1982	52 %
Ziel	1987	41 % (?)

Die Änderung 04 der ECE-Regelung Nr. 15 (ECE-R 15/04 bzw. EG-Richtlinie 83/351/EWG) erfaßt auch dieselbetriebene Pkw und leichte Nutzfahrzeuge. Ab 1.10.1986 dürfen keine Fahrzeuge in Verkehr gebracht werden, die ($NO_x + C_mH_n$)-Grenzwerte von 19–28 g/Test überschreiten (vgl. Tabelle 4.12). Sie liegen allerdings um ein Mehrfaches höher als die tatsächlichen Emissionen der Diesel-Fahrzeuge [63]. Gemäß den Beschlüssen des Umweltministerrates der EG v. 21.3. und 27/28.6.1985 gelten ab 1988 für $NO_x + C_mH_n$ 8 g/Test als Grenzwert; für die Serienfertigung beträgt der Zuschlag 25 % (vgl. Tabelle 4.12). Die üblichen Kammermotoren haben in der Typprüfung eine mittlere Emission von 6 g/Test im ECE-Test [63]. Nach Anlage XXIII zu § 47 StVZO beträgt der NO_x-Grenzwert gemessen im FTP-75 der USA 0,62 g/km, wobei die gleichzeitige Einhaltung des niedrigen Partikelgrenzwertes (0,125 g/km) Schwierigkeiten bereitet.

Die ECE und USA begrenzen bei schweren Nutzfahrzeugen wegen ihrer sehr unterschiedlichen Größe bzw. Leistung (3,5–38 t) den Emissionsmassenstrom bezogen auf die abgegebene Motorleistung (g/kWh): Aufgrund eines Vorschlages vom 18.11.1970 galt die erste Beschränkung der NO_x-Emission in Kalifornien und den USA für das Modelljahr 1973. Der Grenzwert für $NO_x + C_mH_n$ betrug in Kalifornien für Nutzfahrzeuge >2,7 t im US-13-Stufentest:

–1973	21,8 g/kWh
–1976	13,4 g/kWh
–1982	8,0 g/kWh

In den 49 Staaten der USA entwickelten sich die Grenzwerte wie folgt (in g/kWh, [20]):

	13-Stufen-Test $NO_x + C_mH_n$	NO_x	Transient-Test NO_x
1973–1979	21,5	–	–
1980–1983	13,4	–	–
1984		12,5	14,3
1985		–	14,3
1988		–	8
1991		–	6,7

Der Emissionswert für 1988 bewirkt einen um 3–6 % höheren Kraftstoffverbrauch gegenüber heute [20].

Japan setzte ebenfalls sehr früh, im Septempter 1974, unterschiedliche Grenzwerte für Motoren mit Direkteinspritzung und indirekter Einspritzung (Kammermotoren) fest. Es gilt der D6-mode-Test mit Emissionswerten in ppm [47]. Bei Direkteinspritzern wurden sie wie folgt gesenkt [47]:

Vor September	1974	100 %
Ab September	1974	80 %
Ab August	1977	68 %
Ab April	1979	56 %
Ab August	1983	49 %.

Seit dem 15.4.1982 ist die ECE-Regelung Nr. 49 verabschiedet, die für schwere Dieselfahrzeuge mit einer zulässigen Gesamtmasse >3,5 t gilt:

NO_x: 18 g/kWh
C_mH_n: 3,5 g/kWh
CO: 14 g/kWh.

Sie hat bisher in keinem Staat Gesetzescharakter erlangt [18]. Die deutschen Nutzfahrzeughersteller haben der Bundesregierung zugesagt, ab 1.1.1986 bei allen neu abzunehmenden Motoren Grenzwerte einzuhalten, die 20 % unter den Werten der ECE-R 49 liegen [18]. Die EG-Kommission hat diese erniedrigten Werte

NO_x: 14,4 g/kWh
C_mH_n: 2,4 g/kWh
CO: 11,2 g/kWh.

dem EG-Rat für die Zeit ab 1.10.1990 vorgeschlagen.

4.3.6 Vergleich zwischen Otto- und Dieselmotor im Pkw

Ein kurzer Vergleich zwischen dem Otto- und Dieselmotor im Pkw ist angebracht. Da der Dieselmotor mit relativ hohem Luftüberschuß arbeitet, wurden schon früh die im Verhältnis zum Otto-Motor niedrigen Emissionen erkannt. Bei den Stickstoffoxiden macht sich vermutlich auch das Fehlen der zwar örtlich begrenzten, aber doch sehr hohen Temperaturen des Zündfunkens bemerkbar [64]. Ferner haben Pkw-Dieselmotoren geteilte Brennkammern mit gestufter Luftzufuhr und entsprechend niedrigen NO_x-Emissionen.

Für das Baujahr 1977 sind aus den Angaben in [38] folgende Emissionsfaktoren zu ermitteln (in g/GJ):

	Otto-	Dieselmotor
Modus 3	610	361
4	434	307
0 (ECE)	375	268

Nach neueren Untersuchungen betragen die NO_x-Emissionen des Dieselmotors im ECE – oder US-75-Test das 0,3 – 1fache des Otto-Motors [56, 58, 65, 66]. Bei Betrachtung des Summenwertes $C_mH_n + NO_x$ liegt das Verhältnis zwischen 0,2 und 0,5 [56, 67].

Diese Angaben beziehen sich auf Otto-Motoren ohne Abgasnachbehandlung (Sekundärmaßnahmen). Der Otto-Motor mit Drei-Wege-Katalysator (s. Abschn. 5.5) hat wesentlich niedrigere Emissionen als der Dieselmotor ohne nachträgliche Reduktion der Stickstoffoxide.

Dieser Vergleich beschränkt sich auf den Pkw-Dieselmotor mit dem Vorkammerprinzip. Er gilt nicht für die Direkteinspritz-Motoren der großen Nutzfahrzeuge. Auch erfaßt er nicht die anderen luftverunreinigenden Stoffe, was unbedingt erforderlich wäre. Eine Methode zur summarischen Beurteilung aller luftverunreinigenden Stoffe unter Beachtung ihres unterschiedlichen Gefährdungspotentials wurde erstmals 1972 vom Verfasser mitgeteilt [68, 69].

4.4 Stationäre Verbrennungsmotoren

4.4.1 Anwendungsgebiete

Als Kraftstoffe für ortsfeste Verbrennungsmotoren kommen Diesel- und Schweröl, Flüssig-, Kokerei-, Erd- und Abfallgas zum Einsatz. Ihre Anwendungsgebiete sind:

- Strom- und/oder Wärmeerzeugung
  - Dieselkraftwerke
  - Notstromaggregate
  - Blockheizkraftwerke (BHKW)
  - Wärmepumpen
- Antrieb von Arbeitsmaschinen (Pumpen, Verdichter)
- Antrieb von Fördermaschinen (Hebezeuge, Seilbahnen, Lifte)

In der Elektrizitätswirtschaft waren 1984 167 Gasmotoren mit 38 MW und 247 Dieselmotoren mit 245 MW installiert [70]. In der Industrie betrug die installierte Leistung 13,6 MW für Gasmotoren und 66 MW für Dieselmotoren [70].

Zunehmende Bedeutung erlangen die Blockheizkraftwerke mit Verbrennungsmotoren, wie die folgenden Zahlen der in Betrieb befindlichen Anlagen zeigen [71]:

	Zahl	Installierte Leistung in MW
Ende 1984	266	157
Ende 1986	449	247

Mit einem Anteil von 48 % dominiert der Gas-Otto-Motor mit Erdgas als Kraftstoff [71]. Es handelt sich um veränderte Serienmotoren aus der Automobilproduktion. Zweitakt-Otto-Motoren überwiegen bei Leistungen $< 1{,}5$ MW und sind vor allem für Erdgastransport und -speicherung mit einer Leistung von 107 MW eingesetzt [70]. Wegen der geringen Zündwilligkeit des Gases erfordert das Dieselverfahren die Einspritzung von 5–10 % Dieselöl zur Einleitung der Zündung. Der Anteil dieser bivalenten oder Zweistoffmotoren beträgt bei den Blockheizkraftwerken 11 % [71].

4.4.2 Anhaltswerte für Emissionen

Für die NO_x-Emissionen stationärer Motoren sind naturgemäß die gleichen, in den Abschn. 3.2.1 und 3.3.2 behandelten Einflußgrößen maßgebend. Bei Gas-Otto-Motoren sind dies vor allem Luftzahl, Zündzeitpunkt, Drehzahl und Last [72]. Ihre Emissionen ohne Minderungsmaßnahmen sind relativ hoch und der Schwankungsbereich groß (Bezugssauerstoffgehalt 5 %):

Bereich	1 000–12 800 mg/m³ i.N.
Typische Mittelwerte	3 000– 5 000 mg/m³ i.N.

Die dazugehörenden CO-Werte schwanken zwischen 300 und 8 000 mg/m^3 i.N. Der Zweitaktmotor dürfte im allgemeinen etwas geringere NO_x-Emissionen haben, dafür können die organischen Stoffe höher sein [70]. Als Ursache für die allgemein hohen NO_x-Emissionen ist u.a. die Auslegung auf eine möglichst hohe Leistung anzusehen; schadstoffoptimierte Motoren (ohne Abgasrückführung) erreichen bereits 2 400 – 2 500 mg/m^3 i.N. (5 % O_2) [73]. Bei den Dieselmotoren scheint kein wesentlicher Unterschied zwischen dem Betrieb mit Dieselöl bzw. Erdgas zu bestehen [73]. Für die Emissionen sind folgende Anhaltswerte zu nennen (5 % O_2-Gehalt):

Direkteinspritzer:
Bereich 2 100 – 5 000 mg/m^3 i.N.
Mittelwert 3 500 mg/m^3 i.N.

Eine Auswertung von 105 direkteinspritzenden Motorentypen aus 7 Staaten ergab als Stand 1980 [74]:

Zylinder-Durchmesser < 170 mm:
$q_p = 5 - 15$ g/kWh
mittlerer effektiver Kolbendruck: 8 – 14 bar

Zylinder-Durchmesser > 170 mm:
$q_p = 8 - 15$ g/kWh
mittlerer effektiver Kolbendruck: 12 – 20 bar

Kammermotoren haben folgende Emissionskonzentrationen (5 % O_2):
Bereich 1 600 – 2 100 mg/m^3 i.N.
Mittelwert 1 800 mg/m^3 i.N.

4.4.3 Bundesdeutsche und ausländische Grenzwerte

Nach § 2 Nr. 14 4. BImSchV alter Fassung unterlagen Prüfstände für oder mit Verbrennungsmotoren mit mehr als 300 kW Leistung dem förmlichen Genehmigungsverfahren. Ansonsten galten für diese Gruppe die §§ 22 – 25 BImSchG für nicht genehmigungsbedürftige Anlagen. Spätestens seit 1980 war man bestrebt, stationäre Verbrennungsmotoren der Genehmigungspflicht zu unterwerfen, was nunmehr durch die Neufassung der 4. BImSchV im Jahr 1985 geschehen ist. Gem. Anhang, Ziff. 1.4 unterliegen stationäre Verbrennungsmotoren mit Feuerungswärmeleistungen (Energiestrom des Kraftstoffs) > 1 MW dem vereinfachten Genehmigungsverfahren n. § 19 BImSchG (keine öffentliche Auslegung). Ausgenommen sind Bohranlagen sowie gem. § 1 Abs. 1, S. 1 4. BImSchV Anlagen, die nicht länger als 6 Monate an demselben Ort betrieben werden.

Zunächst war eine Aufnahme weiterer Vorschriften in die 13. BImSchV vorgesehen; jetzt enthält der neue novellierte Teil 3 der TAL 1986 u.a. die Emissionsgrenzwerte für Stickstoffoxide (Tabelle 4.20). Die NO_x-Grenzwerte finden keine Anwendung bei Notstromaggregaten und sonstigen Verbrennungsmotoren, die ausschließlich dem Noteinsatz dienen (Nr. 3.3.1.4.1). Auch für Prüfstände für oder mit Verbrennungsmotoren gelten die Grenzwerte für NO_x nicht; allerdings enthält Nr. 3.3.10.15.1 die Dynamisierungsklausel insbesondere

Tabelle 4.20. Grenzwerte für stationäre Verbrennungsmotoren

Staat und Motorprinzip	Geltungsbereich	NO_x [a] mg/m^3 i.N.
BR Deutschland	Wärmeleistung	
Dieselmotoren	≧3 MW	2000 [b]
	1–3 MW	4000 [b]
Sonstige Motoren		
Viertakt-	>1 MW	500
Zweitakt-	>1 MW	800
Schweiz		
Diesel- u. Ottomotoren	>0,59 MW	400
USA	Hubraumvolumen	
Gasmotor	>5,7 l	3827
Bei 8 Zylindern	>3,9 l	
Diesel-, Zweistoffmotor	>9,2 l	3280

[a] Als NO_2 bezogen auf trockenes Abgas bei 5% O_2-Gehalt
[b] Die Möglichkeiten, die Emissionen durch motorische und andere dem Stand der technik entsprechende Maßnahmen weiter zu vermindern, sind auszuschöpfen

für Anlagen mit NO_x-Massenströmen > 5 kg/h. Die NO_x-Grenzwerte der TAL für Otto-Motoren erfordern eine Senkung der NO_x-Emissionen der frühen 80er Jahre um den Faktor 10 durch besondere Maßnahmen (vgl. Kap. 5). Dabei sind die Grenzwerte für Kohlenmonoxid (650 mg/m^3), Staub (130 mg/m^3) und organische Stoffe (Nr. 3.1.7 TAL) ebenfalls einzuhalten.

Die TAL erfaßt mit Ziff. 4 auch die Altanlagen, deren Errichtung und Betrieb bereits vor dem 1.3.1986 genehmigt wurden. Sie sollen sukzessive an den Stand der Technik der Neuanlagen angepaßt werden. Je stärker die Altanlage von diesem Soll-Zustand abweicht, um so kürzer ist die Übergangsfrist.

Von den anderen Staaten haben die USA seit langem NO_x-Grenzwerte für stationäre Verbrennungsmotoren; sie sind ebenfalls in Tabelle 4.20 enthalten (n.[76]) und auf den O_2-Gehalt von 5 % umgerechnet).

4.5 Literatur

1 May, H.; Plassmann, E.: Abgasemissionen von Kraftfahrzeugen in Großstädten und industriellen Ballungsgebieten. TÜV Rheinland, Köln 1973

2 Hess, W.; Harter, A.: Meßtechnisch begründeter Modellvorschlag zur Berechnung der Ausbreitung von CO-Abgasen aus Kraftfahrzeugen an verkehrsreichen Straßen. VDI-Berichte Nr. 200 (1973), 109/114

3 Waldeyer, H.: Die Darstellung des Kraftfahrzeugverkehrs als Linienquelle – Bereitstellung der erforderlichen Basisdaten. Kolloquiumsbericht Abgasimmissionsbelastungen durch den Kraftfahrzeugverkehr in Ballungsgebieten und im Nahbereich verkehrsreicher Straßen. TÜV Rheinland, Köln 1978, 191/207

4 Plassmann, E.; Waldeyer, H.: Abgasbelastung durch den Kraftfahrzeugverkehr in Ballungsgebieten – Situation und zukünftige Entwicklung VDI-Berichte Nr. 485 (1983), 73/82

5 Schwanhäusser, W.: Spezifischer Energieeinsatz im Verkehr – Ermittlung und Vergleich der spezifischen Energieverbräuche. Verkehrswissenschaftliches Institut der Rhein.-Westf. Technische Hochschule Aachen, 1981

6 Hauschulz, G. u.a.: Emissions- und Immissionsmeßtechnik im Verkehrswesen. Köln: TÜV Rheinland, 1983
7 Klingenberg, H.; Neumann, K.-H.: Überprüfung der Abgasemissionen des Einzelfahrzeuges in Kundenhand. VDI-Berichte 531, 245/272. Düsseldorf: VDI, 1984
8 Matthes, D.: Verminderung unerwünschter Kraftfahrzeug-Emissionen. Techn. Überwach. 6 (1965) Nr. 5, 157/162
9 Fassl, P.: Abgasgesetzgebung für Kraftfahrzeuge. Mitt. f. d. Mitglieder d. TÜV Bayern, Okt. 1976, 15/19
10 Höchstmann, G.; Gruden, D.: Studie über die Kosten schadstoffarmer Antriebssysteme. UBA-Berichte 6/77. Berlin: Erich Schmidt, 1977
11 Neumann, K.-H.: Emissionsminderung durch moderne Motorkonzepte. VDI-Berichte 531, 109/129, Düsseldorf: VDI, 1984
12 Techn. Überwachungsverein Rheinland e.V.: Das Emissionsverhalten von Personenkraftwagen in der Bundesrepublik Deutschland im Bezugsjahr 1975. UBA-Berichte 3/78. Berlin: Erich Schmidt, 1978
13 Ministerium für Arbeit, Gesundheit und Soziales des Landes Nordrhein-Westfalen: Luftreinhalteplan Rheinschiene Süd (Köln) 1977–1981, Luftreinhalteplan Ruhrgebiet West (Duisburg) 1978–1982, Luftreinhalteplan Ruhrgebiet Ost 1979–1983, Luftreinhalteplan Ruhrgebiet Mitte 1980–1984, Luftreinhalteplan Rheinschiene Süd – 1. Fortschreibung 1982–1986
14 Bayer. Staatsministerium f. Landesentwicklung u. Umweltfragen: Emissionskataster Erlangen Fürth Nürnberg
15 Jost, P. u.a.: Abgasemissionsprognose für den Pkw-Verkehr in der Bundesrepublik Deutschland im Zeitraum von 1970–2000. Köln: TÜV Rheinland, 1983
16 Jost, P. u.a.: Emissionsprognose Pkw für Europa bis zum Jahre 2000. VDI-Berichte 531, 217/236. Düsseldorf: VDI, 1984
17 Oberländer, K.; Kräft, D.: Abgasgesetzgebung, Grenzwerte u. Meßverfahren im Kraftfahrzeugwesen. MTZ 34 (1973) Nr. 3, 84/91
18 Neitz, A.: Emissionen aus Nutzfahrzeugen. Kurzfassung VDI-Tagung Nürnberg Okt. 1985: Emissionsminderung Automobilabgase Dieselmotoren 176/180
19 Heine, P.: Dieselabgase contra Atemluft. Automobil-Technik v. 18.3.1983, 20/21
20 Petersen, R. Regulative Maßnahmen zur Begrenzung der Schadstoffemissionen s. [18], 9/13
21 Deuber, A.: Belastungsmodelle für stark befahrene Straßenzüge s. [3], 209/221
22 Jost, P.: Modellierung von Ausbreitungsverhältnissen für Kfz-Emissionen in Straßen. Staub-Reinhalt. Luft 44 (1984) Nr. 9, 383/386
23 Ißler, J. Zündung und Abgas. Bosch Techn. Ber. 3 (1969) 1, 15/20
24 Gruden, D.: Abgasemission und Abgasgeruch des Viertakt-Fahrzeug-Otto-Motors. ATZ 74 (1972) Nr. 5, 180/187
25 Haahtela, O. u.a.: Otto-Motoren in Verdrängungsmaschinen Teil II Hubkolbenmotoren. Gräfelfing: Resch; Köln: TÜV Rheinland, 1983
26 Gruden, D. u.a.: Motorinterne Maßnahmen zur Minderung der Abgas-Emissionen. VDI-Berichte 531 169/187. Düsseldorf: VDI, 1984
27 Lange, K.: Beeinflussung der Abgasemission von Verbrennungsmotoren durch motorinterne Maßnahmen. MTZ 34 (1973) Nr. 7, 221/225
28 Oberländer, K.; Nagel, A.B.: Entwicklung der Abgastechnologien, Rückblick-Stand-Ausblick. VDI-Berichte 531, 33/50. Düsseldorf: VDI, 1984
29 Menne, R.J. u.a.: Wege zu niedrigen Abgaswerten VDI-Berichte 531, 131/150. Düsseldorf: VDI, 1984
30 Eberan-Eberhorst, R.; Gruden, D.: Über den Einfluß der Kraftstoffzusammensetzung auf das motorische Verhalten, die Abgasemission und den Abgasgeruch des Viertakt-Otto-Motors. Erdöl und Kohle-Erdgas-Petrochemie Bd. 26 (1973) H. 5, 257/263
31 May, H. u.a.: Einfluß von Zündung und Kraftstoffzusammensetzung auf die Schadstoff-Emissionen. VDI-Berichte 531, 307/323 Düsseldorf: VDI, 1984
32 Pischinger, F.; Adams, W.: Abgasemissionen bei Verwendung alternativer Kraftstoffe für Kraftfahrzeuge-Otto-Motoren. VDI-Berichte 531, 325/340, Düsseldorf: VDI, 1984
33 Fleming, R.D. et al.: Propane as an engine fuel for clean air requirements. J. Air Poll Contr. Ass. Vol. 22 (1972) No. 6, 451/458

34 Corbeil, R.J.; Smith Griswold, S.: Advantages of natural gas (methane) as a fuel for motor vehicles. Proc. Sec. Intern. Clean Air Congr. Washington 1970, 624/631
35 Votapek, E.: Betrieb von Automotoren mit Erdgas, Gas Wasser Abwassr Jg. 64 (1984) Nr. 10, 627–636
36 Lee, W.: Großversuch mit Methanol-Benzin-Mischkraftstoff. Entwicklungslinien in der Kraftfahrzeugtechnik, 205/216. Köln: TÜV Rheinland, 1977
37 Techn. Überwachungs-Verein Rheinland e.V.: Das Abgas-Emissionsverhalten von Nutzfahrzeugen in der Bundesrepublik Deutschland im Bezugsjahr 1980. UBA-Berichte 11/83, Berlin: Erich Schmidt, 1983
38 Techn. Überwachungs-Verein Rheinland e.V.: Das Abgas-Emissionsverhalten von Personenkraftwagen in der Bundesrepublik Deutschland im Bezugsjahr 1980. UBA-Berichte 9/80, Berlin: Erich Schmidt, 1980
39 Techn. Überwachungs-Verein Rheinland e.V.: Schadstoffimmissionen von Personenkraftwagen; Veringerung der Umweltbelastungen durch Reduzierung des Benzinverbrauchs oder neuer Antriebssysteme. Umwelt Nr. 107 v. 18.12.1984, Bonn: BMI, 60
40. Vereinigung der Technischen Überwachungsvereine: Großversuch zur Untersuchung der Auswirkungen einer Geschwindigkeitsbegrenzung auf das Abgas-Emissionsverhalten von Personenkraftwagen auf Autobahnen. Kurzbericht, Essen, Nov. 1985
41 Schikarski, W.: Die voraussichtlichen Auswirkungen des Energieverbrauchs in der Bundesrepublik Deutschland auf die Umwelt. Elektrizitätswirtsch. 73 (1974) H. 19, 535/540
42 Batclle Institut e.V.: Räumliche Erfassung der Emissionen ausgewählter luftverunreinigender Stoffe aus Industrie, Haushalt und Verkehr in der Bundesrepublik Deutschland 1960–1980. Frankfurt/M, 1976
43 Umweltbundesamt: Luftreinhaltung 1981. Berlin: Erich Schmidt, 1981
44 Houlliers, C.: Emissionssituation in Frankreich-Französische Strategie der Emissionsminderung und eingeleitete Maßnahmen. VDI-Berichte Nr. 495 (1984), 21/28
45 Semb, A.; Amble, E.: Emission of nitrogen oxides from fossil fuel combustion in Europe. NILU Teknisk Rapport Nr. 13/81, Norwegian Inst. for Air Research, Lilliström 1981
46 Derwent, R.G.; Stewart, H.N.M.: Air pollution from the oxides of nitrogen in the United Kingdom. Atmospheric Environment Vol. 7 (1973), 385/401
47 Environment Agency: Quality of the environment in Japan 1984. Health, Welfare and Environment Problems Research Society, Tokyo 135, 1985
48 Becker, K.: Bemühungen der Bundesrepublik Deutschland zur Herabsetzung der Schadstoffemissionen aus Pkw. Techn. Akademie Esslingen, Lehrgang Nr. 7893/14.0008: Umweltschutz durch Abgasreinigung am Pkw, Sept./Okt. 1985
49 BMI: Ergebnis der Sitzung des Umweltministerrats in Luxemburg. Umwelt Nr. 6 v. 27.9.1985
50 Heussler, H.: Die Problematik der Erarbeitung und Erhaltung einheitlicher Abgasvorschriften innerhalb des gemeinsamen Marktes, s. [48]
51 Wischhof, H.-J.: Abgasgesetzgebung unter spezieller Berücksichtigung europäischer Randbedingungen. Techn. Akademie Esslingen, Lehrgang 6901/14.006: Umweltschutz durch Abgasreinigung von Pkw, April 1984
52 BMI: Emissionsbelastungen durch Lastkraftwagen. Umwelt Nr. 103 vom 8. Juni 1984
53 Pischinger, R.: Forschungsarbeiten über Abgasentgiftung bei Dieselmotoren. ATZ Jg. 74 (1972) H. 3, 111/116
54 Urlaub, A.: Direkteinspritzende Pkw-Dieselmotoren. VDI-Berichte 559, 261/273. Düsseldorf: VDI, 1985
55 Schmidt, G.F.: Technische Möglichkeiten zur Abgasreinigung am Pkw mit Dieselmotor. Techn. Akademie Esslingen Lehrgang Nr. 6901/14.006: Umweltschutz durch Abgasreinigung am Pkw, April 1984
56 Zimmermann, K.D.: Einspritzausrüstung für schadstoffarme Dieselmotoren. VDI-Berichte 559, 157/173. Düsseldorf: VDI, 1985
57 Fortnagel, M. u.a.: Verbesserung des Diesel-Motors – Verschlechterung des Diesel-Kraftstoffs – ein Wiederspruch. VDI-Berichte Nr. 466 (1983), 39/53
58 Oberländer, K.: Entwicklung der Abgastechnologien, Rückblick-Stand-Ausblick. VDI-Berichte Nr. 559, 3/19. Düsseldorf: VDI, 1985
59 Dabelstein, W.: Qualität und Verfügbarkeit von Dieselkraftstoff für den Straßenverkehr. [58], 117/124
60 Daimler-Benz AG: Auto und Umwelt, Stuttgart, Mai 1985

61 Zloch, N.; Engels, B.: Abgasturbolader für schadstoffarme Dieselmotoren. [58], 175/186
62 Waldeyer, H.: Abschätzung der Emissionen des Nutzfahrzeugverkehrs. VDI-Berichte Nr. 559, 401/419. Düsseldorf: VDI, 1985
63 Hardenberg, H.O.: Stand der Abgasgeruchsbestimmung. Techn. Akademie Esslingen. Fort- und Weiterbildungszentrum Lehrg. Nr. 5847/64.012 Dieselmotorentechnik, Okt. 1982
64 Löhner, K.: Technische Möglichkeiten zur Verminderung unerwünschter Emissionskomponenten bei Konventionellen Antriebsarten. VDI-Berichte Nr. 149 (1970), 57/67
65 Wahl, M.: Emissionsminderungen an Kraftfahrzeugen. Ges.-Ing. 107 (1986) H. 1, 40/62
66 Koberstein, E. u.a.: Einsatz von Abgasnachbehandlungseinrichtungen. VDI Berichte 559, 275/296. Düsseldorf: VDI, 1985
67 Schwarzbauer, G.: Technische Möglichkeiten zur Abgasreinigung am Pkw mit Diesel-Motor. Techn. Akademie Esslingen Lehrgg. Nr. 7893/14.008: Umweltschutz durch Abgasreinigung am Pkw, Okt. 1985
68 Kolar, J.: Die Bedeutung des Erdgases für die Reinhaltung der Luft in Städten. Wärme Bd. 78 (1972) H. 1/2, 11/21, H. 4, 103
69 Kolar, J.: Indizes zur summarischen Beurteilung der Emissionen mehrerer luftverunreinigender Stoffe. gwf-gas/erdgas Jg. 120 (1979) H. 2, 90/98
70 Davids, P.; Lange, M.: Die TA Luft 1986 – technischer Kommentar. Düsseldorf: VDI, 1986
71 Nitschke, J.: Blockheizkraftwerke in der Bundesrepublik Deutschland. Elektrizitätswirtschaft Jg. 85 (1986) H. 1, 33/39, sowie Jg. 86 (1987) H. 24, 1 052/1 056
72 Erertz, E.; van Heyden, L.: NO_x-Bildung bei motorischer Verbrennung. Gas wärme int. Bd. 30 (1981) H. 1, 37/40
73 Dietrich, W.R.: NO_x-Emissionen und -Minderungsmöglichkeiten bei stationären Verbrennungsmotoren. Gas wärme international Bd. 35 (1986) H. 4, 217/222
74 Kruggel, O.: Untersuchungen zur Stickoxidminderung an Großdieselmotoren. VDI-Bericht 559, 459/478. Düsseldorf: VDI, 1985
75 Handrock, W.: Auswirkungen der TA Luft auf Verbrennungsmotoren. Gas wärme international Bd. 36 (1987) H. 3, 141/148
76 Davids, P. u.a.: Die Bedeutung der NO_x-Emission für die Luftreinhaltung. Gas wärme international Bd. 30 (1981) H. 1, 8/14
77 Plassmann, E. u.a.: Einfluß des Fahrverhaltens auf die Abgas-Emissionen von Personenkraftwagen auf Autobahnen. ATZ Automobiltechn. Zeitschr. 88 (1986) H. 7/8, 399/404
78 Hassel, D. u.a.: Das Abgas-Emissionsverhalten von Personenkraftwagen in der Bundesrepublik Deutschland im Bezugsjahr 1985. Berlin: Erich Schmidt, 1987
79 Petersen, R.: Weniger Abgase durch Tempolimit. Umwelt 6/87, 353/356
80 Pankrath, J. u.a.: Deposition von Luftverunreinigungen in der Bundesrepublik Deutschland. Berlin: Erich Schmidt, 1985

4.6 Formelzeichen

a	Beschleunigung, nur in Tabelle 4.3
a	Verkehrsaufkommen (Pkw/h)
A	Mittlerer Abstand zweier Fahrzeuge
GF	Bewertungsfaktoren (Gewichte) im ECE-R 49-Test für schwere Nutzfahrzeuge
$\dot{m}_{kr}$	Kraftstoffmassenstrom (g/h)
P	Nutzleistung (kW)
q_F	Auf die Fahrstrecke bezogene Emission (g/km)
$q_{\dot{m}_{kr}}$	Auf den Kraftstoffverbrauch bezogener Emissionsmassenstrom (g/kg)
q_P	Auf die Nutzleistung bezogener Emissionsmassenstrom (g/kWh)
q_Φ	Auf den eingebrachten Energiestrom bezogener Emissionsmassenstrom (g/GJ)
$\dot{Q}$	Emissionsmassenstrom eines Fahrzeuges (g/h)
$\bar{\dot{Q}}$	Emissionsmassenstrom des Durchschnitts-Pkw bei einem Fahrmodus
$\dot{Q}_L$	Quellstärke der Linienquelle (g/kmh)
v	Fahrgeschwindigkeit (km/h)
v_m	Mittlere Geschwindigkeit eines Fahrmodus
Φ	In den Motor mit dem Kraftstoff eingebrachter Energiestrom (GJ/h)

5 Maßnahmen zur Senkung der Emissionen

5.1 Überblick zu den emissionsmindernden Maßnahmen

Zur Senkung der Emissionen luftverunreinigender Stoffe einer technischen Anlage stehen dem Ingenieur grundsätzlich folgende Möglichkeiten zur Verfügung:

- *Erhöhung des Nutzungsgrades* (Energieeinsparung)
  Dieser Weg wurde in der Vergangenheit konsequent beschritten. Die Erhöhung des Wirkungsgrades der Erzeugung elektrischer Energie von 10 % um 1890 auf heute etwa 40 % ist nur *ein* beeindruckendes Beispiel. Bei gleicher elektrischer Leistung führt das zu einer enormen Einsparung an Brennstoff und damit zu einer entsprechenden Verringerung der Emissionen brennstoffabhängiger luftverunreinigender Stoffe. Bei den stark prozeßabhängigen Stickstoffoxiden ist diese Aussage nicht so generell möglich, da hohe Verbrennungstemperaturen hohe Wirkungsgrade, aber auch größere NO_x-Emissionen bewirken.
- *Substitution emissionsreicher Brennstoffe*
  Dieser beim Schwefeldioxid im Sektor Haushalte und Kleinverbraucher (vgl. Abschn. 6.2) so erfolgreiche Weg des Ersatzes der relativ schwefelreichen Kohle durch leichtes Heizöl und Erdgas ist beim Stickstoffoxid nur in sehr begrenzten Fällen gangbar. Beim schweren Heizöl wäre an den Einsatz stickstoffarmer Qualitäten zu denken. Australische Kohle hat eine um 20 % geringere NO_x-Emission als südafrikanische [1]. Bei sonst gleichen Verhältnissen ist die NO_x-Emission der Saarkohle um ca. 10 % niedriger als die der Ruhrkohle [2]; bei bestimmten Minderungsmaßnahmen können es sogar 20–30 % sein [3].
- *Erzeugung emissionsarmer Brennstoffe*
  Die Entschwefelung des Roherdgases oder der Heizöle sind großtechnisch verwirklichte Beispiele. Ein Nebeneffekt bei der Entschwefelung des schweren Heizöls ist eine gewisse Verringerung des Stickstoffgehalts (vgl. Abschn. 4.1). Eine Abtrennung des Stickstoffs der Kohlen ist nicht möglich.
- *Änderungen der Prozeßtechnik*
  Bei einem stark prozeßabhängigen Stoff wie Stickstoffmonoxid sind Änderungen der Prozeßtechnik besonders erfolgversprechend. Sie können im Übergang zu neuen Verfahren bestehen, z.B. Anwendung der Trocken- oder Wirbelschichtfeuerung statt der Schmelzfeuerung. Aber auch bei gleichem Feuerungssystem sind durch prozeßtechnische Änderungen an Brennern und

Feuerräumen oder maßgebender Parameter bei Verbrennungsmotoren erhebliche Minderungen der NO_x-Emission zu erzielen (sog. Primär-, motorinterne Maßnahmen).

– *Abgasreinigungsanlagen*
  Diese zusätzlichen Anlagen reduzieren nach Beendigung des Verbrennungsprozesses die bereits entstandenen luftverunreinigenden Stoffe. Als Beispiel für Feuerungen sind zu nennen: Staubfilter, Schwefeldioxid-Abscheideanlagen (Rauchgasentschwefelungsanlagen, REA), Stickstoffoxid-Abscheideanlagen (DENOX-Anlagen). Bei den Kraftfahrzeug-Motoren ist die bekannteste Abgasreinigungsanlage der sog. Dreiwege-Katalysator.

5.2 Primärmaßnahmen

5.2.1 Grundsätzliches zu den Primärmaßnahmen

Primärmaßnahmen (auch feuerungstechnische, motorinterne oder innermotorische Maßnahmen) sind Änderungen in der Prozeßtechnik vor oder während der Verbrennung, die die Entstehung luftverunreinigender Stoffe einschränken oder weitgehend verhindern. Gerade bei den stark prozeßabhängigen Stickstoffoxiden (vgl. Abschn. 1.1) sind Primärmaßnahmen erfolgversprechend. Sie bestehen immer in einer Herabsetzung der für die NO_x-Bildung grundsätzlich maßgebenden Einflußgrößen

– Verbrennungstemperatur
– Sauerstoffangebot
– Verweilzeit

Im Mittelpunkt der Entwicklungsarbeiten stehen derzeit Temperatur und Sauerstoffgehalt, die, wie in den Kap. 2–4 dargelegt, über eine große Anzahl von Auslegungs-, Konstruktions- und Betriebsparametern auf die NO_x-Bildung einwirken, was eine Systematisierung der Primärmaßnahmen sehr erschwert. Tabelle 5.1 enthält einen Vorschlag, der auch die innermotorischen Maßnahmen einschließt.

Bei der Verfolgung des Zieles „Minimale NO_x-Bildung“ sind jedoch Betriebssicherheit, Betriebstüchtigkeit (Lebensdauer, Fahrverhalten), Wirtschaftlichkeit sowie andere Belange des Umweltschutzes (weitere luftverunreinigende Stoffe, Lärm) als Anforderungen an das Verbrennungssystem ebenso zu berücksichtigen. Bei Feuerungen dürfen Primärmaßnahmen nicht mit folgenden Auswirkungen verbunden sein:

– *Schlechtere Flammenstabilität* (Gefährdung der Betriebssicherheit)
  Örtlicher Sauerstoffmangel und Unterschreitung der Zündtemperatur führen zu Zündschwierigkeiten sowie Abreißen der Flamme und setzen die Regelfähigkeit herab.

– *Gefahr der Korrosion an den Kesselrohren*
  Die reduzierende Atmosphäre und Gase wie H_2S u. HCl erhöhen das Korrosionsrisiko. Bei Schwefelgehalten $> 2-3$ % und Eisengehalten > 18 % in

Tabelle 5.1. Überblick zu den Primärmaßnahmen (feuerungstechnische, innermotorische Maßnahmen) zur NO_x-Minderung

- Nahstöchiometrische Verbrennung
- Stufenverbrennung
  - Gestufte Verbrennungsluft im Brenner
  - Gestufte Verbrennungsluft im Feuerraum
  - Gestufte Zufuhr des Brennstoffs
- Senkung der Verbrennungstemperatur (äußere Flammenkühlung)
  - Niedrige Luftvorwärmung
  - Verringerte Feuerraumbelastung
  - Optimale Anordnung Brenner/Kühlflächen
  - Zusätzliche Kühlflächen (Feuerraumunterteilung)
  - Oberflächenverbrennung
- Innere Flammenkühlung (durch Kühlmedium)
  - Überstöchiometrische Verbrennung
  - Abgasrückführung
    Innere (interne) Abgasrezirkulation (Selbst-)
    Äußere (externe) Abgasrezirkulation
  - Zugabe von Wasser, Dampf oder Prozeßgas

der Flugasche stieg der Wanddickenverlust von normal $4{,}5 \cdot 10^{-2}$ mm/a auf $12{,}5 \cdot 10^{-2}$ mm/a bei NO_x-armem Betrieb [4]

– *Zusätzliche Entstehung bzw. Verlagerung der Verschlackungen*
Änderungen der Verbrennungszonen sowie Herabsetzung der Aschenschmelztemperatur durch die reduzierende Atmosphäre führen zu diesen Anbackungsproblemen [5].

– *Beeinträchtigung des Schlackenschmelzflusses* bei Schmelzfeuerungen insbesondere bei Teillast durch zu niedrige Temperaturen.

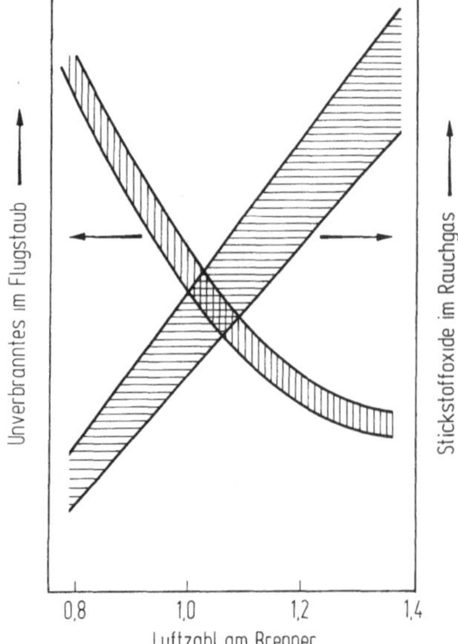

Bild 5.1. NO_x-Gehalt und unverbranntes in der Flugasche in Abhängigkeit von der Luftzahl [17]

– *Schlechter Ausbrand*
  Ein Anstieg des Unverbrannten in der Flugasche beeinträchtigt den Wirkungsgrad, die Abscheidung im Elektro-Filter und die Verwertung des Reststoffs Flugasche. Bei großen Feuerungen gilt aus Gründen der Betontechnologie als Zielvorgabe ein Gehalt an Unverbranntem von < 5 %. Bild 5.1 veranschaulicht die gegenläufige Abhängigkeit des Unverbrannten bzw. NO_x-Gehaltes von der Primärluftzahl.
– Erhöhte Bildung anderer luftverunreinigender Stoffe, insbesondere Kohlenmonoxid
– Zu hoher Eigenbedarf
– Einbuße an Leistung

Ein ähnlicher Anforderungskatalog gilt auch bei den motorinternen Maßnahmen an Verbrennungsmotoren. Die NO_x-Minderung muß mit möglichst geringen Änderungen hinsichtlich

– CO-, C_mH_n- und Rußemissionen
– Geräuschentwicklung
– Kraftstoffverbrauch
– Leistung
– Fahrverhalten (Driveability)
– Verschmutzung

erreicht werden.

5.2.2 Minderung des Sauerstoffangebots

5.2.2.1 Nahstöchiometrische Verbrennung

Eine Senkung der Luftzahl stellt insbesondere für Altanlagen die einfachste Primärmaßnahme dar (low excess air, LEA). Beim Brennstoff Gas ist nur bei Gebläsebrennern, die zwischen $\lambda = 1{,}1$ und 1,8 arbeiten, eine Minderung bis zu 10 % möglich (vgl. Bild 3.1), wobei der erzielbare Effekt von der Mischgüte des Brenners abhängt und durch ansteigende CO-Emission begrenzt wird [7]. Bei einer großen Schmelzkammerfeuerung ergab das Absenken der Luftzahl von $\lambda = 1{,}16$ auf $\lambda = 1{,}1$ und 1,05 eine NO_x-Minderung von 200 und 450 mg/m^3 [8]. Bei Ölfeuerungen wird eine Abnahme des NO_x-Gehaltes um 20 % bei Kohlefeuerungen um 10 % angegeben. Das Minderungspotential dürfte bald ausgeschöpft sein, zumal der Wirkungsgrad ansteigt.

Eine Senkung des Sauerstoffangebots wurde als erstes Konzept zur Emissionssenkung bei mobilen Otto-Motoren verwirklicht. Der unterstöchiometrische Betrieb bei $\lambda = 0{,}87 - 0{,}97$ führte zu niedrigen NO_x-Emissionen; die hohen CO- und C_mH_n-Auswürfe mußten durch Oxidationskatalysatoren (Sekundärmaßnahmen, Abgasnachbehandlung) gesenkt werden.

5.2.2.2 Gestufte Luftzufuhr

Die gestufte Zufuhr der Verbrennungsluft (Luftstufung, off-stoichiometric combustion, OSC) ist eine der effektivsten Primärmaßnahmen, da sie sowohl die

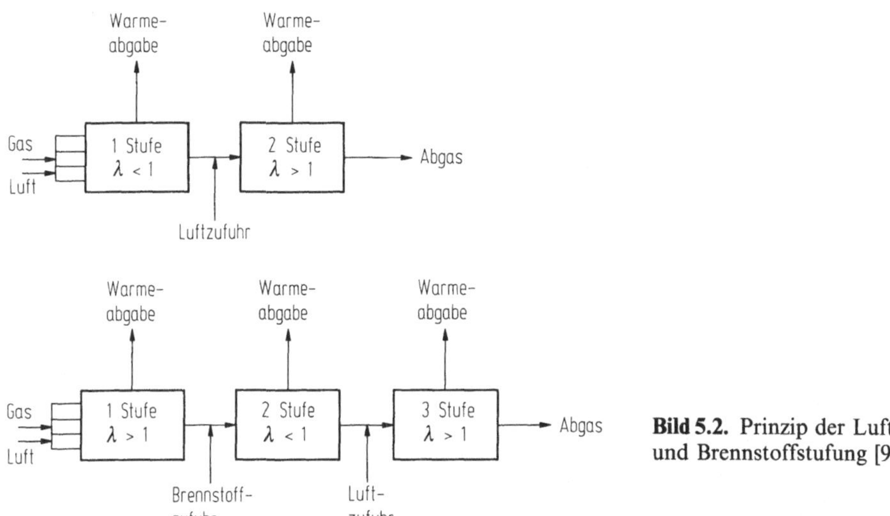

Bild 5.2. Prinzip der Luft- und Brennstoffstufung [9]

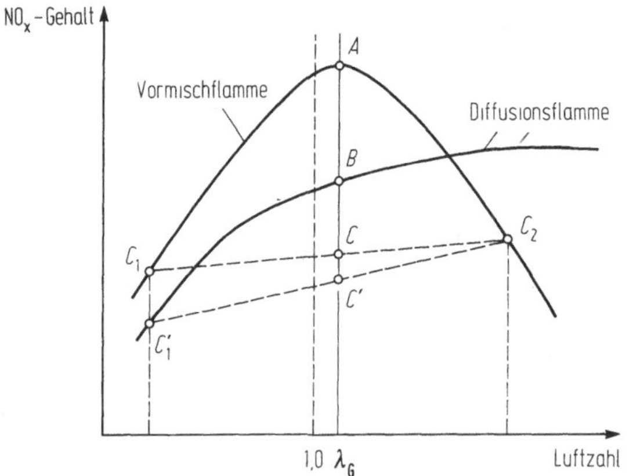

Bild 5.3. Wirkungsweise der Luftstufung bei Gas- und Ölfeuerungen [1]

Bildung des Brennstoffs-NO als auch des thermischen NO vermindert. Sie ist bei allen Brennstoffen und Feuerungssystemen wirksam.

Bild 5.2 macht zunächst den Unterschied zwischen der Luftstufung und der später zu behandelnden Brennstoffstufung klar. Das Prinzip der Luftstufung sei näher anhand des Bildes 5.3 erläutert. Bei Gas entsteht in einer Vormischflamme bei der Gesamtluftzahl λ_G ein NO_x-Gehalt entsprechend Punkt A. Bei der Luftstufung wird unterstöchiometrisch verbrannt mit einer NO_x-Bildung gemäß C_1; überstöchiometrisch entsteht ein NO_x-Gehalt gemäß C_2, wobei der reduzierte NO_x-Wert

$$C = \frac{C_1 + C_2}{2} < A$$

ist. Die unterstöchiometrische Verbrennung von Öl in einer Diffusionsflamme ergibt eine NO_x-Konzentration C_1', bei hoher Luftzahl und Vormischung stellt sich C_2 ein. Wiederum ist $C' < B$. Für Kohlestaub enthält Bild 5.4 die interessanten

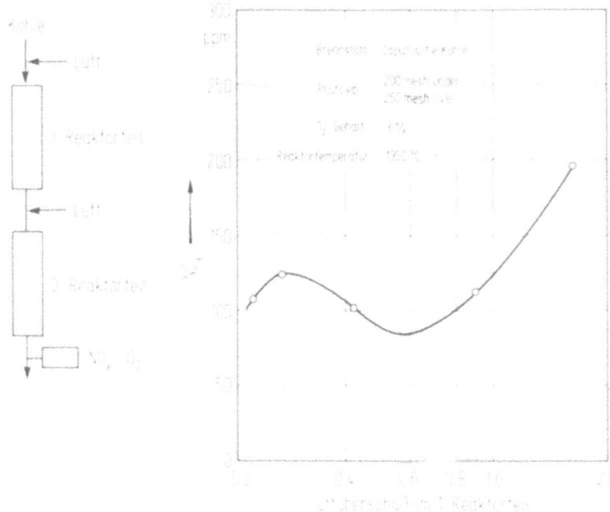

Bild 5.4. NO_x-Bildung in einer Kohlenstaubflamme bei gestufter Luftzufuhr [4]

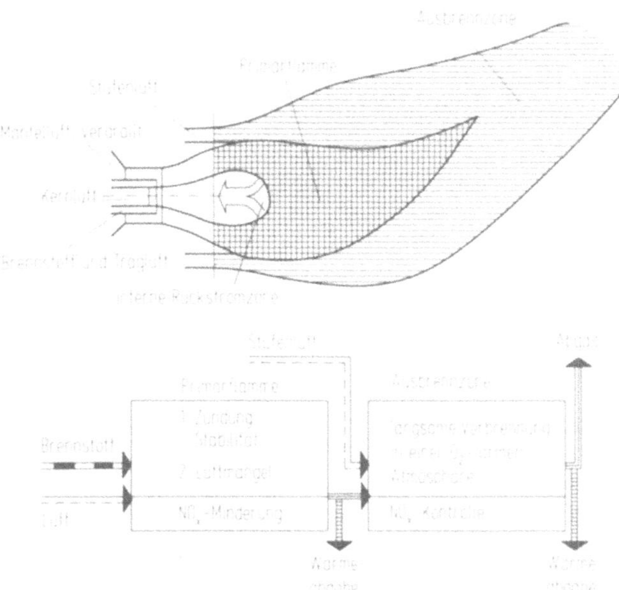

Bild 5.5. Der Stufenmisch-Brenner (SM-) als Beispiel für die Anwendung der Luftstufung am Einzelbrenner [2]

Ergebnisse einer Versuchsanlage [10]. Der Reaktor bestand aus zwei Stufen, wie auf der rechten Seite des Bildes zu erkennen ist. Bei konstanter Verbrennungstemperatur von 1 350 °C und gleichbleibender Gesamtluftzahl von 1,17 am Ende des zweiten Teiles wurde das Luftverhältnis im ersten Teil variiert. Bei der Luftzahl λ_1 von 0,3 tritt ein Maximum, bei $\lambda_1 \approx 0{,}6$ ein Minimum der NO_x-Bildung auf. Messungen an Großanlagen ergaben ebenfalls mit dem Primärluftverhältnis λ_1 ab 0,65 ansteigende NO_x-Gehalte [3].

Die gestufte Luftzufuhr kann am einzelnen Brenner, an Brennergruppen und im Feuerraum praktisch verwirklicht werden. Bild 5.5 zeigt die Luftstufung am Einzelbrenner. Bei Vorhandensein mehrerer Brennerebenen sind folgende Verfahren möglich:

- BOOS – *Burners-out-of-Service*
  Die unteren Brennerebenen werden mit leichtem Luftmangel betrieben, die oberen oder die oberste Ebene hingegen nur mit der Luft beaufschlagt. Dieses einfache Verfahren ist vor allem für Altanlagen geeignet, wobei mit Leistungseinbußen von 10–15 % zu rechnen ist [11].
- BBF – *Biased-Burner-Firing*
  Die unteren Brenner arbeiten im Luftmangelgebiet (brennstoffreich), die oberen mit Luftüberschuß. Der Leistungsverlust wird dabei weitgehendst vermieden, die NO_x-Minderung ist allerdings geringer [11].

Zur Luftstufung im Feuerraum wird man das Einblasen von Wandluft bei Tangentialfeuerungen rechnen können [4]. Sehr wirksam ist die Oberlufteindüsung (OFA – Over-Fire-Air). Alle Brennerebenen arbeiten im Luftmangelgebiet; oberhalb der letzten Ebene erfolgt eine Eindüsung von Verbrennungsluft durch sog. over fire air ports. Das Verfahren ist für alle Brennstoffe und alle Feuerungssysteme anwendbar. Seine Wirksamkeit ist sehr stark abhängig von der in dem Brenner noch realisierbaren Luftzahl. Je nach Brennstoff beträgt die Oberluftzufuhr 5–20 % der Sekundärluft. Dadurch sind folgende NO_x-Minderungen möglich [12]:

Erdgas	10–30 %
Heizöl	10–40 %
Steinkohle, Trockenfeuerung	10–40 %
Steinkohle, Schmelzfeuerung	10–35 %

5.2.2.3 Luftstufung bei Verbrennungsmotoren

Bei Dieselmotoren ist die gestufte Luftzufuhr seit langem als (Zwei-) Kammerverfahren (Vor- und Wirbelkammerverfahren) verwirklicht.

Das Prinzip der Luftstufung wird bei Otto-Motoren als Schichtladekonzept bezeichnet. Die Hauptenergieumsetzung findet in Nähe der Zündkerze bei einem gut zündbaren, ausreichend fetten Gemisch ($\lambda = 0{,}6-0{,}9$) statt. Die dabei enstehende Wärme muß in der zweiten mageren Stufe die sichere Zündung und das Ausbrennen des Magergemisches gewährleisten. Als Beispiele seien genannt: MAN-FM-(FM = Fremdzündung-Mittelkugelbrennraum), VW-PCI-Texaco-, Nilov- und Honda-CVCC (Compound Vortex Controlled Combustion) Verfahren. Vor allem wegen ihres höheren Bauaufwandes und Kraftstoffverbrauchs haben sich diese Schichtlademotoren nicht durchgesetzt [13–15].

5.2.3 Senkung der Verbrennungstemperatur insbesondere durch äußere Kühlung

5.2.3.1 Verminderung der Feuerraumbelastung

Eine Herabsetzung der Feuerraumbelastung führt zu niedrigeren Verbrennungstemperaturen und damit einer geringen Bildung thermischen NO_x. Die niedrigere

Luftvorwärmung ist nach Abschn. 3.2.1 eine Möglichkeit, allerdings unter Inkaufnahme von Wirkungsgradeinbußen. Bei gekühlten Brennräumen ist eine verminderte Volumenbelastung durch größere Kühlflächen zu erreichen, was zu größeren Volumina und Preisen führt. Den gleichen Effekt haben unterteilte Feuerräume mit zusätzlichen Kühlflächen sowie Kühlstäbe bei atmosphärischen Gas-Heizkesseln. Ferner muß die freiwerdende Wärme möglichst gleichmäßig den Kühlflächen angeboten werden. Dadurch ist auch die Brenneranordnung von Bedeutung. Viele kleinere Brenner sind günstiger als wenige große [16]. Die Aufteilung auf mehrere Brenner wird auch bei Gasturbinen intensiv untersucht [32].

5.2.3.2 Oberflächenverbrennung und katalytische Verbrennung

Beide Verfahren sind nur bei gasförmigen Brennstoffen und kleinen oder mittleren Feuerungen anwendbar. Eine Vormischflamme brennt an einer glühenden keramischen oder metallischen Oberfläche. Die gleichmäßige, infolge der starken Wärmeabstrahlung relativ niedrige Temperatur hat sehr niedrige NO_x-Emissionen zur Folge. Bei den vielfach im Haushalts- und Gewerbebereich eingesetzen Infrarot-Strahlern liegt sie bei 25 mg/m^3 (3 % O_2) [7]. An der Entwicklung von Brennern für Flammrohrkessel und Prozeßfeuerungen wird gearbeitet [7, 18].

Durch Verwendung von festen Oberflächen mit katalytischen Eigenschaften können die Verbrennungstemperaturen erheblich, z.B. auf 250 – 500 °C, gesenkt werden [19]. Insbesondere bei höheren Temperaturen bereitet das Erreichen einer akzeptablen Standzeit des Katalysators noch erhebliche Schwierigkeiten [7].

5.2.4 Senkung der Verbrennungstemperatur durch innere Flammenkühlung

5.2.4.1 Überstöchiometrische Verbrennung (Magerkonzept)

Bei Vormischbrennern für Gas setzt die überstöchiometrische Verbrennung eine homogene Durchmischung voraus; bei Diffusionsbrennern erfordert sie hohe Luftzahlen. Der Wirkungsgrad wird dadurch vermindert, weshalb diese Maßnahme z.B. für Trocknungsprozesse geeignet ist, die ohnehin mit hohen Luftüberschuß arbeiten.

Sowohl bei mobilen als auch stationären Otto-Motoren ist die überstöchiometrische Verbrennung unter dem Stichwort „Magerkonzept" eine z.Zt. sehr intensiv untersuchte Primärmaßnahme. Im Gegensatz zum Schichtladekonzept (s. Abschn. 5.2.2.3) wird unter Beibehaltung der äußeren, homogenen Gemischbildung mittels Vergaser oder Einspritzung die sog. Laufgrenze mit $\lambda \approx 1{,}3$ auf Werte $>1{,}3-1{,}7$ verschoben. Das *gesamte* homogene Gemisch wird also abgemagert. Dies macht eine Erhöhung des Verdichtungsverhältnisses von 9,2 (9,5) auf 10,5 (11,7) erforderlich [20, 21]. Ferner ist der Einsatz angepaßter, leistungsfähigier Zündanlagen mit höherer Zündspannung, längerer Funkendauer und größerer Zündfunkenenergie notwendig [22]. Brennraumform, Ein- u. Auslaßkanal, Anordnung der Ventile und Lage der Zündkerze müssen geändert werden [20]. Bei $\lambda = 1{,}3$ erfüllte ein Pkw mit 2 l Hubraum die ECE-Regelung 15.05 (NO_x-Grenzwert 4,8 g/Test). Um den US-Grenzwert von 0,6 g/km

(1g/mi) einzuhalten, ist eine Luftzahl von 1,5 und ein Oxidationskatalysator erforderlich [20]. Trotz des noch erforderlichen erheblichen Entwicklungsaufwandes sehen es einige Motorenhersteller als aussichtsreich an, auch bei der gehobenen Klasse (>2l) ohne Dreiweg-Katalysator (vgl. Absch. 5.5) auszukommen [20, 21]. Dies gilt auch für erdgasbetriebene, stationäre Viertakt-Otto-Motoren, bei denen man NO_x-Gehalte von 400 bis 500 mg/m^3 i.N. bei 5 % O_2 und CO-Konzentrationen von 500 bis 650 mg/m^3 erreicht und so die TAL einhält (vgl. Tabelle 4.20). Niedrige NO_x-Werte erfordern wegen des ansteigenden CO-Gehaltes einen Oxidationskatalysator.

5.2.4.2 Äußere und innere Abgasrezirkulation

Die Rückführung abgekühlter, nach dem Eko (vor Luvo) entnommener Abgase in den Feuerraum wird seit langem bei großen Feuerungen zur Verschiebung der Wärmeabgabe in die Konvektionsheizfläche, zur Regelung der Zwischendampf-Temperatur sowie zur Vortrocknung bei Braunkohlen eingesetzt. Die Abgasrezirkulation stellt auch eine sehr wirksame Maßnahme insbesondere zur Senkung des thermisch bedingten Stickstoffoxids dar, weil sie den Sauerstoffpartialdruck und die Verbrennungstemperatur herabsetzt. Allerdings können die CO-Bildung und das Unverbrannte in der Flugasche ansteigen. Als Sekundäreffekt erfolgt u.U. eine Reduktion des bereits vorhandenen NO durch CO [23].

Die Einführung der rezirkulierten Abgase in den unteren Feuerraum z.B. durch den Boden ist ohne wesentlichen Einfluß auf die NO_x-Bildung [24]. Wirksam ist nur die Zumischung zur Verbrennungsluft, insbesondere zur Primärluft. Die NO_x-Reduktion steigt mit der Rezirkulationsrate an (Bild 5.6). Zur Vermeidung instabiler Flammen sowie zu hoher Druckverluste und Abgastemperaturen ist jedoch die Rückführrate begrenzt. Für Gasfeuerungen werden Maximalwerte von 20–30 % genannt; das Optimum scheint bei 15–20 % zu liegen [24, 25]. Wie aus Bild 5.5 klar hervorgeht, ist die größte Wirksamkeit bei Gas und Öl gegeben (thermisches NO!). Allerdings ist im Bereich Haushalte und Kleinverbraucher (vgl. Abschn. 6.2.1) bei Gas wegen des hohen Aufwandes eine Anwendung allenfalls bei größeren Heizzentralen denkbar.

Die Abgasrückführung wird mit Erfolg auch am Brenner verwirklicht (Selbstrezirkulation). Durch entsprechende Konstruktion saugt das in den

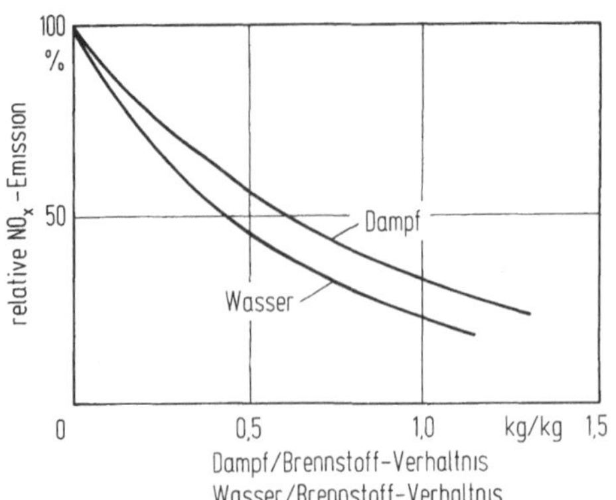

Bild 5.6. NO_x-Minderung bei Gasturbinen in Abhängigkeit vom Dampf- bzw. Wasser- zu Brennstoffverhältnis [32]

Feuerraum austretende Brennstoff-Luft-Gemisch einen Teil der Abgase an. Ein sehr instruktives Beispiel ist der sog. ASR-Brenner (Axial-Stufen-Rückstrom-Brenner [26, 27]).

Bei Verbrennungsmotoren ist der Einfluß der Ventilüberschneidung auf die NO_x-Emission durch die innere Abgasrezirkulation zu erklären (Abschn. 4.2.1). Da die Änderung der Ventilsteuerzeiten begrenzt ist, wendet man auch bei Verbrennungsmotoren die äußere Abgasrückführung (ARF oder EGR) an, indem ein Teil des Abgases von der Auspuffseite der frischen Ladung auf der Ansaugseite beigemischt wird. Mit höherer Rezirkulationsrate nimmt auch hier die NO_x-Bildung ab, jedoch sinkt die Leistung und steigt der Kraftstoffverbrauch sowie die C_mH_n-Emission; das Fahrverhalten wird schlechter. Die optimale Rückführrate liegt für Otto-Motoren bei ca. 10 %, wodurch die NO_x-Emission um 50 % abnimmt [28]. Dadurch ist ein NO_x-Grenzwert von 1,25 g/km (2g/mi) im FTP-75 zu bewältigen, Emissionen <0,94 (1,5 g/mi) jedoch nicht mehr [28].

Auch bei Dieselmotoren für Pkws stellt die Abgasrückführung eine bewährte wirksame Methode dar, die die NO_x-Emission im Teillastbereich senkt. Begrenzend sind hier die erhöhte Partikelbildung sowie Verschmutzung im Motor. Dies gilt besonders für die direkteinspritzenden Nutzfahrzeugmotoren [29, 30].

5.2.4.3 Zufuhr von Wasser oder Dampf

Die Zufuhr von Wasser kann durch Zumischung zum Brenn- oder Kraftstoff (z.B. Ölemulsion) oder durch Eindüsung in die Verbrennungsluft bzw. in den Brennraum erfolgen. Die Zuführung mit dem Brennstoff ist bei Ölfeuerungen wenig wirksam [23]. Bei Injektion in den Feuerraum gelingt in einer Laboranlage bei einem Verhältnis Wasser zu Ölstrom von 0,3 eine Absenkung des NO_x-Gehalts um 40 % [23].

Bei stationären Verbrennungsmotoren wird ebenfalls die Wassereinspritzung erwogen. Versuche an einem Otto-Motor mit Stadtgas brachten Minderungen auf 50 – 60 % bei einem Massenverhältnis Wasser zu Brennstoff von 0,2 [31]. Auch bei Dieselmotoren sind z.T. beachtenswerte Senkungen der NO_x-Emission erreicht worden [31].

Bei Gasturbinen ist die Wasser- oder Dampfeinspritzung eine z.Z. sehr häufig diskutierte Primärmaßnahme. Bild 5.6 enthält gemittelte Meßergebnisse von gas- und ölbetriebenen Gasturbinen mit Leistungen zwischen 0,55 – 27,6 NW. Sowohl bei der Wasser- als auch bei der Dampfeindüsung treten höhere Emissionen an Kohlenmonoxid, organischen Stoffen und Ruß auf; dies gilt insbesondere für Teillast und Wasser- Brennstoff-Verhältnisse >0,6 [32]. Die Wassereinspritzung ist technisch leichter realisierbar und wird deshalb bei kleineren Gasturbinen (<25 MW) überwiegend angewandt. Allerdings ist eine Aufbereitung (Vollentsalzung) des Wassers erforderlich und die Lebensdauer der Gasturbine sinkt. Bei einem Massenverhältnis Wasser:Brennstoff von 1 steigt die Leistung um 6 – 8 %, der Wirkungsgrad sinkt um 3 %; bei der Dampfinjektion nimmt Leistung und Wirkungsgrad um 4 bzw. 1,5 % zu [32]. 1980 waren in Kalifornien 43 Gasturbinen mit Wasser- oder Dampfeindüsung in Betrieb [32]. In der BRD nahm Anfang 1984 die erste Gasturbine (35 MW) mit Wassereinspritzung ihren Betrieb auf [32].

5.2.5 Gestufte Brennstoffzufuhr

Die gestufte Brennstoffaufgabe (reburning, In-Furnace-NO_x-Reduction, IFNR) stellt eine noch junge NO_x-Minderungsmaßnahme für Feuerungen dar. In der 1. Stufe wird der Hauptbrennstoff mit NO_x-armer Feuerungstechnik verbrannt (Bild 5.2). Nach einer Ausbrandstrecke erfolgt in der 2. Stufe die Verbrennung des Reduktionsbrennstoffs (Sekundär-) bei Luftmangel. Danach wird für den vollständigen Ausbrand in der 3. Stufe die sog. Restluft (additional air) zugegeben. Bild 5.7 zeigt die räumliche Anordnung dieser drei Stufen. Das Verfahren ist auch unter den Firmenbezeichnungen

KVC [33]	Kawasaki Volume Combustion System
MACT [10]	Mitsubishi Advanced Combustion Technology
NO_x-RIF [2]	L. & C. Steinmüller GmbH

bekannt. Manchmal wird die Brennstoffstufung den Sekundärmaßnahmen zugerechnet [12].

Das Wirkungsprinzip der Brennstoffstufung ist wie folgt zu erklären: Das in der Hauptverbrennungszone gebildete NO gelangt in die Reduktionszone (Bild 5.7). Hier führt die Verbrennung des Sekundärbrennstoffs bei Temperaturen >1 200 °C und Luftmangel zur Entstehung von Kohlenwasserstoff-Radikalen [10]:

$$C_mH_n + O_2 \rightarrow C_{m'}H_{n'} + CO + H_2O \tag{5.1}$$

NO wird dann nichtselektiv reduziert [10, 24, 35]:

$$NO + C_{m'}H_{n'} \rightarrow C_{m''}H_{n''} + N_2 + H_2O + CO \tag{5.2}$$

$$NO + C_{m'}H_{n'} \rightarrow C_{m''}H_{n''} + NH_i + H_2O + CO\,. \tag{5.3}$$

Es entstehen also entweder N_2 oder Stickstoffverbindungen, wie NH_i oder auch HCN [2]. Laborversuche ergaben, daß die Reaktionen etwa 0,1 s benötigen; der Reduktionsgrad ist unabhängig vom NO-Gehalt und der Art des Sekundärbrennstoffs [10, 34].

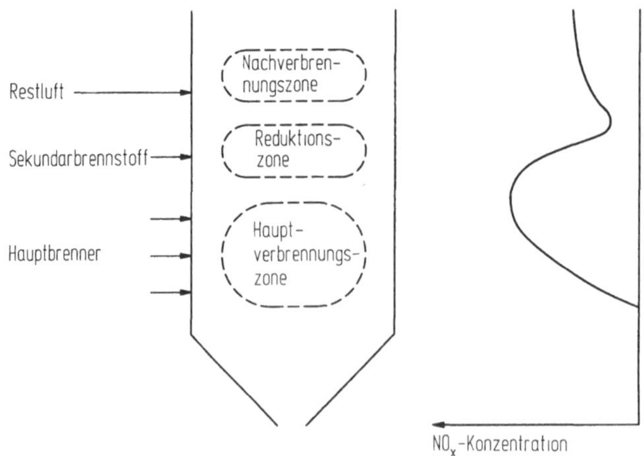

Bild 5.7. Brennstoffstufung im Feuerraum

Durch die Zufuhr der Restluft wird die Verbrennung vor Feuerraumende abgeschlossen [35]:

$$C_{m''}H_{n''} + O_2 \rightarrow H_2O + CO_2 \quad (5.4)$$

$$CO + O_2 \rightarrow CO_2 \quad (5.5)$$

$$NH_i + O_2 \rightarrow N_2 + H_2O \quad (5.6)$$

$$NH_i + O_2 \rightarrow NO + H_2O \quad (5.7)$$

Dabei läßt sich eine erneute, allerdings geringe NO-Bildung (vgl. Bild 5.7) nicht verhindern.

Bei Kohle als Reduktionsbrennstoff könnten auch die heterogenen Reaktionen

$$2NO + C \rightarrow CO_2 + N_2 \quad (5.8)$$

$$2NO + 2C \rightarrow 2CO + N_2 \quad (5.9)$$

eine Rolle spielen [36].

Bci KHI (Kawasaki) begannen die Laboruntersuchungen im Jahre 1978 [3]. Das MACT-Verfahren ist in Japan an zwei großen ölgefeuerten Einheiten (125 MW (el), 280 t/h) seit 1982 verwirklicht [4, 5]. Der 600 MW-Block 8 in Nakoso P/S, seit Ende 1983 in Betrieb, hat eine Mischfeuerung mit nur 10 % Kohle. Seit 1985 arbeiten drei Kohlekessel (55 MW, 75 und 150 t/h) in Japan, die Kohle auch als Sekundärbrennstoff verwenden [35]. In der BRD hat die Braunkohlenfeuerung eines 300 MW-Blocks eine Brennstoffstufung erhalten [37]. Eine Feuerung für ballastreiche Steinkohle mit einer Leistung von 1 300 MW (th) soll Ende 1989 in Betrieb gehen [37]. Der Anteil des Sekundärbrennstoffs liegt zwischen 7 und 14 % [12, 35], und die NO_x-Minderung bei 30 – 50 % [10, 12, 33 – 35]. Die Investitionen werden von Leikert und Rennert mit 30 – 100 DM/kW (el) angegeben [2], sie kommen damit in die Nähe der Sekundärmaßnahmen.

In der BRD arbeitet man an der Verwirklichung der gestuften Brennstoffzufuhr am Einzelbrenner; erste Messungen an einem Gasbrenner begannen im Februar 1985 [3]; Ergebnisse über einen Brenner mit Kohle als Sekundärbrennstoff werden in [37, 38] mitgeteilt.

5.2.6 NO_x-arme Brenner für Feuerungen

Bei der Darstellung der verschiedenen Primärmaßnahmen wurde schon auf die Möglichkeit ihrer Verwirklichung auch am einzelnen Brenner hingewiesen. Im Mittelpunkt der Bemühungen zur NO_x-Minderung durch Primärmaßnahmen steht deshalb die Entwicklung NO_x-armer Brenner, die sowohl in Neu- als auch Altanlagen verwendet werden können und in der Regel mehrere Primärmaßnahmen verwirklichen. In Japan begannen die Arbeiten an NO_x-armen Gas- und Ölbrennern in den Jahren 1972/1973 [10, 39]. In der öffentlichen Stromversorgung wurde erstmals im April 1977 ein gasbefeuerter 600 MW-Block mit NO_x-armen Brennern in Betrieb genommen. Inzwischen existieren in Japan mehr als 50 Typen NO_x-armer Brenner, überwiegend für Gas und Öl [40]. Bereits 1978 nahmen in der Bundesrepublik Deutschland NO_x-arme Kohlebrenner ihren

Betrieb in einem 700 MW-Block auf; in Japan wurde erst 1981 ein 500 MW-Block mit NO_x-armen Brennern ausgerüstet. Deutsche Entwicklungen sind als ASR-, ABZ-, MSM-, RSM-, Renox-, SM-, Sinox-, Thermomax und WS-Brenner bekannt. Gegenüber den für hohe Leistung gebauten Brennern sind Reduzierungen um 30–50 % erreichbar.

Als Beispiel zeigt Bild 5.5 den sog. Stufenmisch-Brenner (SM-) für Trockenfeuerungen, der vor allem nach dem Prinzip der mehrfachen Luftstufung arbeitet. Der Kohlenstaub wird mit der Tragluft zugeführt. Die Kernluft sorgt für einen Rückstrom heißer Rauchgase zur Brennermündung und damit für eine sichere Zündung. Zusammen mit der Mantelluft erfolgt in der Primärflamme eine unterstöchiometrische Verbrennung bei einer Luftzahl $<0{,}9$. Die hier herrschende Luftzahl ist maßgebend für die NO_x-Bildung. Zur vollständigen Verbrennung tritt die Stufenluft in wenigen Einzelstrahlen außerhalb der Primärflamme verzögert in die Ausbrennzone ein. Bei Neuanlagen können in Trockenfeuerungen 650–800 mg/m^3, bei Gas 200 mg/m^3 erreicht werden [3]. Der Strahlbrenner der Tangentialfeuerungen ist aufgrund seiner Trennung von Brennstoff- und Luftdüsen und der Parallelführung der Brennstoff- und Luftströme an sich NO_x-arm, wegen der verzögerten Mischung von Brennstoff und Verbrennungsluft [5].

Als Preise für die Installation von NO_x-armen Brennern für Kohlefeuerungen werden genannt [2]:

Zusatzpreis für Neuanlagen	2– 5 DM/kW (el)
Nachrüstung	7–15 DM/kW (el)

Diese Zahlen sollen nur die Größenordnung der Investitionen für die sehr wirksame Primärmaßnahme „NO_x-arme Brenner" vermitteln.

5.2.7 Kombination der Primärmaßnahmen bei Feuerungen

Die vorstehend genannten Primärmaßnahmen werden bei Altanlagen, insbesondere aber bei Neuanlagen kombiniert angewendet. Bei einer bestehenden Anlage können z.B. NO_x-arme Brenner und eine äußere Abgasrezirkulation nachgerüstet werden. Stets ist aber zu beachten, daß Primärmaßnahmen sehr brennstoff- und anlagenspezifisch sind. Bei einer Kombination mehrerer Primärmaßnahmen dürfen die prozentualen Minderungseffekte der Einzelmaßnahmen *nicht* addiert werden. Eine genaue Ermittlung der letztlich erreichbaren Emissionskonzentration hat z.B. für eine Erdgasfeuerung so zu erfolgen [12]:

	mg/m^3	%
Vorhandene NO_x-Emission	= 1 200	= 100
NO_x-Minderung durch NO_x-arme Brenner, Minderung mit 40 % angenommen = 480 mg/m^3	= 720	= 100 Neu
NO_x-Minderung durch Oberluft. Minderung mit 30 % angenommen = 216 mg/m^3	= 504	= 100 Neu
NO_x-Minderung durch ca. 20 % Abgasrezirkulation, Minderung mit 40 % angenommen = 202 mg/m^3	= 302	= 100 Neu
NO_x-Minderung durch Reduktionsgaszugabe. Minderung mit 30 % angenommen = 91 mg/m^3	= 211	= Endwert der Minderung

Tabelle 5.2. Durch kombinierte Primärmaßnahmen bei großen Erdgasfeuerungen erreichbare NO_x-Konzentrationen (in mg/m³ i.N. als NO_2)

	Neu-anlagen	Alt-anlagen
Hersteller		
Sakai u.a. [10]	70	
Sakai u.a. [10] m. Br.stufg.[a]	22 – 45	
Ishimoto u.a. [41], m. Br.stufg.[a]	22 – 45	
Reidick [12], m. Br.stufg.[a], $\phi > 300$ MW	100 – 200	150 – 250
Reidick [12], m. Br.stufg.[a], $\phi = 50 \ldots 300$ MW	200 – 250	350 – 450
Behörde		
Davids u.a. [42, 84]	50 – 100	80 – 280
Neutrale, Betreiber		
Ando [40]	90 – 185	
Ando [40], m. Br.stufg.[a]	45 – 90	
Ando [85]	115 – 345	
ECE [35]		100 – 300
Hannes u.a. [86]	>100	

[a] Mit Brennstoffstufung

Der Reihenschaltung der einzelnen Primärmaßnahmen entsprechend, hätte die Ermittlung auch so erfolgen können:

Neue Emissionskonzentration

$$= 1\,200 \cdot (1-0{,}4) \cdot (1-0{,}3) \cdot (1-0{,}4) \cdot (1-0{,}3) = 211 \text{ mg/m}^3$$

In diesem konkreten Fall einer Erdgasfeuerung wurde also durch Kombination von Primärmaßnahmen eine NO_x-Minderung um 72 % erzielt; der Ausgangswert ist also auf 18 % gesunken.

Im allgemeinen sind je nach Ausgangssituation NO_x-Minderungen um 30 % bei Kohlefeuerungen und 50 % bei Öl- und Gasfeuerungen ohne Brennstoffstufung erzielbar [23]. Besser als diese prozentualen Minderungserfolge sind Angaben der erreichbaren NO_x-Konzentrationen in mg/m³. Aussagekräftiger als diese prozentualen Minderungserfolge sind Angaben über die tatsächlich erreichbaren NO_x-Konzentrationen in mg/m³ i.N.. In Tabelle 5.2 sind die heute genannten Werte für große Erdgasfeuerungen zusammengestellt. Die weitgehende Differenzierung ist notwendig und gibt Hinweise zur Erklärung der Unterschiede. Tabelle 5.3 enthält entsprechende Angaben für Heizöl- und Steinkohle-Trockenfeuerungen. Zu beachten ist, daß im Bereich $\Phi > 50$ MW (th) bei größeren Feuerungen eher niedrigere NO_x-Gehalte zu erreichen sind als bei kleineren. Die großen Erfolge in der Entwicklung NO_x-armer Feuerungen im letzten Jahrzehnt gehen aus Tabelle 5.4 hervor.

Eine Senkung der NO_x-Emissionen sollte deshalb zunächst durch die voranstehenden Primärmaßnahmen angestrebt werden, da sie folgende Vorteile bieten:

- Keine zusätzlichen Einsatzstoffe (wie z.B. Ammoniak)
- Abwasserfreiheit
- Keine Rückstandsprobleme bei der Einhaltung der dargestellten Anforderungen (s. Abschn. 5.2.1)
- Geringe Investitionen

Tabelle 5.3. Durch kombinierte Primärmaßnahmen bei neuen, großen Heizöl- und Steinkohle-Trockenfeuerungen erreichbare NO_x-Konzentrationen (in mg/m^3 i. N. als NO_2)

	Heizöl	Steinkohle
Hersteller		
Sakai u.a. [10]	175	310[a]
Sakai u.a. [10] m. Br.stufg.[b]	100 – 130	125 – 310[a]
Ishimoto u.a. [41], m. Br.stufg.[b]	90 – 130	205 – 310
Reidick [12], m. Br.stufg.[b], $\phi > 300$ MW	150 – 300	400 – 650
Reidick [12]m m. Br.stufg.[b], $\phi = 60 \ldots 300$ MW	300 – 400	500 – 800
Behörde		
Davids u.a. [41]	100 – 200	200 – 400
Neutrale		
Ando [40]	150 – 380	310 – 615
Ando [85]	205 – 505	310 – 615
ECE [35]	200 – 400[c]	600 – 800[a,c]
	–	600 – 1100[c]
Hannes u.a. [87]		500 – 800

[a] Tangentialfeuerungen
[b] Mit Brennstoffstufung
[c] Nachrüstung von Altanlagen (Retrofit-)

Tabelle 5.4. Entwicklung der NO_x-Emissionen für neue Gas- und Steinkohle-Trockenfeuerungen >300 MW (th)

	Quelle	Gas mg/m³	Steinkohle Trocken-feuerung mg/m³
Ohne NO_x-Minderung	[6, 43]	300–1600	800–1800
Bestellung 1978	[25]	600	1400
Prognose für 1985 (1978)	[25]	360	860
Bestellung 1986	[12]	100–200	400– 650
Grenzwert GFA-VO 1983		350	800
UMK 1984		100	200

Erst wenn die Primärmaßnahmen nicht ausreichen, die Emissionsgrenzwerte einzuhalten, oder nicht immer die wirtschaftlichere Lösug darstellen, müssen Sekundärmaßnahmen angewendet werden. Ein sehr nützliches Diagramm zur Abschätzung des dann noch erforderlichen Abscheidegrades hat kürzlich Żelkowski angegeben [23].

5.3 Grundsätzliches zu den Abgasreinigungsanlagen (Sekundärmaßnahmen, Abgasnachbehandlung)

5.3.1 Anforderungen an Abgasreinigungsanlagen

Nach abgeschlossener Verbrennung vermindern die Sekundärmaßnahmen die Konzentrationen bereits gebildeter Stickstoffoxide im Abgasstrom. Dazu sind hinsichtlich Größe und Preis beachtliche Anlagen erforderlich, die die in Tabelle 5.5 aufgelisteten Anforderungen erfüllen sollten (vgl. [46, 47]).

Die Einhaltung der gesetzlichen Grenzwerte bereitet bei großen Kohlefeuerungen (Schmelz-) erhebliche Probleme. Unter Begleitprozesse sind alle zum Betrieb der Abgasreinigungsanlage notwendigen technischen Prozesse zu verstehen:

- Gewinnung der Einsatzstoffe (z.B. Ammoniakherstellung)
- Sorptions-, Desorptions- und Weiterverarbeitungsprozesse
- An- und Abtransport sowie vorübergehende Lagerung der Einsatzstoffe und Rückstände in der Anlage

Die NO_x-Minderung sollte nicht durch wesentliche Emissionen anderer luftverunreinigender Stoffe, z.B. Ammoniak oder Distickstoffoxid, erkauft werden. Der Gewässer- und Lärmschutz ist insbesondere bei in Stadtgebieten gelegenen Fernwärmeerzeugungs- und Industrieanlagen von Bedeutung. Bezüglich der anfallenden Rückstände fordert der Gesetzgeber in § 5 Ziff. 3 BImSchG, daß „Reststoffe vermieden werden, es sei denn, sie werden ordnungsgemäß und schadlos verwertet, oder soweit Vermeidung und Verwendung technisch nicht möglich oder unzumutbar sind, als Abfälle ohne Beeinträchtigung des Wohls der Allgemeinheit beseitigt werden". Der Anfall zu deponierender Rückstände (Abfälle) stößt im Genehmigungsverfahren auf immer größere Schwierigkeiten, so daß dieses Kriterium verfahrensentscheidend sein kann.

Der Entwicklungsstand des Verfahrens ist *ein* Beurteilungsmaßstab für die Verfügbarkeit, der durch Begriffe wie Labor-, Pilot-, Technikums-, halbtechni-

Tabelle 5.5. Anforderungen an Abgasreinigungsanlagen

- Einhaltung der vorgeschriebenen Emissionsgrenzwerte und Abscheidegrade
- Umweltschonende Begleitprozesse
  - Minimale Sekundäremissionen (NH_3, N_2O)
  - Abwasserfreiheit
  - Einhaltung der Lärmgrenzwerte
  - Landschaftsschutz (Architektur)
- Verwertbare oder deponierbare Rückstände
- Geringer Energieverbrauch (Druckverlust, Wiederaufheizung)
- Hohe Verfügbarkeit
  - Hoher Entwicklungsstand (Betriebserfahrungen)
  - Geringe Störanfälligkeit
- Termineinhaltung
- Geringer Flächenbedarf und niedriges Gewicht (Kfz)
- Niedrige Investitionen
- Minimale jährliche Betriebskosten

sche, Prototyp-, Demonstrations-, großtechnische und kommerzielle Anlage zu kennzeichnen ist. Verfahren, die hinter großtechnischen, kommerziell arbeitenden Anlagen mehrfach und lange erprobt sind, wären in dieser Hinsicht ideal. Einfachheit der Abgasreinigungsanlage, Beherrschbarkeit von Teillasten und Lastwechseln stellen weitere Kriterien im Hinblick auf eine hohe Betriebssicherheit dar.

Termineinhaltung, geringer Flächenbedarf und Errichtung ohne bauliche Eingriffe in bestehende Anlagen beziehen sich auf die Nachrüstung bereits bestehender Feuerungen (Altanlagen, Retrofit-Anlagen). Bei beweglichen Anlagen (Kraftfahrzeuge) ist das für die Abgasnachbehandlung erforderliche Gewicht wichtig.

Aus betriebswirtschaftlicher Sicht sind ferner geringe Investitionen und insbesondere niedrige Gesamtkosten zu fordern.

5.3.2 Verfahrensprinzipien zur NO_x-Abscheidung

Die hohe Bildungswärme des Stickstoffmonoxids weist es, thermodynamisch gesehen, als instabile Verbindung aus (vgl. Abschn. 2.3.1). Mit abnehmender Temperatur sollte die Reaktion

$$2NO \rightarrow N_2 + O_2 \tag{5.10}$$

ablaufen, was nur bis etwa 900 °C mit außerdem geringer Reaktionsgeschwindigkeit geschieht. Es ist bisher kein Katalysator bekannt, der die Reaktion (5.10) ohne Reduktionsmittel beschleunigt [48].

Das reaktionsträge und schwer wasserlösliche Stickstoffmonoxid muß deshalb oxidiert oder reduziert werden, was durch Trocken- oder Naßverfahren geschehen kann. Die möglichen Reduktionsmittel enthält Tabelle 5.6. Die Reduktion durch SO_2 verläuft sehr kompliziert nur in wässriger Phase und erfordert Additive zur Erhöhung der Löslichkeit des NO (s. Abschn. 5.6). Die selektive Reduktion mittels Ammoniak (NH_3) kann thermisch (ohne

Tabelle 5.6. Reduktion des Stickstoffmonoxids (NO, n. [48, 49, 50])

Reduktionsmittel	Produkte („Rückstände")
Homogene Gasphase	
Nichtselektiv	
Kohlenmonoxid (CO)	Stickstoff (N_2), Kohlendioxid (CO_2)
Kohlenwasserstoffe (C_mH_n) z.B. Methan (CH_4)	Stickstoff(N_2), Kohlendioxid (CO_2), Wasser(H_2O)
Wasserstoff (H_2)	N_2, H_2O
Selektiv	
Ammoniak (NH_3)	N_2, H_2O
Amine z.B. Monomethylamin (CH_3NH_2)	CO_2, H_2O
Harnstoff $(NH_2)_2CO$	N_2, CO_2, H_2O
Reaktion in flüssiger Phase	
Schwefeldioxid (SO_2)	Stickstoff (N_2), Sulfate

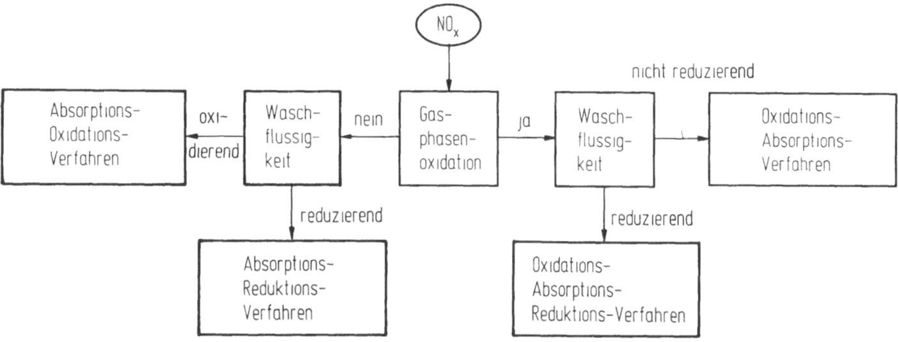

Bild 5.8. Nomenklatur der nassen NO_x-Abscheidverfahren [51]

Katalysator) und katalytisch erfolgen. Großtechnische Anwendung in beachtlichem Maße haben die selektive katalytische Reduktion (SCR-Verfahren) bei Feuerungen und die nichtselektive katalytische Reduktion (NCR-Verfahren) bei Pkw gefunden. Ihre entscheidenden Vorteile liegen in der Abwasserfreiheit und den völlig problemlosen Rückständen Stickstoff, Wasserdampf und Kohlendioxid.

Die Oxidation des Stickstoffmonoxids (NO) führt zum reaktionsfreudigeren und leichter löslichen Stickstoffdioxid (NO_2). Durch geeignete Energiezufuhr (Elektronenbeschuß) gelingt die Oxidation durch den Restsauerstoff der Abgase zu NO_2 und HNO_3 (Salpetersäure) über Radikale (Elektronenstrahlverfahren, s. Abschn. 5.6). Übliche Oxidationsmittel für eine homogene Gasphasenreaktion sind Ozon (O_3) und Chlordioxid (ClO_2). Das gebildete NO_2 wird dann in flüssiger Phase absorbiert, wobei z.B. Salpetersäure anfällt (Tokyo Electric-MHI-Verfahren [49]). Ein anderes Prinzip besteht in der Absorption von NO in einer Waschflüssigkeit, die als Oxidationsmittel Permanganat (MnO_4^-), Chlorite (ClO_2^-) oder Hypochlorite (ClO^-) enthält. Als Endprodukte erhält man Nitrite und Nitrate. Eine Übersicht zur Nomenklatur der komplizierten Verfahrenstechnik gibt Bild 5.8. Grundsätzlich gilt für alle Oxidationsprozesse (u.U. mit Ausnahme des Elektronenstrahlverfahrens), daß SO_2 mit den Oxidationsmitteln schneller reagiert als NO; folglich müssen die zu reinigenden Abgase „sauber" sein, d.h. sehr niedrige SO_2-Gehalte aufweisen.

Die Naßverfahren wurden zwischen 1972 und 1978 in Japan intensiv untersucht; bereits 1977 stellte z.B. Kawasaki Heavy Industries (KHI) die Arbeiten ein [33]. Waschverfahren haben folgende gravierende Nachteile:

- Hoher Aufwand u.a. wegen der Ozonherstellung
- Komplizierte Anlagentechnik
- Schwierige Aufbereitung von Haupt- und Nebenrückständen
- Schlecht verwertbare Reststoffe (Salpetersäure HNO_3; Natriumnitrit, $NaNO_2$)
- Notwendigkeit der Abwasserbehandlung

So gab es in Japan Ende 1984 nur 20 kleine Anlagen mit einem Anteil von 0,7 % an der gesamten DENOX-Kapazität [40]. Nur als Simultanverfahren wird die nasse Abscheidung der Stickstoffoxide noch weiter verfolgt (s. Abschn. 5.6).

5.3.3 Vielfalt und Auswahl der Verfahren

Angesichts einer vollkommen neuen Technologie überrascht die große Anzahl der vorgeschlagenen und z.T. auch angebotenen Verfahren nicht. Es werden im Schrifttum genannt:

	Anzahl der Verfahren
EPA-Ausschreibung Ende 1976 [52]	~30
Vorauswahl 1977	7
Rentz 1978 [52]	~50
EPRI 1982 [53]	48
Auswahl für Kohlekraftwerke	4
Krabbe 1986 [54]	~50
Meckel u.a. 1986 [55]	23

Gewiß sind in den voranstehenden Zahlen viele Angebote von Herstellern enthalten, die das gleiche Verfahrensprinzip haben und sich höchstens in der Katalysatorart und in konstruktiven Details unterscheiden. Trotzdem kommt man im konkreten Fall einer stationären Anlage (Kraftwerk, Industrie) aus folgenden Gründen schnell zu einer Fülle von Alternativen:

- Verschiedene DENOX-Verfahren
- Mehrere Verfahren zur Schwefeldioxid-Abscheidung
- Unterschiedliche Schaltungsmöglichkeiten für die DENOX-Anlage (s. Abschn. 5.4.4)
- Ein- oder mehrsträngige Anordnung
- Verschiedene Wiederaufheizsysteme

Die sich hieraus ergebenden Alternativen sind anhand der Kriterien der Tabelle 5.5 zu werten. Dabei kann z.B. die Forderung „Abwasserfreiheit“ oder „verwertbares Endprodukt“ verfahrensentscheidend sein. Die ökologischen, volkswirtschaftlichen und betrieblichen Kriterien der Tabelle 5.5 sind meist qualitativer Art. Eine Verdichtung der Einzelaussagen zu einer einzigen summarischen Beurteilungsgröße ermöglicht die Methodik der Nutzwertanalyse [46]. Darüberhinaus stellen die jährlichen Gesamtkosten der Abgasreinigungsanlage die wichtigste, ebenfalls viele Kriterien erfassende Größe aus betriebswirtschaftlicher Sicht dar.

5.3.4 Grundsätzliches zur Katalyse

5.3.4.1 Definition und Aufbau eines Katalysators

Bei der technisch verwirklichten NO_x-Minderung haben die katalytisch arbeitenden Verfahren eine dominierende Stellung eingenommen. Deswegen werden einige grundlegende Ausführungen zur Katalyse (von katalysis = Auflösung) vorangestellt.

Die Beeinflussung einer Reaktion durch einen dritten Stoff nannte bereits 1836 Berzelius „Katalyse“. W. Ostwald gab um 1900 die berühmte, klassische Definition: „Ein Katalysator ist ein Stoff, der, ohne im Endprodukt der Reaktion zu erscheinen, ihre Geschwindigkeit verändert“ In der technischen Chemie steht

Bild 5.9. Aufbau eines Katalysators [56]

die Regel die Erhöhung der Geschwindigkeit, die positive Katalyse, im Vordergrund. Ferner unterteilt man in die homogene und heterogene Katalyse. Bei der homogenen Katalyse haben die reagierenden Verbindungen und der Katalysator die gleiche Phase, z.B. Spuren von Wasserdampf bei der Kohlenoxidverbrennung. Für die Abgasreinigung findet die heterogene Katalyse großtechnische Anwendung, d.h. der Katalysator ist ein Festkörper. Beimengungen, die den Wert eines Katalysators erhöhen oder die Katalyse zu besonders erwünschten Reaktionsprodukten lenken, bezeichnet man als Verstärker, Aktivatoren oder Promotoren.

Ursprünglich bezog sich der Begriff „Katalysator" nur auf die wirksame Substanz z.B. Platin. Inzwischen hat sich jedoch eine Definition eingebürgert, die folgende Bestandteile umfaßt (Bild 5.9):

- Trägermaterial
  Die tragende Grundstruktur muß eine große Oberfläche bei hoher mechanischer und thermischer Festigkeit gewährleisten (vgl. auch [57]). Als Material kommen Stahl, Metalle, Aluminiumoxid (Al_2O_3), Siliziumoxid (SiO_2) und Alumosilikate zur Anwendung.
- Aktive Zwischenschicht (wash coat)
  Sie soll die Oberfläche weiter vergrößern und kann Promotoren enthalten.
- Katalytisch wirksame Substanz

Dieser generelle Aufbau ist nicht immer verwirklicht. In der Regel fehlt die Zwischenschicht z.B. beim Plattenkatalysator für das SCR-Verfahren (Abschn. 5.4.3). Die „Vollkatalysatoren" beim SCR-Verfahren stellen eine homogene Mischung aus Träger- und Aktivmaterial dar. Sog. Vollkontakte wie Platinnetze, Nichtedelmetalloxid-Katalysatoren, Aktivkokse haben überhaupt keinen Träger, sondern nur katalytisch aktives Material.

Die vorstehend erläuterte, in der Chemie übliche Definition eines Katalysators ist in der öffentlichen Diskussion inzwischen auf den gesamten Apparat, also inklusive Gehäuse, Rohrausschlüssen etc. erweitert worden. Wissenschaftlich spricht man dann von einem katalytischen Reaktor oder Konverter.

5.3.4.2 Technische Katalysator-Kenngrößen

Eine wichtige Größe zur Beurteilung aller Abgasreinigungsanlagen ist der Abscheidegrad (auch Umwandlungs-, Konversionsgrad). Ist c_V die Eintrittskonzentration in die DENOX-Anlage, c_N der NO_x-Gehalt am Austritt, dann gilt für den Abscheidegrad ε:

$$\varepsilon = \frac{c_V - c_N}{c_V} . \tag{5.11}$$

Das Verhältnis des feuchten stündlichen Abgasvolumenstroms im Normzustand $\dot{V}$ zum Katalysatorvolumen V im m^3 bezeichnet man als Raumgeschwindigkeit SV (space velocity):

$$SV = \frac{\dot{V}}{V} \tag{5.12}$$

SV hat die Einheit h^{-1}. Der Kehrwert ist ein Maß für die Verweilzeit im Katalysator. Da aber das Volumen im Betriebszustand größer, das wirksame Katalysatorvolumen kleiner ist, beträgt die aus (5.12) sich ergebende Verweildauer das 2 bis 3-fache der tatsächlichen Verweilzeit [53]. Hohe Aktivität und kleine Durchflußquerschnitte (Teilung) führen zu höheren SV-Werten und damit zu geringeren Volumen und niedrigerem Preis. Bei stationären Anlagen liegen die Raumgeschwindigkeiten zwischen 300 und 40 000 h^{-1}; bei Pkw-Motoren können Werte bis 200 000 h^{-1} auftreten.

Insbesondere für Parallelstromkatalysatoren (s. Abschn. 5.3.4.3) wird häufig die spezifische Katalysatorbeaufschlagung (area velocity) AV verwendet. Sie ist der Quotient aus Abgasvolumenstrom im Normzustand zur äußeren Katalysatoroberfläche A mit der Einheit m/h oder m/s:

$$AV = \frac{\dot{V}}{A} . \tag{5.14}$$

Die Lineargeschwindigkeit LV (linear velocity) ist als Verhältnis von Abgasvolumenstrom $\dot{V}$ zur angeströmten Querschnittsfläche F des Katalysators definiert:

$$LV = \frac{\dot{V}}{F} . \tag{5.15}$$

Sie bezieht sich auf den DENOX-Reaktor ohne Einbauten und wird deshalb als Leerraumgeschwindigkeit bezeichnet. Sie stellt nicht die tatsächliche Geschwindigkeit im Katalysator dar.

Für die Aktivität ist weiterhin die spezifische Oberfläche (m^2/m^3 oder m^2/g) maßgebend. Als Maß für die durch die Porenstruktur bedingten inneren Oberflächen ist die äußere, geometrische Oberfläche anzusehen, die von der geometrischen Form und Größe der Katalysatorelemente abhängt (vgl. Tabelle 5.7).

5.3.4.3 Katalysatorarten und Anforderungen

Hinsichtlich der geometrischen Konfiguration und Durchflußrichtung unterscheidet man folgende Katalysatortypen:

- Schüttgutkatalysator (Pellets, Granulat)
- Parallelstromkatalysator (Kanalkatalysator, Monolith)

Tabelle 5.7. Äußere spezifische Oberfläche von Katalysatoren [58]

	Abmessungen (mm)		Spez. Oberfläche (m^2/m^3)
Kugeln	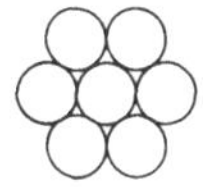 4		1 100
	6		740
	10		444
Waben	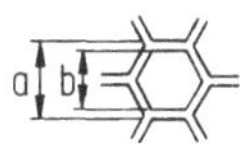 a	b	
	9	7	437
	10	7	387
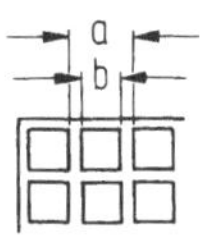	14	10	278
	7	5	556
	10	7	388
	14	10	277
Platten	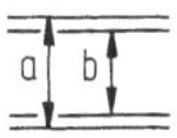 9	5	283
	13	7	200
	16	10	154

Pellets können als
- Kugeln
- Zylinder (Stifte)
- Ringe
- Sternchen

geformt sein. Hohe Aktivität erfordert eine große spezifische Oberfläche und damit möglichst kleine Pellets (vgl. Tabelle 5.7), die aber zu höheren Druckverlusten führen; es gilt hier ein Optimum zu finden. Der Schüttgutkatalysator kann als
- Festbettreaktor
- Fließbett- oder Wanderbettreaktor (intermittierend oder kontinuierlich)
- Wirbelschichtreaktor

arbeiten. Der Fließbettreaktor ist bei hohen Staubbeladungen (z.B. $> 20-30\,mg/m^3$) der Abgase sowie bei Regenerationsstufen erforderlich.

Die Formvielfalt der Kanalkatalysatoren ist ebenfalls sehr groß:
- Rohre
- Waben
  - quadratische Kanäle
  - hexagonale Kanäle
  - dreieckige Kanäle
- Platten
  - dreieckartige Bleche
  - sinusförmige Bleche

Diese Kanalkatalysatoren haben einen geringeren Druckverlust und sind unempfindlicher gegen hohe Staubgehalte. Damit sind nur zwei Kriterien von vielen angesprochen, denen Katalysatoren für die Abgasreinigung genügen müssen. Grundlegende Anforderungen sind:
1. Hohe Aktivität bei niedrigen Arbeitstemperaturen in einem weiten Temperaturbereich

2. Hohe Selektivität d.h. alleinige Beschleunigung der erwünschten Reaktionen
3. Chemische Beständigkeit
4. Thermische Stabilität vor gegen stark wechselnden Temperaturen
5. Mechanische Stabilität z.B. gegen Stoß, Erosion
6. Niedriger Druckverlust
7. Hohe Standzeiten
8. Unproblematische Entsorgung
9. Geringer Preis

Hinter jeder dieser neun Grundforderungen verbergen sich oft weitere Teilkriterien, die auch wieder konträr sind. Je nach Art des chemischen Prozesses und des Anwendungsfalles gilt es den jeweils optimalen Katalysator auszusuchen.

5.4 Trockene, selektive Reduktion

5.4.1 Chemismus der selektiven Reduktion

Durch selektive Reduktion entstehen aus den Stickstoffoxiden (NO, NO_2) durch Zugabe von Ammoniak (NH_3) Stickstoff (N_2) und Wasserdampf (H_2O). Da es sich um natürliche Bestandteile der Luft handelt, gibt es kein Rückstandsproblem. Mit Stickstoffmonoxid (NO) als wichtigstem Oxid (vgl. Abschn. 2.5.2) stellt

$$4NO + 4NH_3 + O_2 \rightarrow 4N_2 + 6H_2O \tag{5.16}$$

nach allgemeiner Auffassung die maßgebende Bruttoreaktion dar. Das für den NH_3-Verbrauch wichtige Molverhältnis NH_3/NO ist demnach gleich 1 d.h. äquimolar. Als homogene Gasphasenreaktion läuft (5.16) ((1) in Tabelle 5.8) erst bei Temperaturen $>800-900\,°C$ befriedigend ab. An dieser selektiven thermischen (*nichtkatalytische*) Reduktion sind tatsächlich nach Wolfrum 15, nach dem Patentinhaber 31 Radikalreaktionen beteiligt [59, 60]. OH- und H-Radikale des Wasserdampfs bilden mit Ammoniak (NH_3) das Aminradikal NH_2, das mit NO reagiert [48, 59, 60]:

$$NH_2 + NO \rightarrow N_2 + H_2O\,. \tag{5.17}$$

Das „Temperaturfenster" für die Reaktion nach (5.16) bzw. (5.17) ist sehr eng, da oberhalb 1 050 – 1 200 °C eine Oxidation des NH_3 zu NO gem. (5 – 7) der Tabelle 5.8 erfolgt und der Abscheidegrad schnell abnimmt (Bild 5.10).

Bei Temperaturen unterhalb 800 – 900 °C ist die Reaktionsgeschwindigkeit für (5.16) zu gering, so daß Katalysatoren notwendig werden (selektive katalytische Reduktion). Je nach Katalysatorart kann die Reaktionstemperatur auf 250 – 420 °C bzw. 80 – 150 °C gesenkt werden.

Unbedingt erforderlich für die selektive Reduktion ist die Anwesenheit von Sauerstoff. Bei der thermischen Reduktion verschiebt er das Temperaturfenster zu niedrigeren Temperaturen hin [63]. Bei Metalloxid-Katalysatoren setzt ihre Aktivität bei fehlendem Sauerstoff aus [62]. Schon O_2-Gehalte $>0{,}15-0{,}5\,\%$ führen zu einem beachtlichen Anstieg der Umsetzung, so daß Konzentrationen

Tabelle 5.8. Bruttoreaktionen bei der selektiven Reduktion der Stickstoffoxide

Hauptreaktionen		
$4NO + 4NH_3 + O_2$	$\rightarrow 4N_2 + 6H_2O$	(1.)
$6NO + 4NH_3$	$\rightarrow 5N_2 + 6H_2O$	(2.)
$6NO_2 + 8NH_3$	$\rightarrow 7N_2 + 12H_2O$	(3.)
$2NO_2 + 4NH_3 + O_2$	$\rightarrow 3N_2 + 6H_2O$	(4.)
Nebenreaktionen		
$4NH_3 + 3O_2$	$\rightarrow 2N_2 + 6H_2O$	(5.)
$4NH_3 + 5O_2$	$\rightarrow 4NO + 6H_2O$	(6.)
$4NH_3 + 7O_2$	$\rightarrow 4NO_2 + 6H_2O$	(7.)
$2NH_3 + 2O_2$	$\rightarrow N_2O + 3H_2O$	(8.)
$2NH_3 + 8NO$	$\rightarrow 5N_2O + 3H_2O$	(9.)
$4NO + 4NH_3 + 3O_2$	$\rightarrow 4N_2O + 6H_2O$	(10.)
$12NO_2 + 16NH_3 + 7O_2$	$\rightarrow 14N_2O + 24H_2O$	(11.)
$2SO_2 + O_2$	$\rightarrow 2SO_3$	(12.)
$NH_3 + SO_3 + H_2O$	$\rightarrow NH_4HSO_4$	(13.)
$2NH_3 + SO_3 + H_2O$	$\rightarrow (NH_4)_2SO_4$	(14.)
$2NH_4HSO_4$	$\rightarrow (NH_4)_2SO_4 + H_2SO_4$	(15.)
$NH_4HSO_4 + NH_3$	$\rightarrow (NH_4)_2SO_4$	(16.)
$NH_3 + HCl$	$\rightarrow NH_4Cl$	(17.)

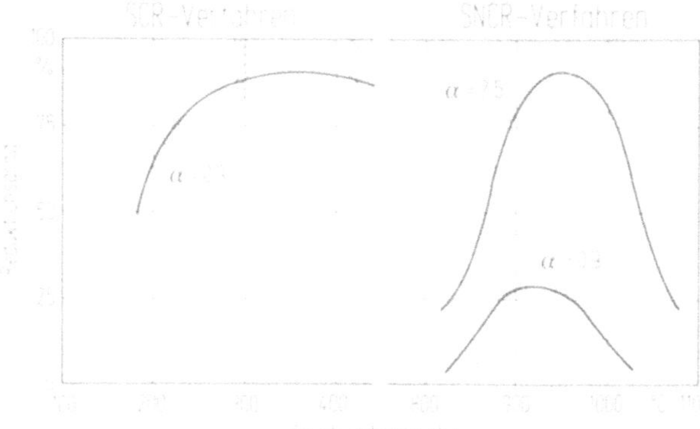

Bild 5.10. Gegenüberstellung von SNCR- und SCR-Verfahren (n. L&C Steinmüller GmbH)

>1 % für die Reduktion ausreichend sind [64, 65]. Die Reaktion des NO_2 mit NH_3 soll hingegen nicht die Anwesenheit von O_2 erfordern, also nach (3), nicht nach (4) in Tabelle 5.8 ablaufen [62].

Bei den Metalloxid-Katalysatoren wird NH_3, nicht aber NO an den sauren Zentren ihrer Oberfläche adsorbiert. Nach heutiger Vorstellung reagiert ein ankommendes NO-Molekül mit einem festsitzenden NH_3-Molekül (sog. Eley-Rideal-Mechanismus). Bei Metallen und Aktivkoks verlaufen die Reaktionen nach dem Langmuir-Hinshelwood-Mechanismus, für den die *gleichzeitige* Chemiesorption von NO und NH_3 charakteristisch ist.

Von den vielen möglichen Nebenreaktionen dürfte die NO_2-Bildung gem. (7) (Tabelle 5.8) keine praktische Bedeutung haben [61]. Das als Sekundäremission unerwünschte Distickstoffmonoxid (N_2O) scheint gem. (8–11) nicht im wesentlichen Umfang zu entstehen [61, 62, 66]. Bei der homogenen Gasphasenreaktion spielt vermutlich die NH_3 verbrauchende (5) eine gewisse Rolle [61].

Gänzlich unerwünscht ist die Bildung von Ammoniumsulfaten gem. (12–16) in Tabelle 5.8. In geringem Umfang entsteht aus dem Brennstoffschwefel auch Schwefeltrioxid (SO_3) während der Verbrennung; in den Katalysatoren kann zusätzlich SO_3 gem. (12) gebildet werden. Mit überschüssigem Ammoniak reagiert es zu Ammoniumhydrogensulfat (Ammoniumbisulfat NH_4HSO_4), das zwischen 240 und 180 °C in flüssiger Phase, unterhalb 180 °C im festen Zustand vorliegt. Es ist korrosiv und klebrig und kann zu Verschmutzungsproblemen in den nachfolgenden Anlagenteilen führen. Auch wegen dieser Nebenreaktion wird der NH_3-Durchbruch (Schlupf, Slip) in Japan auf $<3{,}8$, bei uns sogar auf $<1{,}5\,mg/m^3$ i.N. begrenzt.

Die Reaktion (17) in Tabelle 5.8 steht stellvertretend für weitere, mögliche Nebenreaktionen mit z.B. Kohlendioxid (CO_2) oder Fluorwasserstoff (HF), die nicht aufgeführt sind.

5.4.2 Selektive nichtkatalytische (thermische) Reduktion (SNR-Verfahren)

Das SNR-Verfahren (oft auch SNCR-Verfahren genannt) arbeitet gem. (5.16) ohne Katalysator in einem Temperaturbereich zwischen 850 und 1 000 °C. Die Ammoniakeindüsung muß deshalb zwischen Brennkammeraustritt und Eko, also im Bereich der Überhitzer, erfolgen. Zu hohe Temperaturen bewirken eine Oxidation des Ammoniaks zu Stickstoffmonoxid; bei zu niedrigen Temperaturen sinkt die Umsetzungsrate. Der Bereich für die optimale Reaktion – das sog. Temperaturfenster – ist mit ca. 100 K sehr klein. Die Beherrschung der Teillastzustände ist mit folgenden Maßnahmen möglich:

- Lastabhängig geregelte, örtlich unterschiedliche Eindüsung von Ammoniak
- Zusätzliche Injektion von Wasserstoff
  Ein Molverhältnis von $H_2/NH_3=1$ erniedrigt die optimale Temperatur auf 750 °C.

Die Vorteile des SNR-Verfahrens gegenüber der katalytischen Reduktion (SCR-Verfahren) sind:

- niedrige Investitionen (kein Katalysator!)
- geringer Eingriff in die bestehende Anlage (kurze Einbauzeiten)
- geringer Platzbedarf
- kein Druckverlust

Akzeptable Werte für Abscheidegrad, Molverhältnis und NH_3-Schlupf (NH_3-Durchbruch) lassen sich in Versuchsanlagen realisieren, da die mindestens erforderliche Verweilzeit von 0,2–0,5 s im optimalen Temperaturbereich eingehalten werden kann. In Dampferzeugern kühlen sich aber die Abgase rasch ab; ferner bereitet die gleichmäßige Vermischung des NH_3 bei den hohen Temperaturen und großen Querschnitten Schwierigkeiten. Bei Begrenzung des NH_3-Slip sind die Abscheidegrade zu niedrig und heute durch Primärmaßnahmen zu erreichen. Bei Erhöhung des Molverhältnisses auf >1 treten verstärkt die Probleme der Luvoverschmutzung, der Flugasche- und REA-Rückstandsverwertung sowie des REA-Abwassers auf (vgl. Abschn. 5.4.4).

Die Entwicklung des SNR-Verfahrens begann 1972 durch die Exxon Research Engineering Corporation, Linden/USA. Ab August 1974 führte Mitsubishi Heavy Industries (MHI) großtechnische Versuche an ölbefeuerten Dampferzeugern durch [65]. Heute sind in Japan etwa 40 Anlagen mit einer Äquivalentleistung von rund 1 500 MW installiert. Sie behandeln „saubere" Abgase von LNG, Kerosin, Heizöl mit geringem Schwefelgehalt und arbeiten oft nur bei austauscharmen Wetterlagen. Die größte und zugleich einzige Anlage der Elektrizitätswirtschaft Japans steht im ölgefeuerten Kraftwerk Chita; sie ist seit 1977 für eine Leistung von 375 MW (el) in Betrieb. Bei einem Molverhältnis von 1 und einem NH_3-Schlupf von 8 – 16 mg/m^3 wird ein Abscheidegrad von 30 – 40 % erreicht [40]. Nach bereits im Juli 1977 durchgeführten Versuchen an einem kohlebefeuerten 265 MW Block im Kraftwerk Isogo sah man keine Anwendungsmöglichkeiten bei Kohlefeuerungen [67]. In den USA (Californien) gab es um 1982 hinter Öl- und Gasfeuerungen 37 Anlagen; die größte Einheit der USA dürfte der 235 MW-Block im Kraftwerk Haynes sein [68]. Im deutschen Heizkraftwerk Marl ist seit 1986 eine SNR Anlage für eine Schmelzfeuerung (214 MW (th)) in Betrieb. Bei einem NH_3-Schlupf von 7 mg/m^3 beträgt der Abscheidegrad 25 – 35 % mit einem Molverhältnis von – je nach Verschmutzung des Dampferzeugers – 1,2 – 2,1 [69]. Die Anwendung des SNR-Verfahrens bei schwerölgefeuerten Dreizugkesseln wird an 2 Stellen erprobt; bei herabgesetzter Leistung und vernachlässigbarem Schlupf sollen Abscheidegrade von 50 – 65 % erzielt werden [70, 71].

5.4.3 Katalysatoren für die selektive katalytische Reduktion (SCR-Verfahren)

5.4.3.1 Schwermetalloxid-Katalysatoren

Katalysatoren für das SCR-Verfahren müssen den in Abschn. 5.3.4.3 aufgelisteten Anforderungen gerecht werden. Besonders hervorzuhebende Eigenschaften sind:

- Geringe Umwandlungsrate $SO_2 \rightarrow SO_3$ wegen der Nebenreaktion (13) in Tabelle 5.8
- Resistenz gegenüber
  - Schwefeldioxid (SO_2)
  - Halogenwasserstoff (HF, HCl)
  - Alkalimetalle (Na_2O, K_2O)
  - Schwermetalle (z.B. As)

Zur Auswahl geeigneter Katalysatoren führte ein japanischer Hersteller rund 1 000 „screenings-tests" durch; eine andere Firma untersuchte mehrere hundert Katalysatoren auf ihre Aktivität [52, 72]. Weber wertete 120 Patente bzw. Patentanmeldungen in Deutschland und den USA aus [73]. Als Trägermaterialien kommen TiO_2, Al_2O_3, Fe_2O_3 und auch SiO_2 in Frage [74, 75]. Vor allem wegen seiner SO_2-Resistenz und seiner eigenen Aktivität setzte sich TiO_2 in Japan als Basismaterial durch. Wichtigste Aktivkomponente ist mit 1 bis 5 % V_2O_5, das im weiten Temperaturbereich einen hohen Reduktionsgrad, jedoch auch eine große SO_2-Umwandlungsrate hat (Bild 5.11). Durch Zusatz von WoO_3 kann sie unter dem geforderten Wert $<1\%$ gehalten werden. Weitere aktivierende Metalle sind Mo, Fe, Cr, Cu, Co, Mn [73 – 75].

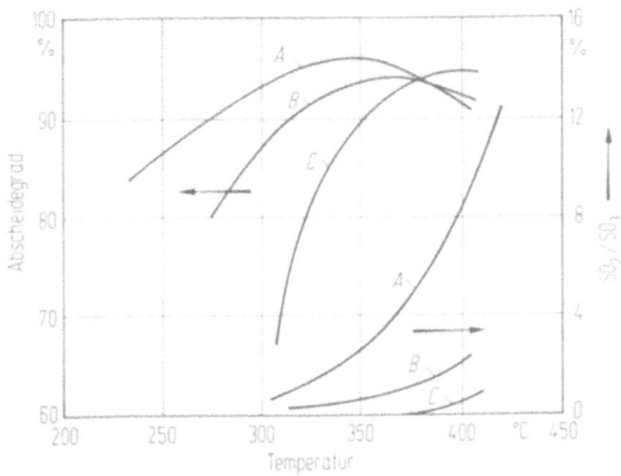

Bild 5.11. Einfluß der Temperatur und der Zusammensetzung des Katalysators auf den Abscheidegrad. **A**-V_2O_5-Gehalt hoch; **B**-V_2O_5-Gehalt mittel; **C**-V_2O_5-Gehalt niedrig

Pellets sind in Japan nur bis zu Staubgehalten von 20 mg/m^3 (Gasfeuerungen) angewendet worden. Staubkonzentrationen bis 200 mg/m^3 erforderten bereits Wanderbettreaktoren. Typische Werte für Schüttgutkatalysatoren sind [65]:

Durchmesser	5 – 7 mm
Betthöhe	0,3 – 0,6 m
Raumgeschwindigkeit	5 000 – 8 000 h^{-1}
Druckverlust	500 – 900 Pa

Bei Gasfeuerungen sind in Japan auch Raumgeschwindigkeien bis zu 20 000 h^{-1} verwirklicht worden [40]. Neuerdings kommen auch bei Gasfeuerungen nur Kanalkatalysatoren zur Anwendung. Rohre wurden nur einmal (1981) im 125 MW-Strang einer Demonstrationsanlage verwirklicht, und inzwischen durch Waben ersetzt. Ende 1984 betrug der leistungsbezogene Anteil der homogenen Wabenkatalysatoren bei den kohlegefeuerten Kraftwerken der öffentlichen Stromversorgung Japans 60 %; der Rest der Kraftwerke hatte Plattenkatalysatoren. Bild 5.12 zeigt Wabenkatalysatorelemente, die bei einer Länge von 650 mm etwa 14 kg wiegen. Wichtige Kenndaten enthält Tabelle 5.9. Es handelt sich heute nur noch um sogenannte Vollkatalysatoren, Träger- und Aktivmaterial bilden eine homogene Masse. 36 – 130 Elemente werden in Stahlkörben zu Katalysatormodulen zusammengesetzt; ein ca. 4 mm starker Mineralfaserfilz dichtet sie gegeneinander und gegen die Stahlkonstruktion ab. Bei 130 Elementen beträgt die gesamte Masse 2,68 t.

Das Element eines Plattenkatalysators besteht aus einem Trägerblech aus Edelstahl mit eingearbeiteten Abstandhaltern, auf dem die aktive Schicht aufgebracht ist (Bild 5.12 unten). Mehrere solcher Bleche werden in einem Gehäuse mit einem Querschnitt von ca. 500 × 500 mm und einer Höhe von 550 mm zu einem Block zusammengefaßt; die übliche Teilung ist 6 mm. In der Werkstatt stellt man aus diesen Blöcken Katalysatorpakete her, bestehend aus Blöcken in der Breite bis zu 8 in der Länge und bis zu 6 in der Höhe. Das Gewicht liegt dann zwischen 1,5 und 8,5 t.

Bild 5.12. Japanische Waben- und Platten-Katalysatorelemente

Tabelle 5.9. Angaben zu den Schwermetalloxid-Katalysatoren

	Einheit	Wabe Bild 5.12a	Platte Bild 5.12b
Abmessungen			
Querschnitt	mm	150 × 150	
Höhe	m	0,5–1	0,55
Teilung (pitch)	mm	3,3–10	3–16
Steg- oder Plattendicke	mm	0,85–1,4	0,85–1,2
Anzahl der Kanäle	–	1089–169	–
Spez. Oberflächen	m^2/m^3	945–320	950–300
Raumgeschwindigkeit			
High-Dust-System	h^{-1}	1000– 3000	
Tail-End-System	h^{-1}	5000–10000	
Heizöl	h^{-1}	5000–10000	
Gas	h^{-1}		
Flächengeschwindigkeit	m/h	6 –12	
Lineargeschwindigkeit	m/h	1,9– 4	

Die Reduktion des NO an Schwermetalloxidkatalysatoren und Zeolithen gem. (5.16) verläuft nach dem Eley-Rideal-Mechanismus, bei dem nur *ein* Ausgangsstoff, nämlich Ammoniak, an den sauren Zentren (Brönsted-) adsorbiert wird und mit dem gasförmigen Stickstoffmonoxid reagiert [62].

5.4.3.2 Zeolithe

Zeolithe sind nach Breck „kristalline, hydratisierte Alumosilicate, synthetisiert oder natürlich vorkommend, mit Gerüststruktur, die Alkali- bzw. Erdalkalikationen enthalten" [76]. Die empirische Formel lautet [76]:

$$M_{2/n}O \cdot Al_2O_3 \cdot xSiO_2 \cdot yH_2O \quad (x \geqq 2).$$

Die Eigenschaften der Zeolithe können durch Temperaturbehandlung, Änderung des Verhältnisses SiO_2/Al_2O_3, Zusatz von Platin und Behandlung in Schüttungen verschiedener Geometrie sehr stark verändert werden. Sie erlauben es, Katalysatoren sozusagen „maßzuschneidern" [76]. Das Kristallgitter der Zeolithe bildet ferner ein streng regelmäßiges Poren-Hohlraum- oder Kanalsystem [77]. Neben weiteren Vorzügen haben deshalb die Zeolithe die sog. Formselektivität. Im Inneren der zeolithischen Hohlräume können nur solche Moleküle umgesetzt werden, die die Zeolith-Poren passieren können (Porenweite $<0{,}7$ nm) und in die Hohlräume des Katalysators passen [76, 77].

Zeolithe werden als Pellets- und Wabenkatalysatoren angeboten. Die Arbeitstemperatur liegt zwischen 300 und 480 °C, die Raumgeschwindigkeit zwischen 2000 und 4000 h^{-1}. Wegen ihres keramischen Basismaterials bereitet die Entsorgung keine Schwierigkeiten.

Der Wabenkatalysator kam erstmals im Blockheizkraftwerk Paderborn zum Einsatz [78]. Das einzige SCR-Verfahren in Deutschland mit einem Schüttgutkatalysator ist seit 1987 im Heizkraftwerk Sandreuth (3 × 106 MW (th)) in Nürnberg in Betrieb [79].

5.4.3.3 Eisenoxid-Chromoxid-Katalysatoren

Die Entwicklung dieses SCR-Verfahrens begann 1964 aufgrund bestimmter Anforderungen der öffentlichen Gasversorgung [80]. Durch den Bau von drei Großanlagen für die Salpetersäureherstellung in 1975/1976 fand es kommerzielle Verwirklichung in der chemischen Industrie. Ab 1983 begannen Untersuchungen zum Einsatz hinter Feuerungen und stationären Verbrennungsmotoren, die vor allem eine Modifizierung des Katalysators im Hinblick auf den hohen SO_2- und Staubanteil der Abgase erforderten. Inzwischen wird er in mehreren Kraftwerken in 6 Versuchsanlagen erprobt [81]. 1986 begann der Betrieb von Eisenoxid-Katalysatoren hinter 4 Diesel-Gasmotoren (4 × 1 140 kW (el)). Im Kraftwerk Wilhelmshaven (Preag) soll 1988 die erste großtechnische Anlage für Feuerungen in Betrieb gehen.

Die Matrix des Katalysators besteht aus Fe_2O_3, dem Cr_2O_3 beigemischt werden kann [83]. Ferner sind Al_2O_3 und SiO_2 enthalten sowie zur Erreichung einer SO_2/SO_3-Resistenz Zusätze an Eisensulfat ($Fe_2(SO_4)_3$) [83]. Weitere Bestandteile sind MgO, TiO_2, CaO und $FePO_4$ [83].

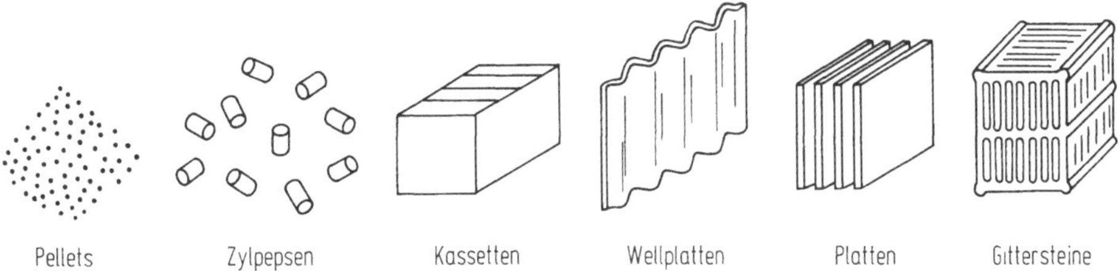

Bild 5.13. Geometrische Formen der Eisenoxid-Katalysatoren [82]

Die geometrische Form kann dem Einsatzzweck angepaßt werden; die speziellen Konfigurationen für Schüttgut- und Kanalkatalysatoren zeigt Bild 5.13. Als Kenndaten für diese Katalysatorart seien genannt [80–82]:

Arbeitstemperatur	250–450 °C
Durchmesser der Pellets	2– 4 mm
Stegdicke bei Gittersteinen	2– 6 mm
Lichte Weite	3– 15 mm
Äußere spez. Oberfläche (Kanalkatalysator)	250–800 m^2/m^3
Flächengeschwindigkeit z.B.	4,5 bzw. 4,9 m/h

Die stets befürchtete starke Empfindlichkeit von Eisenoxid gegenüber Schwefeldioxid trifft hier nach den Angaben des Herstellers nicht zu. Die Entsorgung bereitet keine Schwierigkeiten, da die verbrauchten Katalysatoren als Zuschlagstoff in der metallurgischen Industrie z.B. bei der Roheisenerzeugung, verwendet werden können.

5.4.3.4 Aktivkokse

Aktivierte Kohle (Aktivkohle), hergestellt aus Tierblut, Kokosnußschalen, Torf und Holz, ist sehr teuer. Bereits 1965 begann die Bergbau-Forschung GmbH mit der Entwicklung billiger, schwer entzündbarer Aktivkokse aus Steinkohle für die großtechnische Abgasreinigung. Die feingemahlenen voroxidierten Steinkohlen mit einem Aschengehalt <1 % werden mit Bindemittel vermischt, zu Pellets extrudiert und anschließend geschwelt und aktiviert. Neuerdings wird auch ein aus rheinischer Braunkohle erzeugter Aktivkoks (Herdofenkoks) in Versuchsanlagen getestet, dessen Preis nur ein Neuntel des Steinkohlekokses beträgt. Wichtige Eigenschaften der zu ca. 90 % aus Kohlenstoff bestehenden Aktivkokse enthält Tabelle 5.10.

Die heterogene Katalyse läuft nach dem sog. Langmuir-Hinshelwood-Mechanismus ab [62]. NH_3 und NO werden beide gleichzeitig adsorbiert und reagieren am Katalysator unter Bildung von Stickstoff und Wasserdampf, die gasförmig entweichen. Als Hauptreaktion wird folgende Gleichung angegeben [87]:

$$6NO + 4NH_3 \rightarrow 5N_2 + 6H_2O\,. \tag{5.18}$$

Die Anwesenheit von Sauerstoff ist aber auch hier unbedingt erforderlich. Bei Erdgasfeuerungen wäre z.B. die Anhebung des O_2-Gehaltes auf 4–5 % notwendig, um einen Abscheidegrad von ca. 55 % bei $\alpha = 1{,}1$ zu erreichen, wenn man

Tabelle 5.10. Angaben zu den Aktivkoksen als Katalysator für das SCR-Verfahren

Kriterien	Einheit	BF-Koks Form-Aktivkoks	Herdofenkoks (HOK)
Hersteller	–	Bergbau-Forschung	Rheinbraun
Rohstoff	–	Steinkohle	Rhein. Braunkohle
Kornform	–	Zylindrisch	Unregelmäßig
Korngröße (Durchmesser)	mm	4–6	1–5
Schüttdichte	kg/m^3	470–700	450–500
Spez. Oberfläche	m^2/g	1000	275
Richtpreis	DM/t	2000	220
Rekationstemperatur	°C	70–150	80–150
Leerraumgeschwindigkeit	m/s	0,25	0,1–0,15
Verweilzeit	s	10	15–20
Druckverlust	–	Niedriger	Höher

nicht auf außergewöhnlich große Schichthöhen von >4 m übergehen will [88, 89].

Am Aktivkoks läuft eine, wenn auch untergeordnete, nichtselektive Reduktion (d.h. ohne Ammoniak) gem. folgenden Gleichungen ab [62, 87]:

$$2NO_2 + 2C \rightarrow 2CO_2 + N_2 \tag{5.19}$$

$$2NO + 2C + O_2 \rightarrow N_2 + 2CO_2\,. \tag{5.20}$$

In einer sehr unerwünschten Nebenreaktion reagiert auch Schwefeldioxid mit Ammoniak

$$2SO_2 + 4NH_3 + 2H_2O + O_2 \rightarrow 2(NH_4)_2SO_4\,. \tag{5.21}$$

Die Reaktionsgeschwindigkeit nimmt mit fallender Temperatur ab [87]. Der Einsatz von A-Koks ist deshalb nur nach der SO_2-Abscheidung (nach REA) möglich. Der NO_x-Abscheidegrad erhöht sich bei sonst gleichen Parametern von 85 auf 95 %, wenn der SO_2-Gehalt von 900 mg/m³ auf 290 mg/m³ sinkt [87]. Nach Cleve muß die SO_2-Konzentration <50–100 mg/m³ sein, damit ein befriedigender Betrieb möglich ist [90].

Die Raumgeschwindigkeit liegt zwischen 300 und 2000 h^{-1} [91]. Als notwendiges Katalysatorvolumen werden je nach Koksart und NH_3-Schlupf 10–20 m^3/MW (el) angegeben [92].

5.4.3.5 Einflußgrößen auf den Abscheidegrad

In Bezug auf Stickstoffmonoxid ist (5.16) eine Reaktion pseudo-erster Ordnung [62, 75], so daß bei äquimolarer Konzentration (Molverhältnis $\alpha = 1$) beider Komponenten am Katalysatoreintritt für die Reaktionsgeschwindigkeit gilt:

$$-\frac{dc_{NO}}{dt} = kc_{NO}\,. \tag{5.22}$$

Durch Integration erhält man mit dem Abscheidegrad nach (5.11) bzw. mit der Raumgeschwindigkeit gem. (5.12) die Beziehungen:

$$\varepsilon = 1 - \exp(-kt) \tag{5.23}$$

$$\varepsilon = 1 - \exp\left(-\frac{k}{SV}\right). \tag{5.24}$$

Diese Beziehung gilt nur für Katalysatorkanäle, die den Bedingungen idealer Strömungsrohre entsprechen [62]. Wicke hat jedoch für Schüttgutkatalysatoren eine formal ähnliche Beziehung hergeleitet [93]. Nach (5.23) hängt der Abscheidegrad für $\alpha = 1$ nur von der Zeit, jedoch nicht von der Konzentration ab. Für die Geschwindigkeitskonstante k gilt für Schwermetalloxid-Waben-Katalysatoren die Arrheniusgleichung [62]:

$$k = \exp\left(-\frac{E}{RT}\right) \tag{5.25}$$

$$E = 20 \text{ bis } 150\,\text{kJ/mol}$$

Die Geschwindigkeitskonstante (auch Katalysatorkonstante, Aktivität) hängt auch von strömungstechnischen Parametern und der Größe der Katalysatorober-

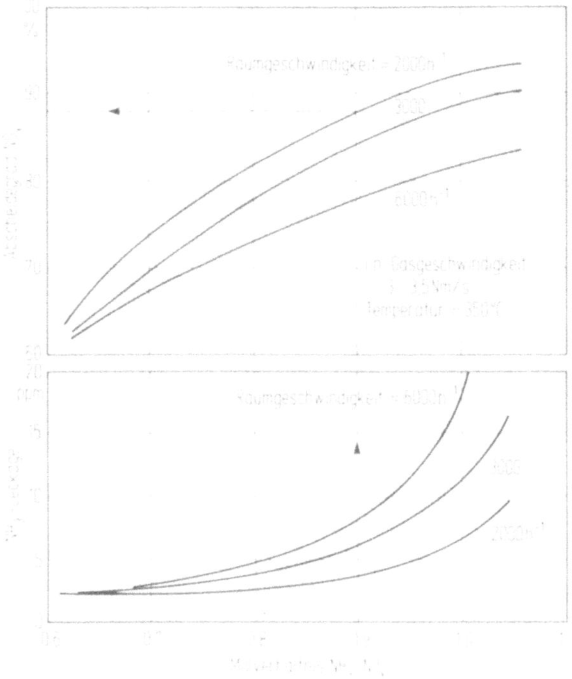

Bild 5.14. Abscheidegrad und Ammoniak-Schlupf in Abhängigkeit vom Molverhältnis und von der Raumgeschwindigkeit (Temperatur: 350 °C, Lineargeschwindigkeit: 3–3,5 m/s)

fläche ab [62]. Weber und Hübner geben für japanische Katalysatoren in High-Dust-Schaltung (s. Abschn. 5.4.4) Werte um $7500\,h^{-1}$ an [62]. Für die gemeinsame Konstante des aus i Katalysatorlagen bestehenden DENOX-Reaktors (s. Abschn. 5.4.5) gilt:

$$k=\Sigma k_i\,. \tag{5.26}$$

Für Molverhältnisse $\alpha \leqq$ wird oft die folgende Beziehung angegeben:

$$\varepsilon=\alpha\left(1-\exp\left(\frac{k}{SV}\right)\right). \tag{5.27}$$

Vielfach findet man auch folgende Formel für den Abscheidegrad als Funktion der Flächengeschwindigkeit AV:

$$\varepsilon=\alpha\left(1-\exp\left(-\frac{k_A}{AV}\right)\right). \tag{5.28}$$

Eine graphische Darstellung vorstehender Zusammenhänge gibt beispielhaft Bild 5.14. Der zunächst lineare Anstieg des Abscheidegrades ε mit dem Molverhältnis α ist ersichtlich; gleichzeitig nimmt oberhalb $\varepsilon > 0{,}8$ der NH_3-Slip exponentiell zu. Niedrige Raumgeschwindigkeiten wirken dem entgegen, führen aber zu höheren Investitionen.

5.4.4 Abgasseitige Anordnung des Katalysators

Der DENOX-Reaktor kann im Abgasstrom grundsätzlich vor der Schwefeldioxid-Abscheidung (REA) oder danach angeordnet werden. Dadurch ergeben sich drei Schaltungsmöglichkeiten (Bild 5.15):

- vor REA, rohgasseitig, heißliegend
  - High-Dust-System, nach Eko, vor oder im Luvo, vor Elektro-Filter
  - Low-Dust-System, hinter heißem Elektro-Filter, vor Luvo
- nach REA, reingasseitig, kaltliegend, Tail-End-System

Allein durch die örtlich verschiedene Lage des Katalysators im Abgasstrom ergeben sich grundlegende, gravierende Unterschiede hinsichtlich seiner Belastung und Auslegung, die in Tabelle 5.11 einander gegenübergestellt sind. Beim High-Dust-System arbeitet danach der Katalysator unter extrem ungünstigen Bedingungen, die durch sehr hohe Staubbeladungen und Schwefeldioxid-Gehalte charakterisiert sind.

Das Low-Dust-System entstand aus Furcht vor den sehr großen Staubgehalten beim High-Dust-System (Erosionen!). Deshalb liegt beim Low-Dust-System die DENOX-Anlage *nach* dem Elektro-Filter, jedoch vor Luvo im Bereich hoher Temperaturen. Gegenüber den Werten der Tabelle 5.11 Spalte 3 ändert sich nur die Staubkonzentration; sie ist $< 50\,mg/m^3$ und damit um Größenordnungen niedriger als beim High-Dust-System. Das führt zunächst zu folgenden Vorteilen [39]:

- Um ca. 15 % geringeres Katalysatorvolumen
- Um ein Jahr höhere Standzeiten für den Katalysator
- Kein Ammoniak in der Flugasche

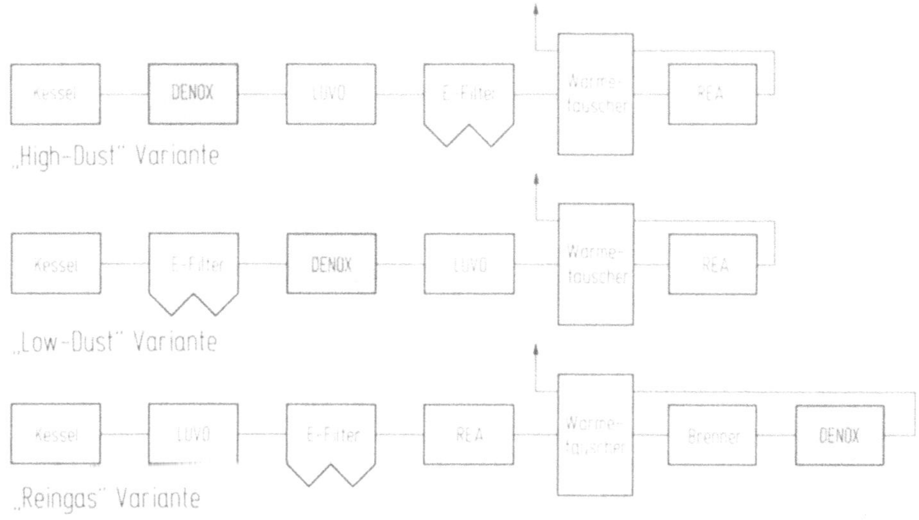

Bild 5.15. Lage der DENOX-Anlage im Abgasstrom [94]

Tabelle 5.11. Vergleich des high-dust-systems mit dem tail-end-system (Reingasschaltung, vgl. Bild 5.15)

Kriterium	Einheit	High-Dust	Tail-End[a]
Eintrittstemperatur		Lastabhängig	Konstant
	°C	300–420	45–70
Reaktionstemperatur	°C	300–420	(70[b]) 300–380
Konzentrationen			
NO_2	mg/m³	10– 60	~ 0
SO_2	mg/m³	1600– 6000	<200–400
SO_3	mg/m³	5– 30	< 7
HCl	mg/m³	30– 500	< 20–100
HF	mg/m³	1– 60	< 1– 15
Staub	mg/m³	5000–60000	10– 50
As			
NH_3-Schlupf	mg/m³	<1–3,5	<7
NH_3 in Flugasche	mg/kg	<500	0
NH_3 in REA-Abwasser	–	Ja	Nein
NH_3-Emission	mg/m³	0	<7

[a] Angaben abhängig vom SO_2-Minderungsverfahren
[b] A-Koks-Katalysator

Dem stehen jedoch auch erhebliche Nachteile entgegen [39]:

- Um 50 % größeres und damit teureres Elektro-Filter
- 20 % höherer Platzbedarf
- 10 % höherer Energiebedarf
- Gefahr der „Verklebung" durch den sehr feinkörnigen Staub (Verlust des Schmirgeleffekts)
- Ungeeignet für die Nachrüstung von Altanlagen

Ende 1984 hatten leistungsbezogen etwa 22 % aller öffentlichen Kohlekraftwerke in Japan das low dust system. Sie entfielen mit 1 200 MW auf das Kraftwerk Takehara (Block 1 und 3) der EPDC und mit 88 MW auf das Kraftwerk Tomato Atsuma 1, beides Neubauten. Betreiber, die Erfahrungen mit dem High-Dust-System hatten, bauten auch ihre Neuanlagen nach diesem Prinzip. In der BRD ist das Low-Dust-System nicht verfolgt worden, da es für Nachrüstungen nicht geeignet ist und Erfahrungen mit Heißgas-Elektro-Filtern (Staubabscheidung bei ca. 400 °C) nicht vorliegen.

Die Anordnung der DENOX-Anlage nach REA ist in Japan nur vereinzelt in der Industrie verwirklicht worden [95]. In Deutschland wenden eine beachtliche Zahl von Anlagen diese Schaltungsvariante an. Allein aus der Lage im Abgasstrom ergeben sich folgende Vorteile:

- Konstante lastabhängige Temperatur vor der DENOX-Anlage
- Sauberes Abgas (vgl. Tabelle 5.11)
- Kein Ammoniak in Flugasche und REA-Abwasser
- Erhöhter zulässiger NH_3-Schlupf, der allerdings im Hinblick auf die Emission begrenzt ist.
- Kein Eingriff in die bestehende Dampferzeugeranlage.
- Freiheit in der Platzwahl.

Der bedeutendste Nachteil der Tail-End-Schaltung ist die Notwendigkeit einer Wiederaufheizung von 45–70 ° auf 300–400 °C. All diese Faktoren wirken sich in unterschiedlicher Weise auf Art, Volumen und Standzeit des Katalysators, Druckverlust und Energieverbrauch aus (vgl. [79, 96–99]). Die sich für die jeweiligen örtlichen Verhältnisse ergebenden Plankosten entscheiden dann über die zu realisierende Schaltungsvariante.

5.4.5 Konstruktive Gestaltung der DENOX-Reaktoren

Zu einer nach dem SCR-Verfahren arbeitenden DENOX-Anlage gehören die in Tabelle 5.12 enthaltenen Komponenten.

Ammoniak wird verflüssigt unter einem Druck von 12 bar oder als Ammoniakwasser angeliefert. Die Regel ist bisher eine Lagerung verflüssigten Ammoniaks. Die Verdampfung geschieht im NH_3-Lager, unabhängig davon, wie weit der Dampferzeuger entfernt ist. Da Ammoniak ein arbeitsgefährlicher, wassergefährdender und luftverunreinigender Stoff ist, sind eine Fülle von Sicherheitsbestimmungen bei der Gestaltung der NH_3-Lager- und -Verdampferstation zu beachten [100–104]. Die Hauptkomponente, der DENOX-Reaktor, ist in Bild 5.16 dargestellt. Bei Leistungen >500 MW (el) wird auf alle Fälle eine zweisträngige Anordnung gewählt. Die Wahl der Durchflußrichtung ist nur bei Gasfeuerungen frei. Bei Kohlefeuerung wird der Reaktor stets vertikal von oben nach unten durchströmt. Wegen der geringen NH_3-Mengen (ca. 0,05 % des Rauchgasstromes [105]) und der großen Querschnitte ist für eine gute Durchmischung zu sorgen. Die Eindüsung sollte möglichst weit vor dem Katalysator an möglichst vielen Punkten des Abgasquerschnitts erfolgen. Das sog. dummy sorgt für Erosionsschutz und Strömungsgleichrichtung.

Tabelle 5.12. Bestandteile einer Anlage zur NO_x-Minderung nach dem SCR-Verfahren

Ammoniak-Lager
Ammoniak-Verdamferstation
Vermischung mit Luft bzw. Abgas
Wiederaufheizung (nur beim Tail-End-System)
DENOX-Reaktor
Zu- und Ableitungskanal
Ammoniak-Eindüsung
Dummy
Katalysatorlagen
Flugaschetrichter
Stahlkonstruktion
Fundamente

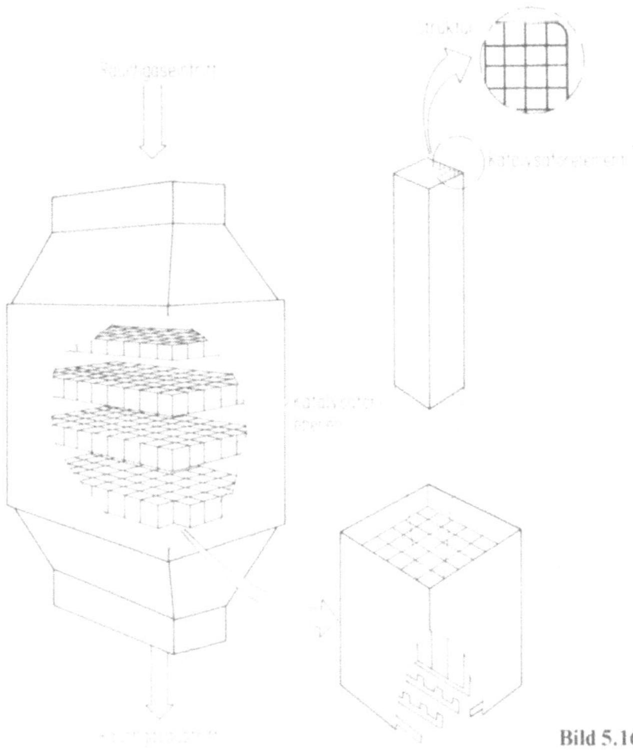

Bild 5.16. Prinzipieller Aufbau eines DENOX-Reaktors

Das erforderliche spezifische Katalysatorvolumen (m^3/MW (el) oder m^3/MW (th)) hängt vom NO_x-Rohgasgehalt, dem NO_x- Emissionsgrenzwert, dem zulässigen NH_3-Schlupf ab. Bild 5.17 zeigt den großen Einfluß des NH_3-Slips auf das Katalysatorvolumen bei gleicher NO_x-Eintrittskonzentration und konstantem Abscheidegrad. In Bild 5.18 ist die exponentielle Zunahme des Katalysatorvolumens bei Abscheidegraden >80 % bei gleichem NH_3-Schlupf und kon-

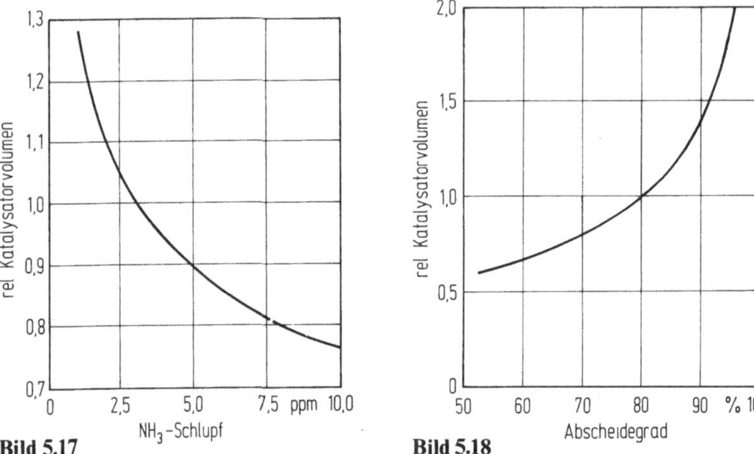

Bild 5.17 **Bild 5.18**

Bild 5.17. Einfluß des NH_3-Slips auf das Katalysatorvolumen bei konstantem NO_x-Rohgasgehalt und Abscheidegrad

Bild 5.18. Relatives Katalysatorvolumen in Anhängigkeit vom Abscheidegrad bei konstantem NO_x-Rohgasgehalt und NH_3-Schlupf

stantem NO_x-Reingasgehalt dargestellt. Als Faustwerte für das spezifische Katalysatorvolumen gelten [106]:

Schmelzfeuerungen	1,3 m^3/MW (el)
Trockenfeuerungen	0,9 m^3/MW (el).

Das erforderliche Volumen wird generell auf Katalysatorlagen aufgeteilt, die aus einer oder mehreren Ebenen der in Abschn. 5.4.3.1 und 5.4.3.3 beschriebenen Katalysatormodule oder -blöcke bestehen und Höhen zwischen 1,3 und 1,65 m aufweisen können. In den ca. 2 m hohen Freiräumen zwischen den Katalysatorlagen können – insbesondere bei hohen Staubgehalten – Rußbläser angeordnet sein.

Die erste großtechnische Demonstrationsanlage Shimonoseki 1 (Japan, Betriebsbeginn 1980) für Kohlefeuerungen hatte noch 5 Katalysatorlagen sowie einen Freiraum für eine weitere Lage. Heute versucht man bei Schmelzfeuerungen mit 3 oder 4, bei Trockenfeuerungen und bei der Schaltung nach REA mit 2 oder 3 Lagen auszukommen; eine Reservelage wird aber noch vorgesehen. Die Anzahl der Lagen beeinflußt das Bauvolumen; bei 3 Lagen ist es bei gleichem Katalysatorvolumen um 50 % größer als bei 1 Lage [39].

Die konstruktive Gestaltung bei Verwendung von Schüttgutkatalysatoren kann sich wesentlich von der hier für Parallelstromkatalysatoren gegebenen Darstellung unterscheiden. Bezüglich der Einzelheiten sei auf die Literatur verwiesen [79, 87, 90, 107, 108].

5.4.6 Entwicklungsstand des SCR-Verfahrens

Die ersten Pilot-Anlagen gingen in Japan bereits 1970 bzw. 1973 in Betrieb. Es folgte schon im Mai 1974 die erste großtechnische Anlage für 200 000 m^3/h

Tabelle 5.13. Zunahme der SCR-Anlagen in Industrie und Energiewirtschaft in Japan

Jahr	Quelle	Anzahl	Abgas-volumen 10^6 m³ i.N./h	Elektrische Leistung[a]
1972	[109]	5	0,1	33
1973	[109]	10	0,4	133
1975	[109]	45	4,3	1430
1980	[109]	140	39,1	13030
1985	[85]	200	110	36670
1986	[110]	216	112	36300
1987	[111]	230 (250)	150	50000

[a] Umrechnung: 1 MW (el) $\triangleq$ 3000 m³ i.N./h

„sauberes" Abgas. In der zweiten Hälfte des Jahres 1975 nahmen mehrere Anlagen für „schmutzige" Abgase der Industrie ihren Betrieb auf. Im September 1977 wurde erstmals in der Welt der NO_x-Auswurf eines großen Teilstroms des ölgefeuerten 450 MW Blocks Kainan 1 beachtlich reduziert. 1980 folgte die erste großtechnische DENOX-Anlage des mit Kohle befeuerten 175 MW Bock 1 des Kraftwerks Shimonoseki. 1983 nahm die größte SCR-Anlage hinter dem 700 MW (el)-Block Takehara 3 ihren Betrieb auf. Die rasche Zunahme der NO_x-Abscheidung in Industrie und öffentlicher Stromerzeugung mit dem SCR-Verfahren ist Tabelle 5.13 zu entnehmen. Es ist in Japan die bei weitem dominierende Technologie zur sekundären NO_x-Minderung, wie aus den für Ende 1985 geltenden Anteilen hervorgeht [85].

	Anzahl	Kapazitätsanteil (%)
SCR-Verfahren	200	96,7
SNR-Verfahren	40	2,6
Nasse Simultanverfahren	10	0,4
Trockene Simultanverfahren	2	0,3

Die öffentlichen Kraftwerke Japans setzen ausschließlich das SCR-Verfahren ein. Einen Überblick über die Einführung dieser Technologie gibt Tabelle 5.14. Interessant ist dabei, daß sie nicht nur bei Kohle sondern auch bei Öl und Gas zur Anwendung kommt. Ende März 1985 hatten 31 % der mit fossilen Brennstoffen befeuerten Kraftwerkskapazität DENOX-Anlagen.

Da in Japan keinerlei Erfahrung mit Braunkohle, Schmelzfeuerungen, häufigem Lastwechsel sowie der reingasseitigen Schaltung vorlagen, errichtete man in der Bundesrepublik Deutschland eine Reihe von Versuchsanlagen zur Erprobung der Technologie und Vorbereitung von Großanlagen. 1984 ging die erste Versuchsanlage in Betrieb. Anfang 1985 waren bereits 40 Versuchsstrecken in Betrieb bzw. im Bau. Insgesamt wurden 70 Pilot-Anlagen mit einem Aufwand von 150–170 Mio DM errichtet [99]. Die ersten großtechnischen, kommerziellen DENOX-Anlagen Deutschlands gingen im Dezember 1985 in den Fernwärmekraftwerken Buer (383 MW (th)) und Altbach (Block 5, 884 MW (th)) in Betrieb. Ende 1987 reduzierten bereits 17 Anlagen mit einer elektrischen Leistung

Tabelle 5.14. DENOX-Anlagen in Kraftwerken der öffentlichen Elektrizitätswirtschaft Japans [95].

Jahr Stand: 31.2....	Öl, Gas, Kohle			Gas			Kohle		
	Anzahl	Leistung MW	Anteil %	Anzahl	Leistung MW	Anteil %	Anzahl	Leistung MW	Anteil %
1980	13	5680	7	4	2600	13	–	–	–
1981	27	8724	11	4	2600	13	2	263	5
1982	51	17845	20	5	2975	15	5	744	13
1983	56	18995	21	6	3131	16	10	2327	35
1984	74	27044	29	9	5131	26	15	3664	44
1985	82	29820	31	10	5676	28	20	4695	53

von 3 610 MW (el) [99], nach [112] mit 4 500 MW (el) die Stickstoffoxide; Ende 1988 werden es 43 mit 9 750 MW (el) sein [99]. Die einzelnen Systeme sind wie folgt beteiligt [99]:

	Zahl der Anlagen	Leistungsanteil %
high dust system	15	51,7
tail end system	17	25,6
Öl/Gas	6	17,1

Der hohe Anteil des Tail-End-Systems ist durch die 10 Schmelzfeuerungen mit 2 000 MW (el) bedingt. Das Low-Dust-System wird bisher nicht angewendet.

5.4.7 SCR-Verfahren bei Verbrennungsmotoren

Die voranstehenden Abschnitte befaßten sich bezüglich der praktischen Anwendung nur mit den Feuerungen. Das SCR-Verfahren kommt aber grundsätzlich auch zur NO_x-Minderung bei folgenden stationären Anlagen in Frage:

- Prozeßfeuerungen z.B. in der Glasindustrie
- Dieselmotoren
- Zweitakt-Otto-Motoren
- Größere Viertakt-Otto-Motoren
- Gasturbinen

Einige typische Daten für SCR-Anlagen hinter erdgasbetriebenen stationären Verbrennungsmotoren enthält Tabelle 5.15. Die erste Anlage hinter einem Dieselmotor (Schwefelgehalt des Dieselöls 1,5 %) ist in Japan seit 1978 mit einem intermittierend arbeitenden Wanderbettreaktor in Betrieb. Weitere Anwendungen sind aus Japan nicht bekannt. Bei Festbettreaktoren kann die Belegung des Katalysators mit Ruß zu Problemen führen. So sank der Abscheidegrad eines 165 kW (el)-Motors von 90 auf 70 % bei längerem Betrieb [113]. In der Bundesrepublik Deutschland sind seit Dezember 1983 drei erdgasbetriebene Zweitaktmotoren bei der Nixdorf-Computer AG, Paderborn mit dem SCR-Verfahren ausgerüstet. Rostek hält bei NO_x-Rohgasgehalten von

Tabelle 5.15. Gegenüberstellung des SCR- und NCR-Verfahrens (Dreiweg-Katalysator) für stationäre, mit Erdgas betriebene Verbrennungsmotoren

Kriterien	Einheit	SCR	NCR
Luftzahl λ	–	>1	1
λ-Fenster $\Delta\lambda$	–	–	0,004–0,005
Temperatur	°C	350–450	350–750
Molverhältnis NH_3/NO_x	–	<0,9	–
Katalysator	–	TiO_2 Fe_2O_3, Cr_2O_3 Al_2O_3, SiO_2	Pt, Rh
Anzahl der Kanäle	Zahl/cm²	~4	62
Äußere, spez. Oberfläche	m²/m³	600	2800
Raumgeschwindigkeit	h^{-1}	~15000	30000–70000
Abscheidegrade:			
NO_x	%	<88	95–98
CO	%	–	33–95
C_mH_n	%	–	50–70
NH_3-Emission	mg/m³	< 30	–
Anwendungsbereich	kW (el)	>600	50–300

3000–6000 mg/m³ und einem NH_3-Schlupf von <30 mg/m³ heute Abscheidegrade von bis 88 % bei Neuanlagen für erreichbar [114].

Bei Otto-Motoren mit Leistungen >300–500 kW (el) ist die Anwendung des SCR-Verfahrens erforderlich. Die ansonsten bevorzugten Maßnahmen wie Magerkonzept oder Dreiweg-Katalysator versagen nämlich bei großen Hubräumen (s. Abschn. 5.5.5). Über Versuche an einem kleineren Motor mit 90 kW (el) berichten Rostek und Wölting [115]. Bei einem NH_3-Schlupf <8 mg/m³ erreichte der beschichtete Ti/V-Katalysator einen Abscheidegrad von 85 %, der unbeschichtete (Molekularsieb) nur 65 %.

5.5 Trockene, nichtselektive katalytische Reduktion

5.5.1 Terminologie der Pkw-Abgasreinigungssysteme

Die Abgasnachbehandlung (Sekundärmaßnahmen) bei Pkw-Motoren begann 1966 in Kalifornien mit der thermischen Nachverbrennung (man-air-ox-Anlage, thermischer Reaktor). Beim Thermoreaktor waren Abscheidegrade von 40–80 % mit Steigerungen des Kraftstoffverbrauchs von 10–25 % verbunden. Der NO_x-Auswurf blieb unbeeinflußt. Katalysatoren werden in den USA seit dem Modelljahr 1975 und in Japan seit 1976 eingesetzt. Folgende Systeme kamen zur Anwendung:

– *Einbett-Oxidationskatalysator* (richtig: Einbettreaktor mit Oxidationskatalysator)
  Nach Zuführung von zusätzlicher Luft mittels einer Sekundärluftpumpe durchströmen die Abgase den Katalysator, der nur die CO- und C_mH_n-Emission herabsetzt. Die Abscheidegrade sind höher als beim Thermoreak-

tor. Die NO_x-Grenzwerte $\geqq 1{,}25$ g/km (2 g/mi) werden durch die motorinterne Maßnahme „Abgasrückführung" noch beherrscht. Emissionsstandards unter 0,93 g/km (1,5 g/mi) erfordern motorexterne Maßnahmen (Sekundär-).

– *Doppelbett-Katalysator*, auch Reduktions-/Oxidationskatalysator (besser Doppelbettreaktor)
  Der Motor wird mit fettem Gemisch ($\lambda < 1$) betrieben. Im ersten Bett (Reduktionskatalysator) erfolgt die NO_x-Minderung. Nach Sekundärluftzugabe findet im zweiten Bett die Oxidation von CO und C_mH_n statt. Wegen des hohen Aufwands, des größeren Kraftstoffverbrauchs und der Ammoniak-Bildung wird dieses System heute kaum noch verwendet.
– *Dreiweg-Katalysator* (von engl. three-way-catalyst, besser: Einbettreaktor mit multifunktionellem Katalysator, NCR- oder NSCR-Verfahren). Die luftverunreinigenden Stoffe, CO, C_mH_n, NO_x werden gleichzeitig in *einem* Katalysator abgeschieden (simultanes Verfahren). Voraussetzung ist eine Betriebsweise bei stöchiometrischem Luftverhältnis ($\lambda = 1$). Es ist das technologisch anspruchvollste und wirksamste Abgasreinigungssystem mit Abscheidegraden bis zu 90 %.

Die nachfolgenden Ausführungen beziehen sich im wesentlichen nur auf dieses Abgasreinigungssystem [56, 116–119].

5.5.2 Chemismus der nichtselektiven Reduktion

Als Reduktionsmittel für die Stickstoffoxide wirken Kohlenmonoxid (CO), Kohlenwasserstoffe (C_mH_n, Erdgas) und Wasserstoff (H_2), die im Abgas von Verbrennungsmotoren vorhanden sind. Die in Frage kommenden Reaktionsglei-

Tabelle 5.16. Chemische Reaktionen bei der katalytischen Abgasreinigung (nichtselektive katalytische Reduktion)

Reduktion	
$2NO + 2CO \rightarrow N_2 + 2CO_2$	(1.)
$2NO + 2H_2 \rightarrow N_2 + 2H_2O$	(2.)
$2(m + n/4)NO + C_mH_n \rightarrow (m + n/4)N_2 + n/2\,H_2O + m\,CO_2$	(3.)
Oxidation	
$2CO + O_2 \rightarrow 2CO_2$	(4.)
$CO + H_2O \rightarrow CO_2 + H_2$	(5.)
$2C_mH_n + (2m + n/2)O_2 \rightarrow 2m\,CO_2 + n\,H_2O$	(6.)
$CH_n + 2H_2O \rightarrow CO_2 + (2 + n/2)H_2$	(7.)
$2H_2 + O_2 \rightarrow 2H_2O$	(8.)
Nebenreaktionen	
$2NO + 2CO + 3H_2 \rightarrow 2NH_3 + 2CO_2$	(9.)
$2NO + 5H_2 \rightarrow 2NH_3 + 2H_2O$	(10.)
$4NH_3 + 5O_2 \rightarrow 4NO + 6H_2O$	(11.)
$NH_3 + CH_4 \rightarrow HCN + 3H_2$	(12.)
$2SO_2 + O_2 \rightarrow 2SO_3$	(13.)
$SO_2 + 3H_2 \rightarrow H_2S + 2H_2O$	(14.)

chungen sind in Tabelle 5.16 zusammengestellt. Die (1) und (2) erfordern einen hohen CO- bzw. H_2-Partialdruck d.h. einen Betrieb bei Luftmangel (Luftzahl <1, fettes Gemisch) und Temperaturen von 800–1000 °C [116]. Geeignete Katalysatoren müssen die Reaktionsgeschwindigkeiten bei niedrigeren Temperaturen erhöhen. Allerdings kann Ammoniak (NH_3) gem. den konkurrierenden (9) und (10) gebildet werden. Im anschließenden Oxidationskatalysator, wo die Reaktionen gem. (4) und (7) ablaufen, verbrennt das Ammoniak teilweise wieder zu Stickstoffoxid (11); der NO_x-Abscheidegrad ist somit bei diesen sog. Doppelbett-Katalysatoren relativ niedrig. Es wurde deshalb an einem dritten Katalysator gearbeitet, der das unerwünschte Ammoniak spalten sollte:

$$2NH_3 \rightarrow N_2 + 3H_2 . \qquad (5.29)$$

Das Abgasreinigungssystem hätte dann aus dem Reduktionskatalysator, NH_3-Spalter, Sekundärluftzugabe sowie Oxidationskatalysator bestanden.

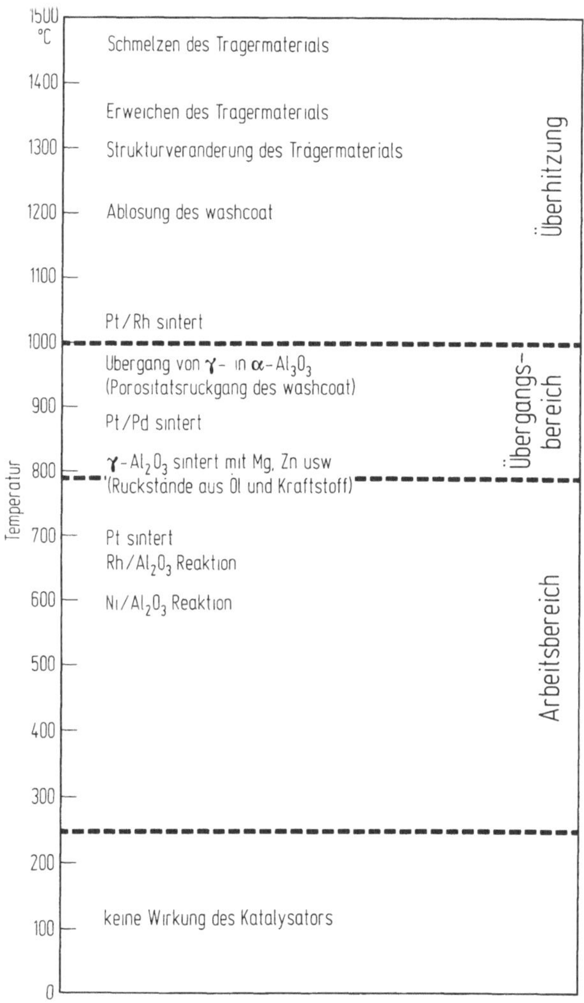

Bild 5.19. Verhalten des Dreiweg-Katalysators in Abhängigkeit von der Temperatur (n. [56, 118]

Wegen des großen Aufwands zielten die Entwicklungsarbeiten auf einen Katalysator ab, bei dem die Reduktion gem. (1 – 3) und die Oxidation gem. (4 – 7) gleichzeitig, simultan abläuft und die NH_3-Bildung nicht auftritt. Bei Luftmangel findet keine Oxidation gem. (4) und (6) statt. Luftüberschuß ($\lambda > 1$, mageres Gemisch) beschleunigt aber die Reaktion (4), so daß das Reduktionsmittel für (1) vorzeitig verbraucht ist. Ferner nimmt die Geschwindigkeit der Reaktion (1 – 3) aus kinetischen Gründen und auch infolge einer Änderung der Katalysatoraktivität (Rhodium wird durch sorbierten Sauerstoff beeinflußt) ab [117]. Deshalb muß ein ganz bestimmter λ-Wert im Bereich von 0,99 – 1, das sog. Lambda-Fenster, eingehalten werden. Die heute verwendeten Katalysatoren arbeiten bei Temperaturen zwischen 250 und 900 °C (Bild 5.19). Für die Reduktion maßgebendes aktives Element ist Rhodium (Rh). Rostek und Wölting geben für Erdgas folgenden Reaktionsmechanismus an [115]:

$$6NO + 4Rh \rightarrow 2Rh_2O_3 + 3N_2 \qquad (5.30)$$

$$6NO_2 + 8Rh \rightarrow 4Rh_2O_3 + 3N_2 \qquad (5.31)$$

$$Rh_2O_3 + 3CO \rightarrow 2Rh + 3CO_2 \qquad (5.32)$$

$$5Rh_2O_3 + 6CH \rightarrow 10Rh + 6CO_2 + 3H_2O\,. \qquad (5.33)$$

Im Dreiweg-Katalysator ist neben den Hauptreaktionen (1, 2, 4, 6) auch mit unerwünschten Nebenreaktionen zu rechnen, die entweder wichtige Reaktionskomponenten verbrauchen oder luftverunreinigende Stoffe bilden [120, 121]. Es sind vor allem die Reaktionen (8 – 14) in Tabelle 5.16.

5.5.3 Aufbau und Zusammensetzung des Katalysators

Als Trägermaterial kam in den USA zunächst ein kugeliges, daneben auch stranggepreßtes (Stifte) oder tablettiertes Schüttgut zur Anwendung. Es bestand aus γ-Al_2O_3; die Durchmesser lagen zwischen 2 und 4 mm und die Schüttdicke bei 3 – 6 cm. Wegen des großen Abriebs, hohen Druckverlusts und schlechtem Anspringverhaltens ist der Schüttgutkatalysator in Europa durch den Monolithen (Parallelstrom-, Kanalkatalysator) abgelöst worden.

Der Keramik-Monolith besteht zu 90 % aus Cordierite, einem hochtemperaturbeständigen Magnesium-Aluminium-Silikat (z.B. $2MgO \cdot 2Al_2O_3 \cdot 5SiO_2$). Die kompakten stranggepreßten Wabenkörper haben eine runde, ovale oder ovalähnliche Form mit einer Länge von etwa 15 cm (Bild 5.20). Wichtige Daten sind in Tabelle 5.17 zusammengestellt. Der sog. 400-Zellen-Träger (400 Zellen/$inch^2$) stellt derzeit den besten Kompromiß zwischen geringem Wärmeausdehnungskoeffizient, hoher mechanischer Festigkeit geringem Strömungswiderstand und großer freier Querschnittsfläche dar. Er hat ca. 4 000 Kanäle mit Seitenlängen von 1 × 1 mm.

Seit 1979 werden in der Bundesrepublik Deutschland auch Katalysatoren mit Metallen als Träger in Serie produziert. Die Well- und Glattbleche von 0,04 – 0,07 mm Dicke bestehen aus Aluminium-Chrom-Eisenlegierungen (Fecralloy, Aluchrom W, Aluchrom S). Bei gleicher Wirksamkeit hat der Metallkatalysator ein kleineres Volumen, besseres Anspringverhalten, geringere

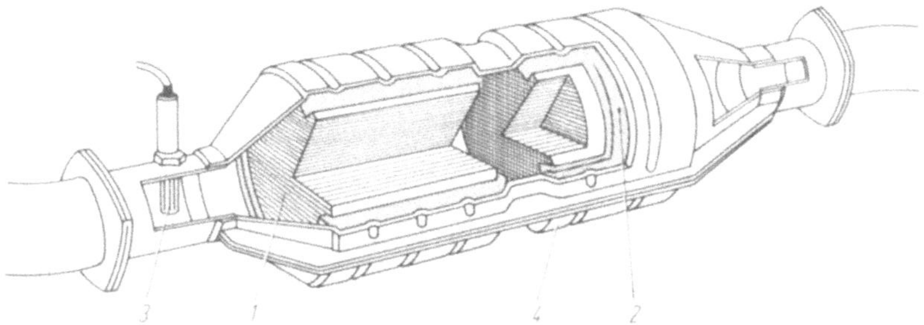

Bild 5.20. Aufbau eines katalytischen Reaktors für Pkw [56]. **1** katalytischer Keramikmonolith; **2** elastisches Drahtgestrick; **3** Sauerstoffsonde; **4** Edelstahlgehäuse

Tabelle 5.17. Keramische und metallische Katalysatorträger für das NCR-Verfahren (Dreiweg-Katalysator, n. [56, 57, 119, 121])

	Einheit	Keramik	Metall
Material	–	Cordierit	Aluchrom S
Zellenform	–	Quadratisch	Sinusförmig
Zellenzahl	Zahl/cm³	31 – 93	
Zellenzahl üblicher Wert		62	62
Wandstärke	mm	0,1 – 0,3	0,04 – 0,09
Wandstärke üblicher Wert	mm	0,15	0,05
Freier Querschnitt	%	76	91,6
Spez. Oberfläche	m²/dm³	2,79	3,2
Wichte[a]	g/dm³	410	620
Wärmekapazität	kJ/kgK	1,05	0,5
Wärmeleitfähigkeit (600 °C)	W/mK	0,8	20
Anspringtemperatur	°C	280	260

[a] Ohne Gehäuse und Einbettung

Gefahr des Schmelzens (des Auftretens sog. hot spots), geringere Bleianfälligkeit. Nachteilig ist z.Z. noch der höhere Preis und die schnellere Abkühlung im stop and go Verkehr. Generell wird der Metallkatalysator als aussichtsreiche Alternative zum Keramik-Monolith gesehen, der ihn mittelfristig verdrängen könnte (bleitoleranter Katalysator, Europa Katalysator).

Die Wandungen der Kanäle werden mit der aktiven, porigen Zwischenschicht, das sog. washcoat, versehen (Bild 5.9). Sie wird im Tauchverfahren als zähflüssiger Schlick aufgebracht und bei Temperaturen von 400 – 500 °C im Ofen getrocknet. Die Zwischenschicht besteht vorwiegend aus Aluminiumoxid (γ-Al_2O_3), sowie weiteren Oxidzusätzen und seltenen Erden (z.B. Cer) als Promotoren. Das washcoat hat eine große spezifische Oberfläche von 10 – 25 m²/g, die zu einer Vergrößerung der geometrischen Oberfläche des Trägers um das 6 000 – 7 000-fache führt. Die wirksame Oberfläche beträgt dann bis zu 18 000 m²/dm³ Katalysatorvolumen! Zum Vergleich: Ein Fußballfeld hat eine Fläche von 7 350 m².

Als katalytisch aktives Material wurden Nickel- und Kupferoxid (geringe Aktivität, hohe NH_3-Bildung), Nichtedelmetalle (Sulfatbildung) sowie Ruthenium und Irdium in Betracht gezogen. Heute wird neben Palladium (Pd) überwiegend Platin (Pt) und Rhodium (Rh) verwendet. Die Edelmetalle werden in Form wässriger Salzlösungen über Tauchverfahren auf die Zwischenschicht aufgebracht und getrocknet. Sie sitzen als kleine Kristallite an den Porenwandungen des washcoat (Bild 5.9).

Mit dem Edelmetallgehalt steigt der Abscheidegrad und sinkt die Anspringtemperatur, das ist die Temperatur, bei der ein Abscheidegrad von 50 oder 90 % erreicht wird. Der Edelmetallgehalt liegt bei 1,8 – 2 g/dm^3 (bezogen auf das Monolithvolumen); pro Fahrzeug sind etwa 1 – 3 g Edelmetall erforderlich. Platin und Palladium bewirken die Oxidation, während Rhodium die Reduktion der Stickstoffoxide beschleunigt. Es wirkt außerdem als Sauerstoffspeicher und erweitert so das λ-Fenster. Mit zunehmendem Pt/Rh-Verhältnis sinkt der Abscheidegrad. An die tausend verschiedene Zusammensetzungen sind erprobt worden; 5:1 gilt heute als optimales Pt/Rh-Verhältnis.

Eine Vergiftung des Katalysators können die Bestandteile des Kraftstoffs, des Schmieröls sowie der Abrieb des Auspuffs (Eisen und -oxide) bewirken. Sie erfolgt chemisch durch Reaktionen mit der Zwischenschicht und den Promotoren sowie mechanisch durch Abdeckung, Zusetzung der aktiven Zentren. Ausführlich untersucht sind die Einflüsse des Bleis. Die gasförmigen Bleihalogenide gehen in die Poren, Bleisulfat setzt sich an der Oberfläche ab. Keramische Träger neigen mit Blei zur Eutektikumsbildung (Bleisilikat), wodurch der Schmelzpunkt herabgesetzt wird. Bereits nach 10 Tankfüllungen mit verbleitem Benzin hat der Katalysator seine Funktion verloren und muß erneuert werden. Weitere Katalysatorgifte sind Phosphor-, Schwefel-, Zink- und Magnesiumverbindungen.

5.5.4 Bestandteile des Abgasreinigungssystems

Die im allgemeinen Sprachgebrauch übliche Bezeichnung „Katalysator“ stellt in der wirklichen, tatsächlichen Ausführung ein mehrere Bauteile und viele Maßnahmen umfassendes Abgasreinigungssystem dar (Tabelle 5.18). Der Reaktor (auch Konverter, Bild 5.20) ist ein Blechgehäuse aus Chrom- oder Chrom-Nickel-Stahl mit beiderseitigen Rohranschlüssen, das auch isoliert sein kann. Wichtigster Bestandteil ist der im voranstehenden Abschn. 5.5.3 ausführlich behandelte Katalysator. Keramik ist ein spröder Werkstoff, der nur geringer mechanischer

Tabelle 5.18. Bestandteile des modernen Pkw-Abgasreinigungssystems (Dreiweg-„Katalysator“)

- Reaktor (auch Konverter)
  - Katalysator
  - Elastische Zwischenlage
  - Metallgehäuse
  - Rohranschlüsse
- Lambda- oder Sauerstoff-Sonde
- Elektronisches Steuergrät
- Modifikationen am Motor

Beanspruchung durch Zug, Scherung und Biegung ausgesetzt werden darf; er ist empfindlich gegen Erschütterung und Stoß. Der Wärmeausdehnungskoeffizient ist gegenüber Stahl um eine Größenordnung kleiner und seine Fertigungstoleranzen relativ groß. Aus diesen Gründen ist zwischen Keramik-Monolith und Gehäuse eine dauerelastische und temperaturbeständige Einbettung (canning) erforderlich. Sie besteht aus einem Drahtgeflecht von ca. 0,25 mm Durchmesser aus hochlegierten Stählen (Inconel, Kanthal o.ä., [119]). Damit diese Zwischenlage nicht vorrangig durchströmt wird, sind Dichtungen erforderlich. Vorteile hat auch hier der Metall-Katalysator, da er die Zwischenlage nicht benötigt und bei gleichen äußeren Abmessungen einen 15 % größeren Querschnitt für den Katalysator bietet [57].

5.5.5 NCR-Verfahren bei stationären Anlagen

Zur Einhaltung des Emissionsgrenzwertes von 500 mg/m^3 (O_2-Gehalt 5 %, Abschn. 4.4.2) für Otto-Motoren konkurrieren heute das Magerkonzept (Abschn. 5.2.4.1) und Sekundärmaßnahmen. Es lag nahe, die bewährte Technologie des Dreiweg-Katalysators auch bei stationären, mit Gas betriebenen Motoren anzuwenden. Erstmals geschah dies bei einer kommerziell arbeitenden Anlage in der Bundesrepublik Deutschland im Frühjahr 1984 im Gaswärmepumpen-Heizwerk Göppingen. 1986 wendeten bereits 70 Anlagen das NCR-(NSCR-) Verfahren an. Wichtige Auslegungsdaten für das NCR-Verfahren sind in Tabelle 5.15 den Werten für das SCR-Verfahren gegenübergestellt. Dem Abscheidegrad für NO_x entsprechen Konzentrationen von allenfalls 50 bis zu 150 mg/m^3. Der niedrige Minderungsgrad für die Kohlenwasserstoffe ist durch das bei Gasmotoren überwiegend vorhandene Methan bedingt, das gegenüber den anderen Kohlenwasserstoffen höhere Katalysatortemperaturen erfordert [115].

Beim sauberen Erdgas werden gegenüber dem Pkw-Motor zehnmal so große Standzeiten für den Katalysator erwartet, d.h. 16 000 bis 20 000 Betriebsstunden. Nur Sulfatasche aus dem Motorenöl kann zu Ablagerungen auf dem Katalysator führen. Klärgas mit geringem Schwefelgehalt soll keine Probleme bereiten; hingegen gibt es erhebliche Schwierigkeiten bei Deponie- und Biogas, für die das Magerkonzept oder das SCR-Verfahren empfohlen wird.

Das NCR-Verfahren ist generell nur bei Viertakt-Otto-Motoren anwendbar. Bei größeren Otto-Motoren macht der Lambda = 1-Betrieb Schwierigkeiten, weshalb bundesdeutsche Hersteller 50 – 300 kW (el) als wirtschaftlichen Bereich nennen. Bei Zweitakt-Otto-Motoren und Dieselmotoren führen nur Primär- und/oder andere Sekundärmaßnahmen (SCR-Verfahren) zum Ziel.

Feuerungen haben Restsauerstoffgehalte von 3 – 5 % ($\lambda = 1{,}15 - 1{,}3$) sowie niedrige CO- und C_mH_n-Konzentrationen. Es muß deshalb Methan (Erdgas) zudosiert werden. Die japanische Firma Kawasaki Heavy Ind. (KHI) hat das NCR-Verfahren zwischen 1970 und 1973 untersucht und danach aufgegeben. In der Bundesrepublik Deutschland wurden 1984/1985 Versuche mit einem Dreiweg-Katalysator hinter einer Trockenfeuerung durchgeführt. Bei der Nachverbrennung schmolzen die Staubteilchen und setzten sich auf der aktiven Katalysatoroberfläche als fester Belag ab. Der Abscheidegrad sank sehr schnell und irreversibel [123].

5.6 Übersicht zu den Simultanverfahren

5.6.1 Erläuterungen zum Begriff „simultan“

Durch Kombination eines reinen Schwefeldioxid-Abscheideverfahrens mit einem reinen Stickstoffoxid-Reduzierungsverfahren gelingt die gleichzeitige Herabsetzung der Emission beider luftverunreinigender Stoffe. Denkbar sind z.B. ein SCR- und Gipsverfahren oder ein Sprühabsorptions- und ein SCR-Verfahren am „Kalten Ende“. Da dann sowohl Schwefeldioxid als auch Stickstoffoxide abgeschieden werden, spricht man in der öffentlichen Diskussion schnell von einem Simultanverfahren. In der Verfahrenstechnik gilt als Idealfall eines Simultanverfahrens die gleichzeitige Abscheidung von mehreren luftverunreinigenden Stoffen, vor allem von Schwefeldioxid und Stickstoffoxiden, in einem Reaktor (Absorber), was niedrige Investitionen zur Folge hat. In diesem Sinne sind die gleichzeitige Minderung von SO_2, HCl und HF in *einem* Wäscher oder Sprühabsorber oder die Senkung der CO-, C_mH_n- und NO_x-Emission in *einem* multifunktionellen Katalysator (Dreiweg-Katalysator) echte Simultanverfahren. Einige Simultanverfahren benötigen z.B. zur NO_x-Abscheidung weitere, also insgesamt 3 Stufen (Walther- und Aktivkoksverfahren), so daß es sich doch nur um nacheinander geschaltete Prozesse zur Entfernung der einzelnen luftverunreinigenden Stoffe handelt. Das wird dadurch bestätigt, daß dann die NO_x-Stufe (z.B. des Aktivkoks-, Solinox- u. Elektronenstrahlverfahrens) auch mit anderen SO_2-Minderungsverfahren kombiniert werden kann.

Vielleicht sollte man deshalb den Begriff „simultan“ auf solche Verfahren ausdehnen, die nur ein Sorbens (z.B. Aktivkoks, Ammoniak) verwenden und von einem Hersteller geliefert werden.

5.6.2 Trockene und halbtrockene Simultanverfahren

Einen kurzen Überblick über die derzeit diskutierten Simultan-Verfahren enthält Tabelle 5.19. Den höchsten Entwicklungsstand weist das in der Bundesrepublik Deutschland entwickelte Aktivkoksverfahren auf, da es bereits hinter kommerziellen Anlagen in Betrieb ist:

Abgasvolumenstrom	Kraftwerk	Betrieb seit
300 000 m^3/h	Matushima	Mai 84
30 000 m^3/h	Omuta	Okt. 84
1 100 000 m^3/h	Arzberg	Mai 87

In den USA wird das SFGT-Verfahren (*S*hell *f*lue *g*as *t*reating) weiter verfolgt. Das entstehende Kupferoxid (CuO), vor allem aber das Kupfersulfat ($CuSO_4$) wirken als Katalysator für die selektive katalytische Reduktion. Die Regenerierung erfolgt mit Wasserstoff; der Abscheidegrad erreicht nur 40 – 70 % [91]. Das amerikanische, noch in Entwicklung befindliche NOXSO-Verfahren verwendet Natriumaluminat-Granulat als Adsorbens, das mit Schwefelwasserstoff oder Wasserstoff regeneriert wird.

Tabelle 5.19. Überblick zu den Simultanverfahren

	Katalysator Sorbens	Arbeits-tempe-ratur °C	Einsatz-stoffe	Rückstände
Trockenverfahren				
Aktivkoks	A-Kokse	80–150	NH_3	SO_2-Reichgas, N_2
SFGT	Cu auf Al_2O_2	~400	H_2, NH_3	SO_2-Reichgas, N_2
NOXSO	$NaAlO_2$	~120	H_2S oder H_2	S oder H_2S
Elektronenstrahl	–	60–90	NH_3	$(NH_4)_2SO_4$, NH_4NO_3
Sprühabsorptionsverfahren	–	90–110	CaO, NaOH	$CaSO_3$, $Ca(NO_3)_2$
Naßverfahren				
Oxidation/Absorption		50–60	NH_3, O_3	$(NH_4)_2SO_4$, NH_4NO_3
Absorption/Reduktion	Fe-EDTA-Chelat	50–60	$Ca(OH)_2$, $NaHSO_3$	$CaSO_4 \cdot 2H_2O$
Schwefel-/Salpetersäure				H_2SO_4, HNO_3

Noch neu ist das DESONOX-Verfahren, bei dem die NO_x-Reduzierung nach dem SCR-Verfahren in Low-Dust-Schaltung erfolgt. Schwefeldioxid wird katalytisch zu Schwefeltrioxid oxidiert; nach Abkühlung unter den Schwefelsäuretaupunkt kondensiert 70 %ige Schwefelsäure aus. Eine Demonstrationsanlage mit einer Feuerungswärmeleistung von ca. 100 MW (125 000 m^3 i.N./h) wird Ende 1988 in Münster in Betrieb gehen. Auch beim SNOX-Prozeß erfolgt die NO_x-Abscheidung nach dem SCR-Verfahren in der Low-Dust-Schaltung.

Das Elektronenstrahl-Verfahren läuft in folgenden Schritten ab:

- Abkühlung der entstaubten Gase durch Wassereindüsung auf 60–90 °C
- Dosierung von Ammoniak (Molverhältnis 1)
- Bestrahlung mit schnellen Elektronen (200–800 keV). Es entstehen Ionen, Radikale und angeregte Fragmente von Molekülen.
- Oxidation des SO_2 durch OH zu SO_3 und eines Teils des NO zu NO_2; mit dem Wasserdampf bildet sich Schwefelsäure (H_2SO_4) und Salpetersäure (HNO_3). Teilweise wird NO durch N-atome reduziert.
- Reaktion der Säuren mit NH_3 unter Bildung von pulverförmigem Ammoniumsulfat bzw. -nitrat mit mittleren Durchmessern von 0,4–1,5 μm.
- Entstaubung im Gewebefilter aus besonderem Material

Hinter einer Kohlefeuerung ist in Karlsruhe eine Pilotanlage mit einem maximalen Volumenstrom von 10 000 m^3/h in Betrieb.

Bei dem Sprühabsorptionsverfahren soll die NO_x-Abscheidung durch Natronlauge (NaOH) vor allem im Filterkuchen des Gewebefilters stattfinden. Wegen geringer Abscheidegrade (<50 %) und Entsorgungsproblemen ist es großtechnisch nicht verwirklicht worden.

5.6.3 Nasse Simultanverfahren

Eine weitere deutsche Entwicklung stellt das nasse Oxidations-Absorption-Verfahren (Walther-) dar, das mit Ozon als Oxidationsmittel arbeitet und

Düngemittel produziert. Von Nachteil ist der zur Ozonherstellung notwendige hohe Energieverbrauch von 7 – 14 kWh/kg O_3 [91]. Der SO_2-Teil war großtechnisch einige Jahre in Erprobung; die NO_x-Wäsche wurde bisher nur als Versuchsanlage (150 m^3/h) betrieben. Auch das Moretana-Verfahren verwendet Ozon als Oxidationsmittel, wobei nur Calciumsulfat und Stickstoff als Endprodukte anfallen. Das Absorption-Reduktion-Verfahren (EDTA- oder Komplexsalzverfahren) absorbiert NO mit einer Waschflüssigkeit, die aus einem Eisen-EDTA-Chelat-Komplex (EDTA = Ethylendiamintetraessigsäure), Natriumsulfit und Natriumsulfat besteht. In den 70er Jahren wurde in Japan an ähnlichen Verfahren gearbeitet, die sich nicht durchgesetzt haben. In der Bundesrepublik Deutschland erhielt der 800 MW-Block eines Kraftwerks eine solche naßarbeitende Anlage. Neue Abfallstoffe fielen an und die NO_x-Minderung war – vermutlich wegen der zu geringen Entwicklungsphase – nicht befriedigend, so daß eine Umrüstung auf das SCR-Verfahren erfolgen mußte. Das Schwefelsäure-Salpetersäure-Verfahren stellt eine Modifikation des Bleikammerprozesses zur Schwefelsäureherstellung dar. Nur die SO_2-Abscheidung ist in zwei Demonstrationsanlagen verwirklicht [125].

5.7 Literatur

1 Kawamura, T.; Frey, O.J.: Current developments in low NO_x firing systems. Mitsubishi Heavy Industries, LTD., Oct. 1980

2 Leikert, K.; Rennert, K.D.: Aktueller Stand primärseitiger Maßnahmen. VGB-Kraftwerkstechnik 66 (1986) H. 7, 631/637

3 Rennert, K.D.: Möglichkeiten der Stickstoffoxidreduzierung in Feuerräumen. Fachreport Rauchgasreinigung S. FR 13/17

4 Winkler, W.: Emissionsminderung durch feuerungstechnische Maßnahmen. In: Feuerungstechnik und Umweltschutz. Köln: TÜV Rheinland, 1985, 177/205

5 Schuster, H.: Primäre NO_x-Minderungsmaßnahmen. In: NO_x-Minderung bei Feuerungen. VGB-Kraftwerkstechnik, Essen 1984, 43/63

6 Joos, L.; Menzel, O.: Maßnahmen zur Reduzierung der NO_x-Emission von Gasbrennern. gwf-gas/erdgas Jg. 126 (1985) H. 2, 73/86

7 Joos, L.: Stand der NO_x-Emissionen und Minderungsmaßnahmen bei Gasfeuerungen im HuK-Bereich. Gas wärme international Bd. 35 (1986) H. 4, 187/194

8 Bertram, J.: Übersicht über Erfahrungen und Stand feuerungstechnischer NO_x-Minderungsmaßnahmen. VGB-Kraftwerkstechnik Jg. 66 (1986) H. 12, 1 150/1 159

9 Kremer, H.: Grundlagen der NO_x-Entstehung und -Minderung. Gas wärme international Bd. 35 (1986) H. 4, 239/246

10 Sakai, M. et al.: Development on low NO_x combustion technology. In: Proc. NO_x-Symposium Karlsruhe 1985, Universität Karlsruhe (TH), P1/P50

11 Davids, P.; Lange, M.: Die Großfeuerungsanlagen-Verordnung – Technischer Kommentar Düsseldorf: VDI, 1984

12 Reidick, H.: Erfahrungen mit primärer und sekundärer NO_x-Minderung der Abgase von Dampferzeuger-Feuerungen. EVT-Register 45/86, S. 39/50; s.a. VDI-Berichte 574, 439/461. Düsseldorf: VDI, 1985

13 Obländer, K.; Nagel, A.B.: Entwicklung der Abgastechnologien, Rückblick-Stand-Ausblick. VDI-Berichte 531, 33/50. Düsseldorf: VDI, 1984

14 Neumann, K.-H.: Emissionsminderung durch moderne Motorkonzepte. VDI-Berichte 531, 109/129. Düsseldorf: VDI, 1984

15 Beier, R. u.a.: Verdrängermaschinen. Gräfelfing/Köln: Resch/TÜV Rheinland, 1983

16 Cost, W.: Entscheidungsnot bei der Entstickung. Energie Jg. 37 (1985) Nr. 3, 54/65
17 Heitmüller, W. u.a.: Steinkohle-Feinvermahlung für den Einsatz bei NO_x-armen Feuerungen. VGB-Kraftwerkstechnik 67 (1987) H. 5, 491/498
18 Schaedel, S.V.: Pyrocore – ein Strahlungsbrenner mit glänzender Zukunft. gwf-gas/erdgas Jg. 126 (1985) H. 12, 697/702
19 Lindow, R.: Internationale Fortschritte auf dem Gebiet der Gasverwendung in Gewerbe und Industrie-IGU-Kommission F. gwf-gas/erdgas Jg. 126 (1985) H. 10/11, 577/581
20 Menne, R.J. u.a.: Wege zu niedrigeren Abgaswerten. VDI-Berichte 531, 1984, 131/150
21 Lech, G.; Harms, V.: Otto-Motoren nach dem Magerkonzept mit Lambda 1,4 und 1,7. MTZ Motortechnische Zeitschrift Jg. 47 (1986) H. 10, 423/427
22 Gruden, D. u.a.: Motorinterne Maßnahmen zur Minderung der Abgas-Emissionen. VDI-Berichte 531, 169/187. Düsseldorf: VDI, 1984
23 Żelkowski, J.: Möglichkeiten der NO_x-Minderung bei kohle- und ölbetriebenen Feuerungen ohne und mit primärseitigen Minderungsmaßnahmen. In: VGB-Handbuch NO_x-Bildung und NO_x-Minderung bei Dampferzeugern für fossile Brennstoffe. VGB-B 301 Essen: VGB-Kraftwerkstechnik
24 van der Kooij, J.: Einfluß der Brennstoffart auf die Stickoxidbildung in Kesselfeuerungen VGB-Kraftwerkstechnik 57 (1977) H. 10, 679/684
25 Schuster, H. u.a.: Minderung der NO_x-Emissionen aus Dampferzeugerfeuerungen. In: Jahrbuch der Dampferzeugungstechnik 4. Ausg., Essen: Vulkan, 1980
26 Oppenberg, R.: NO_x-arme Feuerungen. VDI Berichte 574, 709/738. Düsseldorf: VDI, 1985, s.a. Oberhausen: Deutsche Babcock Werke AG, Mitteilung Nr. 165, 1985
27 Diehl, H.: Emissionen und NO_x-Minderung bei gasgefeuerten Großkesselanlagen. Gas wärme international Bd. 35 (1986) H. 4, 212/216
28 Zander, W.: Möglichkeiten und Grenzen der Verbesserung der Abgas-Emission. VDI Berichte 531, 97/107. Düsseldorf: VDI, 1984
29 Neitz, A.: Emissionen aus Nutzfahrzeugmotoren. VDI Berichte 559, 385/399. Düsseldorf: VDI, 1985
30 Körner, W.D.: Abgasverhalten von Nutzfahrzeugmotoren VDI Berichte 559, 421/444. Düsseldorf: VDI, 1985
31 Pucher, H.; Netzel, H.O.: NO_x-Senkung bei Gasmotoren durch Saugrohr-Wassereinspritzung. MTZ 45 (1984) Nr. 1, 33/35
32 Davids, P.; Lange, M.: Die TA Luft 1986 Technischer Kommentar. Düsseldorf: VDI, 1986
33 Yanai, M.: Kawasaki's technology on NO_x abatement. Proc. NO_x-Symposion Karlsruhe 1985, R1/R45
34 Takahashi, Y., et al.: Development of „MACT". In: furnace NO_x removal process for steam generators. Mitsubishi Heavy Industris, LTD, Tokyo, Mitsubishi Boiler Bulletin MBB-82112 E, 1982
35 Economic Commission for Europe: NO_x task force – Technologies for controlling NO_x emissions from stationary sources. Karlsruhe, Institut for Industrial Production, University of Karlsruhe (TH)
36 Potthast, G. u.a.: Besonderheiten der NO_x-Bildung bei der Kohleverbrennung. VGB-Handbuch VGB-B 301 Teil B2, Essen: VGB-Kraftwerkstechnik, 1986
37 Strauß, K.: Übersicht über Erfahrungen und Stand feuerungstechnischer NO_x-Minderungsmaßnahmen bei Kohlenstaubfeuerungen mit trockenem Ascheabzug. In VGB-Handbuch: NO_x-Bildung und NO_x-Minderung bei Dampferzeugern für fossile Brennstoffe. Essen: VGB-Kraftwerkstechnik, 1986
38 Schreier, W.; Rennert, K.D.: Untersuchungen von Kohlenstaubfeuerungen mit mehrfach gestufter Verbrennungsführung zur stark geminderten Stickoxidminderung. Tagungsbericht: Stickoxidminderung bei Kraftwerken, 109/138. Jülich, Zentralbibliothek der Kernforschungsanlage Jülich, 1986
39 Kuroda, H.; Masai, T.: Babcock Hitachi NO_x abatement technology. Proc. NO_x-Symposium Karlsruhe, 1985, L1/L39
40 Ando, J.: Review of Japanese NO_x-abatement technology for stationary sources. Proc. NO_x-Symposion Karlsruhe, 1985, A1/A42
41 Ishimoto, R.; Miyamae, S.: NO_x abatement technologies in IHI. Proc. NO_x-Symposium Karlsruhe, 1985, N1/N50

42 Davids, P. u.a.: Luftreinhaltung bei Kraftwerks- und Industriefeuerungen BWK Bd. 37 (1985), Nr. 4, 160/168

43 VGB Technische Vereinigung der Großkraftwerksbetreiber e.V.: Minderungstechnologie für NO_x-Emissionen steinkohlengefeuerter Großkraftwerke. VGB-TW 301. Essen, 1980

44 Schneider, H.: Neuentwicklungen für atmosphärische Brenner. gas H. 3/87, 5/9

45 Wiese, H.: Technologieentwicklung zur primärseitigen NO_x-Emissionsminderung an gasgefeuerten Kesseln. Berichte der Kernforschungsanlage Jülich-Nr. 59 (1986), 139/161

46 Kolar, J.: Abgasreinigungsanlagen bei der Fernwärmeerzeugung, dargestellt am Beispiel des HKW Sandreuth. Fernwärme international-FWI Jg. 13 (1984), H. 4, 191/200

47 Eggersdorfer, R.: Methodik zur Auswahl des optimalen Verfahrens zur Rauchgasentschwefelung unter besonderer Berücksichtigung der standortspezifischen Randbedingungen. Techn. Mitt. 78 Jg. (1985) H. 1/2, 45/49

48 Forck, B.; Krüger, H.: Übersicht über Sekundärmaßnahmen. NO_x-Minderung bei Feuerungen VGB-TB 310, 64/69, Essen: VGB-Kraftwerkstechnik, 1984

49 Riepe, T.: Selektive, nichtkatalytische NO_x-Minderung s. [48], 69/77

50 Weber, E.: Möglichkeiten der NO_x-Reduzierung. Berichte der Kernforschungsanlage Jülich, Nr. 59 (Okt. 1986), 1/39

51 Gillmann, P.: Waschverfahren s. [48], 99/100

52 Rentz, O. u.a.: Verfahren zur Abscheidung von Stickoxiden sowie zur Simultanabscheidung von Stickoxiden und Schwefeldioxid aus den Abgasen industrieller Feuerungsanlagen. Projektgruppe Technoökonomie und Umweltschutz Universität (TH) Karlsruhe, April 1978

53 Electric Power Research Institute (EPRI): Technical and economic feasibility of ammonia-based post combustion NO_x control. Palo Alto Calif., Nov. 1982

54 Krabbe, H.-J.: Chemische Probleme in Rauchgasreinigungsanlagen. VGB Kraftwerkstechnik 66 (1986) H. 8, 754/759

55 Meckel, H. u.a.: Stand und Bewertung von 23 Denox-Verfahren. Basel: Prognos AG, Okt. 1986

56 Brauch, H.: Abgasreinigung Katalysator-Rußfilter. Esslingen: J. Eberspächer, März 1985

57 Nonnenmann, M.: Metallträger für Abgaskatalysatoren in Kraftfahrzeugen. MTZ Motortechn. Zeitschr. 45 (1984) H. 12, 493/499

58 Weber, E.: Keramkatalytische Minderungsmaßnahmen. NO_x-Minderung bei Feuerungen VGB-TB 310, 78/90. Essen: VGB Kraftwerkstechnik, 1984

59 Mittelbach, G.; Voje, H.: Anwendung des SNCR-Verfahrens hinter einer Zyklonfeuerung. VGB-Handbuch: NO_x-Bildung und NO_x-Minderung bei Dampferzeugern für fossile Brennstoffe. Essen: VGB Kraftwerkstechnik, 1986

60 Warnatz, J.: Elementarreaktionen in Verbrennungsprozessen. BWK Bd. 37 (1985) Nr. 1–2, 11/19

61 Weber, E.; Hübner, K.: Übersicht über rauchgasseitige Verfahren zur Stickoxidminderung. Umwelt 6/86. Sonderteil: Anwenderreport Rauchgasreinigung, 12/16

62 Weber, E.; Hübner, K.: Ergebnisse reaktionskinetischer Untersuchungen zur katalytischen NO_x-Reduktion mit Ammoniak. VGB Handbuch VGB-B 301: NO_x-Bildung und NO_x-Minderung bei Dampferzeugern für fossile Brennstoffe. Essen: VGB Kraftwerkstechnik, 1986

63 Wolfrum, J.: Lasermesstechnik und mathematische Simulation von Maßnahmen zur NO_x-Minderung im Rahmen des TECFLAM-Verbundprojektes. Berichte der Kernforschungsanlage Jülich Nr. 59 (Okt. 1986), 61/76

64 Janssen, F.J.J.G.; van den Kerkhof, F.M.G.: Selective catalytic removal of NO from stationary sources. Kema Scientific & Technical Reports Vol. 3 (1985) No. 6

65 Ando, J.: NO_x Abatement for stationary sources in Japan. Report EPA-600/7-83-027, May 1983

66 Biffar, W. u.a.: Kein N_2O durch japanische Entstickungskatalysatoren. BWK Bd. 37 (1985) Nr. 12, 465

67 Nakabayashi, Y.: A future forecast of the research and evaluation on the integrated flue gas treatment system. Proc. NO_x-Symposion Karlsruhe 1965, I1/I51. Universität Karlsruhe (TH)

68 Hurst, B.E.: Technology advances in selective noncatalytic NO_x reduction (thermal DeNOx). Exxon Engineering Publication, Jan. 1983

69 Wahl, D.-J. Seibel, G.: Verringerung der Stickoxid-Emissionen in den Kohle- und ölgefeuerten Kraftwerksblöcken der VKR mit katalytischen und nicht-katalytischen Verfahren. In Special: NO_x-Minderung in Rauchgasen, R44/R56. Sonderteil in BWK, Staub-Reinh. d. Luft u. Umwelt Nr. 10, 1987
70 Schaal, M.: Neues Verfahren zur Rauchgasentstickung. Techn. Überwachung Bd. 27 (1986) Nr. 11, 430/431
71 Zobeley, P.: Betriebserfahrung mit dem SNR-Verfahren an einem Flammrohr-Dreizugkessel im Staatlichen Fernheizwerk Karlsruhe. Energie-Spektrum Nov. 1986, 54
72 Matsuda, S. et al.: Selective reduction of nitrogen oxides in combustion flue gases. Journ. Air Poll. Control Ass. 28 (1978) No. 4, 350/353
73 Weber, E.: Keramkatalytische Minderungsmaßnahmen NO_x-Minderung bei Feuerungen VGB-TB 310, 78/90. Essen: VGB Kraftwerkstechnik, 1984
74 Tiemann, P.: Katalysatoren für die Stickstoffoxidreduktion. BWK Bd. 39 (1987) Nr. 3, 107/109
75 Biffar, W. u.a.: Entstickung von Rauchgasen mit SCR-Katalysatoren BWK Bd. 38 (1986) Nr. 5, 211/216
76 Puppe, L.: Zeolithe-Eigenschaften und technische Anwendungen. Chemie in unserer Zeit Jg. 20 (1986) Nr. 4, 117/127
77 Weitkamp, J. u.a.: Formselektive Katalyse in Zeolithen. Chem.-Ing.-Tech. 58 (1986) Nr. 8, 623/632
78 Arenhövel, J.: Betriebserfahrungen mit der Anlage zur Rauchgasreinigung im Blockheiz-Kraftwerk der Nixdorf Computer AG. Anwenderreport Rauchgasreinigung, 89/93. Umwelt 6/86
79 Kolar, J.: Planung und Bau der kaltliegenden DENOX-Anlage im Heizkraftwerk Sandreuth in Nürnberg. Sammelband VGB-Konferenz „Kraftwerk und Umwelt 1987“ 84/92. Essen: VGB-Kraftwerkstechnik
80 Flockenhaus, C. u.a.: Verfahren zur Entfernung von Stickoxiden aus Abgasen. Techn. Mitt. Jg. 78 (1985) H. 1/2, 41/45
81 Kainer, H.; Flockenhaus, C.: Katalytische NO_x-Minderung in Kraftwerksabgasen mit Eisenoxid-Chromoxid-Katalysatoren. Berichte der Kernforschungsanlage Jülich Nr. 59, 207/238. Jülich: Zentralbibliothek der KFA, 1986
82 Flockenhaus, C.: NO_x-Minderung in Feuerungsabgasen mittels Eisenoxid-Chromoxid-Katalysatoren. Gas wärme international Bd. 36 (1987) H. 4, 210/214
83 Bühler, H.; Bühler E. u.a.: Zum katalytischen Verhalten von Eisenoxid-Chromoxid-Katalysatoren bei der Stickoxidminderung von Schmelzkammerfeuerungen in Kohlekraftwerken. VGB-Kraftwerkstechnik 68 (1988) H. 4, 417/425
84 Davids, P. u.a.: Technische Konsequenzen der NO_x-Emissionsgrenzwerte in der Bundesrepublik Deutschland. Gas wärme intern. Bd. 35 (1986) H. 4, 178/185
85 Ando, J.; Sedman, Ch.B.: Status of acid rain and SO_2 and NO_x abatement technology in Japan. Tenth symp. on flue gas desulfurization by EPA und EPRI, Atlanta Georgia, Nov. 1986
86 Hannes, K. u.a.: Möglichkeiten zur NO_x-Minderung für große Feuerungsanlagen. Special: NO_x-Minderung in Rauchgasen. VDI Okt. 1987, R15/R22
87 Jüntgen, H.: Katalytische Abgasreinigung bei Feuerungsanlagen VDI Berichte 525, 193/216
88 Seipenbusch, J.: NO_x-Umsetzung an Aktivkoks nach einem gasgefeuerten Kraftwerksblock. Berichte der Kernforschungsanlage Jülich Nr. 59, 185/191. Jülich: Zentralbibliothek d. KFA, 1986
89 Meißner, K. u.a.: NO_x-Reduktion an Aktivkoks bei einer Gasfeuerung, s. [62]
90 Cleve, U.: Einsatz von Aktivkohle und -Koks zur Rauchgasreinigung. Techn. Mitt. Jg. 81 (1988), H. 6
91 Schrod, M. u.a.: Verfahren zur Minderung von NO_x-Emissionen in Rauchgasen. Chem.-Ing.-Tech. 57 (1985) Nr. 9, 717/727
92 N N: Wer steht wo? Marktübersicht sekundäre Entstickung bei Großfeuerungen Energie Jg. 38 (1986) Nr. 9, 32/36
93 Wicke, E.: Grundlagen der katalytischen Nachverbrennung. Chem.-Ing-Techn. Jg. 37 (1965) Nr. 9, 892/904
94 Rentz, O.: Betriebserfahrungen mit großtechnischen Anlagen zur NO_x-Minderung in kohlebefeuerten Kraftwerken. Dokumentation Rauchgasreinigung 21/22. Sonderteil in BWK, Staub-Reinhalt. Luft Nr. 9 (1985), Umwelt Nr. 4 (1985)

95 Kolar, J.: NO_x-Abscheidetechnologie in Japan – Auswertung von Reiseberichten. Sammelband VGB-Konferenz „Kraftwerk und Umwelt 1985", 120/129, Essen: VGB-Kraftwerkstechnik
96 Javad, H.: SCR-Anlage vor Luvo oder nach REA. BWK Bd. 37 (1985), Nr. 1/2, 39/44
97 Schönbucher, B.; Quittek, Ch.: Nachrüstung von DENOX-Anlagen in bestehenden Kraftanlagen. VGB-Konferenz „Kraftwerk und Umwelt 1985", 151/160, Essen: VGB-Kraftwerkstechnik, Mai 1985
98 Becker, J.: Möglichkeiten der Stickstoffoxidminderung durch SCR-Anlagen. Fachreport Rauchgasreinigung FR 19/25
99 Stäbler, K. u.a.: NO_x-Minderung durch Sekundärmaßnahmen. VGB Kraftwerkstechnik 68 (1988), H. 7, 735/743
100 Reidick, H.: Transport, Lagerung und Dosierung von Ammoniak. NO_x-Minderung bei Feuerungen VGB-TB 310, 126/144. Essen: VGB-Kraftwerkstechnik, Dezember 1984
101 Gleich, D.: Ammoniak als Reduktionsmittel zur NO_x-Minderung in Rauchgasen. BWK Bd. 39 (1987) Nr. 3, 99–106
102 Schönbucher, B.: Echt ätzend – kein Problem. Energie Jg. 39 (1987) Nr. 4, 23–35
103 Fleischer, G.: Was ist schon Ammoniak? Sicherheitsingenieur 11/87, 22/28
104 Seibold, J.: Ammoniaklagerung in Kraftwerken. Techn. Überwachung Bd. 28 (1987) Nr. 11, 379/382 und Nr. 12, 424/427
105 Becker, J.: Aktiva und Passiva. Energie Spektrum Juni 6/87, 25/48
106 Schärer, B.; Haug, N.: Kostenanalyse zur NO_x-Abgasreinigung bei Kraftwerken. Special: NO_x-Minderung in Rauchgasen, R74/R84. Sonderteil BWK, Staub-Reinhalt. Luft und Umwelt Nr. 10 (1987)
107 Cleve, U.: Kohlenstoffhaltige Adsorbentien als Katalysatoren zur NO_x-Reduktion und Rauchgasendreinigung VGB Kraftwerkstechnik 67 (1987) H. 11, 1 074/1 081
108 Sodec, F.: Entstickung und Entschwefelung nach dem MWS-Prinzip. Energie Jg. 39 (1987) Nr. 12, 74/78
109 Environment Agency: Quality of the environment in Japan 1984, Tokyo 1985
110 Nakabayashi, Y.; Abe, R.: Current status of SCR in Japan. Joint symp. on stationary combustion NO_x control. New Orleans, March 1987
111 Leifritz, R.; Rentz, O.: Japanische Betriebserfahrungen mit dem SCR Verfahren zur NO_x-Minderung bei industriellen Feuerungsanlagen BWK Bd. 40 (1988) Nr. 1/2, 9/13
112 Hildebrand, M.: Der Stand der Rauchgasreinigung in EVU-Kraftwerken. Elektrizitätswirtsch. Jg. 87 (1988) H. 5, 258/266
113 Mobley, J.D.; Jones, G.D.: Review of U.S. NO_x abatement technology. Proc. NO_x-Symp. Karlsruhe 1985, B1/B24
114 Rostek, H.A.: Emissionsminderungsmaßnahmen an Gasmotoren und Gasturbinen. Special NO_x-Minderung in Rauchgasen, R68/R73. Sonderteil in BWK, Staub-Reinhalt. Luft, Umwelt Nr. 10 (1987)
115 Rostek, H.A.; Wölting, W.: Kat-Kennwerte. Energie Jg. 37 (1985) Nr. 11, 52/57 s.a. Sonnenenergie & Wärmepumpe Jg. 11 (1986) H. 2, 27/30
116 Oelert, H.-H. u.a.: Stickstoffoxide – Emissionen aus Verbrennungskraftmaschinen. Staub-Reinhalt. Luft 35 (1975) Nr. 4, 138/142
117 Koberstein, E.: Abgaskatalysatoren/Bauarten-Funktionen-Verfügbarkeiten. VDI Berichte 531, 385/401. Düsseldorf: VDI, 1984
118 Buck, D.: Der Abgaskatalysator. Aufbau, Funktion und Wirkung. Adam Opel AG, Rüsselsheim, Dez. 1984
119 Obländer, K. u.a.: Der Dreiwegkatalysator – eine Abgasreinigungstechnologie für Kraftfahrzeuge mit Ottomotoren. VDI Berichte 531, 69/96. Düsseldorf: VDI, 1984
120 Löwe, A.; Hoffmann, U.: Reaktionskinetische Aspekte der katalytischen Abgasreinigung bei Kraftfahrzeugen. Chem.-Ing.-Tech. 57 (1985) Nr. 10, 835/843
121 Engler, B.H.: Katalysatoren zur Reduzierung von Schadstoffen in Autoabgasen. Special Luftreinhaltung, 22/28. Düsseldorf: VDI, 1988
122 Öser, P.; Brandstetter, W.: Grundlagen zur Abgasreinigung von Ottomotoren mit der Katalysatortechnik. MTZ Motortechn. Zeitschr. 45 (1984) H. 5, 201/206
123 Ohlms, N.; Brand, R.: Verfahren zur kombinierten SO_2- und NO_x-Minderung mittels Katalysatoren (DESONOX-Verfahren). VGB-Handbuch: NO_x-Bildung und NO_x-Minderung bei Dampferzeugern für fossile Brennstoffe, 1986

124 Häßler, G.; Fuchs, P.: Verfahren und Anlagen zur kombinierten SO_2-/NO_x-Minderung. Umwelt 6/86 „Anwenderreport Rauchgasreinigung", 21/29
125 Häßler, G.; Fuchs, P.: Sekundärverfahren zur simultanen Verminderung der SO_2- und der NO_x-Emission. VDI-Ber. Nr. 667 (1988), 61/83

5.8 Formelzeichen

A Katalysatoroberfläche
AV Flächengeschwindigkeit, Katalysatorbeaufschlagung (m^3/m^2h)
c Massenkonzentration der Stickstoffoxide
E Aktivierungsenergie (Arrheniusgleichung)
F Angeströmte Katalysatoroberfläche
k Aktivitätskonstante, bezogen auf das Katalysatorvolumen
k_A Aktivitätskonstante, bezogen auf die Katalysatoroberfläche
LV Lineargeschwindigkeit, Leerraumgeschwindigkeit
R Universelle Gaskonstante (= 8,31 J/mol K)
SV Raumgeschwindigkeit (space velocity)
t Zeit
T Absolute Temperatur
α Molverhältnis NH_3/NO
ε Abscheidegrad, Konvertierungs-, Umwandlungsrate

6 Gebietsbezogene jährliche Emissionen

6.1 Biogene Emissionen

6.1.1 Überblick zu den globalen Emissionen

Die wohl erste Untersuchung über die globalen Emissionen der Stickstoffoxide legten Robinson u. Robbins im Jahre 1968 vor [1]. Sie sind biogenen (natürlichen), gemischten u. anthropogenen (durch die menschliche Tätigkeit bedingten) Ursprungs. Quellen für die biogene Entstehung von Stickstoffoxiden sind:

- Freisetzung aus dem Boden
- Elektrische Entladungen in der Troposphäre
- Turbulente Diffusion von NO_x aus der Stratosphäre in die Troposphäre
- Photolyse der Nitrite der Ozeane

Die Weltmeere sind wegen der kleinen Mengen von ca. 0,0007 Mt/a (als Stickstoff, N) ohne Bedeutung [2–5]. Die anderen drei Quellen werden in folgenden Abschnitten ausführlich behandelt.

Zu den gemischt biogen/anthropogenen Quellen zählen:

- Vegetationsbrände
- Oxidation des Ammoniaks

In beiden Fällen ist eine Trennung zwischen natürlichen und anthropogenen Ursachen nicht möglich. Wald- und Steppenbrände können von Menschen absichtlich gelegt werden oder aber durch Blitze entstehen. Die Oxidation des Ammoniak ist ein natürlicher Vorgang, doch ist seine Herkunft gemischter Art. Es entstammt den natürlichen Böden und Haustieren, aber auch den künstlich gedüngten Böden und technischen Prozessen. Die NO_x-Emissionen aus der NH_3-Oxidation erscheinen oft als rein biogene Emissionen; manchmal werden sie je zur Hälfte den biogenen bzw. anthropogenen Emissionen zugeschlagen.

6.1.2 Entstehung durch elektrische Entladungen

In den 60er Jahren war die Bedeutung der NO_x-Bildung in Gewittern umstritten; Georgii z.B. sah sie 1963 nicht als wesentliche Quelle an [6]; auch Robinson u. Robbins berücksichtigten sie nicht (Tabelle 6.1). Inzwischen ergeben jedoch viele Untersuchungen beachtliche, wenn auch recht unterschiedliche Beiträge.

Tabelle 6.1. Globale Stickstoffoxid-Emissionen (als NO_2)

Verfasser	Quelle	Biogen (Mt/a)					Anthropogen[a]	
		Boden	Gewitter	NH_3-Oxidation	Diffusion	Summe	Mt/a	Anteil (%)
Robinson u. Robbins (1968)	[7]	450	?	n.b.	v.	450	48	10
Robinson u. Robbins (1968)	[2]	900	?	n.b.	v.	900	48	5
Robinson u. Robbins (1970)	[2]	331	?	n.b.	v.	331	48	13
Robinson u. Robbins (1970)	[2]	443	?	n.b.	v.	443	48	10
Robinson u. Robbins (1970)	[8]	691	?	n.b.	v.	691	48	6
Robinson u. Robbins (1971)	[2]	598	?	n.b.	v.	598	148	20
Lovelock (1971)	[9]	50				500	50	9
Robinson u. Robbins (1972)	[10]					697	48[b]	6
Burns u. Hardy (1975)	[2]	n.b.	33	98	16	147	62	30
Söderlund u. Svensson (1976)	[2]	69 –292	?	10 –26	1	80–319	49	61–15
Söderlund u. Svensson (1976)	[10]					555–884	62, 76[b]	
Mc Elroy et al. (1976)	[10]					591	131[b]	18
Delwiche (1977)	[10]					424	59[b]	12
Chameides et al. (1977)	[2]	16 – 49	98 –131	0 –66	< 3	117–249	49	30–16
Böttger u.a.	[2]	v.	24 – 49	3,9–16	5,6	36– 78[c]	27–61	44
UBA (1981)		3,3– 10	4,9– 49	3,9–16	5,6	21– 88[c]	30–61	~50
Baulch et al. (1982)	[11]	0 – 49	10 – 13	n.b.	1,6–4,9		27–61	29–19
Ehhalt u. Drummond (1982)	[11]	18	16	10	2,2		44	26
Logan (1983)	[11]	26,3	26,3				69	30
Stedman u. Shetter (1983)	[11]	33	10	3,3	3,3		66	50
Satorius (1984)	[13]	49	16	6,6			66	24

n.b. = nicht berücksichtigt; v. = vernachlässigt; ? = mögliche Quelle, jedoch nicht abgeschätzt

[a] Nur Verbrennungsprozesse

[b] Ohne künstliche Düngung

[c] Inkl. der Hälfte der Emission der Vegetationsbrände

In einem Blitz wird eine Energie von 10^5 J/m frei, die in der umgebenden Luft zu Temperaturen von 30000 K führt [11]. Die jährliche NO-Bildungsrate kann zum Beispiel wie folgt ermittelt werden:

- Größe der NO-Bildung pro Blitz
  Nach Levine et al. beträgt sie (0,6 – 4) 10^{26} Moleküle pro Blitz [11]
- Jährliche Häufigkeit der Blitze.

Je nach den Annahmen für die maßgebenden Einflußparameter liegt die NO-Bildung durch elektrische Entladungen zwischen 1,8 – 40 Mt/a als N (vgl. [11 – 13] und Tabelle 6.1, dort als NO_2!). Betrachtet man nur die Untersuchungen nach 1980, dann schwanken die Angaben immer noch zwischen 2 und 30 Mt/a. Das UBA nennt einen „plausiblen" Wert von 5 Mt/a [13, 14]. Kuhler u.a. übernehmen 8 Mt/a als Mittel von Logan [11, 15]. Damit hat die NO-Bildung durch Gewitter die gleiche Größenordnung wie die anthropogenen Emissionen der stationären Verbrennungsprozesse.

Gewitter treten sehr häufig in den Tropen auf, weshalb dort das Maximum der NO-Entstehung liegt. Da sie ferner über den Ozeanen relativ selten sind, sehen Böttger u.a. sie als reine Landquelle an [2].

6.1.3 Freisetzung aus Böden

Durch chemische und bakterielle Umsetzungen im Boden können Stickstoffoxide entstehen. Sowohl bei der Nitrifikation als auch bei der Denitrifikation treten Stickstoffoxide intermediär auf. Nitrifikation ist die Oxidation von Ammonium (NH_4^+) zu Nitrat (NO_3^-) in zwei Stufen [16, 17]:

$$2NH_4^+ + 3O_2 \rightarrow 2H^+ + H_2O + NO_2^- \quad (6.1)$$

$$2NO_2^- + O_2 \rightarrow NO_3^- . \quad (6.2)$$

Unter Denitrifikation versteht man die mikrobielle Umwandlung von Nitrat- über Nitritstickstoff zu elementarem Stickstoff:

$$NO_3^- \rightarrow NO_2^- \rightarrow NO \rightarrow N_2O \rightarrow N_2 .$$

Tierische Exkremente stellen eine weitere Quelle dar [13].

Die Schätzungen für die Größe der Freisetzungen aus Böden schwanken zwischen 0 und 305 Mt/a (als N, s. Tabelle 6.1, [2, 11, 13]). Die frühen, sehr hohen Werte von Robinson und Robbins stellen keine direkte Abschätzung dieser Quelle dar. Sie sind als Differenz der aus der Atmosphäre austretenden Stickstoffmengen – die zu hoch angesetzt wurden – und der direkt ermittelten Quellen entstanden [13]. Das UBA gab 1981 einen Wert von 1 – 3 Mt/a, 1983 von 15 Mt/a an [3, 13, 14].

6.1.4 Diffusion aus der Stratosphäre

In der Troposphäre ist Distickstoffoxid (N_2O) nahezu inert; durch Diffusion gelangt es in die Stratosphäre. Mit angeregten Sauerstoffatomen reagiert es zu

Stickstoffmonoxid (s. Abschn. 1.3.2) und weiter zu Stickstoffdioxid (NO_2), die durch Austausch in die Troposphäre gelangen. Für die ihr so zugeführten Massen existieren folgende Schätzungen (als N):

Burns und Hardy 1975 [2]	5 Mt/a
Söderlund und Svensson 1976 [2]	0,3 Mt/a
Chameides et al. 1977 [2]	<1 Mt/a
Schmeltekopf et al. 1977 [2]	1,6 Mt/a
Baulch et al. 1982 [11]	0,5 – 1,5 Mt/a
Ehhalt und Drummond 1983 [11]	0,6 (0,3 – 0,9) Mt/a
Logan 1983 [11]	0,5 Mt/a
Stedman und Shetter 1983 [11]	1 (2) Mt/a

6.1.5 Gemischt biogene/anthropogene Emissionen

Robinson und Robbins (1972) geben für Waldbrände eine NO_x-Emission von 0,2 Mt/a an [10]. Nach Yamate entstehen durch Waldbrände etwa 0,15 – 0,23 Mt/a [2]. Steppenbrände führen zu wesentlich höheren Emissionen von 1,8 – 4,3 Mt/a [2]. Die NO_x-Produktion durch Waldrodung ist eine anthropogene Quelle ([2 – 4] s. Abschn. 6.3.1). Im ausländischen Schrifttum ist die scharfe Unterscheidung nicht üblich. Zusammenfassend wird für „bio-mass burning“ angegeben (als N):

Guitcherit 1982 [12]	20 Mt/a
Baulch et al. 1982 [11]	10 – 40 Mt/a
Ehhalt und Drummond 1982 [11]	11,2 (5,6 – 16,4) Mt/a
Logan 1983 [11]	8 (4 – 16) Mt/a
Stedman und Shetter 1983 [11]	5 Mt/a
Sartorius 1983 [13]	20 (<50) Mt/a

Der Boden gibt beachtliche Mengen an Ammoniak an die Troposphäre ab. Durch Reaktion mit dem OH-Radikal entsteht Stickstoffmonoxid [2]

$$NH_3 \xrightarrow{OH} NH_2 \xrightarrow{O_2} HNO \xrightarrow{O_2} NO\,.$$

Die Oxidation läuft aber nur bei bereits vorhandenen NO-Konzentrationen <60 ppt ab; Levine et al. nehmen an, daß 20 % der NH_3-Emission in Stickstoffmonoxid umgewandelt werden [11]: Folgende Angaben sind verfügbar (als N):

Burns und Hardy 1975 [2]	30 Mt/a
Söderlund und Svensson 1976 [2]	3 – 8 Mt/a
Chameides et al. 1977 [2]	0 – 20 Mt/a
Böttger et al. 1978 [2]	1,2 – 4,9 Mt/a
Guicherit 1979 [13]	0,6 – 2,5 Mt/a
Crutzen 1979 [13]	<8 Mt/a
Ehhalt und Drummond 1982 [11]	3,1 (1,2 – 4,9) Mt/a
Logan 1983 [11]	1 – 10 Mt/a
Stedman und Shetter 1983 [11]	1(2) Mt/a

6.1.6 Biogene Emissionen anderer Gebiete

Die Bedeutung der biogenen Emissionen nimmt auf der nördlichen Halbkugel bei Betrachtung immer kleinerer Räume gegenüber den anthropogenen Emissionen sehr stark ab. Dies zeigen deutlich die folgenden Beispiele, deren Emissionen naturgemäß im Zusammenhang mit den anthropogenen Auswürfen zu betrachten sind (s. Abschn. 6.3). Für die 60er Jahre werden als natürliche Emissionen für die USA 152 Mt/a (als N) angegeben [18]. Vermutlich geht dieser Wert auf Robinson und Robbins zurück und wäre dann sicher zu hoch. Benkowitz nennt neuerdings Emissionen zwischen 0,15 und 5,3 Mt/a [15].

Für die 11 am LRTAP-Projekt beteiligten OECD-Staaten ergab eine Abschätzung 1–2 Mt/a als natürliche Emission [12]. Das UBA nennt für Mitteleuropa folgende Werte ([13]; in Mt/a):

	Bereich	Plausibler Wert
Blitze	0,19–0,38	0,3
Böden	(0,04)–0,4	0,4
NH_3-Oxidation	0,07–0,28	0,3
Vegetationsbrände	0,03	0,03

Nach der gleichen Quelle ergibt sich für die BRD ([13, 14], in Mt/a):

	Bereich	Plausibler Wert
Blitze	0,005–0,01	0,008
Böden	0,010	0,010
NH_3-Oxidation	0,005–0,015	0,010
Vegetationsbrände	<0,001	

Andere Werte teilen Kuhler u.a. mit ([15]; ohne Mineraldünger, in Mt/a):

	Bereich	Mittel
Blitze	0,002–0,02	0,008
Böden	0,012–0,046	0,023
Brände	0,007–0,055	0,018
Summe	0,021–0,121	~0,049

Als NO_2 angegeben beträgt somit die mittlere natürliche Emission der BRD 0,092 bzw. 0,16 Mt/a (ohne Mineraldünger).

6.1.7 Zusammenfassung

Untersuchungen über die natürlichen NO_x-Emissionen begannen erst Ende der 60er Jahre. Einen anschaulichen Überblick vermittelt nach neuestem Erkenntnisstand das Bild 6.1. Aus den Zusammenstellungen in den voranstehenden Abschnitten sind die großen Unterschiede bezüglich der Höhe der einzelnen Emissionen ersichtlich. Bei den wichtigsten Quellen „Blitz“ und „Boden“ liegt heute noch der Unsicherheitsfaktor bei 2, bei den Vegetationsbränden bei 3

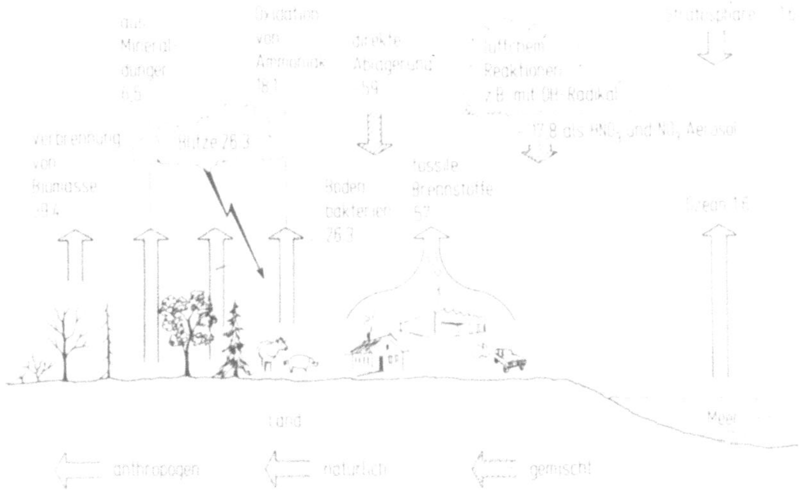

Bild 6.1. Globale Stickstoffoxid-Emissionen [15]

Tabelle 6.2. Globale natürliche Emissionen nach neueren Untersuchungen

Quelle	Mt/a als N					
	UBA 1981 [2, 3]	Sartorius 1983 [13]	Ehhalt 1982 [11]	Stedman 1983 [11]	Kuhler 1985 [15]	
					Bereich	Mittel
Blitze	1,5 – 15	5	5	3	2,1 – 20	8
Boden	1 – 3	15	5,5	10	4 – 16	8
Diffusion (N_2O)	1,7	–	0,6	1	0,2 – 0,8	0,5
Ozeane	0,0007	–	–	–	0,2 – 0,8	0,5
NH_3-Oxidation	1,2 – 4,9	1[a]	3,1	1	0,9 – 10,0	5,5
Vegetationsbrände	0,9 – 2,2[a]	10[a]	5,6[a]	2,5[a]	4 – 24	12
Natürliche Emission	6 – 27	31	20	18	10,7 – 70,3	34,5

[a] Als gemischte Emission zur Hälfte der natürlichen zugerechnet

(Stedman und Shetter 1983 [11]). Um nach so vielen z.T. s ark differierenden Zahlen den Überblick wieder herzustellen, enthält Tabelle 6.2 nochmals die Ergebnisse der neuesten Untersuchungen. Nach den Angaben des Umweltbundesamtes und Rates von Sachverständigen liegen die natürlichen Emissionen zwischen 6 und 27 Mt/a, mit einem „plausiblen" Wert von 20 Mt/a (als N). Die neuesten Untersuchungen von Kuhler u.a. geben 37 Mt/a als Mittel der biogenen und gemischten Emissionen an [15]. Die entsprechenden Werte als NO_2 sind 65 bzw. 120 Mt/a.

Im Vergleich zu den anthropogenen Emissionen nimmt die Bedeutung der natürlichen Emissionen mit kleiner werdendem Gebiet ab. Für die BRD werden als biogene Emission 0,092 bzw. 0,16 Mt/a als NO_2 (0,028 bzw. 0,049 Mt/a als N) genannt [13–15].

6.2 Grundsätzliches zur Ermittlung anthropogener Emissionen

6.2.1 Einteilung der anthropogenen Emissionen

Zur Ermittlung der Emissionen eines geographischen Gebietes ist eine Zusammenfassung der Vielzahl emittierender Anlagen zu sog. Emittenten- oder Quellengruppen erforderlich. Unter dem Gesichtspunkt der Art der emittierenden Prozesse ist die Emission einzuteilen in:

- *Verbrennungsprozesse*
  Verbrennung aller fossilen Brennstoffe
- *Produktionsprozesse i.e.S.*
  Chemische und metallurgische Prozesse wie z.B. Salpeter- und Schwefelsäureherstellung, Rösten von Erzen
- *Weitere anthropogene Vorgänge*
  Waldrodung mit Verbrennen
  Vegetationsbrände
  Künstliche Düngung der Böden

Diese Einteilung ist nur bei Betrachtung globaler oder kontinentaler Emissionen üblich, ansonsten aber hinsichtlich der bei weitem überwiegenden Verbrennungsprozesse zu grob. Deshalb ist insbesondere bei nationalen, regionalen und urbanen Emissionen weiter zu untergliedern in:

- Verbrennungsprozesse i.e.S. (energetische V.) Verbrennung fossiler Brennstoffe zur Erzeugung mechanischer, elektrischer oder thermischer Energie
- Produktionsprozesse
  - Verbrennungsprozesse mit Wärmeaustausch; es besteht eine räumliche Trennung zwischen Verbrennungsvorgang und Produktionsprozeß (industrielle Prozeßfeuerungen), z.B. Sudpfannen in Brauereien und Salinen, Lufterhitzer, manche Trocknerbauarten
  - Verbrennungsprozesse mit direkter Berührung des Arbeitsgutes (industrielle Prozeßfeuerungen, Industrieöfen), z.B. Ziegeleien, Zement- und Kalkwerke.
  - Produktionsprozesse i.e.S.

Eine zum Teil sehr weitgehende Differenzierung vor allem nach Wirtschaftszweigen nehmen vor:

- VDI 2090 Katalog der Quellen luftverunreinigender Stoffe, Dez. 1961
- Energiestatistik (Energiebilanzen)
- EG-Richtlinie v. 28.6.1984 [20]
- 4. BImSchV u. TA Luft
- 5. BImSchwV

Eine außerordentlich häufig verwendete, an die Energiestatistik sich anlehnende Aufteilung der Emissionen hat folgende Emittentengruppen:

- Kraftwerke
- Industrie
- Haushalte und Kleinverbraucher
- Verkehr

Zu den Kraftwerken können gehören:
- Öffentliche Kraftwerke
- Zechenkraftwerke
- Bundesbahn-Kraftwerke
- Fernwärmeerzeugungsanlagen
- Industriekraftwerke
- Raffinerien

Oft werden die Raffinerien auch der Industrie zugerechnet. Die Kleinverbraucher stellen eine sehr bedeutende Untergruppe dar und umfassen:
- Anstaltshaushalte
- Öffentliche Einrichtungen
- Wasserwerke
- Gewerbebetriebe einschließlich der industriellen Betriebe mit weniger als 10 Beschäftigten
- Wäschereien und chemische Reinigungen
- Bauhauptgewerbe
- Handwerksbetriebe
- Geschäftsgebäude und Räume gewerblicher Art
- Handelsunternehmen
- Landwirtschaft

Das UBA benutzt folgendes Schema:
- Bereich Energie: Verbrennungsprozesse i.e.S. und Produktionsprozesse mit Wärmetauscher
  - Kraftwerke
  - Industriefeuerungen
  - Haushalte und Kleinverbraucher
  - Verkehr
- Bereich Prozesse: Verbrennungsprozesse mit Berührung des Arbeitsgutes und Produktionsprozesses i.e.S.

Die 5. BImSchVwV-Emissionskataster in Belastungsgebieten schreibt für diese Ballungsräume folgende Emittentengruppen vor:
- Industrie: Genehmigungsbedürftige Anlagen gem. 4. BImSchV. Hierzu gehören auch die Feuerungen >1 MW (Kohle, Öl) bzw. >10 MW (Gas), die bisher den Kleinverbrauchern zugerechnet wurden.
- Hausbrand und Kleingewerbe: Nicht genehmigungsbedürftige Anlagen
- Verkehr.

Für detaillierte und genaue Aussagen ist bei allen Untersuchungen auf die Definition und den Umfang der jeweilig genannten Emittentengruppe zu achten.

6.2.2 Methoden zur Ermittlung der Emissionen

Zur Ermittlung der jährlichen Emissionen eines geographischen Gebietes gibt es grundsätzlich zwei Methoden:
1. Addition der tatsächlichen, möglichst gemessenen Emissionen aller stationären Anlagen.

Diese Möglichkeit scheidet wegen des fehlenden Datenmaterials und des ungeheuren Aufwandes aus. Nur bei der Aufstellung der Emissionskataster für deutsche Belastungsgebiete wird sie für die Emittentengruppe „Industrie“ angewendet, da hier die Emissionserklärungen der Anlagenbetreiber gem. § 27 Abs. 1 BImSchG vorliegen. Sie müssen Angaben enthalten über „Art, Menge, räumliche und zeitliche Verteilung von Luftverunreinigungen, die von der Anlage in einem bestimmten Zeitraum ausgegangen sind, sowie über die Austrittbedingungen“ (11. BImSchV).

2. Ermittlung mittels gruppenbezogener Emissionsfaktoren:
   - *Verbrennungsprozesse*:

     Emission = Jährl. Energieträgerverbrauch
     × energiebezogener Emissionsfaktor

     Beispiel: Der Verbrauch des Energieträgers Steinkohle in Kraftwerken der öffentlichen Stromversorgung betrug 1980 25,3 Mio t SKE/a. Der mittlere Emissionsfaktor sei zu 450 g/GJ abgeschätzt. Durch Multiplikation beider Zahlen ergibt sich eine jährliche Emission von 333 600 t/a für die Emittentengruppe „Öffentliche Kraftwerke mit Steinkohlenfeuerung“.
   - *Produktionsprozesse*:

     Emission = Jährl. Produkteinsatz oder -ausstoß
     × produktbezogener Emissionsfaktor

     Beispiel: Im Jahr 1978 wurden in der BRD 2,9 Mt/a Salpetersäure erzeugt. Der produktionsbezogene Emissionsfaktor betrage 8 kg/t HNO_3. Die jährliche Emission bei der Salpetersäureherstellung ist danach 23 200 t/a.

Die zweite Methode ist für die Ermittlung der Emissionen einzelner Staaten und auch der Bundesländer die Regel, da zuverlässige Energie- und Produktionsstatistiken zur Verfügung stehen. Die Genauigkeit hängt damit vor allem von der Wahl des „richtigen“, repräsentativen Emissionsfaktors für die jeweilige Emittentengruppe ab.

6.2.3 Bedeutung der Emissionsfaktoren (Schätzgenauigkeit)

Gerade bei Brennstoff- und prozeßabhängigen luftverunreinigenden Stoffen, wie den Stickstoffoxiden, ist die Ermittlung des repräsentativen Emissionsfaktors besonders schwierig. Für eine bestimmte Emittentengruppe und gleichen Brennstoff sollten sie als gewogene Mittel folgende Einflußgrößen berücksichtigen:

- Unterschiedliche Stickstoffgehalte der Brennstoffe
- Mittlerer Lastgrad der Anlagen
- Häufigkeit der Feuerungswärmeleistungen
- Verschiedene Feuerungssysteme

In Kap. 3 und 4 sind verschiedene deutsche und internationale Angaben für Emissionsfaktoren zusammengestellt worden; die Unterschiede sind beachtlich. Je größer der Umfang der Emittentengruppe ist, um so unsicherer dürften die gewählten Emissionsfaktoren sein. Ähnliches gilt für die geographischen Gebiete:

Ein globaler Emissionsfaktor ist sicher schwieriger festzulegen als für einen bestimmten Staat.

An die Genauigkeit der Ermittlung der jährlichen Emissionen eines geographischen Gebietes sind deshalb keine hohen Ansprüche zu stellen; für Schwefeldioxid werden 10–15 % genannt [3]. Für die Unsicherheit globaler anthropogener Emissionen nennen Stedman und Shetter 10 % [11]. Wegen des Fehlens repräsentativer Emissionsfaktoren ist die Ungenauigkeit mit Sicherheit höher; unterer und oberer Wert der Emission unterscheiden sich in etwa um den Faktor 2. Die 5 verfügbaren Angaben für Emission der USA des Jahres 1968 liegen zwischen 16 und 20,6 Mt/a [19–23]. Kuhler u.a. nennen eine Bandbreite von 2,2–4,8 Mt/a (Mittel 3,4 Mt/a) für die biogenen und anthropogenen Emissionen der Bundesrepublik Deutschland [15]. Brocke und Schade geben für bundesdeutsche *stationäre* Anlagen einen Bereich von 0,8–2 Mt/a für 1969 an [26]. Die Genauigkeit der Emissionen des Pkw-Verkehrs des Jahres 1970 in der Bundesrepublik soll ±10 % betragen [27].

Für Betrachtungen des Trends der Emissionen sollten deshalb nur Zeitreihen des gleichen Verfassers herangezogen werden. Dies gilt auch – sofern überhaupt möglich – für zwischenstaatliche Vergleiche.

6.3 Globale und großräumige anthropogene Emissionen

6.3.1 Globale anthropogene Emissionen

Die anthropogenen Emissionen entstammen kontrollierten, technischen Prozessen sowie weiteren durch die menschliche Tätigkeit bedingten Vorgängen (s. Abschn. 6.2.1). Wie aus Tabelle 6.1 ersichtlich, schwanken die vermutlich nur die technischen Prozesse betreffenden Angaben zwischen 27 und 148 Mt/a (als NO_2; vgl. [2, 3, 11, 14, 15, 28]). Auffallend hoch sind die Emissionen von Robinson und Robbins 1971 – die später offensichtlich korrigiert wurden – und von McElroy et al. 1976. Die Werte aus den 70er Jahren schwanken sonst zwischen 27 und 62 Mt/a; nach 1980 erschienene Publikationen nennen Emissionen zwischen 27 und 92 Mt/a, die damit wohl auch die tatsächlich vorhandene Zunahme beinhalten. Als Mittel nennt das UBA 66 Mt/a für Verbrennungsprozesse und Kuhler u.a. 57 Mt/a [13–15]. Nach Gabally entfallen 90 %, nach Böttger et al. 83–87 % der anthropogenen Emissionen auf die nördliche Halbkugel [2, 12].

Bei den technischen Prozessen ist die Verbrennung fossiler Brennstoffe die bei weitem dominierende Quelle. Die Anteile der Energieträger sind:

	Robinson u. Robins 1972 [10]	Böttger u.a. 1978 [2]	
Kohle	51 %	33 %	43,7 %
Heizöl	25,2 %	14,6 %	13 %
Gas	4,1 %	7,3 %	16,8 %
Kraftstoffe	16,7 %	45,1 %	26,5 %
Sonstige	3,0 %		

Für die Kraftwerke geben Robinson u. Robbins einen Anteil von 24 % an; für den Verkehr 17 % [10]. Die Emissionen des Flugverkehrs in großen Höhen betragen nach Baulch u. a. 0,8, nach Ehhalt und Drummond 0,66 – 1,3, im Mittel 1 Mt/a [11].

Sofern überhaupt berücksichtigt, beträgt der Anteil der Produktionsprozesse i. e. S. z. B. nach Söderlund und Svensson für 1970 ca. 13 %. Für die Salpetersäureherstellung ermittelten Böttger u. a. die vernachlässigbare Emission von 0,004 – 0,66 Mt/a.

Beachtlich sind hingegen die Emissionen durch das Waldroden in tropischen Gebieten. Jährlich werden zwischen (1,2 – 2) $10^{11} m^2$ Wald vernichtet [2]. Da das Holz an Ort und Stelle verbrannt wird, entstehen Emissionen von 2,6 – 11,2 Mt/a [2]. Erhebliche Differenzen zeigen sich in der Einschätzung des Beitrages der künstlichen Düngung zur Emission:

Robinson und Robbins, 1972 [10]	18 Mt/a
Söderlund und Svensson, 1975 [10]	33 Mt/a
Mc Elroy u. a., 1976 [10]	40 Mt/a
Böttger u. a. 1981 [2]	0,2 Mt/a
Slemr u. Seiler 1984 [15]	4 – 9 (6,5) Mt/a

Entsprechen unterschiedlich sind auch die Anteile der anthropogenen an der gesamten Emission (anthropogen und biogenen):

Robinson und Robbins [2,12]	5 – 13 %
Robinson und Robbins, 1972 (m. Dünger) [10]	13 %
Burns und Hardy 1975 [2,12]	30 %
Söderlund und Svensson 1975 (m. Dünger, [10]), 1970	17 – 24 %
1975	22 – 31 %
Mc Elroy u. a. 1976 (m. Dünger, [10])	31 %
Delwiche 1977 [10]	31 %
Chameides u. a. 1977	30 – 16 %
UBA[3]	~ 50 %

Abschließend werden die vom UBA publizierten und vom Rat von Sachverständigen für Umweltfragen übernommenen Emissionen genannt (als NO_2, [3,4]):

Fossile Brennstoffe	30 – 61 Mt/a
Waldrodung	2,6 – 11,2 Mt/a
Vegetationsbrände	3 – 7,2 Mt/a
Mineraldünger	0,66 Mt/a

6.3.2 Emissionen der USA

Für die USA liegen mehrere, umfassende Zeitreihen für die NO_x-Emission vor (Tabelle 6.3). Nach der neuesten Untersuchung stieg die Emission von etwa 2,6 Mt/a im Jahre 1900 auf 20 Mt/a im Jahre 1980 an; das ist eine Zunahme um durchschnittlich 2,7 %/a [25]. Je nach Quellen liegen die Zuwachsraten für die

Tabelle 6.3. Entwicklung der NO_x-Emissionen in den USA (in Mt/a)*

Jahr	Land [21]	Bartol et al. [22]	Perkins [23]	Glokany u. Hoffnagle [24]	Gschwandtner et al. [25]
1900					2,6
1920	5,8				4,6
1930	6,2				7
1940	7,4		7	7,2	6,6
1950	10,9	9,4	10	10,3	9,1
1955		11,0			
1960	14	12,0	14	14,0	12,1
1965	16,6	15			
1970		17	23	20,4	17,3
1980				22,8	20

* Mit Ausnahme von Gschwandtner et al. könnte es sich um short tons (=0,907 t) handeln. Die Zahlen meist Diagrammen entnommen

Tabelle 6.4. Größe und Aufteilung der NO_x-Emissionen der USA (n. [31])

Jahr	1965	1970	1975	1979	1980	1981	1982	1983
Emission								
Mt/a	14,7	18,1	19,1	21,1	20,3	20,5	19,6	19,4
kg/a Ew	75,7	88,2	88,4	93,6	89,2	89,2	84,5	82,8
t/a km^2	1,6	1,9	2,0	2,3	2,2	2,2	2,1	2,1
Anteile (%)								
Kraftwerke	21,8	24,9	27,2	29,4	31,5	31,7	31,6	32,5
Verkehr	38,1	42	46,6	45,5	45,3	45,4	45,4	45,4

beiden Jahrzehnte 1950/1970 zwischen 3 und 4 %/a; zwischen 1970/1980 stieg die Emission nur noch um 1,1 bzw. 1,3 %/a [24, 25].

Angaben über die Emissionen nach Kriegsende sind der Tabelle 6.4 zu entnehmen. Heller und Walters nennen für 1960 ca. 10 Mt/a, wobei der Anteil des Verkehrs bereits 46,4, der der Kraftwerke 24,6 % betrug [29]. Für 1965 geben Bond und Straub 19 Mt/a mit 63 % für Verkehr und 5 % für Kraftwerke ([30], vgl. Tabelle 6.3). Auf die Streuung der Werte für 1968 wurde bereits im Abschn. 6.2 hingewiesen. In Tabelle 6.4 sind die neuesten Angaben der OECD zusammengestellt [31]; geringfügig andere Werte findet man in [32].

Eine Aufteilung der Emission nach Energieträgern sei für 1968 und 1977 angegeben [23, 33]:

	1968	1977
Kohle	19,4 %	26,5 %
Öl	4,8 %	9,4 %
Gas	23,3 %	12,0 %
Kraftstoffe	39,3 %	43,3 %
Sonstige	13,2 %	1,9 %

Ausführliche Angaben zu den Emissionen der US-Bundesstaaten macht für das Jahr 1979 Benkowitz [19].

Von den vielen Ballungszentren sei hier nur das Los Angeles County erwähnt. Die Emissionen entwickelten sich wie folgt

1960	[34]	230 000; 250 000 t/a
1968/1969	[30, 35]	350 000; 450 000 t/a .

Ende der 60er Jahre betrug die einwohnerbezogene Emission 60 kg/a Ew und die flächenbezogene 40 t/a km^2 [30]. Der Anteil des Verkehrs lag zwischen 62 und 67 %.

6.3.3 Emissionen Japans

Im Vergleich zu den USA sind für die zweitgrößte westliche Industrienation relativ wenige Daten verfügbar, die Tabelle 6.5 enthält. Es fällt der gegenüber den USA und auch der BRD niedrige einwohnerbezogene Wert des Jahres 1972 (keine Sekundärmaßnahmen!) auf. Die Zahlenreihe zeigt eine deutliche Abnahme der Emissionen in den 70er Jahren, obwohl der Primärenergieverbrauch bis 1985 noch um ca. 7 % wuchs. Ausgehend von den Werten des Jahres 1972 wurde 1977 bei 6 % Wachstum und ohne Minderungsmaßnahmen für 1985 eine Emission von 4,3 Mt/a prognostiziert [36]. Global 2 000 gibt für 1985 Emissionen von 4,2 – 5,3 Mt/a an; für die mittlere Variante werden 4,7 Mt/a, entsprechend 39 kg/a EW genannt [28]. Ein Vergleich mit der tatsächlichen Emission des Jahres 1985 ergibt eine Minderung durch Primär- und Sekundärmaßnahmen um etwa 3 Mt/a!

Der Anteil der öffentlichen Kraftwerke liegt bei 16 %, der des Verkehrs ziemlich konstant bei 40 %. Hinsichtlich der Energieträger ist nur die Aufteilung für 1972 bekannt [10]:

Kohle	5 %
Heizöl	46 %
Gas	7 %
Sonstige	2 %
Kraftstoffe	40 %.

Tabelle 6.5. Größe und Aufteilung der NO_x-Emissionen Japans

Jahr Quelle	1972 [36]	1973 [37, 38]	1975 [31]	1980 [31]	1985 [39]
Emissionen					
Mt/a	2,4	2,0	1,68	1,44	1,2
kg/a EW	23	17	15	12	10
t/a km^2	6,4	5,3	4,4	3,8	3,2
Anteile (%)					
Öffentliche Kraftwerke		15,5	18,6	16,6	
Verkehr	40	54	39,7	39,5	

Tabelle 6.6. Anteile der Emittentengruppen in japanischen Ballungszentren (in % [36, 40])

Gebiet	Tokyo		Kanagawa Präfektur	Osaka
	Distrikt	Stadt		
Fläche in km^2		646	2397	753
Einwohner in Mio		8,8	6,93	4,2
Jahr	1972	1976	1977	1977
Anteile in %				
Stationäre Anlagen				
Kraftwerke	17,8	20,9	64,0	48,5
Industrie	13,2			
Haushalte	(?)	4,5	1,6	2,2
Verkehr				
Straßenverkehr		72,6	29,3	46,7
Schiffahrt	69,0	0,7	5,1	1,8
Luftverkehr		1,3	–	0,8

In Tabelle 6.6 sind die Verhältnisse japanischer Ballungszentren wiedergegeben. Es fällt vor allem der recht unterschiedliche Anteil des Verkehrs von 30 bis 73 % auf. Nach Ando trägt heute der Verkehr in großen Städten zu mehr als 60 % zur Emission bei [37].

6.3.4 Europäische Emissionen

Bei den Angaben ist darauf zu achten, welche Staaten in die Berechnung einbezogen wurden. Semb und Amble geben für 1974/76 für 28 Staaten einschließlich des europäischen Teils der Sowjetunion eine Emission von 20 Mt/a (als NO_2), entsprechend 0,65 t/a km^2 an [41], die nach Sartorius eher zu niedrig als zu hoch sein dürfte [14]. Der Anteil der anthropogenen an der gesamten Emission liegt damit bei 86 % [14].

Söderlund betrachtet ein 4 Mio km^2 großes Gebiet zwischen 45 und 65° nördlicher Breite und 10° westlicher und 20° östlicher Länge [12, 13]. Für die Periode 1968/1972 ermittelte er eine Emission von 12,5 – 31,2 Mt/a (als NO_2), [12, 13]. Die Anteile der Energieträger sind [13]:

Kohle	32 – 52 %
Öl	27 – 68 %
Gas	4 – 6 %.

Für die europäischen OECD-Staaten geben Semb und Amble für 1974/1976 9,1 Mt/a an [41]. Vermutlich bezieht sich die Prognose von Global 2000 auf diese Staaten; bei niedrigem Wachstum werden 12,2 Mt/a, bei mittlerem 13,6 Mt/a für 1985 erwartet [28].

Die 11 am LRTAP-Projekt beteiligten OECD Staaten haben eine Emission zwischen 4,9 – 9,9 Mt/a, im Mittel liegt sie bei 6,9 Mt/a [12, 13]. Der Anteil der anthropogenen an den gesamten Emissionen beträgt etwa 60 % [12]. Die anthropogene Emission teilt sich wie folgt auf [12, 13]:

Kraftwerke	39,2 %	Kohle	31,9 %
Sonstige	27,5 %	Öl	26,1 %
Verkehr	33,3 %	Gas und sonstige	8,7 %
		Benzin und Dieselöl	33,3 %.

6.4 Anthropogene Emissionen der Bundesrepublik Deutschland

6.4.1 Derzeitige Größe und Aufteilung

Der Anteil der anthropogenen an den gesamten Emissionen liegt nach Sartorius bei 97 %, nach Kuhler u.a. im Mittel bei 91 % [14, 15].

Die anthropogene NO_x-Emission des gesamten Bundesgebiets erreichte 1984 einen Wert von 3,0 Mt/a, 1987 3,1 Mt/a und überschritt damit erheblich den Schwefeldioxid-Auswurf von 2,6 Mt/a. Der Schwankungsbereich beträgt nach Kuhler u.a. 2,1 – 4,1 Mt/a bei einem Mittel von 3,1 Mt/a [15]. Die einwohnerbezogene NO_x-Emission ergibt sich zu 50 kg/a Ew, die flächenbezogene zu 12,5 t/a km^2.

Die Produktionsprozesse i.e.S. (chemische Prozesse) sind nur zu ca. 1 % beteiligt; die gewerblichen Prozeßfeuerungen mit Arbeitsgutkontakt haben einen Prozentsatz von ca. 10 %. Die Emission von 3,0 Mt/a teilt sich auf die wichtigsten Emittentengruppen wie folgt auf (n. UBA):

Kraftwerke (inkl. Raffinerien)	27,7 %
Industrie	10,7 %
Haushalte und Kleinverbraucher	4,3 %
Verkehr	57,3 %

Mit 57 % bzw, 1,7 Mt/a ist der Verkehr der mit Abstand wichtigste Verursacher der NO_x-Emission. Schienen- und Luftverkehr sowie Binnenschiffahrt haben eine Emission von ca. 200 000 t/a; daran ist der zivile und militärische Flugbetrieb nur mit etwa 27 000 t/a beteiligt [42, 43]. Mit einer Emission von 1,5 Mt/a entsprechend 88 %, ist demnach der *Straßen*verkehr die bedeutendste Emittentengruppe; sein Anteil an der gesamten Emission von 3,1 Mt/a beträgt somit 48 %. Vom UBA wird die Emission der Pkw und Kombi mit 1 bzw. 0,84 Mt/a angegeben [42 – 44].

Sie teilt sich auf die drei Straßenkategorien wie folgt auf ([27] in %):

Jahr	Autobahnen	Landstraßen	Stadtverkehr
1970	27	49	24
1985	41	35	24
2000	44	35	21

Nach dem Abgas-Großversuch werden auf den Autobahnen von den Pkw bei der Richtgeschwindigkeit 130 km/h (Mittel 105 km/h) 310 340 t/a an Stickstoffoxiden emittiert [45]. Beim Tempolimit 100 km/h sind es 278 170 t/a [46]. Die

Tabelle 6.7. Anteile der Energieträger an den Gesamtemissionen (in %, n. [3, 48])

Energieträger	1966	1970	1974	1978	1980	1982
Steinkohle	30,7	26,2	21,8	19,1	21,6	
Braunkohle	7,0	6,7	7,6	7,2	13,0	
Müll u. sonstige	0,1	0,2	0,2	0,3	–	
Heizöl S	7,5	8,5	6,9	5,7	4,1	
Heizöl EL	3,0	4,4	4,1	4,1	2,8	
Gas	3,9	5,7	9,2	8,9	5,9	
Benzin	19,4	21,7	25,0	31,7	29,6	
Diesel	11,7	11,5	11,7	13,0	14,0	

Tabelle 6.8. Einteilung der Emissionen der BR Deutschland nach juristischen Gesichtspunkten [44, 50]

Emittentengruppe	1982 Mt/a	~1995 Mt/a
Genehmigungsbedürftige Anlagen		
13. BImSchV (GFA – VO)	1,02	0,3
TAL	0,27	0,17
Haushalte und Kleinverbraucher	0,12	0,10
Verkehr	1,69	1,17 (0,85)
Insgesamt	3,1	1,7 (1,44)

Emissionsminderung beträgt also 32 170 t/a; das sind 3,8 % der Pkw-Emission der BRD (inkl. Landstraßen und Stadtverkehr) bzw. 1 % der gesamten Emission von 3 Mt/a. Die Nutzfahrzeuge emittierten 460 000 t/a [46]. Dieser Wert wird seitens eines Kfz-Herstellers als um den Faktor 2 zu hoch angesehen [42].

Die Energiewirtschaft – Kraftwerke, Fernwärmeerzeugungsanlagen und Raffinerien – emittierte 1982 860 000 t/a, 1980 waren es 984 000 bzw. 2 005 000 t/a [47, 48]: Die Kraftwerke hatten 1980 eine Emission von 888 500 t/a [49]:

Öffentliche Kraftwerke	700 000 t/a
Industriekraftwerke	175 000 t/a
Bundesbahnkraftwerke	13 500 t/a
Summe	888 500 t/a

Die Aufteilung der jährlichen Emissionen auf die Energieträger ist in Tabelle 6.7 enthalten. Gas verursachte z.B. 1980 nur 6 % der Emissionen. Tabelle 6.8 gibt eine Aufgliederung der Emissionen nach juristischen Gesichtspunkten an. 33 % der Emission kam 1982 von Anlagen, die der 13. BImSchV unterliegen.

6.4.2 Bisherige und zukünftige Entwicklung in der Bundesrepublik

Die historische Entwicklung der NO_x-Emission des Gebiets der BRD zeigt sehr eindrucksvoll das Bild 6.2. Eine Übersicht über die bisher publizierte Daten für die

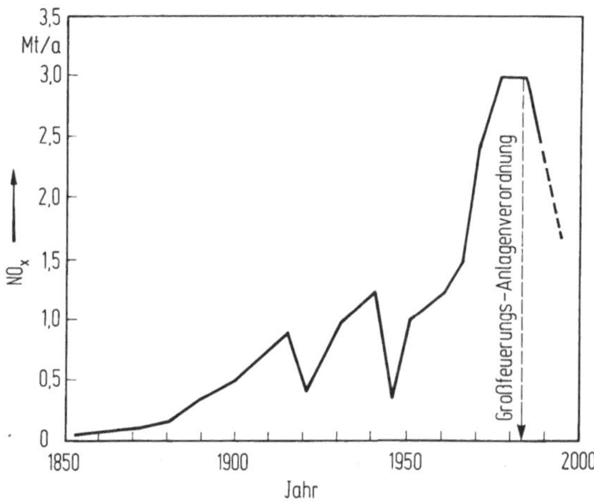

Bild 6.2. Historische Entwicklung der NO_x-Emissionen auf dem Gebiet der Bundesrepublik Deutschland (Verband der chemischen Industrie [54])

NO_x-Emission nach dem zweiten Weltkrieg enthält Tabelle 6.9. Die Angaben für das Bezugsjahr um 1970 differieren in erheblichem Maße. Aus den verschiedenen Untersuchungen lassen sich folgende Zuwachsraten errechnen:

Batelle-Institut	[55]	1960/1970	4 %/a
Materialienband	[56]	1962/1972	3,4 %/a
Umweltbundesamt	[3]	1966/1982	2,8 %/a

Tabelle 6.9. Angaben zur Stickstoffoxid-Emission in der Bundesrepublik Deutschland (als NO_2)

	Quelle	Bezugsjahr	Σ (NO, NO_2)-Emission		Anteile (%)			
			Mt/a	kg/a Ew	Kraftwerke	Industrie	Haushalte u Kleinverbr.	Verkehr
Batelle-Institut	[55]	1960	0,96	17	86,3		2,2	11,5
UBA	[56]	1965	1,34	23	33	42,8	6,7	17,3
Schikarski	[57]	1970	1,33	22	37,5	30,1	9,8	22,6
Batelle-Institut	[55]	1970	1,44	24	75,7		4,4	19,9
UBA	[56]	1970	1,62	27	36,1	33,6	7,4	21,0
Materialienband	[58]	1970	1,63	27				55
Steag	[59]	1971	2,43	40	20	26	7,3	46,7
UBA	[60]	1966	2,05	35	23,5	25,6	5,9	45,0
		1968	2,1		25,0	24,0	5,7	45,3
		1970	2,4	40	26,4	21,3	6,1	46,2
		1972	2,6	43	28,6	17,7	5,7	48,0
		1974	2,6	43	29,8	17,4	5,0	47,6
		1976	2,8		28,8	15,2	5,0	51
		1978	3,0	49	27,4	13,7	4,8	54,1
		1980	3,1	50	27,6	13,1	4,5	54,8
Bröker	[47]	1980	2,68	44	36,7	9,4	4,7	49,2
UBA	[60]	1982	3,0	49	28,1	11,4	4,1	56,4
		1984	3,0	49	27,7	10,7	4,3	57,3
		1987	3,1		29	9,7	3,2	58,1
		1988	2,55		23,5	9,4	4,3	62,8
		1995	1,7		13,5	11,8	5,9	68,8

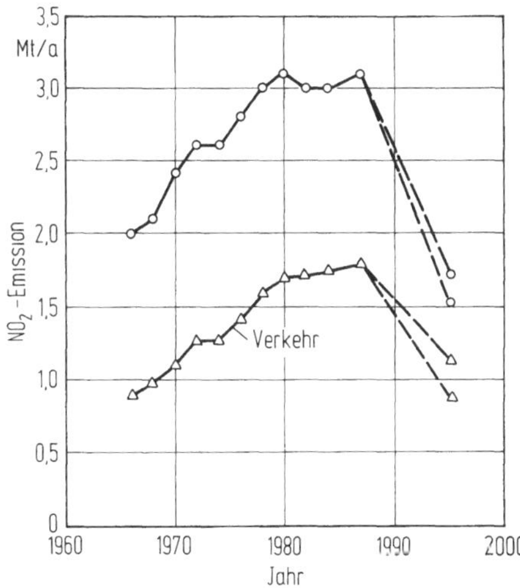

Bild 6.3. Bisherige und zukünftige Entwicklung der NO_x-Emissionen der BRD (n. [53, 60])

Das Bild 6.3 stellt die Zunahme der gesamten Emission und der verkehrsbedingten Emission nach den Untersuchungen des UBA für die letzten Jahrzehnte dar. Der Anteil des Verkehrs stieg von 31 % in 1966 auf 58 % im Jahr 1987 (Tabelle 6.9). Die entsprechenden absoluten Emissionen des Verkehrs erhöhten sich im gleichen Zeitraum von 0,8 auf 1,69 Mt/a, das ist eine Steigerung von 4,8 %/a. Die Emissionen der Pkw und Kombi betragen:

1970 [27]	0,43 Mt/a
1975 [27]	0,57 Mt/a
1980 [27]	0,72 Mt/a
1982 [44]	0,84 Mt/a
1982 [42]	1,00 Mt/a

Kuhler und andere geben für 1982 – allerdings hochgerechnet aus TÜV-Zahlen für 1977 – 0,44 bis 0,92 Mt/a mit einem Mittel von 0,68 Mt/a als Emission der Pkw mit Otto-Motor an [15].

Die erste Prognose unter Berücksichtigung der 13. BImSchV legte Fluck für das Jahr 2000 vor [48]. Mit einer zu erwartenden Emission von 3,3 Mt/a wäre keine wesentliche Änderung gegenüber 1982 zu verzeichnen gewesen.

Der UMK-Beschluß, die TAL 1986 sowie die Maßnahmen beim Verkehr bewirken um 1995 jedoch folgende Emissionsminderungen [44, 50, 52]:

Großfeuerungen (UMK)	700 000 t/a
Mittelfeuerungen (TAL)	100 000 t/a
Pkw-Verkehr	480 000 t/a
Lkw-Verkehr (Selbstbeschränkung)	100 000 t/a
Summe	1 380 000 t/a

Schwarz gibt für den Verkehr sogar eine Abnahme um 840 000 t/a [53]. Die Gesamtemission um das Jahr 1995 wird zu 1,5 – 1,7 Mt/a geschätzt [53, 60]. Die drastische Abnahme der Emission veranschaulicht ebenfalls Bild 6.3. Bis 1995 werden die Emissionen auf ca. 60 bzw. 50 % des Wertes von 1982 gesunken sein. Wie aus Tabelle 6.8 ersichtlich, ist der Verkehr dann der bei weitem größte Emittent.

6.4.3 Emissionen der deutschen Bundesländer

Angaben über die Emissionen der Bundesländer sind in den üblicherweise zugänglichen Publikationen nur selten zu finden. Tabelle 6.10 gibt eine recht ausführliche Darstellung der Verhältnisse für Bayern. Mit 37 kg/a Ew bzw. 5,3 t/a km^2 lag 1983 Emission unter dem bundesdeutschen Durchschnitt. Die vergleichsweise hohe Stromerzeugung aus Kernenergie und Wasserkraft sowie das Fehlen der Grundstoffindustrie sind alle Ursachen zu nennen. Entsprechend hoch ist mit ca. 70 % der Anteil des Straßenverkehrs.

Nordrhein-Westfalen hatte 1980 eine Emission von 1,05 Mt/a (62 kg/a Ew, 31 t/a km^2; [47]). Sie teilt sich folgendermaßen auf [47]:

Kraftwerke	51,4 %
Industrie	10,5 %
Haushalte und Kleinverbr.	3,1 %
Verkehr	35,0 %

Angaben über die Emissionen der Kraftwerke in den verschiedenen Bundesländern enthält [49]. Die Auswirkungen der Bemühungen um die Senkung der Emissionen dieser Gruppe zeigen folgende Zahlen [49, 63, 64], in kt/a:

	1980	1983	1988	1993
Baden-Württemberg	55			15
Bayern	65	55	~40	15
Nordrhein-Westfalen	486	490	323	128

In den 90er Jahren wird danach die Emission der öffentlichen Kraftwerke in diesen Ländern auf ca. 26 % abgenommen haben.

Tabelle 6.10. NO-$_x$-Emissionen in Bayern (n. [61, 62])

Jahr	Emission kt/a	Anteile in %			
		Kraftwerke	Industrie[a]	Haushalte u. Kleinv.	Verkehr
1971	407,3	13	17	11,4	58,6
1976	359,1	21,2	11,6	7,0	60,2
1978	395,7	19,1	10,0	5,8	65,1
1980	399,2	18,2	10,2	5,0	66,6
1981	372,8	18,7	10,0	4,8	66,5
1983	371,0	17,5	9,7	4,6	68,2
1987	406,0	10,3	7,6	4,9	77,2

[a] inkl. Raffinerien

6.4.4 Emissionen der Belastungsgebiete und Ballungsräume

Die Bundesländer können gem. § 44 BImSchG sogenannte Belastungsgebiete durch Rechtsverordnung festsetzen. Dies ist in 5 Bundesländern sowie West-Berlin geschehen, so daß es insgesamt 24 Belastungsgebiete gibt. Für diese Gebiete ist nach § 46 BImSchG ein Emissionskataster aufzustellen, „das Angaben enthält über Art, Menge, räumliche und zeitliche Verteilung und die Austrittsbedingungen bestimmter Anlagen und Fahrzeuge". Das erste Emissionskataster wurde 1977 für das Belastungsgebiet Rheinschiene-Süd (Köln) erarbeitet; inzwischen ist die 1. Fortschreibung 1982–1986 erschienen. Auch für Ballungsräume, die nicht als Belastungsgebiete erklärt wurden, werden Emissionskataster erstellt. Insgesamt handelt es sich dabei um 11 überwachte Regionen z.B. Hamburg, Karlsruhe, Mannheim.

Die Ergebnisse der Emissionskataster hinsichtlich der Stickstoffdioxide enthält Tabelle 6.11. Es fällt der relativ niedrige Anteil des Verkehrs auf. Im Gutachten des Rates von Sachverständigen wird das Mittel aus 6 Belastungsgebieten, (3 Ruhrgebiete, Rheinschiene Süd, Ludwigshafen/Frankenthal, Mainz) den Werten des Belastungsgebietes Rhein-Main gegenübergestellt [3]:

	6 Belastungsgebiete	Rhein-Main
Kraftwerke und Industrie	84 %	50,5 %
Haushalte und Kleingewerbe	4 %	14,7 %
Verkehr	12 %	34,8 %.

München hatte um 1975 eine Emission von 36,75 kt/a (28 kg/a Ew, 119 t/a km^2), die sich wie folgt aufteilte [68]:

Energiewirtschaft	6,7 %	HuK	15,8 %
Industrie	7,9 %	Verkehr	69,6 %.

Tabelle 6.11. Größe und Aufteilung der Stickstoffoxid-Emission in Belastungsgebieten und Ballungsräumen [3, 49, 65–67]

Gebiet	Erhebungsjahr	NO_x-Emission			Anteile in %			
		kt/a	kg/a Ew	t/a km^2	Kraftwerke	Industrie	HuK[a]	Verkehr
Erlangen-Fürth-Nürnberg	1979	23,1	35	52	52,5	10,8	8,1	28,6
Karlsruhe	1971/75	14	50	80	81,5		3,7	14,8
Ludwigshafen/Frankenthal	1972/75	27	123	233	86,7		2,2	11,1
Mainz	1975	12	52	54	84		6,7	9,3
Mannheim	1971/75	57	184	393	97,2		0,7	2,1
Mannheim/Ludwigshafen	1982	87,1			41	48	1	10
Rhein-Main (Frankfurt)	1983	32	15	19				
Rheinschiene Süd (Köln)	1980	71,1	54	110	73,3		4,3	22,4
Ruhrgebiet Mitte (Essen)	1978	159,7	81	209	55,6	31,0	2,5	10,9
Ruhrgebiet Ost (Dortmund)	1977	96,7	80	136	83,9		2,8	13,3
Ruhrgebiet West (Duisburg)	1974/76	92	70	129	81,7		3,9	14,4

[a] Haushalte und Kleinverbraucher

1984 ist die Emission auf 46 kt/a angestiegen (36 kg/a Ew. 148 t/a km^2); die Emittentengruppen hatten folgende Anteile:

Energiewirtschaft	27,8 %	HuK	12,6 %
Industrie	5,2 %	Verkehr	54,4 %.

Ähnliche Aussagen gelten auch für Nürnberg [69]. 1985 hatte Stuttgart eine Emission von 16,4 kt/a, zu 66 % durch den Verkehr bedingt [85].

6.5 Anthropogene Emissionen einiger EG-Staaten

Angaben zur Emission Dänemarks enthält Tabelle 6.12; bis 1980 hat sie zugenommen (vgl. auch [32]). Sowohl die absolute als auch die prozentuale Emission der Kraftwerke erhöhte sich, während die entsprechenden Werte für den Verkehr gleich bleiben bzw. etwas abnahmen.

Holliers legte 1984 erstmals für Frankreich eine Untersuchung über die NO_x-Emissionen für den Zeitraum 1971/2000 vor [70]. Zwischen 1971 und 1979 ist der Auswurf um ca. 2,9 %/a gestiegen; nach den Zahlen der OECD zwischen 1970/1979 sogar um 4 %/a [31]. Nach 1979 nimmt die Emission bis 2000 bei

Tabelle 6.12. Größe und Herkunft der NO_x-Emissionen Dänemarks (als NO_2)

Jahr	~1975	1975	1980	1982
Quelle	[13]	[31]	[31]	[31]
Emission				
kt/a	182	203	241	250
kg/a Ew	36	40,1	47,0	48,8
t/a km^2	4,2	4,7	5,6	5,8
Anteile (%)				
Kraftwerke	32,3	25,6	41	46,4
Verkehr	42,5	31,0	26,1	32,8

Tabelle 6.13. Größe und Herkunft der NO_x-Emissionen Frankreichs (als NO_x)

Jahr	1970	1975				1980	1981	1982	1983
Quelle	[31]	[41]	[70]	[31]	[32]	[31, 32]	[31, 32]	[31, 32]	[31, 32]
Emission									
Mt/a	1,322	~1,312	1,250	1,612	1,564	1,846	1,766	1,739	1,674
kg/a Ew	26	24,9	23,7	30,6	29,7	34,0	32,9	32,1	30,7
t/a km^2	2,4	2,4	2,3	2,9	2,8	3,4	3,2	3,2	3,0
Anteile (%)									
Kraftwerke	15,8	21,8	15,6	14,1		16,1	13,6	14,3	11,9
Verkehr	40,6	50,4	43,2	54,5		56,4	60,4	61,7	64,8

geringem Wirtschaftswachstum ab; bei sehr starkem Wachstum wird nach 1990 mit einer leichten Zunahme auf das Niveau von 1980/1981 gerechnet [70]. Weitere Informationen enthält Tabelle 6.13. Der Anteil der Kraftwerke liegt zwischen 17 und 21 %, der der Industrie ist von 25 % (1972) auf 17 % (1982) gesunken. Der Prozentsatz des Verkehrs nahm hingegen von 33 % (1972) auf 52 % (1982) stark zu.

Für Griechenland geben Semb und Amble 150 kt/a an [41]; im OECD-Compendium findet man für 1978 als Emission 196 kt/a, die 20 kg/a Ew bzw. 1,5 t/a km^2 ergeben [31]. Von Interesse dürfte die Athener Emission im Jahr 1980 in Höhe von 40 692 t/a sein, entsprechend 116 kg/a Ew oder 90 t/a km^2 [71]. Sie teilte sich wie folgt auf:

Kraftwerke	16,3 %
Industrie	19,5 %
Haushalte	8,2 %
Verkehr	56,0 %.

Die Emissionen Großbritanniens sind in Tabelle 6.14 zusammengestellt. Die Angaben von Derwent, Stewart und Clarke für 1975 stimmen recht gut überein.

Tabelle 6.14. Größe und Herkunft der NO_x-Emissionen in Großbritannien

Jahr	1965	1970	1975			1980		1981	1982	1983
Quelle	[72]	[72]	[41]	[31]	[32]	[32]	[31]	[31]	[31]	[31]
Emission										
Mt/a	1,35	1,46	1,89	1,76	1,68	1,75	1,81	1,74	1,69	1,7
kg/a Ew	24,8	26,3	33,7	31,4	29,9	31,3	32,4	31,1	30,0	30,1
t/a km^2	5,5	6,0	7,7	7,2	6,9	7,2	7,4	7,1	6,9	7,0
Anteile (%)										
Kraftwerke	37,8	41,0	44,8	43,6			47,0	47,0	45,4	45
Verkehr	15,3	18,5	34,9	26,9			29,4	29,5	31,1	32,2

Tabelle 6.15. Stickstoffoxid-Emission (als NO_2) der Niederlande

Jahr	1972	1975	1977	1980
Quelle	[74]	[41]	[75]	[75]
Emission				
kt/a	0,348	0,396	0,514	0,560
Anteile (%)				
Kraftwerke	17,5	30,2	38,6	36,5
Industrie	33,7[a]			
Haush. u. Kleinverbr.	10,3		8,9	8,0
Verkehr	35,9	44,1	52,5	55,5
Verschiedene	2,6		–	–

[a] Inkl. 6,9% für Raffinerien

Tabelle 6.16. Aufteilung der Emissionen des Straßenverkehrs (in %, [76])

Kfz	Autobahnen	Landstraßen	Stadt	Summe
Pkw	31	16	15	62
Leichte Nfz (< 3,5 t)	2	1	5	8
Schwere Nfz (> 3,5 t)	16	9	5	30
Summe	49	26	25	100

Von 1965 bis 1970 hat die Emission um 1,7 %/a zugenommen [72], um von 1972 bis 1980 sich nicht mehr wesentlich zu ändern [73]. Der relative Anteil des Verkehrs und der Kraftwerke nahm dagegen ständig zu.

Über die Niederlande liegen relativ viele Untersuchungen vor; Tabelle 6.15 gibt die wichtigsten Ergebnisse wieder. Die Zunahme zwischen 1972 und 1980 betrug 6 %/a; der Anteil des Verkehrs steigt von 36 auf 55 %. Eine detaillierte Aufteilung der Emissionen des Straßenverkehrs enthält Tabelle 6.16.

Bezüglich der Emissionsverhältnisse anderer EG-Staaten wird auf die Literatur verwiesen [31, 32, 41, 77].

6.6 Anthropogene Emissionen einiger Comecon-Staaten

Offizielle Angaben über die Emissionen der DDR sind nicht bekannt. Folgende Schätzungen wurden publiziert:

Müller-Haeseler [79]	0,4 Mt/a
Semb und Amble [41]	0,57 Mt/a
Sláma [78]	2,0 Mt/a

Bei den sehr niedrigen Werten sind Zweifel durchaus berechtigt, ob sie nicht auf zu niedrig angenommene Emissionsfaktoren zurückzuführen sind [78]. Mit 2,0 Mt/a erhält man als bezogene Emissionen 121 kg/a Ew bzw. 19 t/a km^2, was wiederum als recht hoch anzusehen ist.

Als Nachbarland interessieren besonders die Emissionen der Tschechoslowakei. Folgende Angaben sind verfügbar:

Semb und Amble, ~1975 [41]	500 kt/a
DIW 1982, n. [78]	700 kt/a
ECE, n. [78]	1 197 kt/a
Sláma [78]	1 273 kt/a

Die beiden hohen Werte ergeben als bezogene Emissionen ca. 84 kg/a Ew bzw. 9,9 t/a km^2.

Nur beispielhaft sei noch die Sowjetunion erwähnt. Bei Semb und Amble findet man den niedrigen Wert von 6,8 Mt/a [41]; Sláma gibt 10,9 Mt/a an; daraus errechnen sich die bezogenen Werte zu 42 kg/a Ew bzw. 0,49 t/a km^2 [78].

6.7 Anthropogene Emissionen Österreichs, Schwedens und der Schweiz

Die Angaben über die Emissionen Österreichs sind in Tabelle 6.17 zusammengestellt. Niedrig sind die spezifischen Werte und insbesondere der Anteil der Kraftwerke. Er wird bei nur geringfügig steigender Gesamtemission auf 5 % Anfang der 90er Jahre fallen [83]. Die Energieträger waren 1977 wie folgt beteiligt [80]:

Feste Brennstoffe	8 %
Gas	8 %
Heiz- und Dieselöl	42 %
Benzin	42 %.

Wien hatte 1972 eine Emission von 23 000 t/a; 1975 war sie auf 18 000 t/a, entsprechend 11,2 kg/a Ew bzw. 40,7 t/a km^2 gesunken [80, 82]. Die Anteile der Emittentengruppen betrugen [82]:

Energieerzeugung	33,3 %
Industrie	11,1 %
Haush. und Kleinv.	16,6 %
Verkehr	39,0 %.

Auskunft über die Emissionsverhältnisse Schwedens gibt Tabelle 6.18.

Tabelle 6.17. Größe und Herkunft der NO_x-Emissionen in Österreich

Jahr	1975	1977	1980	1980	1980
Quelle	[41]	[80]	[81]	[31]	[32]
Emission					
kt/a	149	200	206	216	227
kg/a Ew	19,8	26,6	27,4	29	30,2
t/a km^2	1,8	2,4	2,4	2,6	2,7
Anteile (%)					
Kraftwerke	18,7	5	10		9
Industrie	15,9	14	15		22
Haushalte etc.	12	11	5		4,5
Verkehr	53,4	70	70		64,5

Tabelle 6.18. Größe und Herkunft der NO_x-Emissionen Schwedens

Jahr	1970	1975	−1975	1980	1983
Quelle	[31]	[31]	[41]	[31]	[32]
Emission					
kt/a	302	310	250	317	290
kg/a Ew	37,4	37,8	30,5	39	
t/a km^2	0,67	0,69	0,56	0,70	0,64
Anteile (%)					
Kraftwerke		5,8	8,5	3,2	1,2
Verkehr	53,6	63,4	51,9	62,7	69,7

Nach der neuesten Untersuchung stieg die Schweizer Emission zwischen 1950/1970 um 9 %/a, zwischen 1970/1980 um 3,5 %/a an [79]. Folgende Absolutwerte werden genannt

~1975 [41]	125 000 t/a
1978 [31]	161 000 t/a
1982 [84]	178 000 t/a

1982 sind das 28 kg/a Ew bzw. 4,3 t/a km^2. 80 % kamen vom Verkehr, 7,5 % von den Haushalten und Kleinverbrauchern und 11,5 % von der Industrie (inkl. Energiewirtschaft) [84].

6.8 Gegenüberstellung nationaler Emissionen

In den vorangegangenen Abschn. 6.4 – 6.7 ist eine Fülle von Zahlen für die anthropogene Emission von Staaten, Bundesländern und Ballungszentren genannt worden. Mit Ausnahme des Vereinigten Königreichs stieg die Emission aller betrachteten Staaten besonders in den 60er und 70er Jahren stark an. Es reizt natürlich, auch Vergleiche über die Höhe und Herkunft der Emissionen der verschiedenen Staaten anzustellen. Dabei müssen etwa gleiche Betrachtungszeiträume und gleicher Umfang der erfaßten Emittentengruppen gewährleistet sein. In Tabelle 6.19 sind die Emissionen einiger Staaten für die Jahre 1972 und 1983 einander gegenübergestellt. Interessant ist das Jahr 1972, da zu diesem Zeitpunkt in keinem Staat NO_x-mindernde Maßnahmen wirksam waren. Gegenüber Japan und den westeuropäischen Staaten ist die einwohnerbezogene Emission der USA auffallend hoch. Außerordentlich niedrig sind hingegen die japanischen Emissionen. Als Ursachen für die Unterschiede müßten u.a. näher betrachtet werden (vgl. auch [77, 78]):

- Primärenergieverbrauch
- Stromverbrauch
- Anteile der Wasser- u. Kernenergie an der Stromerzeugung
- Kraftfahrzeugdichte

Tabelle 6.19. Gegenüberstellung der bezogenen Emissionen einiger Staaten

Staat	~1972		~1983	
	kg/aEw	t/akm^2	kg/aEw	t/akm^2
BR Deutschland	43	10,5	49	12,1
Japan	23	6,4	10	3,2
USA	97	2,4	83	2,1
Frankreich	26	2,4	31	3,0
Großbritannien	31	7,1	30	7,0
Schweiz	21	3,2	28	4,3

In den frühen 80er Jahren macht sich in Japan die breite Einführung der NO_x-Minderungstechnologie in Industrie und Verkehr bemerkbar (Tabelle 6.19). Der Abstand der einwohnerbezogenen Emission der USA zu den westeuropäischen Staaten bleibt erhalten. Bei ihnen liegt der Anteil des Verkehrs – je nach Kraftwerksanteil – zwischen 33 und 80 %.

Für einen zwischenstaatlichen Vergleich mit wertenden Schlußfolgerungen z.B. hinsichtlich einer effizienten Umweltpolitik bedarf es einer eingehenden Analyse und kritischen Wertung der hier vorgelegten Daten.

6.9 Literatur

1 Robinson, E.; Robbins, R.C.: Sources, abundances, and the fate of atmospheric pollutants. Final report of project PR-6755, Stanford Research Inst., Menlo Park, Calif., Feb. 1968
2 Böttger, A. u.a.: Atmosphärische Kreisläufe von Stickoxiden und Ammoniak. Berichte der Kernforschungsanlage Jülich Nr. 1 558, Nov. 1978
3 Umweltbundesamt: Luftreinhaltung 1981, Berlin: Erich Schmidt, 1981
4 Der Rat von Sachverständigen für Umweltfragen: Waldschäden und Luftverunreinigungen. Sondergutachten, März 1983. Stuttgart u. Mainz: W. Kohlhammer
5 Umweltbundesamt: Luftqualitätskriterien für photochemische Oxidantien. Berlin: Erich Schmidt, 1983
6 Georgii, H.W.: Oxides of nitrogen and ammonia in the atmosphere. Journ. of Geophysical Research Vol. 68 (1963) No. 13, 3 963/3 970
7 Seinfeld, J.H.: Air pollution. Physical and chemical fundamentals. MacGraw-Hill, 1975
8 Robinson, E.; Robbins, R.C.: Gaseons nitrogen compound pollutants from urban and natural sources. Jour. air Poll. Contr. Ass. Vol. 20 (1970) No. 5, 303/306
9 Lovelock, J.E.: Air pollution and climatic change. Atmosph. Environment 5 (1971), 403/411
10 Smith, I.: Nitrogen oxides from coal combustion – environmental effects. IEA Coal Research Report No. ICTIS/TR 10, London, Oct. 1980
11 Levine, J.S. u.a.: Tropospheric sources of NO_x: Lightning and biology. Atm. Environment Vol. 18 (1984) No. 9, 1 797/1 804
12 VDI-Kommision Reinhaltung der Luft: Säurehaltige Niederschläge. Düsseldorf: Verein Deutscher Ingenieure, 1983
13 Umweltbundesamt: Luftverschmutzung durch Stickoxide – von der Natur selbst gemacht? UBA Monatsberichte 6/83, 22/30
14 Satorius, R.: Waldsterben – Diagnose und Therapie, Monatsberichte aus dem Meßnetz. Umweltbundesamt 2/84, 3/23
15 Kuhler, M. u.a.: Natürliche und anthropogene Emissionen. gwf-gas/erdgas 127 (1986). H. 1, 27/36 sowie Automobil-Industrie 2/85, 165/176
16 Furrer, O.J.; Stauffer, W.: Stickstoff in der Landwirtschaft. Gas-Wasser-Abwasser Jg. 66 (1986) Nr. 7, 460/471
17 Pascik, I.: Stickstoff-Elimination aus Abwässern durch Nitrifikation und Denitrifikation. GIT Supplement 1/87 Umwelt, 9/14
18 Wilson, R.; Jones, W.J.: Energy, ecology, and the environment. New York: Academic Press Inc. 1974
19 Benkowitz, C.M.: Characteristics of oxidant precursor emissions from anthropogenic sources in the United States. Environment Int. Vol. 9 (1983) 429/445
20 Offerman-Clas, Ch.: Luftreinhaltung in der Bundesrepublik Deutschland. Köln: Bundesanzeiger, 1984
21 Land, G.W.: The changing patterns of fossil fuel emissions in the United States. Proc. Second Intern. Clean Air Congr. Washington 1970, 50/55
22 Bartok, W. et al.: Stationary sources and control of nitrogen oxide emissions. Proc. Second Intern. Clean Air Congr., Washington 1970, 801/818

23 Perkins, H.C.: Air pollution. New York: McGraw-Hill, 1974
24 Glokany, I.M.; Hoffnagle, G.F.: Trends in emissions of PM, SO_x and NO_x ratios and their implications for trends in pH near industrialized areas. JAPCA Vol. 34 (1984) No. 8, 844/846
25 Gschwandtner, G. et al.: Historic emissions of sulfur and nitrogen oxides in the United States from 1900 to 1980. JAPCA Vol. 36 (1986) No. 2, 139/149
26 Brocke, W.; Schade, H.: Die Luftverunreinigung durch Abgase aus der Verbrennung von Brennstoffen in Stationären Anlagen der Bundesrepublik Deutschland. Staub-Reinhalt. Luft 31 (1971), 473/478
27 Jost, P. u.a.: Emissionsprognose Pkw für Europa bis zum Jahre 2000. VDI-Berichte 531, 217/236, Düsseldorf: VDI, 1984
28 Jost, P.: Global 2000 Zweitausendeins. Frankfurt, 1980
29 Heller, A.N.; Walters, D.F.: Impact of champing patterns of energy use on community air quality. Jour. Air Poll. Control Ass. Vol. 15 (1965) No. 9, 423/428
30 Bond, R.G.; Straub, C.P.: Handbook of enironmental control Vol. I, Ohio: CRP Press Cleveland, 1972
31 OECD Environmental Data. Compendium 1985. Paris Cedex 16; 1985
32 ECE NO_x Task force stationary sources: Karlsruhe: Institut for Industrial Production (IIP) University of Karlsruhe, 1986
33 Bubenick, D.V. et al.: Acid rain – on overview of the problem. Environm. Progress Vol. 2 (1983) No. 1, 15
34 Austin, H.G.; Chadwick, W.L.: Control of air pollution from oilbruning power plants. Mech. Eng. 82 (1960) Nr. 4, 63/66
35 Monsher, J.C. et al.: The distribution of contaminants in the Los Angeles Basin resulting from atmospheric reactions and transport. J. Air Poll. Control Assoc. 20 (1970), 35/42
36 Environment Agency: Japan environment summary 1973–1982
37 Ando, J.: Review of japanese NO_x abatement technology for stationary sources. Proc. NO_x-Symposium Karlsruhe 1985, A1/A42
38 Ando, J.; Sedmann, C.B.: Status of acid rain and SO_2 and NO_x abatement technology in Japan. Atlanta Georgia: Tenth Symp. on flue gas desulfurization by EPA and EPRI, Nov. 1986
39 Ando, J.: Pollution control in Japan. Scriptum zur Vorlesung im Dez. 1987 an der TH Karlsruhe
40 Ando, J.: Abgasvorschriften für Kraftfahrzeuge in Japan. Neues aus Japan Nr. 290 (Jan./Feb. 1984), Japanische Botschaft Bonn-Center HI/701, Bonn
41 Semb, A.; Amble: Emission of nitrogen oxides from fossil fuel combustion in Europe. Norwegian Inst. for Research. NILU Teknisk Rapport Nr. 13/81, Lilleström, Nov. 1981
42 Daimler-Benz AG: Auto und Umwelt. Daimler-Benz nimmt Stellung zum Nutzfahrzeug. Stuttgart, Mai 1985
43 UBA: Verteilung von Luftschadstoffen aus Flugzeugmotoren, Monatsberichte aus dem Meßnetz Nr. 9/84. Umweltbundesamt, Feb. 1985
44 BMI: Umweltauswirkungen der EG-Beschlüsse zum schadstoffarmen Auto. Umwelt Nr. 7 vom 15. Nov. 1985
45 Vereinigung der Techn. Überwachungs-Vereine: Großversuch zur Untersuchung der Auswirkungen einer Geschwindigkeitsbegrenzung auf das Abgas-Emissionsverhalten von Personenkraftwagen auf Autobahnen (Kurzbericht), Essen: Nov. 1985
46 BMI: Emissionsbelastungen durch Lastkraftwagen Umwelt Nr. 103 v. 8. Juni 1984
47 Bröker, G.: Zusammenfassende Darstellung der Emissionssituation in Nordrhein-Westfalen und der Bundesrepublik Deutschland für Stickstoffoxide. LIS-Berichte Nr. 34 (1983)
48 Fluck, F.W.: Einfluß der Großfeuerungsanlagen-Verordnung auf die Emissionen in der Bundesrepublik Deutschland. BWK 35 (1983) Nr. 10, 424/427
49 VGB Techn. Vereinigung der Großkraftwerksbetreiber e.V. (Hrgb.): Kraftwerksemissionen und saure Niederschläge. Essen: VGB-Kraftwerkstechnik GmbH
50 Ohligmüller, P.: Die novellierte TA-Luft: Ein schlüssiges Konzept zur Altanlagensanierung und Schadstoffminderung. Energie Jg. 37 (1985) Nr. 12, 40/48
51 Ohligmüller, P.: Die Luft wird sauberer. Umwelt Nr. 1 v. 18.2.1986, 14
52 Ludwig, H.: Die novellierte TA-Luft: Ein schlüssiges Konzept zur Altanlagensanierung und Schadstoffminderung. Energie Jg.37 (1985) Nr. 12, 37/40

53 Schwarz, O.: Kurzbericht über die Tätigkeit der VGB. VGB-Kraftwerkstechnik 66 (1986) H. 8., 696
54 Nießlein, E.: Stand der Ursachenforschung in: Nießlein, E.; Voss, G.: Was wir über das Waldsterben wissen, 26/62. Köln: Deutscher Instituts-Verlag, 1985
55 Batelle-Institut e.V., Frankfurt/M und Nukem GmbH, Hanau: Räumliche Erfassung der Emissionen ausgewählter luftverunreinigender Stoffe aus Industrie, Haushalt und Verkehr in der Bundesrepublik Deutschland 1960–1980, Aug. 1976
56 Umweltbundesamt: Materialien zum Immisionsschutzbericht 1977. Berlin: Erich Schmidt, 1977
57 Schikarski, W.: Die voraussichtlichen Auswirkungen des Energieverbrauchs in der Bundesrepublik auf die Umwelt. Elektrizitätswirtschaft 73 (1974) Nr. 19, 535
58 Schikarski, W.: Materialien zum Umweltprogramm der Bundesregierung 1971. Schriftenr. d. Bundesministeriums d. Innern Nr. 1
59 Steag Aktiengesellschaft: Ausweg nach vorn. Essen
60 Umweltbundesamt: Daten zur Umwelt 1986/1987 Berlin: Erich Schmidt, 1986
61 Dolinski, U. u.a.: Ziele für eine bayerische Energiepolitik, DIW-Gutachten Teil III, Berlin 1975
62 Hoff, H.: Heizungsanlagen im Wohnungsbau: Wichtiger Umweltfaktor in Ballungsgebieten in ASUE-Fachtagung: Moderne Gastechnologien im Wohnungsbau, Frankfurt, Okt. 1984
63 VGB Technische Vereinigung der Großkraftwerksbetreiber e.V.: Die politische und legislative Situation im Umweltschutz. VGB-Tätigkeitsbericht 1984/1985, 114/118
64 Friedrich, R. u.a.: Entstickung in sechs Schritten. Energiewirtschaftliche Tagesfragen 35 Jg. (1985) H. 1/2, 47/52
65 Bayerisches Staatsministerium f. Landesentwicklung und Umweltfragen: Emissionskataster Erlangen-Fürth-Nürnberg
66 Minister für Arbeit, Gesundheit und Soziales des Landes Nordrhein-Westfalen. Luftreinhalteplan Rheinschiene Süd, 1977–1981; Luftreinhalteplan Rheinschiene Süd, 1. Fortschr. 1982–1986; Luftreinhalteplan Ruhrgebiet West, 1978–1982; Luftreinhalteplan Ruhrgebiet Ost, 1979–1983; Luftreinhalteplan Ruhrgebiet Mitte, 1979–1983; Luftreinhalteplan Rheinschiene Mitte, 1981–1985
67 Herrmann, K.: Kosten und Nutzen von Luftreinhaltungsmaßnahmen am Beispiel der Region Mannheim/Ludwigshafen. Staub-Reinhalt. Luft 44 (1984) Nr. 5, 207/210
68 Fritz, M.: Schädigung der Umwelt durch Energieumwandlung. Gesundheitstechnik Nr. 3/76, 45/46
69 Kolar, J.: Analyse der Nürnberger Immissionen. VGB-Kraftwerkstechnik 58 (1978) H. 12, 894/904
70 Houllier, Ch.: Emissionssituation in Frankreich und die französische Strategie der Emissionsminderung. VDI-Berichte Nr. 495 (1984), 21/28
71 Lalas, D.P. et al.: Sea-Breeze circulation and photochemical pollution in Athens, Greece. Atm. Environm. Vol. 17 (1983) No. 9, 1 621/1 632
72 Derwent, R.G.; Stewart, H.N.M.: Air pollution from the oxides of nitrogen in the United Kingdom. Atm. Environment Vol. 7 (1973), 385/401
73 Clarke, A.J.: Emission trends and legislative requirements in the United Kingdom. VDI-Berichte Nr. 495 (1984), 29/38
74 Doelmann, J. et al.: Air pollution by nitrogen oxides in the Netherlands. Nederlands Gasunie
75 Bovenkerk, M. et al.: An air quality management system as a tool for establishing a SO_2- and NO_x-policy. Atm. Environm. Vol. 18 (1984) No. 3, 519/529
76 Beckhoven, L.C. u.a.: Erkenntnis aus der Fahrerprobung „Magermotoren". VDI-Berichte 531, 449/465. Düsseldorf: VDI, 1984
77 Weidner, H.: 17 Länder im Vergleich. Teil 1 Umweltmagazin Nov. 1986, 26/33; Teil 2 Umweltmagazin Dez. 1986, 36/39
78 Sláma, J.: Internationaler Vergleich von Stickoxid-Emissionen. BWK Bd. 39 (1987) Nr. 3, 110/114
79 Müller-Haeseler, W.: DDR – Geheimnisse um den Umweltschutz. Energiewirtschaft. Tagesfragen Jg. 37 1987 H6, 538/539
80 Wiener Stadtwerke: Energiekonzept der Stadt Wien. Juni 1978

81 Lange, M.: Vorschriften und Vollzug von Anforderungen zur NO_x-Emissionsbegrenzung bei Großfeuerungsanlagen in Europa. Proc. NO_x-Symposium Karlsruhe 1985, C1/C33
82 Wiener Stadtwerke: Grundlagen für Energiekonzept der Stadt Wien, April 1975
83 Märzendorfer, H.: Bau umweltgerechter Kraftwerke in Österreich. VGB-Kraftwerkstechnik 67 (1987) H. 12, 1 194/1 197
84 Müller, B.: Zum Ausmaß der heutigen Luftverschmutzung. Gas-Wasser-Abwasser Jg. 65 (1985) Nr. 10, 639/644
85 Mattis, M. u.a.: Reinere Luft in Ballungsgebieten. Energiewirtschaftliche Tagesfragen 38 (1988) H. 7, 540/544

7 Betrachtung einiger Vorgänge der Transmission

7.1 Erläuterung des Begriffs „Transmission"

Nach Verlassen der Technosphäre gelangen die luftverunreinigenden Stoffe in die offene Atmosphäre, wo sie einer Vielzahl von Prozessen physikalischer und/oder chemischer Natur unterliegen bevor sie in die bodennahen Schichten der Atmosphäre gelangen und dort zur Immission werden (Bild 7.1). Das Verbindungsglied zwischen Emission und Immission durch die Physik und Chemie der Atmosphäre haben Prinz und Stratmann 1969 erstmals als Transmission bezeichnet. Um die vielen bisher verwendeten Begriffe wie z.B. Ausbreitung, Verteilung, Dispersion, Transport, Transfer zu ersetzen, definierten sie [1]: „Eine Transmission findet dort statt, wo die Einflußnahme der Atmosphäre auf die Bewegung luftfremder Substanzen zu einem Maximum geworden ist." Am Ort der Emission ist der Einfluß der Atmosphäre Null; er steigt aber schnell durch die zunehmende Bedeutung der Windgeschwindigkeit auf den Abgasstrom. Die VDI Richtlinie 2450 Bl. 1 enthält folgende Definition [2]: „Der Begriff Transmission bezeichnet alle Vorgänge, in deren Verlauf sich räumliche Lage und Verteilung der luftverunreinigenden Stoffe in der offenen Atmosphäre unter dem Einfluß von Bewegungsphänomenen oder infolge weiterer physikalischer sowie chemischer Effekte ändern."

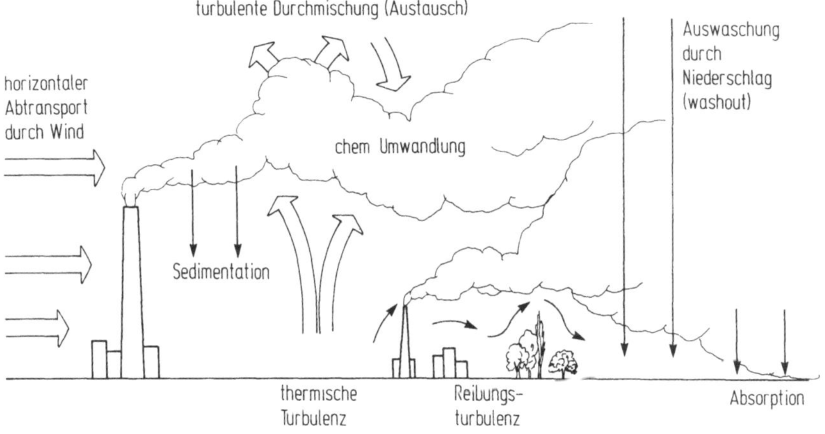

Bild 7.1. Vorgang der Verunreinigung der Luft

Das atmosphärische Strömungsfeld sowie äußere Kräfte, wie z.B. die Gravitation, ändern die räumliche Lage und Verteilung luftverunreinigender Stoffe. Chemische Umsetzungen führen zum Verschwinden ursprünglich vorhandener und zum Auftreten neuer Stoffe. Die folgende Auflistung der Vorgänge, sie sich vom Übertritt der luftverunreinigenden Stoffe in die offene Atmosphäre bis zum Eintritt in den Bereich der Azeptoren abspielen können, erläutern wohl am besten das Phänomen Transmission:

- Horizontaler Abtransport (Advektion)
- Austausch (Dispersion, Diffusion)
- Chemische Umwandlungen
- Sedimentation (fall out)
- Trockene Ablagerung (Trockendeposition)
- Interception
- Nasse Ablagerung (Naßdeposition)

Alle diese Prozesse werden durch das Wetter und die Art und Beschaffenheit der Erdoberfläche beeinflußt, was ihre Behandlung außerordentlich erschwert.

Quantitative Größen zur Beschreibung der Transmission haben sich bisher kaum durchgesetzt (vgl. [1]). Neben der Transmissionskonzentration könnte der Transmissionsstrom als Fluß durch eine senkrecht zur Windrichtung stehende Fläche Bedeutung erlangen. An der deutsch-tschechischen Grenze zwischen Hof und Mähring (ca. 90 km) gelangten z.B. bei nordöstlichen bis südöstlichen Winden im Januar und Februar 1985 zwischen 9 – 54 t/h Stickstoffdioxid nach Nordostbayern [3]).

7.2 Advektion und Austausch (Ausbreitungstheorie)

7.2.1 Klassische Ausbreitungstheorie

Die Ausbreitungstheorie stellt einen quantitativen Zusammenhang zwischen der Emission, ausgedrückt durch den Emissionsmassenstrom (Quellstärke), von Punkt-, Linien- sowie Flächenquellen und dem Konzentrationsfeld in Lee dieser Emittenten her. Die klassische Ausbreitungstheorie für Gase berücksichtigt nur die Advektion und den Austausch. Advektion ist in der Meteorologie der horizontale Abtransport durch die Luftströmung. Gleichzeitig findet ein Austausch (auch Ausbreitung, Dispersion, Diffusion) luftverunreinigender Stoffe statt. Der Begriff „Austausch" wurde 1925 von W. Schmidt in die Meteorologie eingeführt; er beinhaltet alle Vorgänge, die eine Gleichverteilung unterschiedlicher Lufteigenschaften wie Impuls, Wärme und Materie (Wasser, Spurenstoffe) anstreben. Ursache des Austauschs ist die Turbulenz der Atmosphäre. Wegen der allein maßgebenden turbulenten Diffusion ist die Art des Gases ohne Bedeutung, weshalb hier nur einige grundsätzliche Bemerkungen zu machen sind, ansonsten aber auf die Literatur verwiesen wird [4 – 7].

Den praktisch sehr wichtigen Fall der kontinuierlich emittierenden erhöhten Punktquelle enthält Anhang C der TAL. Die Ausbreitungsgleichung in Ziff. 4 gilt für Gase unter folgenden Voraussetzungen:

1. Konstanz des Emissionsstromes, der Austrittstemperatur und -geschwindigkeit
2. Einfach geschichtete Atmosphäre, also keine Höheninversion. Die Gleichung setzt eine Ausbreitungsmöglichkeit nach oben bis ins Unendliche voraus.
3. Mittlere horizontale Windgeschwindigkeit $u_x > 1 - 1{,}5$ m/s; zeitliche Invarianz der Windgeschwindigkeit. Sie ist nur eine Funktion der Höhe z.
4. Keine Diffusion in x-Richtung d.h. sie ist vernachlässigbar klein gegenüber der Advektion
5. Zeitliche und räumliche Konstanz der meteorologischen Parameter g, f, G, F.
6. Ebenes Gelände ohne nennenswerte Bodenrauhigkeit; keine höhere Pflanzen, keine Bebauung
7. Keine chemische Umwandlung
8. Totalreflexion des Gases am Boden, d.h. keine trockene Deposition.
9. Keine nasse Deposition.

Eine überhaupt nicht der Realität entsprechende Voraussetzung ist die des ebenen Geländes mit im gesamten Ausbreitungsbereich gleichen, niedrigen Bodenbedeckungen. Insbesondere das Stickstoffmonoxid unterliegt gleich nach dem Austritt in die Atmosphäre schnellen Umwandlungsprozessen. Die trockene Deposition ist eine maßgebende Senke auch für Gase. Nach Külske und Stuckmann ist ihre Vernachlässigung beim Schwefeldioxid bis zu Quellenentfernungen von 5 bzw. 10 km gerechtfertigt, da die aus Ausbreitungsexperimenten bestimmten meteorologischen Parameter G und F die trockene Deposition bereits implizit berücksichtigen [8]. Trotz dieser erheblichen Schwächen hat die nunmehr in die TAL aufgenommene Ausbreitungsgleichung eine enorme praktische Bedeutung, da sie seit 1964 Grundlage der Bestimmung der Schornsteinmindesthöhen ist und neuerdings der Immissionsprognose dient.

7.2.2 Ermittlung von Schornsteinmindesthöhen

Abgase sind so abzuleiten, daß ein ungestörter Abtransport mit der freien Luftströmung ermöglicht wird (TAL Nr. 2.4). Ohne Schornstein wird das nur bei geringen oder nur kurzzeitig auftretenden Emissionsmassenströmen der Fall sein, wozu u.U eine sachverständige Einzelprüfung notwendig ist [9]. Der Regelfall ist die Ableitung der Abgase über Kamine.

Für Gasfeuerungen mit einer Feuerungswärmeleistung $< 2{,}22$ MW sowie Öl- und Kohlenfeuerungen $< 1{,}1$ MW gilt VDI 3781 Bl. 4. Danach ergibt sich die Schornsteinhöhe aus dem Bezugsniveau plus Höhe der Schornsteinmündung über Bezugsniveau, das als Höhe über dem Erdboden der Fensteroberkante (n) der höchsten zu schützenden und zum ständigen Aufenthalt von Menschen bestimmten Räumen im Einwirkungsbereich der Quelle definiert ist [10]. Die Höhe der Schornsteinmündung über Bezugsniveau liegt zwischen 1 und 3,3 m [10].

Für Gasfeuerungen >10 MW Feuerungswärmeleistung sowie für Öl- und Kohlenfeuerungen >1 MW schreibt die TA-Luft Nr. 2.4.2 minimale Höhen von 10 m über der Flur bzw. 3 m über Dachfirst vor. Die Schornsteinhöhen werden nach Nr. 2.4.3 und 2.4.4 ermittelt, die auf die VDI 2289 Bl. 1 zurückgehen. Im Gegensatz zu ihnen ist beim Abgasvolumenstrom der Wasserdampfanteil abzuziehen, was technisch-naturwissenschaftlich nicht begründbar ist (vgl. hierzu [9]). Unter Hinweis auf Anhang D Nr. 6d sind Alfke und Beyrau der richtigen Ansicht, daß wenigstens bei Abgastemperaturen 100 °C der Feuchtegehalt *nicht* abzuziehen ist [11]. Bei der Verbrennung von Gas ist die Stickstoffoxid-Emission für die Schornsteinhöhe maßgebend. Für Stickstoffmonoxid ist ein Umwandlungsgrad in der Atmosphäre von 60 % zu Stickstoffdioxid zugrunde zu legen (TAL Nr. 2.4.3). Dies bedeutet, daß der Emissionsmassenstrom von NO mit dem Faktor 0,92 zu multiplizieren und als Emissionsstrom Q von Stickstoffdioxid im Nomogramm einzusetzen ist. Der S-Wert hatte in der TAL 1974 den Charakter einer zulässigen Zusatzimmission, die sich an den IW2-Werten orientierte. Für NO_2 beträgt der S-Wert jetzt 0,15. In Belastungsgebieten und Gebieten, in denen Sanierungsmaßnahmen eingeleitet sind, kann die oberste Landesbehörde einen niedrigeren S-Wert vorschreiben, der jedoch 75% von 0,15 nicht unterschreiten darf (TAL Nr. 2.4.3). Dies würde einem um 33 % höheren Massenstrom entsprechen [9].

Die Schornsteinhöhe soll das Zweifache der Gebäudehöhe nicht überschreiten (TAL Nr. 2.4.2). Bei größeren Anlagen beträgt die maximale Bauhöhe im Regelfall 200 m, höchstens 250 m.

7.2.3 Immissionsprognose

Die Immissionsprognose stellt eine Berechnung der zu erwartenden Erhöhung der Bodenkonzentration (Zusatzbelastung) in der Umgebung eines Emittenten dar. Für genehmigungsbedürftige geplante Anlagen oder deren Änderungen ist sie in der TAL Ziff. 2.6 vorgeschrieben, sofern Immissions(grenz)werte (s. Abschn. 9.5.3) für die luftverunreinigenden Stoffe festgelegt sind [12]. Die Immissionsprognose besteht aus folgenden Schritten:

- Ermittlung der Emissionsbedingungen
- Messung der Vorbelastung
- Berechnung der Zusatzbelastung
- Ermittlung der Gesamtbelastung
- Vergleich der Immissionskenngrößen der Gesamtbelastung mit den Immisionswerten

Damit enthält die Immissionsprognose zunächst eine Vorhersage, wie sich die Immissionssituation in den Beurteilungsflächen und im Beurteilungsgebiet aufgrund der Emissionen einer geplanten Anlage oder der Verbesserungen an vorhandenen Anlagen zukünftig entwickeln wird [9]. Ferner macht sie eine Aussage, ob schädliche Umwelteinwirkungen zu erwarten sind oder ob die Genehmigungsvoraussetzungen der §§ 5 und 6 BImSchG vorliegen [9]. Ein ausführliches Beispiel einer Immissionsprognose für Stickstoffoxide gibt Jost [12].

7.3 Chemische Umwandlungen

7.3.1 Einige grundlegende Hinweise

Die Atmosphäre ist keineswegs ein zwischen Emission und Immission liegendes inertes Transportmedium für luftverunreinigende Stoffe. Durch komplexe Umsetzungen verschwinden ursprünglich vorhandene Substanzen und neue, sekundäre luftverunreinigende Stoffe entstehen. Dem oxidierenden Charakter der Luft entsprechend handelt es sich vor allem um eine Vielzahl von Oxidationsreaktionen; jedoch kommen auch Reduktionen, Dissiziationen und Assoziationen vor. Aus methodischen Gründen ist es üblich geworden, hinsichtlich der beteiligten Phasen zwischen homogenen und heterogenen Reaktionen zu unterscheiden. Die homogenen Gasphasenprozesse sind am besten erforscht. An den heterogenen Reaktionen sind vor allem Gase und Wassertropfen sowie Staubpartikel beteiligt. Nur im Nahbereich von Quellen (Abgasfahne) scheinen heterogene Prozesse an den Oberflächen von Staubpartikeln eine bedeutende Rolle zu spielen [13]. Ansonsten laufen sowohl homogene als auch heterogene Reaktionen nebeneinander ab und sind meist schwer zu trennen [14].

Die einfachste Umwandlung in der Gasphase ist die monokulare Reaktion des „spontanen" Zerfalls labiler Moleküle in ihre Fragmente [15]:

$$A \rightarrow \text{Produkte}. \tag{7.1}$$

Für die Geschwindigkeit der Reaktion gilt dann mit der in der Reaktionskinetik üblichen Schreibweise:

$$\frac{d(A)}{dt} = -k(A). \tag{7.2}$$

Ist die Geschwindigkeitskonstante (in s^{-1}) unabhängig von der Zeit, ergibt sich durch Integration die Beziehung

$$(A) = (A)_0 \exp[-kt]. \tag{7.3}$$

In der Schreibweise der Ausbreitungsrechnung lauten (7.2) und (7.3):

$$\frac{dc_A}{dt} = -kc_A \tag{7.4}$$

$$c_A(t) = c_A(0) \exp[-kt]. \tag{7.5}$$

Als mittlere Lebensdauer (Verweilzeit) τ eines Stoffes gilt die Zeit, in der seine Konzentration auf e^{-1} ihres Ausgangswertes $c_A(0)$ abgenommen hat:

$$\tau = \frac{1}{k}. \tag{7.6}$$

Die Halbwertszeit $\tau_{1/2}$, in der die Konzentration die Hälfte ihres Anfangswertes erreicht hat, ist

$$\tau_{1/2} = \tau \ln 2 = \frac{0{,}69}{k}. \tag{7.7}$$

Aus (7.3) bzw. (7.5) und (7.6) ergibt sich die stündliche, prozentuale Umwandlungsrate U des Stoffs A in %/h zu:

$$U = 100\left(1 - \exp\left[-\frac{3\,600}{\tau}\right]\right). \tag{7.8}$$

Reaktionen 1. Ordnung gem. (7.1) sind sehr selten. Der Zahl nach am wichtigsten sind die bimolekularen Reaktionen, bei denen ein Molekül, Radikal oder Atom A im Stoß mit einem Reaktionspartner B in Produkte umgewandelt wird:

$$A + B \rightarrow \text{Produkte}. \tag{7.9}$$

Die Reaktionsgeschwindigkeit von A (z.B. in ppm min^{-1}) ist dann

$$\frac{d(A)}{dt} = -k(A)(B). \tag{7.10}$$

Die Geschwindigkeitskonstante k hat nun die Einheit $\text{ppm}^{-1}\,\text{min}^{-1}$. Unter der Voraussetzung (B) = const oder (B) > > (A) – da im Überschuß vorhanden – gelten wieder die (7.3) und (7.6); man spricht von einer pseudo-monokularen Reaktion, für die K als Geschwindigkeitskonstante 1. Ordnung eingeführt werden kann [16]:

$$K = k(B). \tag{7.11}$$

Allerdings müssen neben der zeitlichen Konstanz von (B) auch andere, den Reaktionsablauf beeinflussende Parameter wie z.B. Temperatur, Sonnenscheindauer etc. gleich bleiben [16].

7.3.2 Oxidationsreaktionen für Stickstoffmonoxid

Die Oxidation des Stickstoffmonoxids (NO) zu Stickstoffdioxid (NO_2) kann durch 5 Reaktionen erfolgen, die kurz behandelt werden.

Die molekulare Oxidation nach

$$NO + O_2 \rightarrow 2NO_2 \tag{7.12}$$

(s. Abschn. 1.5.1) ist – von Abgasfahnen abgesehen (s. Abschn. 7.3.3) – in der Luftchemie allenfalls als Lieferant geringster Mengen von NO_2 für Startreaktionen von Bedeutung.

Ozon ist als natürlicher Bestandteil der Luft stets vorhanden und reagiert mit NO gemäß

$$NO + O_3 \xrightarrow{k_{13}} NO_2 + O_2. \tag{7.13}$$

Für die Reaktionsgeschwindigkeit dieser bimolekularen Reaktion zweiter Ordnung gilt:

$$-\frac{d}{dt}(NO) = k_{13}(NO)(O_3). \tag{7.14}$$

Bei einer zeitlichen Konstanz der Ozonkonzentration erhält man hieraus für die Halbwertszeit der NO-Umwandlung

$$\tau_{1/2} = \frac{\ln 2}{k_{13} \cdot (O_3)} \,. \tag{7.15}$$

Die Angaben für die Konstante k schwanken zwischen 11 und 74 $ppm^{-1}\,min^{-1}$, stimmen damit aber immerhin in der Größenordnung überein [17]. CODATA (1980) enthält den Wert 26,5 $ppm^{-1}\,min^{-1}$ für $T = 298\,K$ [18]. Mit den Annahmen $k_{13} = 30\,ppm^{-1}\,min^{-1}$ und $(O_3) = 50$ ppb erhält man nach (7.15) eine Halbwertszeit von 28 Sekunden. Die Oxidation mit Ozon läuft also um vier Zehnerpotenzen schneller ab als die Reaktion mit Luftsauerstoff. Sie ist deshalb der wichtigste Umwandlungsprozeß für NO in der reinen Troposphäre [19]. Nach Schurath reicht das aus der Stratospähre zur Erdoberfläche in Mitteleuropa transportierte Ozon aus, um das gesamte in diesem Gebiet emittierte NO gem. (7.13) zu oxidieren [20].

Die Peroxyalkyl-Radikale (RO_2) reagieren ebenfalls sehr schnell mit Stickstoffmonoxid:

$$NO + RO_2 \rightarrow NO_2 + RO \,. \tag{7.16}$$

RO_2 steht hier allgemein für Peroxyalkyl-Radikal, wobei insbesondere die Beteiligung von HO_2, d.h. $R = H$, an der NO-Oxidation gemäß der Gleichung

$$NO + HO_2 \rightarrow NO_2 + OH \tag{7.17}$$

nachgewiesen ist [16]. Die älteren Werte für die Geschwindigkeitskonstanten von (7.17) unterscheiden sich um mehrere Zehnerpotenzen [17]. Seinfeld nennt neuerdings 12 000 $ppm^{-1}\,min^{-1}$ [18]. Für $R = CH_3$, d.h. für die Reaktion

$$NO + CH_3O_2 \rightarrow NO_2 + CH_3O \tag{7.18}$$

liegen die Angaben für die Geschwindigkeitskonstante zwischen $0{,}9 \cdot 10^3$ und $2{,}2 \cdot 10^3\,ppm^{-1}\,min^{-1}$ [17]. In stark verschmutzter Luft mit hohen reaktiven Kohlenwasserstoff-Konzentrationen und unter Einwirkung photochemisch wirksamer Sonnenstrahlung ist Reaktion (7.18) von Bedeutung [21]. Graedel et al. sehen in den Peroxyradikalen nach dem Ozon die wichtigsten Oxidationsmittel für NO [22]

Auch die Reaktion des Stickstoffmonoxids mit den Peroxyacyl-Radikalen RC_2 führt zu Stickstoffdioxid:

$$NO + RCOO_2 \quad NO_2 + RCOO \,. \tag{7.19}$$

Dafür werden folgende Geschwindigkeitskonstanten genannt:

Bottenheim et al. 1977 [23]	920 $ppm^{-1}\,min^{-1}$
Dermerjian u.a. 1974 [22]	450 $ppm^{-1}\,min^{-1}$
Cox u. Roffcy 1977, n. [24]	0,35 $ppm^{\ 1}\,min^{-1}$

Als letzte Reaktion sei die Oxidation durch das nachts vorhandene Stickstofftrioxid (NO_3) angeführt:

$$NO + NO_3 \rightarrow 2NO_2 \,. \tag{7.20}$$

Frühere Angaben für die Geschwindigkeitskonstante lagen zwischen $15 \cdot 10^3$ und $140 \cdot 10^3\,ppm^{-1}\,min^{-1}$ [17]; die neueren Werte schwanken nur noch zwischen $28 \cdot 10^3$ und $32 \cdot 10^3$ [18, 25].

7.3.3 Stickstoffmonoxid-Oxidation in Abgasfahnen (erweiterte Ausbreitungstheorie)

Die chemische Umwandlung des Stickstoffmonoxids in der Abgasfahne erhöhter Quellen ist dadurch gekennzeichnet, daß hohe NO- und SO_2-Konzentrationen sowie Flugaschepartikel bei Kohlefeuerungen auftreten. In den vergangenen Jahren sind eine Reihe von Messungen in Abluftverfahren erhöhter Punktquellen durchgeführt worden [26–40]. Nach den daraus gewonnenen Erkenntnissen teilt Bruckmann die Abluftfahne in drei Bereiche ein [14]:

1. *Nahbereich* <0,1 km
   Bei Transportzeiten von weniger als 3–5 Min. und NO-Emissionskonzentrationen von 200–1 300 mg/m³ erfolgt die Oxidation des NO nach (7.12) [19, 21, 37, 41]. Der Umwandlungsgrad beträgt maximal 5–10 % [19, 21, 37, 41]. Für dic Bodenquelle Verkehr (C_mH_n-reich!) nehmen Levy und Spicer einen NO_2-Anteil von 25 % an [42].
2. *Mittelbereich* 0,1–20 km
   In diesem Bereich erfolgt die Oxidation durch Ozon nach (7.13). Messungen zeigen ein Ozondefizit gegenüber der Umgebung in der Mitte der Abgasfahne, d.h. die Reaktion mit Ozon kann mur an den Rändern der Abgasfahne stattfinden. Maßgebend für die Umwandlung ist damit nicht ihre Kinetik (Geschwindigkeitskonstante), sondern vor allem der Austausch. Somit bestimmt die Vielfalt der meteorologischen Ausbreitungsbedingungen die Oxidation des Stickstoffmonoxids. Bei stabiler Turbulenzklasse blieb z.B. der Umwandlungsgrad zwischen 1 und 14 km konstant bei knapp 30 % [39, 43].
3. *Fernbereich* >20 km
   In größeren Entfernungen von der Quelle ist die Durchmischung der Abgasfahne mit Umgebungsluft so gut, daß die gesamte „Smogchemie" zum Tragen kommt ([14], s. Abschn. 7.3.4). Es findet eine vermehrte Ozonbildung statt, die im Ostteil der USA beobachteten Ozongehalte lagen um 20–50 ppb über dem Wert in der Umgebung [44]. Der Umwandlungsgrad nähert sich asymptotisch 80–90 % [39].

Die Ergebnisse der bisherigen Messungen schwanken naturgemäß in erheblichem Maße. Es wurden Halbwertszeiten zwischen 5 Min. und 4 Std. gefunden, was Entfernungen von wenigen Kilometern bis 100 km entspricht. Für labile Wetterverhältnisse (Turbulenzklassen B und C nach Pasquill) geben Elshout und Beilke als Halbwertszeit 12–70 Min. an, für neutrale Bedingungen (Turbulenzklasse D) 45 Min. bis einige Stunden [43]. Biniaris nennt folgende Mittelwerte für den ganzen Abgasfahnenquerschnitt [45]:

Ausbreitungs- klasse n. Klug	Halbwertszeit $\tau_{1/2}$	Ausbreitungs- klasse n. Klug	Halbwertszeit $\tau_{1/2}$
I	2,0 h	III_2	0,9 h
II	1,7 h	IV	0,6 h
III_1	1,3 h	V	0,2 h

Am Beispiel des Schwefeldioxids versuchte man schon sehr früh, die chemische Umwandlung in die klassische Ausbreitungsrechnung einzubeziehen. Verläuft die chemische Reaktion nach einer Gleichung 1. Ordnung gem. (7.3), dann gelingt dies in recht einfacher Weise: die rechte Seite der Ausbreitungsgleichung TAL Anhang C, Formel I ist nur zu erweitern um den Faktor

$$\exp\left[-\frac{\tau \ln 2}{\tau_{1/2}}\right] = \exp\left[-\frac{x \ln 2}{u\tau_{1/2}}\right] \qquad (7.21)$$

x ist die Entfernung des Aufpunktes vom Kaminfußpunkt in Windrichtung, und die Windgeschwindigkeit. Obwohl die maßgebende Oxidation durch Ozon (7.13) keine Reaktion 1. Ordnung ist, läßt sich nach Elshout und Beilke dieses Verfahren in erster grober Näherung zur Bestimmung langzeitiger mittlerer NO_2-Konzentration am Boden benutzen [43].

Es hat nicht an Versuchen gefehlt, Ausbreitungsrechnungen mit variablen Geschwindigkeitskonstanten (Halbwertszeiten) anzugeben [46, 47]. Besonders für die NO-Oxidation sind neuerdings verschiedene Ausbreitungsmodelle entwickelt worden (vgl. [43, 45, 48–50]).

7.3.4 Anteil des Stickstoffdioxids an den Stickstoffoxiden in Bodennähe

Wegen des unmittelbaren Bezugs zu den vorstehenden Ausführungen wird gleich auch der volumenbezogene Anteil φ (vgl. Abschn. 1.5.1) des Stickstoffdioxids (NO_2) am Gehalt an Stickstoffoxiden (NO_x) in Bodennähe betrachtet (NO_2-Anteil an der NO_x-Immision). Die aus Jahresmitteln deutscher Meßstationen errechneten Werte für φ liegen zwischen 25 und 63 %; der Durchschnitt beträgt 37 % [17]. Für Nordrhein-Westfalen ergeben sich für 1981 49 % und für 1983 43 % [51, 52]. Im Jahr 1985 ist das Mittel aus 70 Meßstationen 41 %. Pegelmessungen hatten einen Durchschnitt von 40 %, wobei der von Gilbert mitgeteilte Wert von 67 % für das östliche Ruhrgebiet vergleichsweise hoch ist [17].

Die Entfernung der Meßstelle von maßgebenden Emittenten ist die wohl wichtigste Einflußgröße. Dies zeigen schon die in einer geringen seitlichen Entfernung vom Straßenrand vorgenommenen Messungen:

	Straßenrand	Abstand 40 m
Berlin [53]	25 %	42 %
Zürich [54]		
Straßenschlucht	17 %	36 %
Ausfallstraße	20 %	42 %
Autobahn	16 %	25 %.

Die Entfernungsabhängigkeit läßt sich auch im größeren Rahmen darstellen:

– *Verkehrsnahe Stationen*:

Köln-Neumarkt 1976/1977 [55]	~17 %
Berlin-Steglitz 1980 [56]	29 %

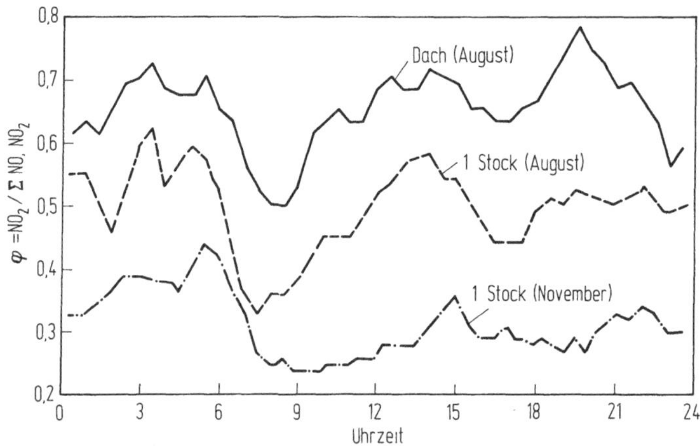

Bild 7.2. Tagesgang des NO_2-Anteils im August und November (n. [59])

– *Verkehrsentlegene Stationen*:

Bonn-Venusberg 1975/1976 [55]	59 %
Berlin-Jungfernheide 1976 [53]	63 %

– *Ländliche Stationen*:

Sauerland 1973/1976 (Pegel) [57]	74 %
Niederrhein 1973/1976 (Pegel) [57]	72 %
Eggegebirge, Eiffel 1983/1984 [52]	70 %
Schwarzwald 1985 [58]	~75 %
UBA-Berg- und Landstationen	~80 %

Da die Bildung von Stickstoffdioxid auch ein photochemisch bestimmter Prozeß ist (vgl. Abschn. 1.5.2 und 7.3.5), dürfte die Sonneneinstrahlung- und damit die Jahres- und Tageszeit das Verhältnis φ maßgebend beeinflussen. Ein erster Hinweis ist vom Vergleich der Mittel für den Sommer (Juni, Juli, August) und Winter (Januar, Februar, Dezember) zu erwarten. 4 Meßstationen in München ergaben für 1978 mit 33% einen größeren Sommer-Mittelwert als 25% im Winter. Bild 7.2 zeigt die deutlich höheren Werte für φ im August gegenüber dem November im Tagesgang. Der höhere NO_2-Anteil könnte allerdings auch durch verschiedene Windrichtungen und damit unterschiedliche Entfernungen von den Quellen verursacht sein. Die höchsten φ-Werte ($>0,9$) sind in den späten Nachmittagsstunden strahlungsreicher Sonnentage zu erwarten [60].

7.3.5 Enstehung weiterer Folgeprodukte

In den beiden voranstehenden Abschnitten wurde nur die Oxidation des primären luftverunreinigenden Stoffes Stickstoffmonoxid (NO) zu Stickstoffdioxid (NO_2) behandelt. Über ein Fülle weiterer Reaktionen können aus den Stickstoffoxiden folgende Verbindungen entstehen:

– Salpetrige Säure und Nitrite
– Salpetersäure und Nitrate
– Ozon, Alkyl- und Peroxyacylnitrate

Salpetrige Säure (HNO_2) bildet sich durch folgende Reaktionen:

$$NO + OH \rightarrow HNO_2 \tag{7.22}$$

$$NO_2 + HO_2 \rightarrow HNO_2 + O_2 \tag{7.23}$$

$$NO_2 + NO + H_2O \rightarrow 2HNO_2 \tag{7.24}$$

$$NO_2 + H_2O \rightarrow HNO_2 + HNO_3 . \tag{7.25}$$

Die Gleichungen (7.24) und (7.25) sind heterogene Reaktionen [14,19,61). Wichtigste Senke für NO_x ist die Salpetersäure (HNO_3). Von ausschlaggebender Bedeutung ist am Tage die Reaktion mit OH-Radikalen:

$$NO_2 + OH \rightarrow HNO_3 . \tag{7.26}$$

Mit einer Geschwindigkeit von $1{,}8 \cdot 10^4$ ppm^{-1} min^{-1} läuft die Reaktion um eine Größenordnung schneller ab als mit Schwefeldioxid (SO_2) [14]. Den zweiten sehr wichtigen Reaktionskanal haben erst die Forschungen der letzten Jahre aufgezeigt; er ist vor allem nachts von Bedeutung:

$$NO_2 + O_3 \rightarrow NO_3 \tag{7.27}$$

$$NO_3 + NO_2 \rightarrow N_2O_5 \tag{7.28}$$

$$N_2O_5 + H_2O \rightarrow HNO_3 . \tag{7.29}$$

Reaktion (7.29) ist sowohl homogener als auch heterogener Art [14,61]. Eine weitere Möglichkeit der Salpetersäurebildung stellt die katalytische Reaktion der Stickstoffoxide an feuchten Aerosolen dar [61]. Aus Salpetersäure entstehen Nitrate z.B. durch Verbindung mit Ammoniak (NH_3):

$$HNO_3 + NH_3 \rightarrow NH_4NO_3 . \tag{7.30}$$

Bei intensiver Sonneneinstrahlung ist der folgende Reaktionsmechanismus Ausgangspunkt der sog. Smogchemie (photochemischer oder Los Angeles-Smog):

$$NO_2 + h\nu \xrightarrow{j} NO + O \tag{7.31}$$

$$O + O_2 + M \rightarrow O_3 + M \tag{7.32}$$

$$O_3 + NO \xrightarrow{k_{33}} NO_2 + O_2 . \tag{7.33}$$

Die Photolyse des Stickstoffdioxids mit der Photolysefrequenz j wurde bereits im Abschn. 1.5.2 behandelt. Die nach (7.31) entstehenden O-Atome reagieren mit dem Sauerstoff O_2 zu Ozon O_3. Die Reaktion (7.33) verläuft nun so schnell, daß es zu keiner unbegrenzten Anreicherung von Ozon kommen kann. Bereits eine Minute nach dem Start ändern sich die Konzentrationen der Partner zeitlich nicht mehr; man spricht von einem quasistationären photochemischen Gleichgewicht [5,14]. Es gilt dann [14]:

$$(O_3) = \frac{j}{k_{33}} \frac{(NO_2)}{(NO)} . \tag{7.34}$$

Damit an einem sonnenreichen Sommertag ($j = 0{,}4\,\mathrm{min}^{-1}$, $k_{33} = 24{,}5\,\mathrm{ppm}^{-1}\,\mathrm{min}^{-1}$) 80 ppb Ozon entstehen, muß nach (7.34) ein Verhältnis $(NO_2)/(NO)$ von 5 vorliegen d.h. $\varphi = 0{,}83$ sein [14]. Nur bei sehr hohen Werten von $(NO_2)/(NO)$ kommt es also zu einer nennenswerten O_3-Bildung.

Hier greift nun ein weiterer Reaktionsmechanismus ein. Aus Kohlenwasserstoffen und Aldehyden entstehen durch photochemische Prozesse die folgenden organischen, freien Radikale:

R	Alkyl-Radikal
RCO	Acyl-Radikal
RO	Alkoxyl-Radikal (einschließl. OH)
ROO	Peroxyalkyl-Radikal (einschließl. HO_2)
$RCOO_2$	Peroxyacyl-Radikal

HO_2 und RO_2 oxidieren gem. (7.16) und (7.17) NO zu NO_2. Dadurch wird das photostationäre Gleichgewicht nach (7.34) ständig zu gunsten von NO_2 und O_3 verschoben (Stickstoffdioxid-Pumpe), was zu hohen Ozongehalten führt. Das gilt vor allem für emittentenferne Gebiete und größere Höhen, wo NO nicht als Emission ständig nachgeliefert wird und die Rückreaktion (7.33) an Bedeutung verliert (Bild 7.3). Diese Vorgänge sind grundlegend für die Ozonhypothese zur Erklärung der neuartigen Waldschäden [62].

Neben Ozon entstehen aus den Stickstoffoxiden durch Reaktion mit den Peroxyacyl-Radikalen die Peroxyacylnitrate (PANs):

$$RCOO_2 + NO_2 \rightarrow RCOO_2NO_2 \text{ (PANs)} \tag{7.35}$$

z.B.

$$CH_3COO_2 + NO_2 \rightarrow CH_3COO_2NO_2 \text{ (PAN)}. \tag{7.36}$$

Auf die Eigenschaften und Wirkungen der photochemischen Folgeprodukte (Oxidantien) der Stickstoffoxide wird in Abschn. 9.4.1 ausführlich eingegangen.

Die voranstehende kurze Darstellung der Bildung von Folgeprodukten der Stickstoffoxide geht nicht auf die vielen möglichen Neben- und Rückreaktionen ein. Das stark vereinfachte Schema des Bildes 7.3 soll eine gewisse Vorstellung von der Komplexität der chemischen Umsetzungen vermitteln (vgl. auch die analogen Darstellungen in [14, 15, 18, 19]). In [19] werden z.B. 23 Elementarreaktionen

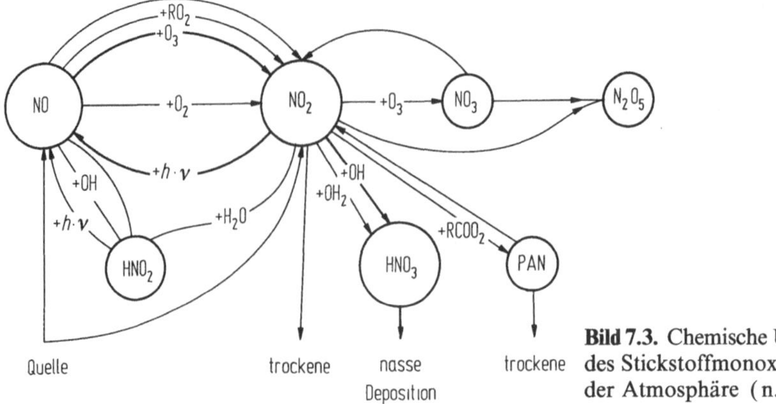

Bild 7.3. Chemische Umwandlung des Stickstoffmonoxids (NO) in der Atmosphäre (n. [50])

aufgelistet; Whitten nennt 40 anorganische Reaktionen [63]. Dabei sind mögliche Umsetzungen mit anderen luftverunreinigenden Stoffen, wie Schwefeldioxid nicht berücksichtigt. Graedel et al. stellen 143 Reaktionen mit 76 Komponenten zusammen [22]. Als Einstieg in ein weiterführendes Studium der Luftchemie werden die Literaturstellen [5, 14–22, 61, 63] empfohlen.

7.4 Trockene Deposition

7.4.1 Erläuterung theoretischer Grundlagen

Trockene Deposition (dry deposition) ist die Ablagerung luftverunreinigender Stoffe an Böden, Oberflächengewässern und Pflanzen. Sie gelangen durch turbulente und molekulare Diffusion an die Oberflächen und werden durch Adsorption, Absorption und aktive Aufnahme seitens der Akzeptoren abgelagert. Trockendeposition findet nur in Zeiten ohne meteorologischen Niederschlag statt.

Der Fluß F der luftverunreinigenden Stoffe oder die Depositionsrate von einer Höhe z zur Oberfläche z=0 ist proportional dem Konzentrationsgefälle [65, 66]

$$F = v_d [c(t,z) - c(t,0)] \tag{7.37}$$

Die sogenannte Depositionsgeschwindigkeit v_d stellt ein Maß für die Wirksamkeit der Trockendeposition dar; auf sie wird in den folgenden Abschnitten ausführlicher eingegangen.

Infolge der trockenen Ablagerung sinkt die Konzentration c während der Zeit t:

$$\frac{dc}{dt} = -\lambda c\,. \tag{7.38}$$

Ist der Lagrangesche Depositionskoeffizient λ zeitlich konstant, ergibt sich durch Integration von (7.38) mit C_0 als Anfangskonzentration (t=0):

$$c = c_0 \exp[-\lambda t]. \tag{7.39}$$

In Analogie zu (7.6) und (7.7) läßt sich eine mittlere Verweilzeit τ_d und Halbwertszeit $\tau_{1/2,d}$ durch trockene Deposition definieren:

$$\tau_d = \frac{1}{\lambda} \tag{7.40}$$

$$\tau_{1/2,d} = \frac{0{,}69}{\lambda}\,. \tag{7,41}$$

Um (7.37) und (7.39) miteinander zu verknüpfen ist die Angabe einer mittleren Höhe $\bar{z}$ notwendig, aus der die Deposition erfolgt. Üblicherweise betrachtet man die Mischungsschicht der Atmosphäre mit der Höhe H. Der Lagrangesche Depositionskoeffizient ist dann gegeben durch [19, 21]:

$$\lambda(t) = \frac{v_d(t)\,[c(t,H) - c(t,0)]}{\int_0^{H(t)} c(t,z)\,dz} \tag{7.42}$$

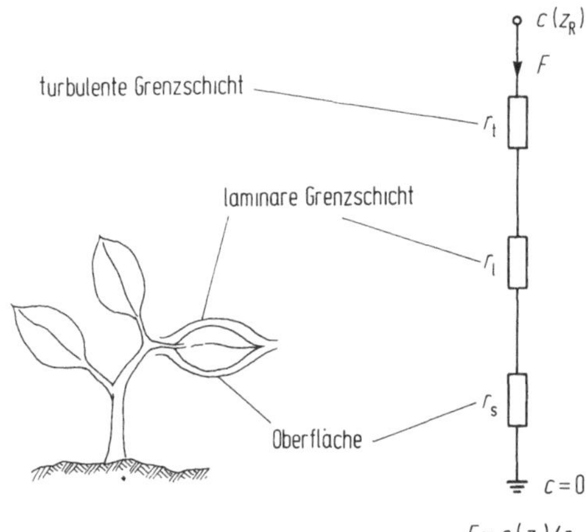

Bild 7.4. Elektrische Analogie für die trockene Deposition an Pflanzen [70]

$\lambda(t)$ ist das Verhältnis des trockenen Depositionsflusses in Richtung Erdoberfläche zur Menge des luftv. Stoffes in der Mischungsschicht. Für $c(z) = \text{konst}$ in der Mischungsschicht gilt [19, 21]:

$$\lambda(t) \approx \frac{v_d(t)}{H}. \tag{7.43}$$

Durch die trockene Ablagerung treten luftverunreinigende Stoffe aus der Atmosphäre aus; die Abbau- oder „Verlust"rate in U_d in % h ist leicht aus (7.39) und (7.43) zu ermitteln:

$$U_d = 100\left(1 - \exp\left[-\frac{3\,600 v_d}{\tau_d}\right]\right) \tag{7.44}$$

$$U_d = 100\left(1 - \exp\left[-\frac{3\,600 v_d}{H}\right]\right). \tag{7.45}$$

Dadurch vermindern sich die Bodenkonzentrationen in Lee von Emittenten. Über die Größe dieser Verringerung liegen für Punktquellen einige Untersuchungen vor [67–69].

7.4.2 Depositionsgeschwindigkeit und ihre Einflußgrößen

Der Proportionalitätsfaktor v_d in (7.37) hat die Dimension einer Geschwindigkeit und wurde als Depositions- oder Ablagerungsgeschwindigkeit (deposition velocity) erstmals von Chamberlain 1953 eingeführt. Die Depositionsgeschwindigkeit v_d wird in der Regel definiert als Fluß (Depositionsrate) eines Stoffes aus der Höhe z zur Oberfläche $z=0$ dividiert durch die entsprechende Differenz der Konzentrationen

$$v_d = \frac{F}{c(z) - c(0)}. \tag{7.46}$$

Meist wird $c(0) \approx 0$ gesetzt, wodurch sich ergibt:

$$v_d = \frac{F}{c(z_R)} . \qquad (7.47)$$

Die Referenzhöhe z_R ist 1 – 2 m über Land und 10 – 15 m über den Ozeanen.

Den Reziprokwert der Depositionsgeschwindigkeit v_d bezeichnet man als Depositionswiderstand (Transfer-) r:

$$r = \frac{1}{v_d} . \qquad (7.48)$$

Das Konzept des Depositionswiderstandes hat sich zur Behandlung der trockenen Ablagerung auf komplexen Oberflächen als vorteilhaft erwiesen, da sich wie bei einer Serienschaltung elektrischer Widerstände die Einzelwiderstände zwischen zwei Höhen addieren. Grundsätzlich besteht der gesamte Übergangswiderstand (Depositions-) aus dem Diffusions- und Oberflächenwiderstand [65]. Der Diffusionswiderstand (Luft-, aerodynamischer Widerstand) ist die Summe aus (Bild 7.4)

- Widerstand r_t in der turbulenten Grenzschicht oberhalb der Rauhigkeitshöhe (turbulente Diffusion)
- Widerstand r_l in der laminaren Grenzschicht (molekulare Diffusion)

Der Oberflächenwiderstand r_s tritt unmittelbar am oder im Akzeptor auf. Der Gesamtwiderstand ergibt sich damit zu

$$r = r_t + r_l + r_s . \qquad (7.49)$$

Beim Akzeptor „Pflanze“ ist eine noch weitergehende Aufteilung des Oberflächenwiderstandes in z.B. Stomata-, Kutikula- und Mesophyll-Widerstand möglich [65, 71, 72]. Bezüglich der sehr komplizierten Verhältnisse bei höheren Pflanzen z.B. Wäldern sei auf [19, 73, 74] verwiesen.

Sehmel listet für Gase ca. 30 Einflußgrößen für die trockene Deposition auf [75]. Der Diffusionswiderstand wird vor allem durch Windgeschwindigkeit, Turbulenzklasse und Rauhigkeitslänge bestimmt. Bei Böden ist die Art des Gases, der Feuchtigkeitsgehalt und pH-Wert des Bodens von Bedeutung. Der Oberflächenwiderstand, vor allem die Stomata- und Kutikulawiderstände, sind maßgebend bei der Vegetation [19]. Offene oder geschlossene Stomata sowie die Feuchte an der Oberfläche beeinflussen sehr stark die Depositionsgeschwindigkeit [19, 75].

7.4.3 Anhaltswerte für die Depositionsgeschwindigkeit

Die Ablagerungsgeschwindigkeit kann nur experimentell ermittelt werden. Einen Überblick über die verschiedenen Verfahren geben Schwela, Garland und Winkler [65, 70, 76]. Einige Versuche ergaben für die Depositionsgeschwindigkeit negative Werte oder Null [75, 77, 88]; sie sind in den Tabellen 7.1, 7.2 und 7.3 nicht enthalten. Trotzdem ist der Schwankungsbereich der wenigen bisher durchgeführten Untersuchungen noch groß. In den 80er Jahren wurden für

Tabelle 7.1. Angaben für die Depositionsgeschwindigkeit v_d für Stickstoffmonoxid (NO)

Autor	Quelle	v_d cm/s	Bemerkungen
Hill (1971)	[65, 78]	0,1	Luzerne
Judeikis u. Wren (1978)	[21]	0,1 – 0,2	Erd- u. Zementoberflächen
Böttger u.a. (1978)	[77]	$<10^{-5}$	Sand- u. Waldboden
		$(0{,}6-1{,}5)\,10^{-3}$	Wasser
Gravenhorst u. Böttger (1982)	[79]	<0,015	Schnee
Granat u. Johansson (1983)	[79]	<0,03	Schnee
Lan u. Mansfield (1982)	[72[	<0,1	Pflanzen
van Aalst (1983)	[80]	0,1	
Jonas u. Heinemann (1985)	[81]	0,02	Pflanzen

Tabelle 7.2. Angaben für die Depositionsgeschwindigkeit v_d für Stickstoffdioxid (NO_2)

Autor	Quelle	v_d cm/s	Bemerkungen
Robinson u. Robbins (1970)	[77]	0,5 u. 1	
Hill (1971)	[65, 78]	1,9	Luzerne
	[65, 77]	0,4 – 0,6	Tagesmittel
Söderlund u. Svensson (1976)	[77]	0,3 – 0,8	
Judeikis u. Wren (1978)	[21]	0,3 – 0,8	Erd- u. Zementoberflächen
Böttger u.a. (1978)	[77]	0,4 – 0,6	?
		0,28 – 0,6	Sand- u. Waldboden
		0,015	Wasser
Fowler (1980)	[19]	0,1 – 0,5	Vegetation, Freiland
Derwent u. Hov (1980)	[82]	0,1	
Wesely et al. (1982)	[83]	0,6	
Georgii u.a. (1983)	[84]	0,5	Vegetation
van Aalst (1983)	[80]	0,3	
Gravenhorst u. Böttger (1983)	[19]	0,1 – 0,2 (0,4)	Rasen, Weideland (hohe Wiese)
		0,1	Unbedeckter Boden, Beton, Wasser
		<0,015	Schnee
Mészáros u. Horvath (1984)	[85]	0,5	
Fisher	[86]	0,3	
Jonas u. Heinemann (1985)	[81]	0,38	Pflanzen

Tabelle 7.3. Angaben für die Depositionsgeschwindigkeit v_d der Stickstoffoxide (NO_x)

Autor	Quelle	v_d cm/s	Bemerkungen
Rasmussen (1974)	[75]	0,5	Luzerne, Hafer
Kasting (1980)	[87]	0,67	Prärie
Wesely et al. (1982)	[83]	0,05 – 0,56	Sojabohnenfeld Nacht ... Tag
Delany et al. (1983)	[87]	0,1 – 0,6	Kurzes Gras
		0,3	Mittel
Greenfelt et al. (1983)	[70]	0,4 – 0,8	Sommer, Tag
Granat u. Johannsson (1983)	[70]	0,09	Winter

Tabelle 7.4. Depositionsgeschwindigkeiten für Folgeprodukte der Stickstoffoxide

Substanz	Autor	Quelle	v_d cm/s	Oberfläche
HNO_3	Böttger u.a. (1978)	[77]	0,5	Boden
	van Aalst (1983)	[80]	0,6	
	Huebert (1983)	[70, 85]	2,0	Hohes Gras
	Garland (1983)	[70]	1 bzw. 3	Gras bzw. Wald
	Cadle et al. (1985)	[79]	1,4	Schnee
PAN	n. Hill (1971)	[75, 77]	0,6 – 0,8	Luzerne
	Garland u. Penkett (1976)	[70]	0,25	Gras, Boden
	Derwent u. Hov (1980)	[82]	0,2	
	van Aalst (1983)	[80]	0,25	
	Jonas u. Heinemann (1985)	[81]	0,17	Gras
NO_3^-	Mészáros (1971)	[85]	0,03	
	Bonis et al.	[89]	0,03	
	Georgii u.a.	[89]	0,2 – 0,6	
	van Aalst (1983)	[80]	0,1 – 0,4	

weiterführende Arbeiten (großräumige Transportmodelle) Mittelwerte von 0,1 – 0,5 cm/s verwendet (vgl. Tabelle 7.2). Tabelle 7.4 gibt die verfügbaren Werte für die Depositionsgeschwindigkeit der Folgeprodukte an.

7.4.4 Größe der trockenen Deposition

An der Trockendeposition können folgende Stickstoffverbindungen beteiligt sein:

- Stickstoffoxide (NO, NO_2)
- Salpetersäure (HNO_3)
- Nitrate (NO_3^- als Aerosol)
- PAN

Die wenigen verfügbaren Ergebnisse neuester Untersuchungen enthält Tabelle 7.5. Die trockene Nitratdeposition weist keinen Jahresgang auf [84]. Im Gegensatz zur Sulfat-Deposition stellten Georgii u.a. in ländlichen Gebieten höhere NO_3-Depositionsraten fest als in den Ballungszentren [89]. Die höchsten Tageswerte von 1,2 bzw. 1,8 mg/m^2 d treten an den Bergstationen auf. Die SAM-Geräte (Surface active monitoring) nach Rumpel erfassen auch Aerosole im Aitkenkernbereich. Nach Böttger u.a. sowie van Aalst ist PAN von untergeordneter Bedeutung [77, 80]. Beachtlich ist hingegen der Beitrag der Salpetersäure in den Niederlanden und Ungarn [80, 85].

Tabelle 7.5. Trockene Deposition der Stickstoffoxide und Nitrate (als N)

Gebiet	Quelle	Zeitraum	Anzahl der Stationen	Deposition mg/m^2 d		Ermittlung
				NO_2	NO_3^-	
Europa (Böttger u.a. 1978)	[77, 89]		–	0,39 – 1,81	0,015 – 0,03	Rechnung
BR Deutschland	[89]	Aug. 1979 – Aug. 1981	12	–	0,15 – 0,57	wet/dry-Sammler
Deuselbach	[89]	Aug. 1979 – Aug. 1981	1	–	0,36	wet/dry-Sammler
	[90]	Aug. 1979 – Aug. 1981	–	1,5		Rechnung ($v_d = 0{,}4$ cm/s)
Essen	[89]	Aug. 1979 – Aug. 1981	1		0,23	wet/dry-Sammler
	[90]		–	8,4		Rechnung ($v_d = 0{,}4$ cm/s)
Bochum	[91]	Dez. 1982 – Mai 1983	1	0,49		SAM n. Rumpel
Bergisch-Sauerländisches	[91]	Dez. 1982 –	16	0,13 – 0,41		SAM n. Rumpel
Gebirge		Mai 1983	16	0,28[a]		SAM n. Rumpel
Niederlande	[80]	1980	–	1,75 – 4,52	0,05 – 0,6	Rechnung
Ungarn	[85]	1980	–	0,9	0,03	Rechnung

[a] Mittelwert

7.5 Nasse Deposition

7.5.1 Grundsätzliche Erläuterungen

Die luftverunreinigenden Stoffe werden aus der Atmosphäre auch durch Hydrometeore, das sind Kondensations- und Sublimationsprodukte des Wasserdampfes in der Atmosphäre (meteorologischer Niederschlag) und am Boden ausgeschieden. Die Prozesse, die luftverunreinigende Stoffe mit allen Formen des meteorologischen Niederschlags – insbesondere durch Regen, Schnee und Nebel – zur Erdoberfläche transportieren, werden als nasse Deposition (nasse Ablagerung, wet deposition) bezeichnet. Die Aufnahme der luftverunreinigenden Stoffe geschieht durch die folgenden, äußerst komplizierten Vorgänge [13, 19]:

- *Nukleation der Wolkentropfen*: Kondensation des Wasserdampfes an Kondensationskernen, wobei schwefel- und stickstoffhaltige Aerosole wegen ihrer geringen Größe besonders aktive Kondensationskerne darstellen. Während des Tropfenwachstums und der Koagulation werden weitere Gase und Aerosole eingefangen.
- *Lösung und chemische Reaktionen* der Gase in der flüssigen Phase (Tropfen).
- *Impaktion mit Interzeptionseffekt*: Ein Aerosolteilchen wird infolge seiner Trägheit an Wassertropfen abgelagert.
- *Brownsche Diffusion*: Gasmoleküle oder -atome gelangen infolge der Brownschen Molekularbewegung in die Wassertropfen. Dieser Vorgang ist sowohl in Wolken, als auch fallenden Tropfen von untergeordneter Bedeutung.
- *Diffusiophorese* (Facy-Effekt)
  Infolge eines Gradienten der Wasserdampf- oder anderen Gaskonzentrationen bewegen sich Aerosolteilchen zum Wassertropfen hin. Auch dieser Effekt spielt bei Schwefel- und Stickstoffverbindungen nur eine geringe Rolle.

Ohne Rücksicht auf die Art der geschilderten physikalischen und chemischen Prozesse, die zur Anlagerung an die Wolken- oder Niederschlagselemente führen, unterscheidet man formal nach Junge seit 1963 zwei Vorgänge: (Bild 7.5):

- rain out (Ausregnen, *in* cloud scavenging): Aufnahme luftverunreinigender Stoffe durch Tropfen *innerhalb* der Wolke (Nebel).
- wash out (Auswaschen, *below* cloud scavenging): Aufnahme von luftverunreinigenden Stoffen, die sich *unterhalb* der Wolkenbasis befinden durch den fallenden meteorologischen Niederschlag (Regen, Schnee). Wirksam bei Aerosolteilchen $>1-2\,\mu m$.

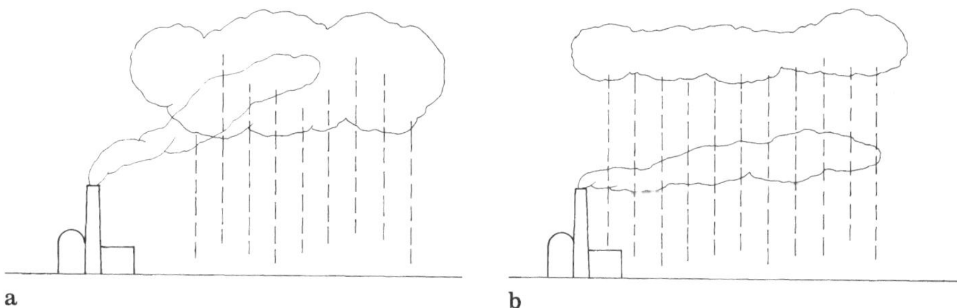

Bild 7.5. Nasse Deposition durch Rain-out (**a**) und Wash-out (**b**)

Die Naßdeposition ist also die Summe aus rain out und washout. In erster Näherung wird sie durch die jährliche Niederschlagsverteilung bestimmt [13]. Strömungsvorgänge in der Atmosphäre und die Gestalt der Oberfläche sind ohne wesentlichen Einfluß [90]. Im Gegensatz zur trockenen Deposition überwiegt die nasse Ablagerung in weniger belasteten, ländlichen Gebieten (vor allem an Bergstationen) [92].

7.5.2 Quantitative Beschreibung

Setzt man für die Abnahme der Konzentration c während der Niederschlagstätigkeit in der Zeit t

$$\frac{dc}{dt} = -\Gamma c \tag{7.50}$$

dann ergibt sich als Lösung der Differentialgleichung unter der Voraussetzung $\Gamma(t) = \text{const}$

$$c(t) = c_0 \exp(-\Gamma t) \tag{7.51}$$

c_0 ist die Anfangskonzentration, Γ der Lagrangesche washout-Koeffizient (Auswaschgeschwindigkeit). Er hängt bei Gasen von folgenden Parametern ab [93, 94]

- Niederschlagsintensität (mm/h)
- Häufigkeitsverteilung der Tropfengröße
- Chemische Zusammensetzung des Niederschlags z.B. pH-Wert, Gehalt an katalytisch wirksamen Substanzen (Metallen)
- Temperatur des Regenwassers
- Löslichkeit des Gases

Der washout-Koeffizient ist zeitlich nur konstant, wenn folgende Voraussetzungen gelten, die aber in der Atmosphäre in der Regel nicht erfüllt sind [93]:

- Konstanz von Regenintensität, Tropfenspektrum und Schadgasaufnahme
- Keine neue Produktion und Nachlieferung des betreffenden Gases

Die Niederschlagsintensität I ist die maßgebende Einflußgröße, weshalb der Ansatz

$$\Gamma \sim I^b \tag{7.52}$$

üblich ist. Für Gase, insbesondere für Schwefeldioxid, schwanken die Angaben für den Exponenten b von 0,5 – 1:

Dana et al. 1975 [95] McMahon et al. 1976 [96] Wendell u.a. 1976 [97]	} b = 1
Stern 1973 [98]	b = 0,65
Beilke 1970 [99]	b = 0,6
Marquardt u. Ihle [94]	b = 0,5

Für Schwefeldioxid und andere gut lösliche Gase beträgt der Schwankungsbereich des washout-Koeffizienten $(0{,}04-10)\ 10^{-4}\,s^{-1}$. Nur 3 Angaben für Stickkstoffdioxid sind bekannt:

Beilke 1970 [99]	$\Gamma_{NO_2}=0{,}25\Gamma_{SO_2}$
Guicherit u.a. 1980 [41]	$\leqq 10^{-5}\,s^{-1}$
Fisher 1984 [86]	$10^{-4}\,s^{-1}$

Bei Ritchie et al. findet man unter Bezug auf Scott und Dana (1978) eine wesentlich kompliziertere Beziehung als (7.52) zur Bestimmung des washout-Koeffizienten für Schwefeldioxid [100].

7.5.3 Acidität des meteorologischen Niederschlags (Saurer Regen)

Beim Übergang des Wasserdampfs der Atmosphäre in die flüssige und feste Phase werden die in der Luft vorhandenen Spurenstoffe durch eine Vielzahl physikalisch-chemischer Vorgänge mit einbezogen, so daß Regenwasser letztlich eine verdünnte Lösung eines komplexen Elektrolytgemisches darstellt.

Ein Maß für den Aciditäts- bzw. Alkalitätsgrad einer Lösung ist nach Sörensen der pH-Wert, der als negativer dekadischer Logarithmus der Wasserstoffionen-(Protonen-)Konzentration definiert ist:

$$pH=-\log(H^+). \qquad (7.53)$$

Reines Wasser hat einen pH-Wert von 7 d.h. eine H^+-Konzentration von 10^{-7} g/l; pH = 7 bezeichnet man als chemischen Neutralpunkt. Saure Lösungen haben einen pH-Wert <7. Infolge des natürlichen Kohlendioxid-Gehalts (335 ppm) stellt sich wegen des CO_2-Bicarbonat-Gleichgewichts je nach Temperatur ein pH-Wert von 5,5 und 5,7 (im Mittel 5,6) ein. Noch vor kurzem wurde 5,6 als biologischer Neutralpunkt bezeichnet (z.B. [101]). Inzwischen zeigten Charlson und Rodhe (1982), daß allein durch räumliche und zeitliche Schwankungen im natürlichen Schwefel-Kreislauf die pH-Werte zwischen 4,6 und 5,6 liegen können [19, 102]. Delmas und Gravenhorst teilten 1983 für Gebiete, die nicht oder nur minimal von anthropogenen Emissionen beeinflußt sind, pH-Werte zwischen 3,5 und 8,3 mit [19]. Ein Blick in die Vergangenheit führt zu folgenden Angaben über die Acidität:

Großbritannien, ländlich 1872 [103]	$5{,}1\pm0{,}5$
Großbritannien, städtisch 1872 [103]	$3{,}4-3{,}9$
Zentraleuropa 1935 [102]	4,2
Riesengebirge 1937/38 [104]	4,2

Es gibt in der Tat einige Publikationen, die eine Abnahme des pH-Wertes d.h. eine Zunahme der Acidität seit etwa 1955 für Europa aufzeigen [19, 101]. Veränderungen in der Meß- und Probenahmetechnik sowie eine heute nicht mehr praktikable Auswertung lassen diese Meßergebnisse als nicht repräsentativ erscheinen, so daß man heute auf die seit 1976 laufenden Meßserien angewiesen ist [104–106]. Ein signifikanter Trend ist während der letzten 10 Jahre bis 1983 nicht feststellbar [106]. Viele neuere Untersuchungen deuten darauf hin, daß sich der pH-Wert der Niederschläge in Mitteleuropa bei $4\pm0{,}3$ einpendelt [19].

Zur Beurteilung saurer Niederschläge ist der pH-Wert allein nicht ausreichend. Wichtig im Hinblick auf Herkunft und Wirkung ist auch der Beitrag der Kat- und Anionen. Der Anteil der Anionenäquivalente beträgt (in %) [14, 19]:

	$SO_4^=$	NO_3^-	Cl^-
Solling (Niedersachsen) 1968/1976	76	19	5
Bundesrepublik Deutschland 1979/1981	55–60	25–30	15
Mitteleuropa	60	30	10

Wie ersichtlich, bestimmen vor allem die starken Säuren H_2SO_4 und HNO_3 die Acidität, wobei der Anteil des NO_3^--Ion zunimmt [19, 89].

7.5.4 Umfang der nassen Nitrat-Deposition

Im Vordergrund steht die Ermittlung der nassen Depositionsrate aus experimentellen Untersuchungen. Sie ergibt sich als Produkt aus Konzentration des luftverunreinigenden Stoffs im Regenwasser und Niederschlagsmenge. Die „bulk"-Meßgeräte (Totalisatoren), die Niederschläge und Staub über eine längere Zeit sammelten, führten zu Fehlmessungen, weshalb heute die Feucht/Trocken-Depositionssammelgeräte (wet/dry-collektor) Verwendung finden. Sie messen die Depositionen getrennt nach Regen- und Trockenperioden.

Als Beispiele für in der Bundesrepublik Deutschland im Regenwasser gemessene Nitratgehalte (NO_3^- als N) seien genannt:

12 Meßstationen Aug. 1979–Aug. 1981 Mittel der Sommer- und Wintermonate [89]	0,3–1 mg/l
Raum Köln, April 1982–Mai 1983 [107]	1,6 mg/l

Die Ergebnisse der Ermittlungen der jährlichen NO_3^--Depositionsrate sind in Tabelle 7.6 zusammengestellt. Fisher schätzte den background-Wert zu etwa

Tabelle 7.6. Größe der jährlichen nassen Nitrat-Depositionen (NO_3^- als N)

Gebiete	Zeitraum	Deposition g/m^2 a	Quelle
Ländlich:			
Rothamsted (Südengland)	1853	0,1	[84]
Großbritannien	1872	0,11 ± 0,036	[103]
Hohenpeißenberg	1959–1969	0,2 –0,6	
Rothamsted	1974	0,3	[84]
Background	~1980	0,1	[86]
BR Deutschland		0,55–1,1	[106]
Großbritannien:			
4 Großstädte	1872	0,15–1,8	[103]
Mitteleuropa, Max		<0,7	[89]
BR Deutschland	1979–1981	0,4 –0,8	[89]
Niederlande	1978–1981	0,59–0,78	[80]
Schweden, Süden		0,35	[84]
Norden		0,07	[84]
Ungarn	~1980	0,33	[85]

0,1 g/m^2 a ab [86]; er stimmt sehr gut mit der von Schwela ermittelten Depositionsrate für ländliche Gebiete im Jahr 1872 überein [103]. Wie die Werte für die südenglische Meßstation zeigen, haben sie in den vergangenen 100 Jahren um den Faktor 3 zugenommen [84].

Wie ein Vergleich mit den Angaben in Abschn. 7.4.4 zeigt, sind in ländlichen Gebieten trockene und nasse Deposition von gleicher Größenordnung; in verunreinigten Gebieten dominiert die trockene Deposition ($NO_2 + NO_3^-$).

7.6 Literatur

1 Prinz, B; Stratmann, H.: Vorschläge zu Begriffsbestimmungen auf dem Gebiet der Luftreinhaltung. Staub Reinhalt. Luft 29 (1969) Nr. 9, 354/356
2 VDI-Richtlinie 2450 Blatt 1: Messen von Emission, Transmission und Immission luftverunreinigender Stoffe – Begriffe, Definitionen, Erläuterungen. Hrsg. v. VDI, Ausg. Sept. 1977
3 Umweltbundesamt: Jahresbericht 1985
4 Pasquill, F.: Atmospheric diffusion. Toronto, London, New York: D. van Nostrand Company LTD 1962
5 Seinfeld, J.H.: Air pollution. New York: McGraw-Hill, 1975
6 Berljand, M.E.: Moderne Probleme der atmosphärischen Diffusion und der Verschmutzung der Atmosphäre. Berlin: Akademie Verlag
7 Schiegl, W.-E.; Schorling, M.: TA Luft: Vorschriften u. Erläuterungen zum Immissionsschutz – Beispiele von Ausbreitungsrechnungen. Landsberg/Lech: ecomed, 1986
8 Külske, S.; Stuckmann, W.: Berechnung der Immissionsbelastung bei multiplen Quellengebieten mit Hilfe eines Ausbreitungsmodells unter Berücksichtigung der trockenen Ablagerung. Schriftenr. d. Landesanstalt f. Immissionsschutz d. Landes NW, H. 59 (1984), 21/27
9 Junker, A. u.a.: TA-Luft Kommentar aus juristischer, technischnaturwissenschaftlicher und betriebswirtschaftlicher Sicht. Köln: Deutscher Wirtschaftsdienst, 1983
10 VDI 3781, Bl. 4: Bestimmung der Schornsteinhöhe für kleinere Feuerungsanlagen. Hrsg. v. VDI, Ausg. Nov. 1980
11 Alfke, G.; Bayran, M.: Aktuelles Immissionsschutzrecht Luftreinhaltung, Karlsfeld: Wilhelm Jüngling
12 Jost, D.: Die neue TA-Luft. Kissing: WEKA
13 Pankrath, J.: Großräumiger Transport von Luftverunreinigungen in Europa: Anforderungen an Modelle zur Simulation der Ausbreitung und Deposition von säurebildenden Luftverunreinigungen. VDI-Ber. Nr. 500 (1983), 43/54
14 Bruckmann, P.: Bildung von Säuren und Oxidantien durch Gasphasenreaktionen. VDI-Ber. Nr. 500 (1983), 21/33
15 Schurath, U.: Grundlagen der chemischen Kinetik von Gasen in VDI-Bildungswerk: Chemische und physikalische Reaktionen von Spurenstoffen in der Atmosphäre BW 43-29-02, Düsseldorf, 1984
16 Becker, K.H.: Stand der Untersuchungen über Reaktionen und Lebensdauer gasförmiger Stoffe in der Atmosphäre in Kraftwerk und Umwelt 1977, 50/59, Essen: VGB-Dampftechnik
17 Kolar, J.: Anteil der Stickstoffdioxid-Immission an der gesamten Stickstoffoxid-Immission in Städten. Staub-Reinhalt. Luft 41 (1981) Nr. 3, 85/91
18 Seinfeld, J.H.: Lectures in atmospheric chemistry. AIChE Monograph Series Vol. 76, No. 12. New York: Americal Inst. of Chemical Engineers, 1980
19 VDI-Kommission Reinhaltung der Luft: Säurehaltige Niederschläge – Entstehung und Wirkungen auf terrestrische Ökosysteme. Düsseldorf, 1983
20 Schurath, U.: Luftchemisches Verhalten von NO_x. In: Luftchemisches Verhalten anthropogener Schadstoffe, 36/42. VDI-Kommission Reinhaltung der Luft, Arbeitsgruppe „Luftchemie". Düsseldorf, 1980
21 VGB Technische Vereinigung der Großkraftwerksbetreiber e.V.: Kraftwerksemissionen und saure Niederschläge VGB-TW 302 Essen: VGB-Kraftwerkstechnik

22 Graedel, T.E., et al.: Kinetic studies of the photochemistry of the urban troposphere. Atmosph. Env. Vol. 10 (1976), 1 095/1 116
23 Bottenheim, J.W. u.a.: Modeling study of seasonal effect on air pollution at 60 °N latitude. Environmental Science & Technology Vol. 11 (1977) No. 8, 802/808
24 Øystein, H., et al.: Diurnal variation of ozone and other pollutants in an urban area. Atm. Environm. Vol. 12 (1978), 2 469/2 479
25 Carmichael, G.R., et al.: A second generation model for regional-scale transport/chemistry/deposition. Atm. Environm. Vol. 20 (1986) No. 1, 173/188
26 Davis, D.D. et al.: Trace gas analysis of power plant plumes via aircraft measurement: O_3, NO_x, and SO_2 chemistry. Science Vol. 186, 733/736
27 Hegg, A.D. et al.: Reactions of nitrogen oxids, ozone and sulfur in power plant plumes. Report EPRI EA-270 (Research project 572-3), Final Report, Sept. 1976. Prepared for Electric Power Research Institute, Palo Alto, CA, USA
28 Hegg, D. et al.: Reactions of ozone and nitrogen oxides in power plant plumes. Atm. Environm. Vol 11 (1977), 521/526
29 Ogren, J.A. Oxidant measurements in Western power plant plumes. Final Report: EPRI EA-421 (Research project 861-1). Vol. 1: Technical analysis (July 1977). Prepared for Electric Power Research Institute, Palo Alto, CA, USA
30 White, W.H.: NO_x-O_3 photochemistry in power plant plumes: comparision of theory with observations. Env. Sci. Techn., Vol. 11 (1977) No. 10, 995/1 000
31 Melo, O.T.; Lusis, M.A.; Stevens, R.D.S. (1978 Mathematical modelling of dispersion and chemical reactions in a plumes-oxidation of NO to NO_2 in the plume of a power plant. Atm. Environm. Vol. 12 (1978), 1 231/1 234
32 Elshout, A.J. et al: De oxidate van stikstofmonoxide in rookpluimen. Elektrotechnick 56 (1978) Nr. 6, 429/437
33 Elshout, A.J.: Dispersion and transport-modelling and field experiments. Proceedings of the First European Symposium on Physico-Chemical Behaviour of Atmospheric Pollutants. Ispra 16–18 October 1979 (Project COST 61a bis), 451/457
34 Elshout, A.J. et al.: Messungen aus Flugzeugen: Verbreiterung und Umwandlung primärer luftfremder Komponenten in Rauchfahnen. Proceedings of the First European Symposium on Physico-Chemical Behaviour of Atmospheric Pollutants. Ispra 16–18 October 1979 (Project COST 61a bis), 451/457
35 Angle, R.P. et al.: Observed and Predicted values of NO_2/NO_x in the exhaust plume from a compressor installation. Jour. Air. Poll. Control Ass. 29 (1979) No. 3, 253/255
36 Hegg, D.A.; Hobbs, P.V.: Some observations of particulate nitrate concentrations in coal-fired power plant plumes. Atm. Environm. Vol. 13 (1979), 1 715/1 716
37 Umweltbundesamt: Messungen der Stickstoffmonoxid-Oxidation in Abgasfahnen von Großfeuerungsanlagen mit Hilfe der Korrelationspektroskopie. Monatsberichte aus dem Meßnetz 1981, 2/12
38 Umweltbundesamt: Messungen der Oxidation von NO zu NO_2 in der Abgasfahne des Kraftwerkes Wilhelmshaven. Monatsber. aus dem Meßnetz 6/83, 3/21
39 Umweltbundesamt: Oxidation von NO zu NO_x (Kraftwerk Staudinger). Monatsber. aus dem Meßnetz 7/83, 2/22
40 Janssen, L.H.J.M. u.a.: A classification of NO oxidation rates in power plant plumes based on atmosheric conditions. Atm. Environm. Vol 22 (1988) No 1, 43/53
41 Guitcherit, R., et al.: Conversion rate of nitrogen oxides in a polluted atmosphere. VDI-Arbeitsgruppe „Luftchemie", Düsseldorf: 1980
42 Levy, A.; Spicer, C.W.: The atmospheric chemistry of NO_x. A I Che Symposium Series 74 (1978), 56/66
43 Elshout, A.J.; Beilke, S.: Die Oxidation von NO zu NO_2 in Abgasfahnen von Kraftwerken. VGB-Kraftwerkstechnik 64 (1984) H. 7, 648/654
44 Altshuller, A.P.: The role of nitrogen oxides in non urban ozone formation in the planetary boundary layer over N America, W Europe and adjacent areas of ocean. Atm. Environm. Vol. 20 (1986) No. 2, 245/268
45 Biniaris, S.: Neuere Erkenntnisse auf dem Gebiet der Ausbreitung luftfremder Stoffe in der Atmosphäre (Staub, NO_x). „Kraftwerk und Umwelt 1983" 88/97. Essen: VGB-Kraftwerkstechnik

46 Nordö, F.J.: Meso scale and large-scale transport of 'air pollutants. Proc. of the Third Intern. Clean Air Congr. Düsseldorf 1973, B105/108

47 Juda, J.; Crośśiel, St.: Hypothese zur Ausbreitung von Schwefeldioxid und Schwefelsäure in der Atmosphäre. Staub-Reinhalt. Luft 35 (1975) Nr. 7, 281/285

48 Schurath, U.; Ruffing, K.: Die Oxidation von NO durch Sauerstoff und Ozon in Abgasfahnen. Staub-Reinhalt. Luft 41 (1981) Nr. 8, 277/281

49 Knoche, K.F. u.a.: NO_2-Konversion während der atmosphärischen Ausbreitung von NO_x. BPT-Bericht 1/86. Gesellschaft für Strahlen- und Umweltforschung München

50 Knoche, K.T. u.a.: Der Einfluß wichtiger Parameter auf bodennahe Stickoxidkonzentrationen im Lee von Punktquellen. „Kraftwerke 1985", 468/477 Essen: VGB-Kraftwerkstechnik

51 Pfeffer, H.-U. u.a.: Jahresbericht 1981 über die Luftqualität an Rhein und Ruhr. Ergebnisse aus dem Telemetrischen Immissionsmeßnetz TEMES in Nordrhein-Westfalen. Schriftenr. d. Landesanstalt f. Immissionsschutz d. Landes NW H. 60 (1984), 40/41

52 Pfeffer, H.-U.: Immissionserhebungen in quellfernen Gebieten Nordrhein-Westfalens. Staub-Reinhalt. Luft Bd. 45 (1985) Nr. 6, 287/293

53 Lahmann, E.; Prescher, K.E.: Räumliche und zeitliche Verteilung von Stickstoffoxiden in städtischer Luft. Gesundheits-Ingenieur 99 (1978) H. 1/2, 32/36

54 Sommer, H.: Luftverunreinigung durch Stickoxide in der Umgebung von Straßen. Diss. ETH Nr. 5902 Zürich 1977, s.a. Chem. Rundschau, Sonderheft 1977, 33/43

55 Daimel, M.: Schadstoffbelastungen im innerstädtischen Bereich. In: Abgasimmissionsbelastungen durch den Kraftfahrzeugverkehr, 150/173. Köln: TÜV Rheinland, 1978

56 Lahmann, E. u.a.: Ergebnisse von automatisch-stationären und manuellen Stickoxyd-Bestimmungen in Berlin: Dietrich Reimer, 1981

57 Gilbert, T.: Zur Ausbreitung von Schadstoffen, insbesondere von Stickstoffoxiden in der Atmosphäre. Glastechn. Ber. 51 (1978) Nr. 6, 152/155

58 Statistisches Landesamt Baden-Württemberg: Statistische Berichte. Artikel-Nr. 361185012, 1986

59 Jost, D.; Rudolf, W.: NO/NO_2-Konzentrationen in der Bundesrepublik Deutschland. Staub-Reinhalt. Luft 35 (1975) Nr. 4, 150/154

60 Bruckmann, P.; Eynck, P.: Analyse der Bildung von Photooxidantien an der Meßstelle Essen-Süd. Schriftenr. der Landesanstalt für Immissionsschutz d. Landes NW H. 49 (1979), 19/28

61 Beilke, S.: Bildung von Säuren durch heterogene Reaktionen. VDI-Berichte Nr. 500 (1983), 35/40

62 Prinz, B.: Zur Problematik der neuartigen Waldschäden in: Was wir über das Waldsterben wissen, 175/189. Köln: Deutscher Instituts-Verlag, 1985

63 Whitten, G.Z.: The chimistry of smog formation: A review of current knowledge. Atm. Environm. Vol. 9 (1983), 447/463

64 Pitts, J.N.; Finlayson, B.J.: Mechanismen der photochemischen Luftverschmutzung. Angew. Chemie 87 (1975) Nr., 18/33

65 Schwela, D.: Die trockene Deposition gasförmiger Luftverunreinigungen. Schriftenreihe der Landesanstalt für Immissionsschutz, H. 42 (1977), 46/85

66 Slinn, W.G.N.: Some approximations for the wet and dry removal of particles and gases from the atmosphere. Water, Air and Soil Pollution 7 (1977), 513/543

67 Giebel, J.: Berücksichtigung der trockenen Ablagerung am Boden in Abhängigkeit von der effektiven Quellhöhe bei einem Gaussschen Ausbreitungsmodell. Schriftenr. Landesanstalt f. Immissionsschutz H. 43 (1978), 26/35

68 Moore, R.E.: Calculation of the depletion of airborne pollutant plumes through dry deposition processes. Environment International Vol. 3 (1980), 3/10

69 Jensen, N.O.: A simplified diffusion – deposition model. Atm. Environment Vol. 14 (1980), 953/956

70 Garland, J.A.: Principles of dry deposition: Application to acidic species and ozone. VDI-Berichte Nr. 500, 1983, 83/95

71 O'Dell, R.A. et al.: A model for uptake of pollutants bei vegetation. Journ. Air Poll. Control Assoc. Vol. 27 (1977) No. 11,1 104/1 109

72 Fowler, D.; Leith, I.D.: Biophysical mechanisms in the uptake of air pollutants. Staub-Reinhalt. Luft Bd. 45 (1985) Nr. 6, 253/256

73 Wesely, M.L.; Hicks, B.B.: Some factors that affect the deposition rates of sulfur dioxide and similar gases on vegetation. Journ. Air Poll. Control Assoc Vol. 27 (1977) No. 11, 1 110/1 116

74 Hosker, R.P. et al.: Review: Atmospheric deposition and plant assimilation of gases and particles. Atm. Environm. Vol. 16 (1982) No. 5, 889/910

75 Sehmel, G.A.: Particle and gas dry deposition: A review. Atmospheric Environment Vol. 14 (1980), 983/1 011

76 Winkler, P.: Verfahren der Depositionsmessung. Staub Reinhalt. Luft Bd. 45 (1985) Nr. 6, 256/260

77 Böttger, A. u.a.: Atmosphärische Kreisläufe von Stickoxiden und Ammoniak. Ber. d. Kernforschungsanlage Jülich Nr. 1 558, Nov. 1978

78 Hill, A.C.: Vegetation: A sink for atmospheric pollutants. Journ. American Air Poll. Contr. Ass. Vol. 21 (1971) No. 6, 341/346

79 Cadle, St.H. et al.: Atmospheric concentrations and the deposition velocity to snow of nitric acid, sulfur dioxide and various particulate species. Atmospheric Environment Vol. 19 (1985), No. 11, 1 819/1 827

80 van Aalst, R.M.: Dry deposition of acid precursors in the Netherlands. VDI-Berichte Nr. 500 (1983), 97/102

81 Jonas, R.; Heinemann, K.: Schädigung von Pflanzen durch abgelagerte Schadstoffe. Staub Reinhalt. Luft Bd. 45 (1985) Nr. 3, 112/114

82 Derwent, R.G.; Hov, Ö.: Computer modeling studies of the impact of vehicle exhaust emission controls on photochemical air pollution formation in the United Kingdom. Environmental Science & Technology Vol. 14 (1980) No. 11, 1 360/1 366

83 Wesely, M.L. et al.: An eddy-correlation measurement of NO_2 flux to regetation and comparison to O_3 flux. Atm. Environment Vol. 16 (1982), No. 4, 815/820

84 Georgii, H.-W. et al.: Trockene und nasse Deposition säurebildender Verbindungen. VDI-Berichte Nr. 500 (1983), 127/134

85 Mészáros, E; Horváth, L.: Concentration and dry deposition of atmospheric sulfur u. nitrogen compounds in Hungary. Atm. Environment Vol. 18 (1984) No. 9, 1 725/1 730

86 Fisher, B.E.A.: The long-range transport of air pollutants some thoughts on the state of modelling Atm. Environment Vol. 18 (1984), No. 3, 553/562

87 Delany, A.C.; Davies, T.D.: Dry deposition of NO_x to grass in rural East Anglia. Atmos. Environment Vol. 17 (1983), 1 3891/1 394

88 Duyzer, J.H. u.a.: Measurement of dry deposition velocities of NO, NO_2 and O_3 and the influence of chemical reaktions. Atm. Environm. Vol. 17 (1983) No. 10, 2 117/2 120

89 Georgii, H.-W. u.a.: Feststellung der Deposition von sauren und langzeitwirksamen Luftverunreinigungen aus Belastungsgebieten. Berlin: Erich Schmidt, 1983

90 Der Rat v. Sachverständigen für Umweltfragen: Waldschäden und Luftverunreinigungen. Stuttgart u. Mainz: W. Kohlhammer, März 1983

91 Kutler, W.: Immissionsbelastungen des Bergisch-Sauerländischen Gebirges über den Zeitraum Dezember 1982 bis Mai 1983. UBA-Monatsberichte aus dem Meßnetz 5/83, 1/37

92 Jost, D.; Beilke, S.: Trend saurer Depositionen. VDI-Berichte Nr. 500 (1983), 135/139

93 Beilke, S. u.a.: SO_2-Senken in der Atmosphäre und am Erdboden. Bonn-Bad Godesberg: Deutsche Forschungsgemeinschaft, 1973

94 Marquardt, W.; Ihle, P.: Eine häufigkeitsstatistische Niederschlagsanalyse als Voraussetzung für Auswaschberechnungen von Luftverunreinigungen. Zeitschr. f. Meteorologie Bd. 30 H. 2, 121

95 McNaughton, D.J.: Initial comparison of SURE/MAP 3S sulfur oxide observations with longterm regional model predictions. Atm. Environment Vol. 14 (1980), 55/63

96 McMahon, T.A. et al.: A ion distance air pollution transportion model incorperation washout and dry deposition components. Atm. Environment Vol. 10 (1976), 751 – 761

97 Wandell, L.L. et al.: A regional scale model for computing deposition and ground level air concentration of SO_2 and sulfates from elevated and ground sources. Third symp. on atmospheric turbulence, diffusion and air quality. 318/324 Boston: Americal Meteorological Society, 1976

98 Stern, A.C. et al.: Fundamentals of air pollution New York: Academic Press, 1973

99 Beilke, S.: Untersuchungen über das Auswaschen atmosphärischer Spurenstoffe durch Niederschläge. Ber. Inst. f. Met. u. Geophys. Univ. Frankfurt Nr. 19

100 Ritchie, I.M. et al.: A mesocale atmospheric dispersion model for predicting ambient air concentration and deposition patterns for smigle and multiple sources. Atm. Environment vol. 17 (1983) No. 7, 1 215/1 223

101 Kutler, W.: Belastung für den Boden. Umweltmagazin Okt. 1982, 56/61

102 Isermann, K.: Bewertung natürlicher und anthropogener Stoffeinträge über die Atmosphäre als Standortfaktoren im Hinblick auf die Versauerung land- und forstwirtschaftlich genutzter Böden. VDI-Berichte Nr. 500 (1983), 307/335

103 Schwela, D.: Vergleich der nassen Deposition von Luftverunreinigungen in den Jahren um 1870 mit heutigen Belastungswerten. Staub-Reinhalt. Luft 43 (1983) Nr. 4, 135/139

104 Trenkler, H.: Problem des „Sauren Regens" – Erkenntnisse über Umfang und Ursachen der derzeit in der Bundesrepublik Deutschland beobachteten Waldschäden. Elektrizitätswirtschaft Jg. 82 (1983), H. 11, 372/375

105 Umweltbundesamt: Die zeitliche Entwicklung der überregionalen Pegel von Schwefeldioxid, Stickstoffoxid, Schwefel im Schwebstaub und der Konzentration von H^+-Ionen im Niederschlag. Monatsberichte aus dem Meßnetz des Umweltbundesamtes Jg. 7 (1982) Nr. 1, 2/13

106 Arbeitsgruppe „Luftschadstoffe": Übersicht über die bisherigen Untersuchungen zur Belastung von Wäldern durch Luftverunreinigungen. Monatsber. aus dem Meßnetz des Umweltbundesamtes Jg. 9 (1984) Nr. 3, 3/38

107 Jockel, W.; Priebe, A.: Beitrag zur Messung saurer Niederschläge im Raum Köln. Staub-Reinhalt. Luft 44 (1984) Nr. 5, 238/243

7.7 Formelzeichen

A, B Formel für ein Molekül, Radikal, Atom
(A) Konzentration von A
$(A)_0$ Anfangskonzentration von A
b Exponent in Gl. (7.52)
c_A Konzentration von A in der Schreibweise der Ausbreitungsrechnung
F Fluß luftverunreinigender Stoffe zur Erdoberfläche, Depositionsrate, Depositionsflußdichte
H Höhe der atmosphärischen Mischungsschicht
H^+ Wasserstoffionen-Konzentration (Protonen-)
I Niederschlagsintensität in mm/h
j Photolysefrequenz in s^{-1}
k Geschwindigkeitskonstante
K Pseudo-monekulare Geschwindigkeitskonstante
pH Maß für den Aciditäts- bzw. Alkalitätsgrad
r Depositionswiderstand, Kehrwert der Ablagerungsgeschwindigkeit
r_l Durch laminare Grenzschicht bedingter Teilwiderstand
r_s Teilwiderstand am oder im Akzeptor
r_t Durch turbulente Grenzschicht bedingter Teilwiderstand
t Zeit
U Chemische Umwandlungsrate in %/h
U_d Abbau- oder „Verlust"rate in %/h bei der Trockendeposition
v_d Ablagerungs- (Depositions-) geschwindigkeit
x Längenkoordinate in Ausbreitungsrichtung, identisch mit mittlerer Windrichtung
z Höhenkoordinate
Γ Lagrangescher Washout-Koeffizient (Auswaschgeschwindigkeit)
λ Lagrangescher Depositionskoeffizient
τ Mittlere Verweilzeit
$\tau_{1/2}$ Halbwertszeit
φ Volumetrischer NO_2-Anteil an den Gesamtstickstoffoxiden

8 Immissionen der natürlichen und der belasteten Atmosphäre

8.1 Grundsätzliches zur „Immission“

8.1.1 Definition des Begriffs „Immission“

Für die Gefährdung, erhebliche Benachteiligung oder erhebliche Belästigung der Allgemeinheit oder der Nachbarschaft sind *nicht* die Emissionen maßgebend, sondern die Immissionen. Der im angelsächsischen Schrifttum unbekannte Begriff „Immission“ (von immittere – hineinsenden) entstammt dem römischen Recht und bedeutete ursprünglich „eine Sache wohin eindringen lassen, und zwar ... einen flüssigen, nicht festen Körper wohin leiten, fließend machen“ [1]. Dieser Sachverhalt fand Eingang in das deutsche Zivil- und Gewerberecht, weshalb schon lange vor der Umweltschutzdebatte ausführliche Erläuterungen zu diesem Begriff im juristischen Schrifttum vorliegen. Die Legaldefinition des Bundesimmissionsschutzgesetzes lautet (§ 3, Ziff. 2 BImSchG): Immissionen im Sinne dieses Gesetzes sind auf Menschen sowie Tiere, Pflanzen oder andere Sachen einwirkende Luftverunreinigungen, Geräusche, Erschütterungen, Licht, Wärme, Strahlen und ähnliche Umwelteinwirkungen. Die Immissionen sind in der Regel in 1,5 – 4 m Höhe über der Flur sowie in mehr als 1,5 m seitlichem Abstand von Bauwerken zu messen; in Waldbeständen können höhere Meßpunkte festgelegt werden (Nr. 2.6.2.4 TAL). Nach dem Vorschlag des Rates der Europäischen Gemeinschaften für eine Richtlinie über Luftqualitätsnormen für Stickstoffdioxid liegt die Meßhöhe zwischen 1,5 und 5 m [2].

Diese Präzisierungen leiten zu den technisch-naturwissenschaftlichen Definitionen über. Sie sehen die Immission zunächst als Vorgang des Transports luftverunreinigender Stoffe von der Atmosphäre in die Bereiche Biosphäre, Hydrosphäre und Lithosphäre den „Übertritt luftverunreinigender Stoffe von der offenen Atmosphäre in einen Akzeptor“ [3]. Er kann am Übertritt aktiv oder passiv beteiligt sein, z.B. aktiv durch Einatmen oder durch Ansaugen oder passiv durch Adsorption [3]. Im erweiterten Sinne wird der Begriff Immission häufig auch zur Bezeichnung der aus der Atmosphäre austretenden oder sogar in der Umgebung von Akzeptoren enthaltenen luftverunreinigenden Stoffe selbst verwendet [3].

Strenggenommen wäre auch die nasse und trockene Deposition (s. Abschn. 7.4 u. 7.5) der Immission zuzurechnen. In der Regel sieht man aber als Immission nur das Auftreten luftverunreinigender Stoffe in der bodennahen Luftschicht an.

Da wissenschaftlich Immission als Vorgang, als Stofftransport definiert wird, sind Immissionsstromdichte und Immissionsdosis ihre grundlegenden Maßgrö-

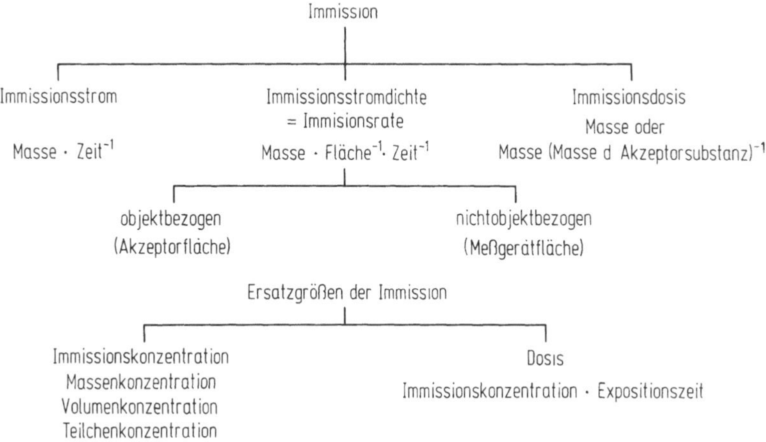

Bild 8.1. Größen zur Quantifizierung der Immissionen (n. [3, 4, 5])

ßen (Bild 8.1). Der Immissionsstrom ist die in der Zeiteinheit in den Akzeptor (Mensch, Tier, Pflanze, Sachgut) übertretende Quantität luftverunreinigender Stoffe (Masse · Zeit^{-1}, [3]). Der auf die durchströmte Hüllfläche des Akzeptors bezogene Immissionsstrom heißt Immissionsstromdichte (Masse · Fläche^{-1} · Zeit^{-1}) [3]. Vielfach wird sie auch zur Kennzeichnung des Immissionsstromes durch die Flächeneinheit einer senkrecht zur Strömung stehenden geographischen Fläche benutzt (z.B. SO_2-Strom durch eine senkrecht zur Erdoberfläche stehende Fläche [6]). Sie kann als Produkt aus den Hilfsgrößen Immissionskonzentration und Windgeschwindigkeit berechnet werden. Nach VDI 2309 Bl. 1 sind Immissionsstromdichte und Immissionsrate (Aufnahmerate) identisch [4]. Stratmann u.a. unterscheiden weiter in objekt- und nicht objektbezogene Immissionsraten [5]. Die objektbezogene, durch Atmung bedingte Immissionsrate ergibt sich z.B. aus dem Produkt der Hilfsgrößen Immissionskonzentration und eingeatmetes Luftvolumen pro Zeit [5]. Die nichtobjektbezogene Immissionsrate ist unabhängig vom Vorhandensein bestimmter Akzeptoren und deren Verteilung [5]. Beispiele für die nichtobjektbezogene Immissionsrate sind der Staubniederschlag (z.B. in g/m^2 d), die Schwefeldioxid-Immission, gemessen mit der Liesegang-Glocke oder dem neuen IRMA-Verfahren.

Immissionsdosis ist das Integral des Immissionsstromes über die Zeit, in der der Akzeptor diesem exponiert war [3]. Sie hat danach die Dimension „Masse“ oder nach VDI 2450 Bl. 1 (Masse – luftverunreinigender Stoff) mal (Masse – Akzeptorsubstanz)$^{-1}$.

Alle drei Immissionsgrößen sind einer unmittelbaren meßtechnischen Erfassung nur schwer oder gar nicht zugänglich. Sie müssen deshalb aus mehreren, leichter zu messenden Hilfsgrößen berechnet werden. Ist dies nicht möglich, sind geeignete Ersatzgrößen zu verwenden. Wichtigste Hilfs- und Ersatzgröße sind die Immissionskonzentrationen:

Massen-Konzentration	z.B. in mg/m^3
Volumen-Konzentration	z.B. in ppm
Teilchen-Konzentration	z.B. Teilchen/cm^3

Die Teilchenkonzentration ist im Immissionsschutz ohne Bedeutung (Ausnahme: Asbest). Bei Gasen wird in Deutschland die Massenkonzentration bevorzugt; bei den Stickstoffoxiden und beim Kohlenmonoxid finden sich aber häufig auch Angaben für die Volumenkonzentration.

8.1.2 Immissionskonzentrationen als stochastische Variable

Auch bei annähernd gleichbleibenden Einflußfaktoren (s. Abschn. 8.2) ist die Immissionskonzentration eines Meßortes keine konstante Größe. In Abhängigkeit von der Zeit unterliegt sie erheblichen natürlichen Schwankungen. Die Immission stellt also eine Zufallsgröße oder stochastische Variable dar (bezeichnet mit c), weil sie bei verschiedenen, unter festgehaltenen Randbedingungen durchgeführten Versuchen verschiedene Werte annehmen kann [6]. Ähnlich wie die Geschwindigkeit einer turbulenten Strömung läßt sich die Momentankonzentration c(t) darstellen als Summe aus den zeitlichen Mitteln c_i und der Schwankungskomponente c':

$$c = c_i + c' \tag{8.1}$$

das zeitliche Mittel ist definiert durch:

$$c_i = \frac{1}{t_{i+1} - t_i} \int_{t_i}^{t_{i+1}} c\,dt \tag{8.2}$$

$$\Delta t = t_{i+1} - t_i = \text{konst}$$

Δt wird als Bezugszeit (auch Meßzeitintervall, Mittelungs-, Integrationszeit) bezeichnet. Ein Einzelmeßwert der Immission liefert also eine Aussage über deren mittlere Größe während der Bezugszeit (Meßintervall). Bei diskontinuierlichem Meßverfahren ist das Meßzeitintervall gleich der Probenahmezeit, die hier wiederum durch die zum Erreichen der Nachweisgrenze erforderliche Anreicherungszeit bestimmt wird. Bei kontinuierlichen Messungen stellt die Anzeigeverzögerung (90%-Zeit) die untere Grenze der Bezugszeit dar. Der notwendige Aufwand begrenzt zunächst Δt nach oben: während der täglichen Arbeitszeit können bei kleinerem Δt mit einem Meßwagen mehrere Meßorte angefahren werden. Ferner darf Δt nicht zu groß werden, da dann die akuten Kurzzeiteinwirkungen nicht zu beurteilen sind. Aus diesem Grunde empfiehlt es sich, von den üblichen Bezugszeiten für Immissionskonzentrationen

3 min	1/2 h
10 min	1 h
20 min	1 d

diejenige auszuwählen, die zur Definition der Immissionsgrenzwerte (MIK- oder IW-Werte) benutzt wurden, in der Bundesrepublik 1/2 h für Gase und 1 d für Stäube.

Bei einem Meßzeitintervall von einer halben Stunde erhält man für eine automatische, kontinuierlich arbeitende Meßstation bei einjähriger Messung ca. 17500 Einzelwerte c_i. Auch bei der stichprobenartigen, ein größeres Gebiet

Tabelle 8.1. Beispiel für die Ergebnisse einer Meßserie zur Ermittlung der Stickstoffdioxid-Immission (Meßwerte n. [8])

Beurteilungsgebiet	Stadtgebiet Nürnberg
Anzahl der Meßpunkte	18
Meßstellendichte	0,2 Meßpunkte/4 km^2
Beurteilungszeitraum	1977
Meßzeit	1 – 3mal pro Monat
Meßzeitintervall (Bezugzeit)	30 min
Anzahl der Meßwerte N	181
Geometrisches Mittel	68,7 µg/m^3
Arithmetisches Mittel	82,4 µg/m^3
Erste Immissionskenngrößen:	
TAL 1974 (= arithm. Mittel)	82,4 µg/m^3
TAL 1964, s_O-Verfahren	96,3 µg/m^3
Zweite Immissionskenngrößen:	
TAL 1974, 95-Perzentil	160 µg/m^3
TAL 1974, s_O-Verf., z = 70, p = 1,64	219 µg/m^3
TAL 1974, s_O-Verf., ohne Maximalwert	162 µg/m^3
TAL 1964[a], s_O-Verf., p = 1,96	246 µg/m^3
95-Perzentil der Lognormal-Verteilung	211 µg/m^3
95-Perzentil n. Raffinierie-Richtlinie	174 µg/m^3
95-Perzentil n. VDI 2450	154 µg/m^3
Maximaler Wert	652 µg/m^3

[a] Im Gegensatz zur Vorschrift sind alle Wetterlagen berücksichtigt

erfassenden Pegelmessung ist der Stichprobenumfang N groß, z.B. 181 Einzelwerte in Tabelle 8.1. Sie schwanken zwischen 0 und 652 µg/m^3. Eine Auswertung solcher Immissionsmessungen ist nur mit den Methoden der mathematischen Statistik möglich.

Die Verteilungsfunktion F(c) charakterisiert die Gesamtheit der möglichen Werte der Zufallsgröße „Immission“ und enthält damit die umfassendste Infor-

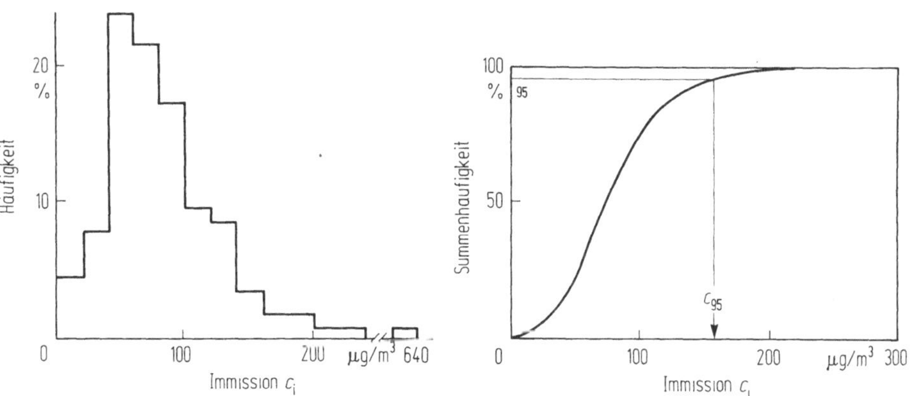

Bild 8.2. Häufigkeitsverteilung der Stichprobenmessungen der NO_2-Immission 1977 in Nürnberg (vgl. Tabelle 8.2)

mation. Immissionen haben keine Gaußverteilung, sondern sind asymmetrisch, linksschief. Die wenigen bisher für Stickstoffoxide vorliegenden Untersuchungen kommen zu dem Ergebnis, daß auch diese luftverunreinigenden Gase nicht normal verteilt sind (Bild 8.2). Die umfangreichen NO_2-Messungen 1965/1966 in Nordrhein-Westfalen ergaben für alle Meßgebiete eine mehr oder weniger große linksseitige Schiefe der Häufigkeitsverteilungen [9]. Die Stickstoffoxid-Immissionen zweier DDR-Städte haben zumindest näherungsweise eine Lognormal-Verteilung [10, 11]; auch Larsen kommt für Städte der USA zu diesem Ergebnis [12]. Das Arbeiten mit Häufigkeitsverteilungen ist jedoch umständlich. In der Praxis begnügt man sich mit einfachen, leicht zu ermittelnden statistischen Maßzahlen, die in der Luftreinhaltung Immissionskenngrößen heißen.

8.1.3 Kenngrößen der Immissionskonzentration

8.1.3.1 Arithmetisches Mittel und erste Immissionskenngröße

Die am häufigsten benutzte statistische Maßzahl ist wegen ihrer leichten Berechnung das arithmetische Mittel $\bar{c}$. Für die Meßserie der Tabelle 8.1 ergibt es sich zu 82 $\mu g/m^3$; es ist bei allen linksschiefen Verteilungen größer als der Wert mit der maximalen Häufigkeit (Dichtemittel, Wert aus Bild 8.2 $\sim 50\,\mu g/m^3$).

Die erste Immissionskenngröße I1 der TAL ist identisch mit dem arithmetischen Mittel:

$$I1 = \bar{c}\,.$$

Nach TAL 1964 war die erste Immissionskenngröße wie folgt zu ermitteln (sog. s_O-Verfahren):

$$I1 = \bar{c} + p\frac{s_O}{\sqrt{2n}} \tag{8.3}$$

$$s_O = \sqrt{\frac{2\Sigma(c_i - \bar{c})^2}{2n-1}} \quad c_i > \bar{c} \tag{8.4}$$

Die empirische Größe s_O ist nicht identisch mit der Standardabweichung. Sie wird nur aus den Einzelwerten c_i berechnet, die größer als das Mittel $\bar{c}$ sind; n ist die Anzahl dieser Werte $c_i > \bar{c}$. Der Wert p ist der Student-Verteilung für 97,5 % statistischer Sicherheit bei einseitiger Fragestellung zu entnehmen (in der Regel $p \approx 1{,}96$). I1 nach TAL 1964 stellte also eine Art obere Vertrauensgrenze des Durchschnitts dar. Im Beispiel (Tabelle 8.1) ist dieser I1-Wert mit 96 $\mu g/m^3$ deutlich größer als das arithmetische Mittel. Mit zunehmendem Stichprobenumfang (Anzahl der Meßwerte) nähert sich aber der I1-Wert nach TAL 1964 dem einfachen arithmetischen Mittel I1 nach TAL 1974. Das arithmetische Mittel ist unabhängig vom Meßzeitintervall (s. Abschn. 8.1.3.3).

8.1.3.2 Standardabweichung und zweite Immissionskenngröße

Sogar bei einer Normalverteilung genügt das arithmetische Mittel nicht zu ihrer vollständigen Beschreibung. Als Maß für die Schwankungsbreite der Einzelwerte

c_i um das arithmetische Mittel ist als zweite Größe die Standardabweichung s (Varianz $= s^2$) notwendig:

$$s = \sqrt{\frac{\Sigma (c_i - \bar{c})^2}{N-1}} . \tag{8.5}$$

Im Bereich $\bar{c} \pm 1{,}96\,s$ liegen bei einer Normalverteilung 95 % aller Werte. Unterhalb der Größe $\bar{c} + 1{,}65\,s$ sind 95 % der normalverteilten Werte vorhanden. Sie heißt 95-Perzentil (0,95-Quantil, 95 %-Fraktil):

$$c_{95} = \bar{c} + 1{,}65\,s . \tag{8.6}$$

Derjenige Wert c_q der Zufallsvariablen C, für den die Verteilungsfunktion $F(c_q)$ den Wert q mit $0 < q < 1$ annimmt, heißt q-Quantil oder $q \cdot 100$-Perzentil [13]. Das $q \cdot 100$-Perzentil kann graphisch aus der Summenhäufigkeitsverteilung (vgl. Bild 8.2, wo das 95-Perzentil eingezeichnet ist) oder nach den Verfahren der VDI 2450 Bl. 5 bzw. der Raffinerie-Richtlinie ermittelt werden [13, 14]. Die 95- oder 98-Perzentilen stellen im Gegensatz zum Maximalwert der Meßreihe ein statistisch sinnvolles Maß für die obere Grenze der Immission dar. 5 % bzw. 2 % der oberen Werte werden wegen ihrer Seltenheit „weggeschnitten“. Wie das Beispiel der Tabelle 8.1 zeigt, kann der Unterschied zwischen 95-Perzentil (160 μg/m³) und Maximalwert 652 μg/m³ sehr groß sein.

Die zweite Immissionskenngröße I2 definierte die TAL 1974 als 95-Perzentil, die TAL 1983 als 98-Perzentil:

$$I2 = c_{95} \text{ bzw. } I2 = c_{98}$$

Die TAL 1964 ermittelte sie nach dem sogenannten s_O-Verfahren, das auch die TAL 1974 zuließ:

$$I2 = \bar{c} + p s_O . \tag{8.7}$$

Die Berechnung von s_O ist im voranstehenden Abschnitt angegeben. Im Gegensatz zur TAL 1964 ist für p hier der Wert bei einer statistischen Sicherheit von 95 % (statt 97,5 % bei TAL 1964) bei einseitiger Fragestellung zu benutzen ($p = 1{,}64$). Dafür berücksichtigte die TAL 1974 die Meßwerte aller Wetterlagen, während die TAL 1964 Immissionen bei ganztägigen Inversionen ausschied. Wie aus Tabelle 8.1 hervorgeht, unterscheiden sich 95-Perzentil (154 μg/m³) und I2-Wert nach dem s_O-Verfahren (219 μg/m³) erheblich; wenige sehr hohe Einzelwerte beeinflussen die Größe von I2 sehr [15]. Läßt man im Beispiel den Extremwert von 652 μg/m³ weg, so ergeben sich 162 μg/m³ als I2-Wert.

Auch kann die nächste Stichprobe (Meßserie) für Perzentile andere Werte ergeben. Aus diesem Grunde sollte der Vertrauensbereich des Perzentils nach VDI 2450 Bl. 5 ermittelt werden. Das Perzentil für ein Gesamtkollektiv (z.B. Jahr) darf nicht als arithmetisches Mittel der Perzentilen der Einzelkollektive (z.B. 12 Monate) errechnet werden. Prinz gibt eine Methode auf der Basis des s_O-Verfahrens für dieses Problem an [16].

8.1.3.3 Einfluß des Meßzeitintervalls auf die Kenngrößen

Das arithmetische Mittel (erste Immissionskenngröße) hängt nicht von der Bezugszeit (Meßzeitintervall) ab [17, 18]. Dagegen wird die Größe der

Perzentile (95- oder 98-Perzentil) und insbesondere der jeweilige Maximalwert eines Meßwertkollektivs vom Meßzeitintervall beeinflußt (sog. Meßdauereffekt). Es ergeben sich größere Maximalwerte, wenn man bei der gleichen Meßserie zu kleineren Bezugszeiten übergeht, wie die beiden Beispiele für das Jahr 1980 zeigen [19, 20]:

	Berlin-Steglitz	Karlsruhe-Mitte
Max. 1/2 h-Wert	271 $\mu g/m^3$	
max. 3 h-Wert	186 $\mu g/m^3$	480 $\mu g/m^3$
max. 12 h-Wert		290 $\mu g/m^3$
max. 24 h-Wert	173 $\mu g/m^3$	210 $\mu g/m^3$
max. Monatsmittel	126 $\mu g/m^3$	90 $\mu g/m^3$

Im allgemeinen wird die Abhängigkeit der Maximal-Immission c_{max} vom Meßzeitintervall Δt durch die Potenzfunktion

$$c_{max} \sim \Delta t^{-b} \tag{8.8}$$

angegeben. Als Wert für den Exponenten b können nur genannt werden:

McGuire [21]	NO_x: $b = 0{,}17 - 0{,}27$
	NO_2: $b = 0{,}18 - 0{,}25$
Eigene Auswertung	NO_2: $b = 0{,}12 - 0{,}37$

Die Auswertung erfaßte die Ergebnisse zwischen 1976 und 1981 von 13 bundesdeutschen Meßstationen in 8 Städten. Der niedrigste Absolutwert von 0,12 gehört zur verkehrsreichen Meßstation Berlin-Steglitz. Die geringe Abhängigkeit vom Meßzeitintervall (kleinere zeitliche Schwankungen) ist vermutlich auf die relativ gleichmäßige Beaufschlagung durch den Straßenverkehr zurückzuführen. Die meisten Werte für den Exponenten liegen zwischen 0,16 und 0,26; das arithmetische Mittel der Exponenten beträgt dann 0,22.

8.2 Abhängigkeit der Immissionskonzentration von wichtigen Einflußgrößen

8.2.1 Problemstellung

Es wird die Immissionskonzentration einer Meßstation oder mehrerer Meßorte eines Beurteilungsgebietes betrachtet, nicht jedoch die Immission in Lee eines bestimmten Emittenten. Die Immission entsteht also durch die Emission einer Vielzahl von Quellen, die nach Art (Punkt-, Linien- und Flächenquelle), Austrittshöhe und gegenseitiger Lage in der Regel recht unterschiedlich sind. Die Konzentrationsmittel für eine bestimmte Bezugszeit (halbe Stunde, mehrere Stunden, Tag) hängen dann von einer großen Anzahl von emissions- und transmissionsseitigen Parameter ab, die in Tabelle 8.2 aufgelistet sind. Da die Aussagen über die NO_2-Immission spärlich sind, werden auch die Stickstoffoxide (NO_x) in die Betrachtungen einbezogen.

Tabelle 8.2. Einflußgrößen auf die Immission

Einflußgröße	
Emissions-Ersatzgrößen	
Bevölkerungszahl, -dichte	
Lufttemperatur	
Verkehrsdichte (-stärke)	
Transmissionsseitige Größen	
Windrichtung, Windrichtungshäufigkeit	
Windgeschwindigkeit	
Turbulenzzustand	
Sonneneinstrahlung (Jahres-, Tageszeit)	Turbulenz-, Diffusions- oder Stabilitätsklassen
Bedeckungsgrad	
Vertikaler Temperaturgradient	
Oberflächenrauhigkeit	
Meteorologischer Niederschlag	
Austauscharme Wetterlagen (Höhe, Dicke, Dauer der Inversion)	
Bebauungsstruktur	
Bebauungsdichte	Bebauungsklassen
Bebaute Straßenlänge zu Gesamtlänge	
Höhe zu Breite der Bebauung	

8.2.2 Emissionsseitige Ersatzgrößen

Die NO_2-Immission kann aus mehreren Gründen durch die Lufttemperatur beeinflußt werden:

- Zwischen dem Raumwärmebedarf und der Lufttemperatur bestehen sehr gut gesicherte Regressionen. Die Lufttemperatur ist deshalb ein Ersatzmaß für die durch die Heizung bedingten Emissionen.
- Dagegen führen die hohen Temperaturen der Ferienmonate in Städten zu geringeren NO_x-Emissionen des Individualverkehrs.
- Hohe Temperaturen sind in der Regel mit einem besseren vertikalen Austausch (Diffusion) verbunden.
- Die erhöhte chemische Umwandlung des NO in NO_2 bei starker und längerer Sonneneinstrahlung läßt ebenfalls einen Temperatureinfluß erwarten. Dieser wäre bei Betrachtung der gesamten Stickstoffoxide auszuschließen.

Erste Hinweise über den Temperatureinfluß erhält man aus dem Jahresgang (vgl. Abschn. 8.3.3) oder durch den Vergleich von Winter- und Sommer-Immission. Als Beispiel sind im folgenden die Wintermittel für Januar, Februar und Dezember dem Sommermittel für Juni, Juli und August von mehreren Münchner Meßstationen gegenübergestellt (Meßwerte n. [8]):

Jahr	Zahl der Stationen	Winter $\mu g/m^3$	Sommer $\mu g/m^3$
1979	6	52	44
1982	4	35	43

So überrascht es nicht, daß Sommer und Schneider keine gesicherten Beziehungen der NO_2-Immissionen von Zürich und Deuselbach zur Temperatur feststellen konnten [22, 23].

Als Ersatzgröße für die Emissionen der Kraftfahrzeuge mit Verbrennungsmotoren dient das Verkehrsaufkommen (auch Verkehrsstärke, -dichte) in Kfz/h. Für Köln (Verkehrsknotenpunkt Neumarkt) ergab sich für die Tagesmittel der NO_x-Immission ein Korrelationskoeffizient von 0,92; beim Kohlenmonoxid betrug er 0,95 [24]. Die stichprobenartigen Messungen der NO- und NO_2-Immission in Zürich zeigten keine Korrelation zum Verkehrsaufkommen *allein* [22].

Sowohl der Raumwärmebedarf der Haushalte und Kleinverbraucher als auch das Verkehrsaufkommen sind in Ballungszentren und Großstädten hoch. Es ist deshalb auch eine Korrelation der Immissionskonzentration mit der Bevölkerungszahl oder Bevölkerungsdichte denkbar. Für Städte des US-Staates Alabama ergab sich für die Stickstoffdioxid-Immission I1 folgende Korrelation der Jahresmittel zur Bevölkerungszahl Ew [25]:

$$I1 = 12(Ew)^{0,1} \qquad [I1] = \mu g/m^3 \qquad (8.9)$$

$$[Ew] = \text{Einwohnerzahl}$$

Insbesondere für 1979 liegen auch Jahresmittel für Meßstationen in kleinen deutschen Städten ($Ew > 10\,000$) vor [8, 26, 27]. Die Meßergebnisse aus Bayern, Münsterer Land und Ruhrgebiet lassen sich durch die folgende Regressionsgleichung darstellen:

$$I1 = 1,63(Ew)^{0,29} \qquad (8.10)$$

$$N = 19 \qquad N = \text{Anzahl der Wertepaare}$$

$$r = 0,88 \qquad r = \text{Korrelationskoeffizient}$$

Für 1982 erhält man die Beziehung (Meßwerte n. [8, 27]):

$$I1 = 10,47(Ew)^{0,13} \quad N = 25 \quad r = 0,54. \qquad (8.11)$$

Hier ist allerdings nur ein Jahresmittel für Städte $< 30\,000$ Ew vorhanden. Die Zusammenfassung beider Gleichungen ergibt

$$I1 = 3,61(Ew)^{0,22} \quad N = 44 \quad r = 0,75. \qquad (8.12)$$

8.2.3 Transmissionsseitige Einflußgrößen

Sommer sieht aufgrund seiner Messungen im Stadtgebiet auch für die Stickstoffoxide den Wind hinsichtlich Richtung und Stärke als wichtigsten atmosphärischen Parameter an [22]. Leahey gibt als Umrechnungsfaktor auf andere Windgeschwindigkeiten und die Proportionalität $u^{-0,5}$ an [28]. Einfache Regressionen zur Windrichtung bzw. -geschwindigkeit sind allerdings bei Sommer nur selten statistisch gesichert. Die Einführung des Verkehrs-Wind-Indexes, der Verkehrsdichte, Verweilzeit, Windrichtung und -geschwindigkeit enthält, verbessert die Güte der Beziehungen [22, 29].

Die Abhängigkeit gemessener NO_2-Immissionen von den meteorologischen Parametern ist bisher kaum untersucht worden. In unmittelbarer Straßennähe fand Sommer statistisch gesicherte Beziehungen zum Verkehrs-Wind-Index [22]. Von Einfluß dürfte ferner die Sonneneinstrahlung und damit die Turbulenzklasse sein. Hinzu kommt die Bebauungsart, worauf Sommer ebenfalls hinweist [22]. Schneider untersuchte die NO_2-Immission der UBA-Reinluftstation Deuselbach in Abhängigkeit von Temperatur, relativer Feuchte, Windrichtung und -geschwindigkeit [23]. Für die Zeit von 1973–1983 ergeben die Regressionsanalysen keine gesicherten Zusammenhänge [23].

8.2.4 Austauscharme Wetterlagen (Smog-Wetterlagen)

Die austauscharmen Wetterlagen führen generell zu beachtlichen Anreicherungen luftverunreinigender Stoffe in der bodennahen Schicht. In Tabelle 8.3 sind die Ergebnisse der Messungen der NO_2-Immission zusammengestellt. Die maximalen Tagesmittel liegen danach zwischen 100 und 300 $\mu g/m^3$, die 3 h-Mittel zwischen 130 und 580 $\mu g/m^3$ (vgl. auch Abschn. 9.5.9). 1982 wurden in Nordrhein-Westfalen Halbstundenwerte bis 750 $\mu g/m^3$ gemessen [36].

Tabelle 8.3. Maximale Stickstoffdioxid-Immissionen während austauscharmer Wetterlagen

Gebiet	Quelle	Zeit	NO_2-Immission		
			Tagesmittel $\mu g/m^3$	Einzelwert $\mu g/m^3$	Einzelwert Mitteilungszeit
London	[30]	1952–1966		470	1 h
München	[31]	Febr. 1978		480	0,5 h
Westliches Ruhrgebiet	[32]	17.1.1979		<600	3 h
West-Berlin	[19]	17.1.1980	123	175	3 h
	[19]	17.1.1980	138[a]	208	0,5 h
	[19]	24.1.1980	112	131	3 h
	[19]		101[a]	160	0,5 h
München	[31]	Okt. 1980		620	0,5 h
Bottrop	[31]	Jan. 1982		520	3 h
Essen	[31]			580	3 h
Oberhausen	[31]			360	3 h
Ruhrgebiet	[33]	19.1.1982	320	590	3–30 min
Köln	[34]	12.–21.1.1982		360	0,5 h
Frankfurt	[31]	Jan. 1982		440	3 h
München	[31]	Jan. 1982		350	0,5 h
Hamburg	[35]	13.12.1983		270	5 min
Rheinschiene Süd	[34, 36]	Jan. 1985	193	490	0,5 h
Ruhrgebiet	[36, 37]	Jan. 1985	160 u. 180	<300	3 h
München	[36, 38]	Jan. 1985	166	592	3 h

[a] Pegelmessungen

Die maximalen Tagesmittel von 121 Stationen lagen in der austauscharmen Wetterlage vom 13.–22.1.1985 zwischen 93 und 193 µg/m^3 [36]. Nicht in Tabelle 8.3 enthalten sind die ebenfalls hohen Werte von Mainz (191 µg/m^3), Stuttgart (175) und Karlsruhe (160 µg/m^3) [36]. Schweizer weist auf das unterschiedliche Verhalten von SO_2- und NO_2-Immission während der austauscharmen Wetterlage im Januar 1985 hin [39]. Die Stickstoffoxide stammten in Mittelbaden aus dem Betrachtungsgebiet; die SO_2-Immission dürfte hingegen wesentlich durch Ferntransportvorgänge bedingt sein [39].

8.3 Bedeutung der Markierungsgrößen Raum und Zeit

8.3.1 Räumliche und zeitliche Erfassung der Immissionen.

Die Zufallsgröße Immission ist ein Raum-Zeit-Kontinuum, d.h., an jeden Flächenpunkt bzw. zu jedem Zeitpunkt treten grundsätzlich von benachbarten Raum- und Zeitpunkten abweichende Werte für die Immission auf [4]. Sie ist in starkem Maß räumlich und zeitlich veränderlich. Raum und Zeit beeinflussen jedoch nicht die Höhe der Immissionen als unabhängige Variable im Sinn einer echten Regression; sie sind nur willkürlich gewählte Markierungsgrößen [3]. Die räumliche Erfassung der Immission geschieht durch Messungen an ausgewählten Meßstellen, die Meßstationen oder Meßpunkte sein können.

Meßstationen ermitteln ständig die Immission eines bestimmten Ortes. Ihr Kriterium ist die ständige Anwesenheit eines Meß- oder Probenahmegerätes. Bei gasförmigen luftverunreinigenden Stoffen sind heute kontinuierlich arbeitende, fortlaufend registrierende Meßgeräte die Regel. Bei einem Meßzeitintervall von 30 Min. liefern sie pro Jahr rd. 17 500 Einzelwerte. Meßstationen ermöglichen deshalb die lückenlose Verfolgung der zeitlichen Variation der Immission; allerdings ist die räumliche Repräsentanz einer Meßstation beschränkt. Der große Aufwand begrenzt ihre Zahl (Meßstellendichte). Die 4. BImSchVwV von 1975 sieht für die Überwachung in Belastungsgebieten einen Abstand von 4–16 km vor. Sie schuf einen bundeseinheitlichen Rahmen für Umfang und Auswertung kontinuierlicher Immissionsmessungen in Belastungsgebieten.

Pegelmessungen ermitteln die Immission bestimmter Gebiete, sind also gebiets- bzw. anlagenbezogene Immissionsmessungen. Sie erfassen z.B. die Vorbelastung, worunter die Immission eines bestimmten Gebietes während einer bestimmten Zeitdauer vor Inbetriebnahme oder bei Stillstand eines zu beurteilenden Emittenten verstanden wird. Pegelmessungen dienen aber auch der Erfassung der Gesamtbelastung eines Gebiets. Wichtig für die Aussagekraft von Pegelmessungen ist die Anzahl der Meßstellen oder noch besser die auf die Flächeneinheit bezogene Meßstellendichte (z.B. Meßstellen je km^2). Die Meßstellen werden regelmäßig – unabhängig von der Windrichtung – nach einem bestimmten System angeordnet (sog. Meßstellennetz). Als Beurteilungsfläche in der TAL gilt 1 km^2, die aber bis 0,25 km^2 (500 × 500 m) verringert werden kann. Pegelwerte aus den Ergebnissen von Meßstationen sind wegen der hohen Kosten sehr selten. In der Regel wird an den Meßstellen nicht ständig gemessen; die Immission wird nur stichprobenartig durch vorübergehende Anwesenheit eines transportablen Meß- oder Probenahmegerätes ermittelt. Einen solchen Ort nichtstationärer Messung bzw. Probenahme bezeichnet man häufig als Meßpunkt, die TAL als Meßstelle. Zur Charakterisierung der Güte einer stichprobenartigen Pegelmessung ist deshalb weiterhin die Meßhäufigkeit im Untersuchungszeitraum durch die Anzahl der Messungen pro Meßpunkt wichtig. Die TAL schreibt 13 bzw. 26 Meßwerte pro Meßstelle vor (Ziff. 2.6, 2.8).

8.3.2 Räumliche Struktur der Stickstoffoxid-Immissionen

8.3.2.1 Flächenmäßige Unterschiede (Inhomogenität)

Trotz der Unterschiede bezüglich Besiedlungsdichte, Industriestruktur, Verkehrsdichte und landwirtschaftlicher Nutzung schwanken im Jahr 1965/1966 die Mittel der 15 Meßgebiete des Ruhrgebiets nur zwischen 24 und 59 $\mu g/m^3$ [9]. Auch bei den sehr großräumigen Messungen des Jahres 1975 in Nordrhein-Westfalen liegen die Mittel der Einheitsflächen nur zwischen 30 und 70 $\mu g/m^3$, während im Ruhrgebiet-West die Immissionen zwischen 20 und 80 g/m^3 variieren [40, 41].

Als Maß für räumliche Unterschiede kann das Verhältnis der Standardabweichung der Meßpunkte als mittel zum Gesamtdurchschnitt (Vaiationskoeffizient) angesehen werden. Die Ergebnisse von 4 Pegelmeßserien faßt Tabelle 8.4 zusammen. Der räumliche Variationskoeffizient für Stickstoffdioxid (NO_2) ist recht unterschiedlich; generell hat aber NO_2 gegenüber Stickstoffmonoxid (NO) die geringste Streuung. Für verkehrsreiche Gebiete in Großstädten kann nach Buck ein punktueller I1-Wert innerhalb einer Fläche von 1 km^2 das Jahresmittel der Regelfläche 1 km^2 beim NO_2 um den Faktor 1,5–2, beim NO um 3–4 überschreiten [44].

Bei Betrachtung größerer Gebiete scheint die NO_2-Immission gegenüber anderen luftverunreinigenden Gasen die geringsten räumlichen Unterschiede aufzuweisen. Dies beweist der Vergleich mit Schwefeldioxid bei der Meßserie von Lahmann und Prescher, die bei 66 Meßpunkten einen räumlichen Variationskoeffizienten von 27,6 % (gegenüber 2,8 % bei NO_2) feststellten [42].

Tabelle 8.4. Variationskoeffizient[a] als Maß für die räumliche Streuung

	West-Berlin [42]	Karl-Marx-Stadt n. [10]	Mittelstadt DDR n. [11]	West-Berlin [43]
Anzahl der Meßpunkte	97	14	14	
Variationskoeffizient (%)				
NO	10,4	40	49	75,6
NO_2	2,8	28	23	17,2
Σ NO, NO_2	6,2	33	36	54,3

[a] $\text{Variationskoeffizient} = \frac{\text{Standardabweichung aus Meßstellenmittel}}{\text{Gesamtmittel}}$

8.3.2.2 Horizontale Entfernungsabhängigkeit

Die Abnahme der Immission mit zunehmender senkrechter Entfernung von der Linienquelle (Straßenrand) hängt vor allem ab von

- Topographie (Bebauungsklassen, Autobahn)
- Windrichtung (Mitwind, parallel zur Straße, Gegenwind)
- Turbulenzklasse (labile und stabile Schichtung)

Die Veränderung der NO_2-Immission mit zunehmender seitlicher Entfernung vom Rand verkehrsreicher Straßen haben Lahmann und Prescher sowie Sommer untersucht [22, 42]. Die Ergebnisse enthält Tabelle 8.5. Die Unterschiede in der Abnahme der ersten bzw. zweiten Immissionskenngröße sind nicht beachtlich. Setzt man die erste Immissionskenngröße am Straßenrand gleich 100 %, dann ergibt sich in 40–50 m seitlicher Entfernung (in %):

	NO_2	NO
Berlin [42]	81	39
Zürich, Mittel [22]	58	21

Gegenüber dem Stickstoffmonoxid nimmt danach die NO_2-Konzentration in geringerem Maße ab.

Die Werte für die NO_x-Immission betragen bei etwa 50 m Entfernung:

Berlin [42]		50 %
Zürich [22],	Straßenschlucht	25 %
	Ausfallstraße	22 %
	Autobahn	44 %
Autobahn [45]:		
	ebenerdig, Mittelwind	25 %
	ebenerdig, parallel	17 %

8.3.2.3 Höhenabhängigkeit

Für die Abhängigkeit der Immissionskonzentration c von der Höhe z wird vielfach von der Beziehung

$$c(z) \approx \exp(-k_z z) \qquad (8.13)$$

Tabelle 8.5. Horizontale Entfernungsabhängigkeit der NO_2-Immission in Städten

Meßort		Quelle	Anzahl d. Werte je Meßstelle	$\mu g/m^3 = 100\%$ 0 m	NO_2-Immission (in %) 5 m	10 m	20 m	40 m	80 m
Berlin	I_1	[42]	18	54	–	–	–	81[a]	–
	I_2	[42]	18	101	–	–	–	86[a]	–
Zürich									
Straßenschlucht	I_1	[22]	50	106	–	83	75	69	–
	I_2		50	172	–	78	71	64	–
Ausfallstraße	I_1	[22]	50	102		58	52	42	40
	I_2		50	~165	–	57	55	47	41
Autobahn,	I_1	[22]	50	62	85	78	72	65	59
	I_2		50	181	94	89	80	72	63

[a] In 40–50 m Entfernung vom Straßenrand!

ausgegangen, wobei in k_z die unterschiedlichen topographischen und meteorologischen Parameter eingehen. Für die NO_x-Immission in verkehrsreichen Straßen erhält man:

Berlin, $z \leqq 24$ m (n. [42])	$k_z = 0{,}023\ m^{-1}$
Genua [46]	
wolkig, Wind < 4 m/s	$k_z = 0{,}053\ m^{-1}$
klar und sonnig	$k_z = 0{,}083\ m^{-1}$

Die NO_x-Messungen in München (Straße mit hohem Verkehrsaufkommen, lockerer Bebauung, Meßzeit 2 Monate [47]) weichen mit den folgenden Ergebnissen von obigem Ansatz ab:

Höhe	Durchschnitt	Schönwetter	Strahlungs-inversion
1,5 m	100 %	100 %	100 %
7,5 m	74 %	61 %	100 %
13,5 m	20 %	18 %	30 %

Auch hier ist der Einfluß des vertikalen Temperaturgradienten (labile bzw. stabile Schichtung) ersichtlich.

Über die Veränderung der NO_2-Immission mit zunehmender Höhe liegen nur zwei Untersuchungen vor. Sommer konnte an dicht bebauten Stellen Zürichs zwischen 1,5 und 15 m keine signifikante Veränderung feststellen [22]. Im offenen Gelände nahe einer Autobahn sank dagegen die Immission in 10 m Höhe auf 65 % [22]. Auch am Rande einer verkehrsreichen Straße Berlins nahm die NO_2-Konzentration deutlich ab (100 Wertepaare, [42]):

3 m Höhe	68 $\mu g/m^3$	100 %
24 m Höhe	44 $\mu g/m^3$	65 %

Die SO_2-Immission verminderte sich demgegenüber nur auf 91 % [42].

8.3.3 Zeitliche Variabilität der Immissionen

8.3.3.1 Betrachtung flächendeckender Immissionsmessungen

Bei den Berliner Pegelmessungen betrachtete man den zeitlichen Variationskoeffizienten (Verhältis der Standardabweichung aus den Tagesprobenmitteln zum Gesamtmittel) als Maß für die zeitliche Variabilität [42, 43]:

	1976	1980
NO_2	4,1 %	28,1 %
NO	11,8 %	69,2 %
NO_x	7,0 %	51,1 %
SO_2	109,6 %	

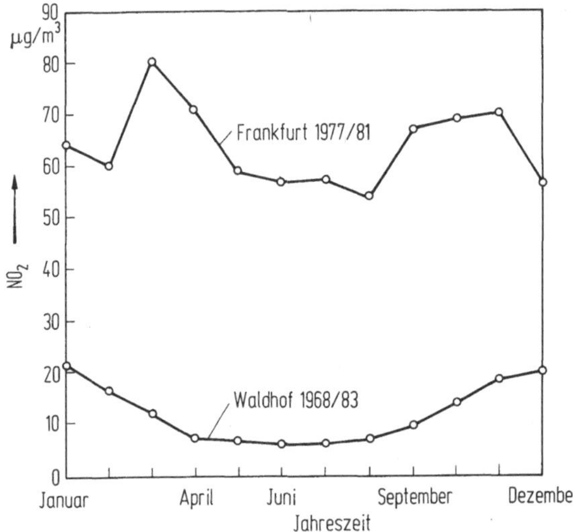

Bild 8.3. Veränderung der langjährigen Monatsmittel der NO_2-Immission

Im Vergleich zum Stickstoffmonoxid und Schwefeldioxid weist Stickstoffdioxid die geringste zeitliche Variabilität auf. Ein Vergleich mit den Werten der Tabelle 8.4 ergibt, daß beim NO_2 die zeitlichen Unterschiede größer als die örtlichen Unterschiede sein dürften.

8.3.3.2 Jahresgang

Den saisonalen Verlauf der NO_2-Immission der Reinluftstation Waldhof (s. Abschn. 8.4.1), zeigt für einen mehrjährigen Meßzeitraum das Bild 8.3. Eine solche Periodizität bezeichnet man als Jahresgang, der vor allem auf die Temperatur (vgl. Abschn. 8.2) als Einflußgröße zurückzuführen ist. Die in Städten befindlichen Meßstationen lassen hingegen keinen Jahresgang erkennen.

8.3.3.3 Wochengang

Die durchschnittlichen Immissionen über die Wochentage aufgetragen, können einen typischen Wochengang aufweisen. Setzt man vereinfachend die Immission aller Werktage gleich 100 %, dann erhält man für Essen bzw. Berlin-Steglitz folgende Zahlen [43, 48]:

Werktage	100 %	100 %
Samstag	72 %	83 %
Sonntag	42 %	70 %

Da die meteorologischen Einflußgrößen keinen Wochenzyklus haben, ist die wöchentliche Periodizität allein durch die Emission, hier durch den Individualverkehr, bedingt.

8.3.3.4 Tagesgang

Umfassendere Untersuchungen über den Verlauf der mittleren NO_2-Immission (Meßzeitraum mindestens ein Monat) über die Tageszeit sind selten. Die

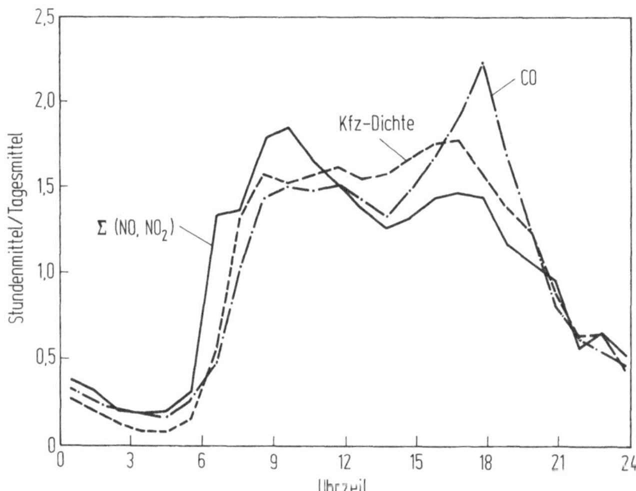

Bild 8.4. Dimensionsloser Tagesgang der Verkehrsdichte, der CO- und NO_x-Immission an der Meßstation Köln-Neumarkt (n. [24])

verkehrsentlegene Meßstation Berlin-Jungfernheide zeigt einen nur schwach ausgeprägten Tagesgang mit Maxima gegen 8 und 20 Uhr, der dem vom Schwefeldioxid her bekannten Verlauf entspricht [42].

Die durchschnittlichen jährlichen NO_2-Immissionen verkehrsnaher Stationen weisen keinen charakteristischen Tagesgang auf, wenn man von einem gewissen Minimum um 3–4 Uhr absieht [34, 43]. Ausgeprägt ist der Tagesgang bei Betrachtung von Schönwetterlagen [49–51]. Zwei Maxima gegen 9 bzw. 20 Uhr mit einem tiefen Minimum zwischen 12 und 14 Uhr sind charakteristisch. Dieser Verlauf ist für die Frankfurter Meßstelle Innenstadt *nicht* zu beobachten [52]. Hier steigt in 3 m Höhe die NO_2-Immission von 5 Uhr morgens bis zum Tageshöchstwert gegen 17 Uhr im November, und 19 Uhr im August, an. In 15 m Höhe ist der Verlauf flacher [52].

Bild 8.4 zeigt den Tagesgang der NO_x-Immission der verkehrsexponierten Kölner Station Neumarkt, der im wesentlichen dem Verlauf der Verkehrsdichte folgt.

8.4 Angaben zur Größe der Immission

8.4.1 Immissionen in unbelasteten Gebieten

8.4.1.1 Stickstoffdioxid

Die in Abschn. 6.1 behandelten natürlichen Emissionen führen zu NO_2-Gehalten in der unbelasteten Atmosphäre. In maritimen Gebieten ergaben die Messungen Werte von 0,1–2,5 $\mu g/m^3$; über Land werden background-Konzentrationen von 3–8 $\mu g/m^3$ genannt [53–55].

Tabelle 8.6. Reinluftmeßstationen des Umweltbundesamtes

Station	Lage	Höhe m ü. NN	Bemerkungen
Westerland	Insel Sylt		Am Meer, nördlich der Stadt
Waldhof	Südöstl. v. Ülzen	74	Lüneburger Heide
Deuselbach	Hunsrück, Bernkastel, Idar-Oberstein	500	Stark land- u. forstwirtschaftlich genutzt, typische Mittelgebirgslage
Schauinsland	Südschwarzwald	1205	Überwiegend Nadelwälder und Weideflächen
Brotjacklriegel	Bayer. Wald, 30 km südöstl. Deggendorf	1000	Sendeturm, überwiegend größere Wälder

Tabelle 8.7. NO_2-Immissionen ($\mu g/m^2$) der 5 bundesdeutschen Reinluftstationen (n. [56, 71])

Reinluftstationen[a]	Bereich der Jahreswerte		Langfristwerte		
	I 1	I 2[b]	Mittel	95-Perz.	98-Perz.
Bergstationen					
Schauinsland	2,9– 4,3	10 –18	3,7	5,4	6,1
Brotjacklriegel	4,1– 5,8	12,0–19,7	5,2	8,7	9,4
Landstationen					
Westerland	6,8– 9,8	24,0–44,6	8,1	17,2	21,1
Waldhof	9,7–13,7	30,8–42,8	12,2	23,3	25,7
Deuselbach	9,1–13,1	20,4–48,8	11,0	18,4	20,1

[a] Meßzeitintervall ist ein Tag, Meßzeitraum 1968–1983
[b] Beobachtungszeitraum 1969–1981

Seit 1967 liegen umfangreiche Meßergebnisse für die 5 Reinluftstationen (s. Tabelle 8.6) der DFG bzw. des UBA vor. Sie sind in Tabelle 8.7 zusammengefaßt. Die NO_2-Immissionen weisen gewisse Abhängigkeiten von den in den Abschn. 8.2 und 8.3.3 behandelten Größen auf. Die Stationen Brotjacklriegel und Waldhof zeigen einen eindeutigen Einfluß der Windrichtung. Bei der Bergstation Brotjacklriegel führen Winde aus Südwest bis Nordwest zu hohen Immissionen; in Waldhof waren es die Richtungen Südost bis Südwest [57]. In Deuselbach machten sich bei Nordwestwinden die Kfz-Emissionen einer Straße bemerkbar [23]. Auf die im Gegensatz zu den Bergstationen stark ausgeprägten Jahresgänge der Landstationen wurde schon im Abschn. 8.3.3.2 (Bild 8.3) hingewiesen. Entsprechend groß ist bei den 5 Stationen der Unterschied zwischen langjährigem Sommer- (Mai, Juni, Juli, August) und Wintermittel (Nov., Dez., Jan., Feb., n. [58]):

Sommer $5\,\mu g/m^3$
Winter $12\,\mu g/m^3$

8.4.1.2 Stickstoffmonoxid

Während Georgii vom NO als einem noch nicht sicher erwiesenen permanenten Bestandteil der reinen Luft sprach [59], sind inzwischen einige Angaben über die natürliche NO-Immission zu finden. In maritimer Luft liegt sie zwischen 0,2 und 0,4 μg/m³, während auf den Kontinenten Werte bis etwa 4 μg/m³ gefunden wurden [53–55]. Als Mittel zwischen 65 °N und 65 °S nennen Robinson und Robbins 2,7 μg/m³ i.N. [54]. Neuere Messungen in der BRD ergaben als Jahresmittel:

Eggengebirge	1983/1984	[60]	6 μg/m³
Eifel	1983/1984	[60]	5 μg/m³
Schwarzwald	1985	[20]	2 μg/m³

In Luv einer Großstadt der DDR ermittelte man 1972/1974 am Tag ein Mittel von 8 μg/m³ [10].

8.4.2 Stickstoffdioxid-Immissionen in bundesdeutschen Städten

8.4.2.1 Ergebnisse der Meßstationen

Als bundesweit erste ortsfeste Stationen mit ständigen Messungen lieferten die Meßstellen Gelsenkirchen und Mannheim seit 1967 Tagesmittel der NO_2-Immission. Es folgte 1974 München mit der Erfassung der NO_x-Immission. Die 4. BImSchVwV von 1975 schuf einen bundeseinheitlichen Rahmen für Umfang und Auswertung kontinuierlicher Immissionsmessungen in Belastungsgebieten. Man ging zur getrennten Ermittlung von Stickstoffdioxid und oft auch Stickstoffmonoxid über. Die Entwicklung der Anzahl der Meßstationen, die NO_x bzw. NO_2 in der Bundesrepublik Deutschland (einschließlich West-Berlin) erfassen, zeigt die folgende Zusammenstellung [61, 62]:

	1976	1979	1983	1987
NO_x	~57	74	151	286
NO_2		91		287

Es ist hier nicht möglich, alle Ergebnisse dieser Meßstationen für jedes Jahr wiederzugeben. Als Beispiel enthält Tabelle 8.8 die zugänglichen Ergebnisse des Jahres 1980. Dabei handelt es sich in der Regel um Meßstationen in Nähe des Straßenverkehrs; das arithmetische Mittel beträgt 44 μg/m³.

Für verkehrsentlegene und in kleinen Städten befindliche Meßstationen könnte 25 μg/m³ ein grobes Mittel sein. 1985 betrug das räumliche Mittel im Rhein-Ruhr-Gebiet 52 μg/m³. Die höchsten Immissionen werden in dichtbefahrenen Straßen großer Städte beobachtet (1985):

I1-Wert	42–107 μg/m³
98-Perzentil	137–279 μg/m³

8.4.2.2 Ergebnisse von Pegelmessungen

Die ersten umfassenden Pegelmessungen (vgl. Abschn. 8.3.1) erfolgten bereits 1965/66 in 15 km² großen, für das Industriegebiet Nordrhein-Westfalen typischen Meßgebieten [9]. Ausgehend von der TAL 1964 lagen in jedem Meßgebiet 28

Tabelle 8.8. NO_2-Immission bundesdeutscher Meßstationen im Jahr 1980 in µg/m³, (n. [8, 19, 27])

Meßstation	Jahr		Winter-mittel	Sommer-mittel	Maximalwerte		
	I 1	I 2			Monats-mittel	95-Perzentil (Monat)	Halb-stunden wert
Berlin, Steglitz	73	146	78	61	126		271
Bottrop	49	–	60	40	70	110	310
Burghausen	21	45	29	16	37	53	117
Dortmund	81	–	63	90	100	190	370
Frankfurt	68						
Fürth	28	62	33	30	41	98	197
Ingolstadt	31	80	37	22	47	144	500
Karlsruhe							
Eggenstein	48	120	63	37	90	180	370[a]
Mitte	58	120	63	57	90	170	480[a]
West	38	90	40	27	60	120	320[a]
Mannheim							
Mitte	39	–	35	27	60	120	220[a]
Süd	46	90	40	53	80	150	250[a]
München							
Lothstraße	22	45	24	21	29	80	357
Pasing	47	133	56	54	86	178	330
Westendstraße	18	45	31	13	33	107	465
Recklinghausen	59	–	60	70	80	130	200
Ulm	47	80	50	40	50	110	170

[a] 3-Stundenmittel

Meßpunkte, an denen jeweils 26 Proben über ein Meßzeitintervall von 15 min in gleichen zeitlichen Abständen genommen wurden. Als Ergebnisse werden mitgeteilt (in µ/m³, n. [9]):

Bereich	I1	I2 n. s_0-Verfahren	max. 15-min. Wert
15 Meßgebiete	24,1 – 59,3	74,3 – 173,4	90 – 840
Gesamtgebiet	46,1	112,3	840

39 % aller Werte überschritten 50 µg/m³; nur 3,6 % lagen über 100 µg/m³. Bezüglich der Resultate weiterer großräumiger Messungen sei auf die Literatur verwiesen [41, 63 – 69]. Auch in den Städten werden ständig Pegelmessungen vorgenommen (vgl. z.B. [8, 20, 27, 42]).

8.4.3 Stickstoffmonoxid-Immissionen in bundesdeutschen Städten

Erste Meßergebnisse von Meßstationen in Frankfurt und München liegen für 1973 vor. Bei der entfernt vom Verkehr liegenden Meßstelle Berlin, Jungfernheide betrug das Mittel der letzten Hälfte des Jahres 1976 nur 9 µg/m³ [42]. Jost gibt für wenig belastete Gebiete als jährliches Mittel 5 – 15 µg/m³ an [70]. 12 Meßstationen in bayerischen Großstädten (mehr als 100 000 Einwohner) wiesen 1985 I1-Werte von 42 – 152 µg/m³ auf. Das räumliche Mittel betrug im Rhein-Ruhr-Gebiet 1985 45 µg/m³. Einen sehr hohen I1-Wert hat die verkehrsnahe Meßstation Köln-Neumarkt mit 182 µg/m³, das 98-Perzentil war 533 µg/m³. Als maximale Halbstunden-Mittel sind 1 300 µg/m³ beobachtet worden.

8.5 Lufthygienische Beurteilung der Stickstoffdioxid-Immissionen

Zur objektiven Beurteilung von Immissionen im Hinblick auf die jeweilige lufthygienische Situation des Meßorts oder Gebiets sind Vergleichswerte notwendig. Als solche sind generell anzuführen:

- Immissionen der natürlichen bzw. unbelasteten Atmosphäre (Abschn. 8.4.1)
- Wirkungsbezogene Grenzwerte (Abschn. 9.5)
- Behördlich festgelegte Grenzwerte (Abschn. 9.5)
- Auslösekriterien für Smogwarnstufen (Abschn. 9.5.10)

Für einen Vergleich mit den Immissionen unbelasteter Gebiete bieten sich wegen der gleichen Meß- und Auswertungsmethode die Ergebnisse der DFG- bzw. UBA-Stationen an. Für den Zeitraum 1968/1975 gelten folgende Mittelwerte:

Reinluftstationen, Berg	4,7 µg/m³
Reinluftstationen, Ebene	9,8 µg/m³
Mannheim	54,3 µg/m³
Gelsenkirchen	40,8 µg/m³

Die Städte weisen danach eine etwa 10 mal so hohe Immission wie die überregionalen Reinluftstationen (Berg-) auf. Gegenüber dem regionalen Pegel der Landstationen ist die Immission der Städte 5 mal so hoch. Bei den Meßstationen in unmittelbarer Verkehrsnähe sind die Unterschiede noch krasser. Jost gibt folgende Anhaltswerte für die NO_2-Immission an [70]:

Unbelastete Gebiete	1 µg/m³
Wenig belastete Gebiete	5 – 15 µg/m³
Belastungsgebiete	40 – 70 µg/m³

Behördliche Grenzwerte enthält die TAL (s. Abschn. 9.5.3). Der Langzeit-Immissionswert von 80 µg/m³ als arithmetisches Jahresmittel wurde 1979 an einem Zehntel der Meßstationen überschritten. Wie aus Tabelle 8.8 ersichtlich, erreichte 1980 nur eine Meßstation ein Jahresmittel von 81 µg/m³. 1984 hatten in Bayern Münchner und Augsburger Meßstationen I1-Werte, die größer sind als der Grenzwert IW1 der TAL. Der Kurzzeitwert der TAL (IW2 = 200 µg/m³) wurde 1980 von den 95-Perzentilen der Tabelle 8.8 nicht erreicht. An stark verkehrsexponierten Meßstationen überschreiten schon die 95-Perzentilen den IW2-Wert, der jetzt als 98-Perzentil definiert ist. In Zukunft werden die ähnlich festgelegten Grenzwerte der Europäischen Gemeinschaft (Abschn. 9.5.8) an Bedeutung gewinnen.

Zur Beurteilung von Meßwerten mit kleinerem Meßwertintervall z.B. Tagesmittel sind die Maximalen Immissionskonzentrationen der VDI-Richtlinien (Abschn. 9.5.2) oder die Auslösekriterien der Smog-Verordnung (Abschn. 9.5.10) heranzuziehen.

8.6 Bisheriger Trend der Immissionen

8.6.1 Reinluftgebiete der Bundesrepublik Deutschland

Die seit 1968 für die 5 Reinluftstationen vorliegenden Monats- und Jahresmittel der NO_2-Immission stellen eine Zeitreihe dar, die folgende Komponenten beinhalten kann [71]:

- Säkulare Bewegungen oder Trends bedingt durch zu- oder abnehmende Emissionen oder langfristige meteorologische Veränderungen
- Zyklische Bewegungen durch konjunkturell bedingte Emissionsänderungen oder periodische Klimaschwankungen. Als Sonderfall mit der Periode ein Jahr sind die saisonalen Schwankungen (Jahresgang) anzusehen.
- Irreguläre Schwankungen bedingt durch meteorologische Einflußgrößen, Gerätedefekte etc.

Ein möglicher Trend kann durch Regressionsrechnungen oder gleitende Mittelwertbildung ermittelt werden. Die Meßstation Westerland zeigt zwischen 1968 und 1983 eine geringfügig abnehmende Tendenz [58]. Auf dem Brotjacklriegel nahmen die Jahresmittel um 0,03 $\mu g/m^3$ pro Jahr zu, wobei der Korrelationskoeffizient mit 0,27 recht niedrig ist [58]. Auf dem Schauinsland betrug die Zunahme jährlich etwa 0,08 $\mu g/m^3$, in Waldorf und Deuselbach ca. 0,2 $\mu g/m^3$. Der Korrelationskoeffizient ist mit 0,72 bzw. 0,62 beachtlich; ca. 40–50 % der Varianz ist durch diesen Trend bedingt [58].

8.6.2 Ballungsräume der Bundesrepublik Deutschland

Die älteste Zeitreihe der NO_2-Immission existiert für die seit 1967 arbeitenden DFG- bzw. UBA-Meßstationen Gelsenkirchen und Mannheim, die nicht dem unmittelbaren Einfluß des Verkehrs unterlagen (Tabelle 8.9). Die folgenden statistisch gesicherten *jährlichen* Änderungen werden mitgeteilt:

Gelsenkirchen	[72], Juni	1968–Dez. 1972	$-0{,}8\ \mu g/m^3$
Gelsenkirchen	[73], Jan.	1968–Dez. 1975	$+0{,}1\ \mu g/m^3$
Mannheim	[72], Jan.	1970–Dez. 1972	$+3{,}8\ \mu g/m^3$
Mannheim	[73], März	1969–Dez. 1975	$-1{,}6\ \mu g/m^3$.

Insbesondere die bis 1975 *ab*nehmende Tendenz in Mannheim ist ungeklärt; möglicherweise ist sie auf eine verstärkte photochemische Umsetzung zurückzuführen [74]. Leider wurden die Messungen 1976 bzw. 1977 eingestellt. Die Jahresmittel der Münchner Meßstation 8/2 (Effnerplatz) lassen keinen Trend

Tabelle 8.9. Stickstoffdioxid-Immissionen[a] der UBA-Meßstationen Gelsenkirchen[b] und Mannheim[c]

Jahr	Gelsenkirchen		Mannheim	
	Mittel	95%-Wert[d]	Mittel	95%-Wert[d]
1967	59	101	31	75
1968	62	100	43	77
1969	54	86	48	76
1970	52	84	40	62
1971	51	87	44	71
1972	54	90	43	73
1973	53		35	
1974	55		36	
1975	52		37	
1976	55		–	
Mittel	55	–	40	–

[a] Meßmethodik: Saltzmann-Verfahren
[b] Stadtteil Horst, Flachdach eines dreistöckigen Gebäudes
[c] Nördlich der Stadt im ausgedehnten Wiesengelände; umgeben von gemischtem Industriegebiet, chem. Industrie, Wohngebieten, Landwirtschaftsflächen
[d] Meßzeitintervall: 1 Tag (ab 1968)

erkennen und auch die Mittel der Belastungsgebiete Nordrhein-Westfalens liegen seit 1975 nahezu konstant bei 50 μg/m³ [75]. Für 4 verkehrsexponierte Stationen Hessens konnte Vitze durch gleitende Mittelwertbildung einen langsamen Anstieg der NO_2-Immission zwischen 1977 und 1984 zeigen [76].

Die starke Zunahme der NO_x-Immission an der Pilotstation des UBA in Frankfurt (Westend) geht aus Bild 8.5 hervor. Für andere Stationen ist jedoch diese Tendenz nicht so beeindruckend festzustellen.

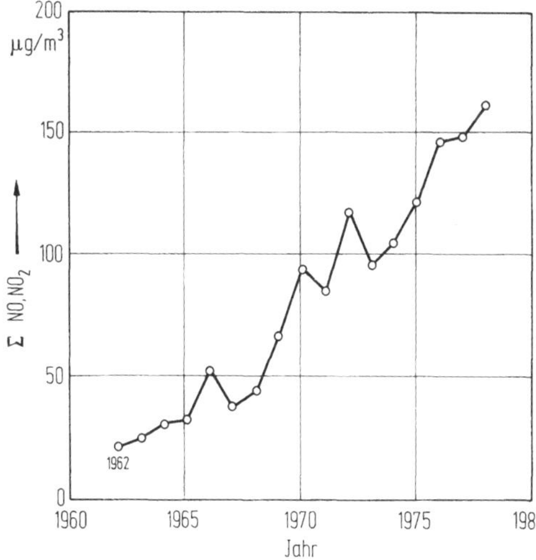

Bild 8.5. Entwicklung der NO_x-Immission an der UBA-Pilotstation Frankfurt (Westend)

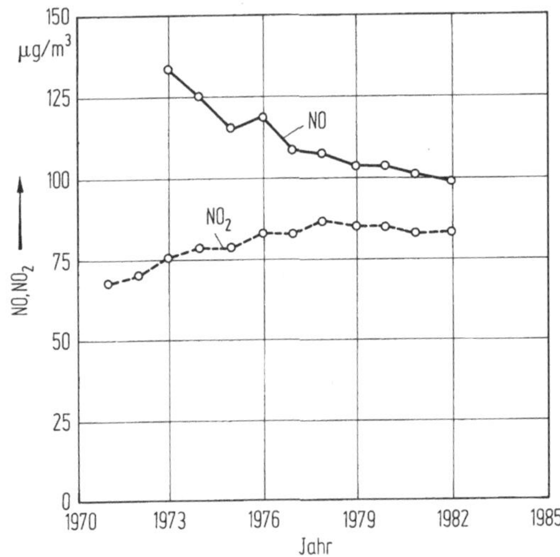

Bild 8.6. Verlauf der NO- und NO_2-Immission von 26 japanischen Meßstationen in Verkehrsnähe

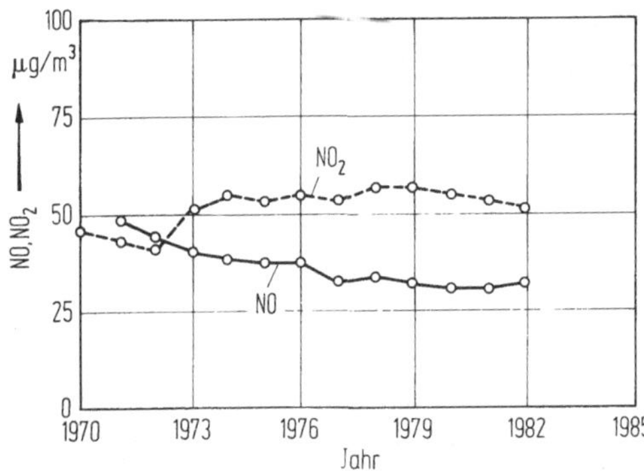

Bild 8.7. NO- und NO_2-Immission der 15 allgemeinen japanischen Meßstationen

8.6.3 Betrachtung der japanischen Situation

Ausnahmsweise wird hier auf die Immissionssituation im Ausland eingegangen. In Japan begann man bereits in den frühen 70er Jahren mit Maßnahmen zur Senkung der Stickstoffoxid-Emission, (s. Abschn. 5.4.6 u. 6.3.3), obwohl die NO_x-Immissionen 1972 nicht wesentlich höher gewesen sein dürften als in der BRD [77]. Die Bilder 8.6 u. 8.7 zeigen die Entwicklung in Japan. Während die NO_2-Immission zunächst leicht anstieg und nach 1980 zu fallen scheint, nahm die NO-Immission ständig ab.

8.7 Herkunft der Immissionen

8.7.1 Hinweise aus Immissionsmessungen

Die Anteile der einzelnen Emittentengruppen an der Emission (vgl. Kap. 6) spielen inzwischen in der öffentlichen Diskussion eine große Rolle. Bedeutsamer hinsichtlich möglicher Wirkungen ist jedoch die Beteiligung der Emittentengruppen an der Immission, eine Problematik, die im juristischen Schrifttum unter dem Begriff „summierte Immission" seit langem behandelt wird.

Erste Hinweise kann die sorgfältige Auswertung von länger währenden Immissionsmessungen ergeben, wobei aber zu größter Vorsicht bei der Interpretation zu raten ist. Der Beitrag der Emissionen der Heizungen, und damit vor allem der Haushalte und Kleinverbraucher, ist über die Einflußgröße „Lufttemperatur" oder einen Sommer-Winter-Vergleich nicht abzuschätzen da die NO_x- und insbesondere die NO_2-Immission in mehrfacher Weise von der Temperatur abhängt (vgl. Abschn. 8.2.2). Der Einfluß des Straßenverkehrs (Kfz) spiegelt sich in vergleichbaren Meßwerten von verkehrsnahen und -fernen Meßstellen wieder. In Köln waren die Jahresmittel der Meßstellen mit Verkehr 2 bzw. 3 mal so hoch wie die der verkehrsfernen [34, 51]. Dabei ist zu beachten, daß auch die Immission der städtischen Wohngegenden z.T. durch den Verkehr bedingt sind.

Große Hoffnungen setzte man in die Ergebnisse der Messungen an den „autofreien Sonntagen" im Jahr 1973. Die Erwartungen waren aus folgenden Gründen zu hoch gespannt:

1. Die NO_2-Immission wurde nur in Gelsenkirchen gemessen.
2. Die Emission des Individualverkehrs war nicht auf Null zurückgegangen. In München betrug die Verkehrsdichte am 25.11. und 9.12.1973 noch bis zu 400 Kfz/h [79], in Mainz (Schusterstraße) waren es 8 % der Werktagswerte, also ca. 1000 Kfz/24 h [80]. DeHaar spricht von 5–25% des mittleren, üblichen Verkehrsaufkommens [81].
3. Die Anzahl der Tage und Meßwerte an den „autofreien" Sonntagen ist für immissionsstatistische Aussagen viel zu klein.
4. Die meteorologischen Verhältnisse an den 4 Sonntagen waren zudem noch atypisch. In Bayern fielen am 25.11.1973 ergiebige Niederschläge [82]. In Gelsenkirchen setzte am Sonntag nachmittag Sprühregen ein; eine Inversion baute sich vom Sonntag zum Montag auf [81]. Überdurchschnittliche Windgeschindigkeiten traten an den Meßtagen in Frankfurt und Nürnberg auf [52].

Tabelle 8.10. Σ (NO, NO_2)-Immissionen an Sonntagen mit Fahrverbot (in $\mu g/m^3$ als NO_2 n. [79–85])

Stadt	Anzahl der		25.11.1973		2.12. 1973	9.12.1973		16.12. 1973	Normal
	Meß-stellen	Meß-werte	Bereich	Mittel		Bereich	Mittel		
Berlin (Schloßstr.)	1			57	51			71	162
Aschaffenburg	7	7	0– 82	35					287
Augsburg	5	5				0–103	43		267
Ingolstadt	5	5	0– 62	16					205(?)
München	5	5	21–205	74		21–123	78		480
Nürnberg	4	4				45–123	83		246
	2	9			150				
Würzburg	5	5	21–492	271					370

Zur Ermittlung des Anteils des Individualverkehrs ist ein Bezug auf „normale", übliche Immissionen notwendig, was ebenfalls Schwierigkeiten bereitet. Ein Vergleich mit Mittelwerten vorangegangener Sonntage ist nicht sinnvoll, da hinsichtlich der mittleren Immission der Verkehr an Werktagen dominiert. Strenggenommen müßte man eine Anzahl von normalen Tagen mit den gleichen Wetterbedingungen wie an den autofreien Tagen heraussuchen; dies ist ohne Kenntnis des Datenmaterials und der örtlichen Gegebenheiten nicht möglich. Richtig wäre auch die Umrechnung der Immissionen der 4 Sonntage auf normale Verhältnisse, was an fehlenden Grundlagen scheitert. So können nur die Abschätzungen der einzelnen Verfasser bzw. grobe Richtwerte aufgrund deren Meßergebnisse mitgeteilt werden:

Für die NO_2-Immission Gelsenkirchen ergeben sich aus dem Vergleich Sonntag – nachfolgender Montag folgende Schätzwerte für den Verkehrsanteil:

Gelsenkirchen [81]:	
25./26.11.1973	53 %
9./10.12.1973	59 %
Frankfurt [52]:	30 – 40 %

Jost und Rudolf haben bei ihrer Frankfurter Abschätzung eine wetterbedingte Abnahme der Immission um 30 % berücksichtigt [52]. Die Stickstoffdioxid-Immission sank an den verkehrsarmen Sonntagen in geringerem Maß als der Stickstoffmonoxid-Gehalt [81].

Die Ergebnisse der Messungen der Stickstoffoxide sind in der Tabelle 8.10 zusammengestellt. Mit den Originalangaben der Verfasser und den Werten aus der Tabelle 8.10 erhält man folgende Zahlen für den Anteil des Kfz-Verkehrs:

Essen, Hartkamp [48], Tag-Nacht-Vergleich normale Tage	40 – 50 %
Berlin, Lahmann [83], Sonntagsvergleich	63 %
München, Kellner [47], 25.11.1973	87 %
München, Mittel aus Tabelle 8.10	84 %
Bayern, n. Tabelle 8.10	40 – 90 %
Bayern, Mittel aus Tabelle 8.10	72 %

Während des Streiks bei den öffentlichen Verkehrsmitteln in München vom 11.2. – 13.2.1974 wurde aus den Werten von drei Dauermeßstationen der mittlere Tagesgang der $\Sigma(NO, NO_2)$-Immission festgestellt und den am 18.2. – 20.2.1974 bei Normalverkehr und ähnlichen Wetterverhältnissen gemachten Vergleichsmessungen gegenübergestellt [47]. Die Zunahme der Immission infolge des stärkeren Individualverkehrs ist beachtlich. Die Maximalwerte waren doppelt so hoch wie an Tagen mit öffentlichem Nahverkehr; im Mittel erhöhte sich die Immission auf das 1,7-fache.

8.7.2 Ermittlung durch Ausbreitungsrechnungen

Umfassende und fundierte Aussagen über die Herkunft der Immissionen sind nur durch die Anwendung der Ausbreitungstheorie für Punkt-Linien- und Flächenquellen zu erhalten. Die Ergebnisse der aufwendigen Rechnungen sind in Tabelle

Tabelle 8.11. Rechnerisch ermittelte Anteile der Emittentengruppen an der Immission (ohne Vorbelastung)

	Ruhrgebiet Mitte		Mannheim/Ludwigsh.		Rheinschiene Süd	
	Emission	Immission	Emission	Immission	Emission	Immission
Anteile (%)						
Industrie	87	38	89	38	75	32
Haushalt u. Kleinverbraucher	3	11	1	5	4	11
Verkehr	10	51	10	57	21	57
Anzahl Einheitsflächen ($1\ km^2$)		8		7[a]		59
I 1-Wert[b], errechnet ($\mu g/m^3$)		27				35
I 1-Wert, gemessen ($\mu g/m^3$)		60				60

[a] Anzahl der Aufpunkte
[b] Ohne Vorbelastung

8.11 für einige Teilgebiete bzw. Aufpunkte deutscher Ballungsräume zusammengestellt.

Für die 8 Einheitsflächen des Ruhrgebiets Mitte beträgt die durch die drei Emittentengruppen bedingte NO_x-Immission rechnerisch $27\ \mu g/m^3$ (als NO_2), während $60\ \mu g/m^3$ gemessen wurden. Die Differenz ist auf die Vorlastung aus anderen Gebieten und auf analytische Ungenauigkeiten zurückzuführen. Für das Ruhrgebiet Mitte und Mannheim/Ludwigshafen beträgt der Anteil der Industrie und Energiewirtschaft an der Emission 88 %, bei den Immissionen jedoch nur 38 %. Etwa 55 % der Immissionen kommen vom Verkehr; dieser Wert ist naturgemäß niedriger als bei Meßorten in unmittelbarer Nähe des Straßenverkehrs. Vorläufige, aber sehr interessante Ergebnisse teilen Bovenkerk et al. für die Niederlande mit [88]. Ohne Berücksichtigung der Immissionen ausländischer Quellen hat der Verkehr einen Anteil von 89 % in verkehrsreichen Straßen. Von ihrer gesamten Immission stammen 70 % vom Verkehr (5 % vom Ausland, 5 % aus den Niederlanden, 60 % vom örtlichen Verkehr).

8.8 Literatur

1 Mieck, I.: Luftverunreinigung und Immissionsschutz in Preußen bis zur Gewerbeordnung 1869. Technikgeschichte Bd. 34 (1967) Nr. 1, 36/78
2 Kommission der Europäischen Gemeinschaften: Vorschlag für eine Richtlinie des Rates über Luftqualitätsnormen für Stickstoffdioxid, Brüssel, Sept. 1983
3 VDI 2450, Bl. 1: Messen von Emission, Transmission und Immission luftverunreinigender Stoffe. Begriffe, Definitionen, Erläuterungen. Hrsg. v. VDI, Ausgabe 1977
4 VDI 2309, Bl. 1: Ermittlung von Maximalen Immissionswerten. Grundlagen. Hrsg. v. VDI, Ausgabe März 1983
5 Stratmann, H. u.a.: Maßstäbe für die Begrenzung der Luftverunreinigung und ihre Bedeutung. Schriftenr. Landesanstalt f. Immissions- und Bodennutzungsschutz des Landes Nordrhein-Westfalen H. 12 (1968), 62/80

6 Külske, S.; Stuckmann, W.: Vertikalstruktur der Schwefeldioxid-Immissionsbelastung. Schriftenr. LIS NW H. 52 (1980), 29/40

7 Müller, H.G.: Statistische Methoden zur Beurteilung der Immissionsstruktur Bd. I u. II. Dornier System Friedrichshafen 1977. Auftraggeber: Umweltbundesamt Berlin

8 Bayerisches Landesamt für Umweltschutz: Lufthygienische Monatsberichte, München

9 Hartkamp, H.; Stratmann, H.: Untersuchungen über Stickstoffdioxid-Immissionen in einigen ausgewählten Bezirken des Landes Nordrhein-Westfalen, Schriftenreihe d. Landesanstalt f. Immissions- u. Bodennutzungsschutz des Landes Nordrhein-Westfalen in Essen, H. 14 (1969), 70/78

10 Auermann, E.; Kneuer, M.: Untersuchungen über die NO- und NO_2-Belastung in einer Großstadt. Zeitschr. gesamte Hyg. und Grenzgeb. 23 (1977), 740/746

11 Auermann, E.; Kneuer, M.: Meßnetzmäßige Überwachung der NO- und NO_2-Konzentration in einer Mittelstadt. Zeitschr. gesamte Hyg. u. Grenzgeb. 2 (1978), 97/100

12 Larsen, R.I.: Determining source reduction needed to meet air quality standards. Proc. intern. clean air congress, London 1966, 60/64

13 VDI-Richtlinie 2450 Blatt 5, Entwurf: Methoden zur Behandlung einzelner Variablen (Quantile). Hrsg. v. VDI, Ausgabe Sept. 1977

14 Raffinierie-Richtlinie NW: Verwaltungsvorschriften zum Genehmigungsverfahren n. §§ 6, 15 Bundes-Immissionschutzgesetz (BImSchG) für Mineralölraffinerien und petrochemische Anlagen zur Kohlenwasserstoffherstellung

15 Kettner, H.: Der 95 %-Wert und der Mittelwert als Kenngrößen der Grundbelastung für Schwefeldioxid. Staub-Reinh. Luft 31 (1971) Nr. 1, 11/13

16 Prinz, B.: Numerische Beziehung zwischen den Immissionskenngrößen eines Kollektivs und den Immissionskenngrößen von Untergruppen dieses Kollektivs. Staub-Reinhalt. Luft 27 (1967) Nr. 10, 443/445

17 Buck, M.: Der Einfluß des Meßzeitintervalls auf Kenngrößen der Schwefeldioxid-Immission. Staub 25 (1965) Nr. 3, 112/119

18 Lahmann, E.: Meßzeitintervalle u. Ergebnisse von SO_2-Immissionsmessungen. Ges.-Ing. 86 (1965) H. 3, 69/100

19 Lahmann, E. u.a.: Ergbnisse von automatisch-stationären und manuellen Stickoxyd-Bestimmungen in Berlin. WaBoLu Berichte 2/1981. Berlin: Dietrich Reimer, 1981

20 Statistisches Landesamt Baden-Württemberg: Statistische Berichte Umwelt

21 McGuire, T.; Noll, K.E.: Relationship between concentrations of atmospheric pollutants and averaging time. Atm. Environm. Vol. 5 (1971), 291/298

22 Sommer, H.: Luftverunreinigung durch Stickoxide in der Umgebung von Straßen. – Diss. ETH Nr. 5902 Zürich 1977, s.a. Chem. Rundschau, Sonderheft 1977, 33/43

23 Schneider, U.: SO_2- und NO_2-Immissionen im südwestlichen Hunsrück in ihrer Abhängigkeit von meteorologischen Parametern. In Umweltbundesamt: Monatsberichte aus dem Meßnetz Nr. 7/85, 3/15

24 Deimel, M.: Kohlenmonoxid-, Blei-, Stickoxid- und Benz(a)pyrenbelastung in Kölner Straßen. Schriftenr. des Vereins f. Wasser-, Boden- und Lufthygiene Nr. 42, 149/164. Stuttgart: Gustav Fischer, 1974

25 Larsen, R.I.: Relating air pollutant effects to concentration and control. Jour. Air Pol. Contr. Assoc. 20 (1970) No. 4, 214/225

26 Klug, W.; Gerth, W.-P.: Recent investigations into the interregional transport of air pollutants in Rijks Instituet voor de Volksgezondheid/Umweltbundesamt: Co-operation between Netherlands and the Federal Republic of Germany on air pollution problems, 47/71

27 Landesanstalt für Immissionsschutz Nordrhein-Westfalen: Monatsberichte

28 Leahey, D.M.: An application of a simple advective pollution model to the city of Edmonton. Atm. Environment Vol 9 (1975), 817/823

29 Deuber, A.: Gasförmige Emissionen von Motorfahrzeugen und Luftfremdstoffkonzentrationen in Straßennähe unter variablen Bedingungen. Staub-Reinhalt. Luft 37 (1977) Nr. 7, 251/257

30 Waller, R.E.; Commins, B.T.: Episodes of high pollution in London 1952 – 1966. Intern. Clean Air Congr. London 1966, Proc. Part I, 228/231

31 Schlipköter, H.-W., u.a.: Wissenschaftliches Gutachten über die Kriterien des Smogwarndienstes. Med. Inst. f. Umwelthygiene, Sept. 1984

32 Giebel, J.; Bach, R.-W.: Ursachenanalyse der Immissionsbelastung während der Smogsituation am 17.1.1979. Schriftenreihe Landesanstalt f. Immissionsschutz d. Landes NW, H. 47 (1979), 60/73
33 Külske, S.: Analyse der Periode sehr hoher lokaler Schadstoffbelastungen im Ruhrgebiet vom 15.1.1982 bis 20.1.1982. Schriftenr. Landesanstalt f. Immissionsschutz des Landes NW, H. 57 (1983), 85
34 Deimel-May, M.: Entwicklung der Immissionsbelastung durch Kfz-Abgase in Köln. In Seifert, B. (Hrsg.): Luftverunreinigung durch Kraftfahrzeuge in der Bundesrepublik Deutschland, 167/183. Stuttgart, New York: Gustav Fischer, 1986
35 Bruckmann, P. u.a.: Die Hamburger Smogepisode im Dezember 1983 Staub-Reinh. Luft. Bd. 45 (1985) Nr. 6, 307/312
36 Lahmann, E.: Immissionsmessung in der Bundesrepublik Deutschland. Staub Reinh. d. Luft Bd. 47 (1987) Nr. 3/4, 82/87
37 Külske, S.; Pfeffer, H.-U.: Smoglage vom 16.–20. Januar 1985 an Rhein und Ruhr. Staub Reinh. Luft Bd. 45 (1985) Nr. 3, 136/141
38 Hoff, H.: Kfz-bedingte Schadstoff-Konzentrationen in bayerischen Städten s. [34], 119/137
39 Schweizer, G.: Die Smog-Lage im Januar 1985 – Auswirkungen in Mittelbaden. Staub Reinhalt. Luft Bd. 45 (1985) Nr. 12, 587/590
40 Buck, M.; Ixfeld H.: Bericht über die Ergebnisse des III. und IV. Meßprogrammes des Landes Nordrhein-Westfalen (Schwefeldioxid- und Mehrkomponentenmessungen), Schriftenr. LIS H. 38 (1976), 43/54
41 Luftreinhalteplan Ruhrgebiet West 1978–1982. Minister für Arbeit, Gesundheit und Soziales des Landes Nordrhein-Westfalen, 1977
42 Lahmann, E.; Prescher, K.-E.: Räumliche und zeitliche Verteilung von Stickstoffoxiden in städtischer Luft. Gesundheits-Ingenieur 99 (1978) H. 1/2, 32/36
43 Lahmann, E. u.a.: Ergebnisse von automatisch-stationären und manuellen Stickoxyd-Bestimmungen in Berlin. WaBoLu-Berichte 2/1981. Berlin: Dietrich Reimer, 1981
44 Buck, M.: Immissionen in Straßen. Staub Reinh.-Luft 44 (1984) Nr. 9, 370/373
45 Esser, J.: Stickoxid-, Kohlenmonoxid- und Bleiimmissionsmessungen neben Autobahnen in Abhängigkeit von trassen- und verkehrsspezifischen Parametern sowie den meteorologischen Bedingungen. In: Abgasimmissionsbelastungen durch den Kraftfahrzeugverkehr in Ballungsgebieten und im Nahbereich verkehrsreicher Straßen. – Kolloquiumsbericht 265/280. Essen: TÜV Rheinland, 1978
46 Capannelli, G. u.a.: Nitrogen oxides: analyis of urban pollution in the city of Genoa. Atm. Environm. Vol. 11 (1977), 719/727
47 Kellner, K.-H.: Stickstoffoxidkonzentrationen aus Stichproben- und Dauermessungen im Stadtgebiet von München. Staub-Reinh. Luft 35 (1975) Nr. 4, 154
48 Hartkamp, H.: Untersuchungen zur Immissionsstruktur einer Großstadt. Schriftenreihe d. Vereins f. Wasser-, Boden- und Lufthygiene Nr. 42, 125/147, Stuttgart: Gustav Fischer, 1974
49 Berner-Moundrea, V.: Schwankungen der NO_2-Konzentration in der bodennahen Atmosphäre von Wien. Staub-Reinhalt. Luft 32 (1972) Nr. 5, 210/212
50 Bruckmann, P.; Eynck, P.: Analyse der Bildung von Photooxidantien an der Meßstelle Essen-Süd. Schriftenr. Landesanstalt f. Immissionsschutz des Landes NW, H. 49 (1979), 19
51 Deimel, M.: Schadstoffbelastung im innerstädtischen Bereich. s. [45], 150/173
52 Jost, D.; Rudolf, W.: NO/NO_2-Konzentrationen in der Bundesrepublik Deutschland. Staub-Reinhalt. Luft Bd. 35 (1975) Nr. 4, 150/154
53 Ripperton, L.A. u.a.: Nitrogen dioxide and nitric oxide in non-urban air. Journ. Air Poll. Contr. Ass. 20 (1970) No. 8, 589
54 Robinson, E.; Robbins, R.C.: Gaseous nitrogen compound pollutants from urban and natural sources. Journ. Air Poll. Control Assoc. 20 (1970) No. 5, 303/306
55 Böttger, A. u.a.: Atmosphärische Kreisläufe von Stickoxiden und Ammoniak. Ber. Kernforschungsanlage Jülich Nr. 1558. Jülich: Zentralbibliothek KFA Jülich, 1978
56 Umweltbundesamt: Großräumige Luftbelastung in der Bundesrepublik Deutschland. Texte 22/82
57 Römmelt, H. u.a.: Abhängigkeit der Gesamtschwefel- und Stickstoffkonzentrationen von der Windrichtung für die Reinluftstationen Waldhof und Brotjacklriegel. Boppard: Harald Boldt, 1975

58 Umweltbundesamt (Hrsg.): Zeitliche Entwicklung der SO_2- und NO_2-Konzentration in wenig belasteten Gebieten 1973–1982. Monatsberichte aus dem Meßnetz 9/83, 2/38
59 Georgii, H.W.: Oxids of nitrogen and ammonia in the atmosphere. Journ. Geophysical Research 68 (1963) No. 13, 3963/3969
60 Pfeffer, H.U.: Immissionserhebungen in quellfernen Gebieten Nordrhein-Westfalens. Staub-Reinhalt. Luft Bd. 45 (1985) Nr. 6, 287/293
61 Umweltbundesamt: Luftreinhaltung 1981. Berlin: Erich Schmidt, 1981
62 Umweltbundesamt: Daten zur Umwelt 1984
63 Lahmann, E.: Stickstoffdioxid-, Formaldehyd- und Blei-Messungen im Raum Untermain. Schriftenreihe des Vereins für Wasser-, Boden- und Lufthygiene Nr. 42. 85/90. Stuttgart: Gustav Fischer, 1974
64 Buck, M.; Ixfeld, H.: Bericht über die Ergebnisse des III. und IV. Meßprogrammes des Landes Nordrhein-Westfalens (Schwefeldioxid- und Mehrkomponentenmessungen). Schriftenr. Landesanstalt für Immissionsschutz des Landes NW, H. 38 (1976), 43/54
65 Gilbert, T.: Zur Ausbreitung von Schadstoffen, insbesondere von Stickstoffoxiden in der Atmosphäre. Glastechn. Ber. 51 (1978) Nr. 6, 152/155
66 Ixfeld, H. u.a.: Bericht über die Ergebnisse des III. und IV. Meßprogramms des Landes Nordrhein-Westfalen. Schriftenr. Landesanstalt f. Immissionsschutz d. Landes NW, H. 54 (1981), 58/111
67 Ixfeld, H.; Ellermann, K.: Immissionsmessungen in Verdichtungsräumen. Bericht über die Ergebnisse der Messungen im Erftkreis und im südlichen Teil des Kreises Neuß im Jahr 1983. Schriftenr. LIS des Landes NW, H. 61 (1984) 121/137
68 Ixfeld, H.; Ellermann, K.: Immissionsmessungen in Verdichtungsräumen. Bericht über die Ergebnisse der Messungen in Bergisch-Gladbach, Hamm und Wesel im Jahr 1982. Schriftenr. LIS des Landes NW, H. 59 (1984) 7/19
69 Lahmann, E.: Luftqualität in Ballungsgebieten. Staub-Reinhalt. Luft 44 (1984) Nr. 3, 134/137
70 Jost, D.: Luftqualität in belasteten Gebieten und fern von Emittenten Staub-Reinhalt. Luft 44 (1984) Nr. 3, 137/138
71 Umweltbundesamt (Hrsg.): Die Zeitreihe „Immissionskonzentration" (I). Monatsberichte aus dem Meßnetz 8/84, 3/37; 5/85, 3/23; 7/86, 2/40
72 Köhler, A.: Über die Luftverunreinigung in der Bundesrepublik Deutschland 1967–1972. Mitt. XV d. Kommission zur Erforschung der Luftverunreinigung. Bonn-Bad Godesberg Dtsch. Forschungsgemeinsch., 1974
73 Batelle-Institut e.V.: Überwachung der Luftqualität in der Bundesrepublik Deutschland 1960–1975. Projektbegleitung: Umweltbundesamt Berlin, 1976
74 Umweltbundesamt: Materialien zum Immissionsschutzbericht 1977 der Bundesregierung an den Deutschen Bundestag. Berlin: Erich Schmidt, 1977
75 Dreyhaupt, F.J.: Entwicklung der Emissionen und Immissionen luftverunreinigender Stoffe in der Bundesrepublik Deutschland. In: Erdgas und Umwelt Hrsg. v. Arbeitsgemeinschaft für sparsamen und umweltfreundlichen Energieverbrauch e.V. (ASUE) Frankfurt, März 1986
76 Vitze, W.: Langzeitentwicklung der verkehrsbedingten Immissionen in Hessen. s. [34], 81/111
77 Kolar, J.: NO_x-Grenzwerte und Emissionsminderungsmaßnahmen im internationalen Vergleich. Gas wärme international Bd. 35 (1986) H. 4, 227/238
78 Environment Agency: Quality of the environment in Japan 1984. Health, Welfare and Environment Problems Research Society, Tokyo 135, May 1985
79 Strauß, R.: Gesamtverbesserung nur unbedeutend. Umwelt 1/74, 18/19
80 Fingerhut, M.: Untersuchung der Immissionsbelastung durch den Kraftfahrzeugverkehr an Verkehrsschwerpunkten im Stadtbereich Mainz; s. [40], 197/217
81 deHaar, U.: Probleme der Auswertung luftchemischer Messungen. Deutsche Forschungsgemeinschaft, 1973
82 Bayerische Staatsregierung – Bulletin Nr. 13/73 v. 5.12.1973, 15 und Nr. 15/73 v. 19.12.1973, 19
83 Lahmann, E.; Prescher, K.-E.: Meßergebnisse der Luftverunreinigung an „autofreien" Sonntagen in Berlin. Bundesgesundheitsblatt 7 (1974), 105/106
84 Lahmann, E.: Autofreie Sonntage sind ein echter Beitrag zur Lufthygiene. Gesundheitstechnik (1974), Nr. 11, 280

85 Georgii, H.-W.: Verkehrsfreie Sonntage: Neue Einblicke in die Quellen der Luftverschmutzung. Umschau 74 (1974)
86 Ministerium f. Arbeit, Gesundheit und Soziales des Landes Nordrhein-Westfalen: Luftreinhalteplan Ruhrgebiet Mitte 1980–1984; Luftreinhalteplan Rheinschiene Süd II
87 Herrmann, K.: Kosten und Nutzen von Luftreinhaltemaßnahmen am Beispiel der Region Mannheim/Ludwigshafen. Staub-Reinhalt. Luft 44 (1984) Nr. 5, 207/210
88 Bovenkerk, M. u.a.: An air quality management system as a tool for establishing a SO_2- and NO_x-policy. Atm. Environment Vol. 18 (1984) No. 3, 519/529

8.9 Formelzeichen

b	Exponent in Gl. 8.8
c	Immissionskonzentration
$\bar{c}$	Arithmetisches Mittel der Konzentration
c'	Schwankungskomponente der Konzentration
Ew	Einwohnerzahl
i	Laufvariable
I1, I2	Erste bzw. zweite Immissionskenngröße der TAL
k_z	Koeffizient in Gl. 8.13
p	Wert der Student-Verteilung
n	Anzahl der Meßwerte $c_i > c$
N	Anzahl der Meßwerte
r	Korrelationskoeffizient
s	Standardabweichung
s_0	Wert der TAL 1964 zur Errechnung von I1 und I2
t	Zeit
Δt	Bezugszeit, Meßzeitintervall, Mittlungszeit
z	Höhenkoordinate

9 Wirkungen und Grenzwerte

9.1 Allgemeine Erläuterungen zu den Wirkungen

Die Wirkungen stellen das letzte Glied in der Kausalkette luftverunreinigender Stoffe dar:

- Entstehung,
- Emission,
- Transmission,
- Immission und Deposition,
- Wirkung.

Die VDI Richtlinie 2310 Bl. 1 enthält folgende Definition [1]: „Wirkungen sind alle Reaktionen des menschlichen, tierischen oder pflanzlichen Organismus bzw. anderer Objekte, wie Materialien, Böden oder Ökosysteme auf Immissionen. Zur Wirkung gehört auch die Veränderung in der chemischen Zusammensetzung, wie z.B. die Veränderung der Organkonzentration durch aus der Luft aufgenommene Substanzen.“ Prinz und Scholl verstehen unter dem Begriff Wirkung: „Veränderungen chemischer, physikalischer sowie biologischer Eigenschaften eines Akzeptors durch den Einfluß von Luftverunreinigungen“ [2]. Die Änderungen können sich auf äußere Merkmale oder innere Funktionsstrukturen der Akzeptoren beziehen [3]. Sie müssen die kausale Folge der Aufnahme objektiv feststellbarer, meßbarer Mengen luftverunreinigender Stoffe sein [3] und signifikant über die natürliche Variationsbreite hinausgehen [4].

Die luftverunreinigenden Stoffe können in der Bio- und Technosphäre *direkt* auf die Akzeptorgruppen Mensch, Tier, Pflanze und Materialien einwirken (Tabelle 9.1). Bei den Organismen geschieht dies bei Gasen in der Regel durch aktive Aufnahme, z.B. durch Inhalation. Die bundesdeutsche Immissionsschutzgesetzgebung (§ 3 Abs. 1 BIMSchG u. TAL Ziff. 2.2.1) unterteilt die *schädlichen* Umwelteinwirkungen in

- Gefahren (Gesundheits-),
- erhebliche Nachteile,
- erhebliche Belästigungen.

Unter Gefahr ist die objektive Möglichkeit eines Schadenseintritts zu verstehen, wobei das bedrohte Rechtsgut in aller Regel die menschliche Gesundheit ist [5]. Die TAL stuft in Ziff. 2.5.2 Stickstoffdioxid als gesundheitsgefährlich ein.

Als Nachteil wird die Beeinträchtigung von Interessen bezeichnet, mit der keine Verletzung des Rechtsgutes verbunden ist (Jarass [5]). Klassisches Beispiel

Tabelle 9.1. Wirkungsbereiche und -objekte luftverunreinigender Stoffe

Wirkungsbereich	Wirkungsobjekte bzw. Akzeptorgruppen
Biosphäre	Mensch
	Tier
	Pflanze
Technosphäre	Natursteinbauten
	Holz- und keramische Baustoffe
	Stahl- und Metallbaustoffe
	Betonbauten
	Andere Materialien
Pedosphäre	Waldboden
	Agrarland
Hydrosphäre	Seen
	Flüsse
	Meere
Atmosphäre	Troposphäre
	Stratosphäre

eines Nachteils ist die Vermögenseinbuße, Jarass rechnet auch die Störungen von Ökosystemen und ungeklärte Langzeiteffekte hinzu.

Belästigungen sind Beeinträchtigungen des körperlichen und seelischen Wohlbefindens des Menschen, z.B. Gerüche.

Die Abgrenzung der Schädlichkeitstrias Gefahr, Nachteil, Belästigung untereinander sowie die Unterscheidung „nicht erheblich“ von „erheblich“ ist sehr schwierig. Aus naturwissenschaftlicher Sicht definiert VDI 2310 Bl. 1 [1]: „Nachteilige Wirkungen bei Mensch und Tier sind Beeinträchtigungen der Gesundheit und Leistungsfähigkeit sowie Belästigungen, bei Objekten der Umwelt Wirkungen, die ihren Wert mindern oder ihre Funktion beeinträchtigen.“ Der Begriff nachteilige Wirkung setzt eine Wertung voraus, Kriterien hierfür können nicht generell festgesetzt werden.

Die Wirkungen luftverunreinigender Stoffe erstrecken sich nicht nur direkt auf die Objektgruppen der Bio- und Technosphäre, sondern auch auf Boden, Gewässer und die Atmosphäre (Tabelle 9.1). Veränderungen in diesen Bereichen können Mensch, Tier und Pflanze indirekt z.B. dadurch beeinträchtigen, daß luftverunreinigende Stoffe, wie Schwermetalle, über den Boden und die Nahrung vom Menschen aufgenommen werden (Ingestion). Ein weiterer Fall indirekter Wirkungen tritt bei den Stickstoffoxiden auf; aus ihnen entstehen weitere, sekundäre luftverunreinigende Stoffe, z.B. Ozon, die nun ihrerseits die Objektgruppen beeinflussen können.

9.2 Direkte Wirkungen des Stickstoffmonoxids[1]

In der Literatur wird wenig über die direkten Wirkungen des reinen Stickstoffmonoxids berichtet. Die relativ schnelle Oxidation zu Stickstoffoxid hat sicher eine Trennung der Wirkungen beider Gase erschwert.

Wegen der geringen chemischen Agressivität fehlt dem Stickstoffmonoxid nach Nieding und Wagner die starke Reizkomponente [5]; im Gegensatz zum Stickstoffdioxid bewirkt es also keine Schleimhautreizungen beim Menschen und ist somit kein Reizgas [7]. Erst bei sehr hohen Konzentrationen (> 20 000 $\mu g/m^3$ entsprechend > 15 – 20 ppm) treten Veränderungen der Strömungswiderstände in den Atemwegen und ein Abfall des arteriellen Sauerstoffpartialdrucks auf [6, 7]. Stickstoffmonoxid wirkt ähnlich wie Kohlenmonoxid auf den roten Blutfarbstoff Hämoglobin ein. Es bildet sich Methämoglobin (auch Hämiglobin, Met-Hb, NOHb), das keine Fähigkeit zum Sauerstofftransport hat, da das zweiwertige Eisen oxidiert wurde. Die einstündige Einwirkung von 3 480 $\mu g/m^3$ NO (2,6 ppm) und 200 $\mu g/m^3$ (0,1 ppm) NO_2 auf Mäuse ergab NOHb-Werte von weniger als 0,05 % [8]. Beim Menschen führen erst Konzentrationen über 20 000 $\mu g/m^3$ (15 ppm) zu einer Methämoglobinbildung [7, 8]. Nach Graham et al. soll NO bedeutende biochemische Effekte auf ein intracelluläres Hormon haben [8]. Heim stellte im Tierversuch fest, daß NO die Wirkung von NO_2 bei einem Konzentrationsverhältnis von 2:1 reduziert [8].

Der Rat von Sachverständigen für Umweltfragen stuft Stickstoffmonoxid gegenüber Stickstoffdioxid als „weit weniger pflanzenschädlich" ein [9]. Da Stickstoffdioxid im allgemeinen höhere Immissionen aufweist, kann die Diskussion über die Phytotoxizität der Stickstoffoxide auf dieses Gas beschränkt werden [9].

9.3 Direkte Wirkungen des Stickstoffdioxids

9.3.1 Wirkungen auf Menschen

Stickstoffdioxid (NO_2) hat einen charakteristischen, stechenden Geruch, der von Horn als ozonartig bezeichnet wird [10]. Die Angaben über die Geruchsschwelle variieren naturgemäß sehr stark:

	$\mu g/m^3$		μ/m^3
Leithe [11]	200	Colucci u. Simmons [8]	240 – 1 000
Mohry und Riedel [12]	200	Hesketh [16]	6 100
Schlipköter [13]	170 – 430	Hine [17]	6 100 – 10 300
VDI 2310 Bl. 12 [14]	200 – 410	Gruden [18]	2 600 – 15 200
Oelert u. Florian [15]	610		

Bei der Geruchswahrnehmung sind starke Adaptionserscheinungen festzustellen. In der Nähe der Geruchsschwelle 314 $\mu g/m^3$ verschwand die Geruchsempfindung

1 Die Abschn. 9.2 – 9.4 wenden sich nicht an Mediziner und Biologen. Sie sollen lediglich dem Laien einen ersten, sehr groben Überblick über die Wirkungen auf Organismen geben.

– allerdings mit großen individuellen Unterschieden – nach längstens 5–10 min Einwirkung, um aber nach Absetzen des Reizes für 90 s wiederzukehren [13]. Die langsame Erhöhung der NO_2-Konzentration von 0 auf 51 000 μg/m³ innerhalb von 15 min hatte keine Geruchswahrnehmung zur Folge [14]. Reizungen der Augen treten nach Leithe erst bei Konzentrationen zwischen 40 000 und 100 000 μg/m³ (20–50 ppm) auf [11], die aber als Immissionen nicht vorkommen.

Wegen seiner relativ geringen Wasserlöslichkeit wirkt NO_2 vorwiegend auf die tieferen Luftwege ein [13]. 80–90 % des eingeatmeten Gases werden im Atemtrakt absorbiert [14, 19], wobei sich reaktionsfähige Metaboliten, wie salpetrige Säure oder Salpetersäure bzw. deren Salze bilden können [19]. Bei Tieren werden erste Wirkungen nach längere Exposition ab 470 μg/m³ (0,25 ppm) beschrieben [7]. Das Spektrum der Wirkungen umfaßt beim Versuchstier [7]:

- Zerstörung von Oberflächenzellen in den Atemwegen,
- metabolische Veränderungen im Lungengewebe („Alterung“, Lipidperoxidation),
- Verminderung der Infektionsresistenz,

Beim Menschen sind beobachtet worden [7]:

- subjektive Beschwerden wie z.B. Kopfschmerzen.
- Anstieg des Strömungswiderstandes in den Atemwegen („Resistance“). Bild 9.1 zeigt die Zunahme des Widerstandes in Abhängigkeit von der Expositionsrate in μg/min. Die Lungenfunktion wird erst ab 1 000–2 000 μg/m³ (0,5–0,1 ppm) beeinflußt. Vorgeschädigte Menschen haben nach Schlipköter u.a. niedrigere Wirkungsschwellen [19].
- Auslösen von Asthma-Anfällen,
- Leistungsverminderung bei starker körperlicher Beanspruchung.

Es existieren Anzeichen für systemische Wirkungen [14, 20]. Darunter versteht man allgemein Veränderungen an Skelett, Leber, Nieren, Zentralnervensystem, Herzkreislaufsystem und Erbsubstanz nach Resorption der luftverunreinigenden Stoffe. Risikogruppen für Stickstoffdioxid sind Kinder sowie Personen mit Lungenkrankheiten und Herz-Kreislauf-Schäden [19, 21].

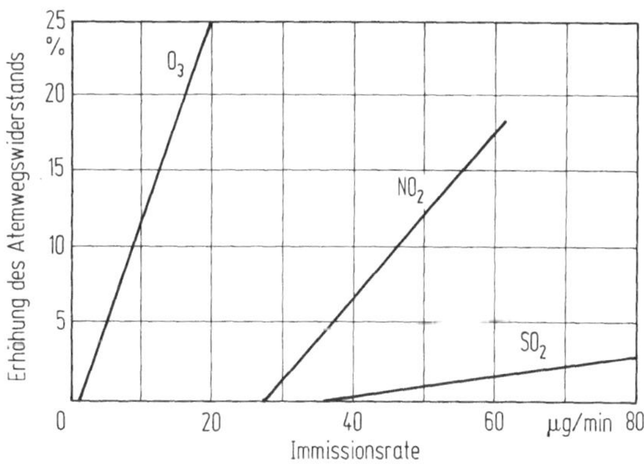

Bild 9.1. Zunahme des Atemwegswiderstandes mit der Immissionsrate [6]

Bezüglich der kombinierten Wirkung mit anderen luftverunreinigenden Stoffen (Ozon, Schwefeldioxid) zeigen die tierexperimentellen Befunde im allgemeinen keine über die Wirkung der Einzelkomponenten hinausgehenden additiven Effekte [8, 14, 22].

9.3.2 Wirkungen auf Pflanzen

Stickstoffdioxid weist gegenüber den Oxidantien Ozon, Fluor, Chlorwasserstoff und Schwefeldioxid die geringste Phytotoxizität auf [23, 24]. Bei gleicher Blattschädigung liegen je nach Pflanzenart die Toleranzgrenzen beim Stickstoffdioxid um das 1,2–5fache, im Mittel um das 1,35fache, höher als beim Schwefeldioxid. Anders formuliert: bei sonst gleichen Bedingungen ist NO_2 1,5–5mal weniger pflanzenschädlich als Schwefeldioxid. Noch höhere NO_2-Konzentrationen sind gegenüber SO_2 bei den Kriterien Wachstum und Ertrag erforderlich [24]. Nach [21] sind dann die Schwellenwerte für NO_2 2–8mal höher als für SO_2.

Abwärtskrümmung und ein dunkleres Grün sowie Verlust an Karotin und Chlorophyll können weniger auffällige Wirkungen des Stickstoffdioxids sein [23, 25]. Am offensichtlichsten sind jedoch die Blattschädigungen (Nekrosen). Bei Koniferen zeigen sie sich in rotbrauner oder fuchsroter Verfärbung der Nadeln, welche hauptsächlich von der Spitze ausgeht. Die Nekrosen sind unspezifisch für NO_2 und stimmen sowohl in Färbung, Schadmuster und Schädigungsverlauf mit den durch Schwefeldioxid verursachten Symptomen überein [24, 25]. Zeichen chronischer NO_2-Belastung sind Chlorosen, vorzeitiges Altern sowie Blattfall [23, 24]. Hinsichtlich Blattschädigungen sehr empfindlich sind z.B. Lärchen, Birken, Tabak und Rosen, empfindlich sind Ahorn, Buche, Fichte; Tabelle 9.2 stuft Kiefern und Buchen als weniger empfindliche Pflanzen ein [26].

Nach experimentellen Untersuchungen haben Konzentrationen von 280–560 µg/m³ bei mehrtägiger bis mehrmonatiger Einwirkung eine pflanzenschädigende Wirkung [26]. Begasungszeiten von einer halben bis mehreren Stunden führen erst bei NO_2-Gehalten über 6 000 µg/m³ zu Schädigungen [26]. Untersuchungen über Pflanzenwachstum und Ertrag als Wirkungskenngrößen sind nur in begrenztem Maß verfügbar [23]. Der Minderung von Wachstum und Ertrag bei Tomaten und Orangenbäumen stehen auch vereinzelte Beobachtungen einer Stimulation entgegen [23]. Die Beziehung zwischen der Schwellenkonzentration und der Einwirkungsdauer läßt Bild 9.2 erkennen. Prinz und Brandt gaben 1980 als Schwellenwerte an [28]:

	1/2-h-Mittelwert bei einmaliger Einwirkung µg/m³	Mittel für die Vegetationszeit (7 mon) µg/m³
Sehr empflindliche Pflanzen	4 000	250
Empfindliche Pflanzen	6 000	350
Weniger empfindliche Pflanzen	9 000	500

Tabelle 9.2. Empirische NO_2-Resistenz, gemessen an der Blattempfindlichkeit [26]

Sehr empfindliche Pflanzen	Empfindliche Pflanzen	Weniger empfindliche Pflanzen
Laubgehölze		
Weißbirke (Betula pendula)	Spitzahorn (Acer platanoides)	Robinie (Robinia pseudoacacia)
Apfel (Malus spec.)	Fächerahorn (Acer palmatum)	Hainbuche (Carpinus betulus)
Birne (Pirus spec.)	Winterlinde (Tilia cordata)	Rotbuche (Fagus silvatica)
	Sommerlinde (Tilia platyphyllos)	Holunder (Sambucus nigra)
		Fächerblattbaum (Gingko biloba)
		Bergulme (Ulmus scabra)
		Blutbuche (Fagus silvatica atropurpurea)
		Stieleiche (Quercus robur)
Nadelgehölze		
Europäische Lärche (Larix decidua)	Blaufichte (Picea pungens glauca)	Eibe (Taxus baccata)
Japanische Lärche (Larix leptolepis)	Weißfichte (Picea alba)	Schwarzkiefer (Pinus nigra)
	Scheinzypresse (Chamaecyparis lawsoniana)	Kriechkiefer (Pinus mugo)
	Nikkotanne (Abies homolepis)	
	Weißtanne (Abies pectinata)	
Landwirtschaftliche und gärtnerische Kulturen		
Saat-Wicke (Vicia sativa)	Roggen (Secale cereale)	Kohlrabi (Brassica oleracea var. gongylodes)
Erbse (Pisum sativum)	Sellerie (Apium graveolens var. rapaceum)	Zwiebel (Allium cepa)
Luzerne (Medicago sativa)	Mais (Zea mays)	Weißkohl (Brassica oleracea var. capitata alba)
Inkarnatklee (Trifolium incarnatum)	Weizen (Triticum sativum)	Grünkohl (Brassica oleracea var. acephala)
Rotklee (Trifolium pratense)	Tomate (Lycopersicon esculentum)	Rotkohl (Brassica oleracea var. capitata rubra)
Möhre (Daucus carota)	Kartoffel (Solanum tuberosum)	
Salat (Lactuca sativa)	Ackerbohne (Vicia faba)	
Tabak (Nicotiana tabacum)		
Senf (Sinapis alba)		
Lupine (Lupinus angustifolius)		
Hafer (Avena sativa)		
Petersilie (Petroselinum hortense)		
Porree (Allium porrum)		
Schwarzwurzel (Scorzonera hispanica)		
Gerste (Hordeum distichon)		
Rhabarber (Rheum rhabarbarum)		
Zierpflanzen		
Löwenmaul (Antirrhinum majus)	Fuchsie (Fuchsia hybrida)	Wucherblume (Chrysanthemum leucanthemum)
Knollenbegonie (Begonia multiflora)	Petunie (Petunia multiflora)	Meiblume (Convallaria majalis)
Rose (Rose spec.)	Alpenrose (Rhododendron catawbiense)	Gladiole (Gladiolus spec.)
Wohlriechende Wicke (Lathyrus odoratus)	Dahlie (Dahlia variabilis)	Trichterlilie (Hosta spec.)
Sommeraster (Callistephus chinensis)		

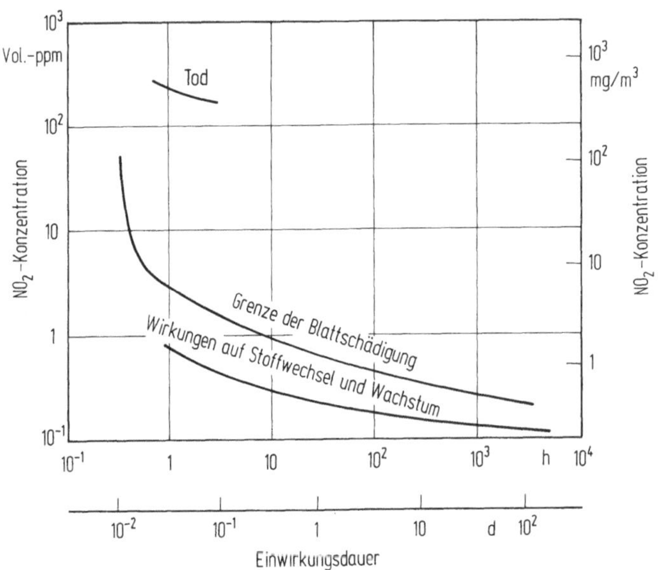

Bild 9.2. Grenzen unterschiedlicher Wirkungen des Stickstoffdioxids auf Pflanzen in Abhängigkeit von Konzentration und Einwirkungsdauer [75]

Große Bedeutung kommt der Erforschung der Einwirkung bei gleichzeitigem Auftreten anderer luftverunreinigender Gase, insbesondere von Ozon und Schwefeldioxid, zu. Hinsichtlich des Ozons sind die Kombinationswirkungen recht unterschiedlich. Bei Einwirkung von O_3 (0,4 ppm = 850 μg/m³) und NO_2 (3 000 μg/m³) auf Tomaten und Paprika entstanden geringere Blattschädigungen als bei getrennter Begasung (antagonistischer Effekt, Matsushima 1971 [22]). Beim Reis vergrößerte (Synergismus), beim Mais verringerte (Antagonismus) die Zugabe einer nicht phytotoxischen Dosis von NO_2 die durch O_3 verursachte Blattschädigung (Yarhazoe und Mayumi 1977 [22]). Bezüglich Stickstoffdioxid (NO_2) und Schwefeldioxid (SO_2) liegen einige Hinweise für synergetische Effekte vor [9, 23]. Auch bei alternierendem Einwirken von zuerst SO_2 und dann NO_2 wurde ein Synergismus festgestellt [23].

9.3.3 Wirkungen auf Materialien

Über die direkte Wirkung des gasförmigen Stickstoffdioxids auf die verschiedensten Materialien ist sehr wenig bekannt [29]. Schaumgummi und Kunststoffe werden vor allem bei höherer Temperatur und Luftfeuchte angegriffen: Es zeigen sich Änderungen an der Farbe und der mechanischen Eigenschaften [21, 30, 31]. Die umfangreichsten Untersuchungen wurden von Huber und Jörg an Polymermaterialien bei Konzentrationen von 2 050, 15 375 und 20 500 μg/m³ (1, 7,5 und 10 ppm) sowie Expositionszeiten bis 5 000 h durchgeführt [30, 31]. Als Kriterien für die Wirkungen benutzten Huber und Jörg Verfärbung (visuell) und Weißgrad, Schmelzpunkt, Reißkraft und Reißdehnung, Elastizität und rasterelektronenmikroskopische Aufnahmen. Wolle zeigt bereits bei 2 050 μg/m³ auffallende Vergilbungen und Änderungen des Weißgrades, so daß sie für Polymere als guter Indikator angesehen wird. Auch gefärbte Kunststoffe wiesen bei 2050 µg/m³ Farbveränderungen auf. Die Rangfolge in Richtung abnehmender Verfärbung lautet bei ungefärbten Polymeren: Polyamide, Baumwolle, Polyester. Zunehmende mechanische Beständigkeit gegenüber NO_2 weisen auf: Acetat, Baumwolle, Polyamid und Polyester. Polyaralnitril ist in jeder Hinsicht das Material mit den geringsten Wirkungen [31].

Wichtiger scheinen die indirekten Wirkungen über die Folgeprodukte des NO_2 (Salpetersäure, Ozon, PAN) zu sein. In feuchter Luft verursacht Stickstoffdioxid infolge Säurebildung erhöhte Korrosion, die bei Gegenwart von Staub oder Ruß zu Lochfraß führt [29, 30]. Für 1970 wird der Beitrag des NO_x zur Schädigung von Bauwerken zu 6% angegeben (SO_2:41%, O_3:26%, Stäube: 27% [8]).

9.3.4 Wirkungen auf die Atmosphäre

Bedingt durch das braune Stickstoffdioxid kann die Abgasfahne von Salpetersäurefabriken und Gasturbinen gelbbraun gefärbt sein. Bei Temperaturen über 21 °C soll die Sichtbarkeit bei NO_2-Emissions-Konzentrationen von mehr als 200 mg/m³ auftreten [32]. Hardison gibt aufgrund von Laborversuchen und unterstützenden Freilandbeobachtungen für die Grenzkonzentration c_G der Sichtbarkeit an [33]:

$$c_G = \frac{125}{d} \qquad [c_G] = \text{mg/m}^3$$
$$[d] = \text{m}$$

Diese Beziehung ist bereits in die TAL 1974 Nr. 3.17 a 1.2 aufgenommen worden; die TAL 1986 enthält in Ziff. 3.3.4.1 a. 1 die nahezu gleiche Formel:

$$c_G = \frac{120}{d}$$

Zumindest für die USA ist NO_2 als Ursache der Braunfärbung der bodennahen städtischen Luftschicht nachgewiesen worden [34]. Nach Hine bewirken bei Fehlen von Aerosolen Konzentrationen von 200–600 µg/m³ einen rötlichbraunen Dunst [17]. Er ist nach Peters bei NO_2-Gehalten oberhalb 500 µg/m³ auf 15 km sichtbar [35].

9.4 Wirkungen der Folgeprodukte der Stickstoffoxide

9.4.1 Wirkungen der Oxidantien

9.4.1.1 Erläuterungen zum Begriff „Oxidantien“

Die Stickstoffoxide sind wichtige Vorläufer der Oxidantien. Das Auftreten dieser Gruppe von luftverunreinigender Stoffe wurde 1944 in Los Angeles bei strahlungsreichen Schönwetterlagen beobachtet. Oxidantien sind sekundäre luftverunreinigende Stoffe, die oxidierend wirken. Dieser Sammelbegriff ist eng verknüpft mit der lange Zeit gebräuchlichsten naßchemischen Kaliumjodid-Meßmethode. Unter Oxidantien verstand man in den USA alle luftverunreinigenden Gase, die aus einer Kaliumjodidlösung Jod freisetzen, das dann colorimetrisch nachgewiesen wurde:

$$O_3 + 2KJ + H_2O \rightarrow J_2 + O_2 + 2KOH$$

Stickstoffdioxid und Chlor rechnet in der Regel nicht dazu. Reduzierende Stoffe wie z.B. SO_2 und H_2S bewirken eine Reduktion des freigesetzten Jods, so daß die KJ-Methode in der Außenluft nur die „Netto-Oxidantien"-Konzentration erfaßt [22]. Zu den Oxidantien zählen insbesondere:

- Ozon (O_3);
- Peroxiacylnitrate (PANs, R COOO NO_2),
  - PAN, Peroxiacetylnitrat ($R = CH_3$),
  - PPN, Peroxipropionylnitrat ($R = C_2H_5$);
  - PB_zN, Peroxibenzoylnitrat ($R = C_6H_5$)
- Peroxide:
  - Wasserstoffperoxid (H_2O_2),
  - weitere Peroxide.

Neuerdings versteht man unter Oxidantien alle Produkte photochemischer Reaktionen zwischen Stickstoffoxiden und reaktiven Kohlenwasserstoffen [22, 36]. Damit gehören allerdings auch Substanzen dazu, die keine oxidierenden Eigenschaften besitzen, aber wegen ihrer Wirkungen unerwünscht sind [37]. Zum so erweiterten Oxidantienbegriff zählen dann Aldehyde und Ketone sowie die freien und aerosolgebundenen anorganischen und organischen Säuren [22].

9.4.1.2 Wirkungen des Ozons

Das durch photochemische Prozesse in der Stratosphäre entstehende Ozon (O_3) hat in einer Höhe von 20–30 km ein Maximum der Konzentration. Durch Vertikalbewegungen gelangt es in die bodennahe Schicht der Troposphäre. Die mittlere natürliche Immission liegt zwischen 40 und 80 $\mu g/m^3$ (20–40 ppb) mit Maximalwerten bis zu 160 $\mu g/m^3$ (80 ppb) [22]. Wie in Abschn. 7.3 erläutert, ist Ozon als sekundärer luftverunreinigender Stoff auch anthropogenen Ursprungs. Im trockenen Jahr 1976 wurden in Mannheim maximale 3-Stunden-Mittel bis 540 $\mu g/m^3$ beobachtet [22].

Ozon ist ein blaues, stark oxidierend wirkendes Gas mit einem stechenden Geruch (Tabelle 9.3). Die meisten Quellen nennen 40 $\mu g/m^3$ als Geruchsgrenze. Entgegen der vielfach auch im Kurbetrieb verbreiteten Meinung und der wohltuenden „ozonreichen Waldluft" stellt Ozon ein toxisches Gas dar [11, 38]. Etwa 90 % des eingeatmeten Ozons werden vom Organismus aufgenommen, 15–20 % in den oberen und der Rest in den unteren Luftwegen [39]. Es hat bezüglich Mensch und Tier das gleiche Wirkungsspektrum wie Stickstoffdioxid (s. Abschn. 9.3.1, [7]). Wegen seiner starken Reaktionsfreudigkeit und geringen Wasserlöslichkeit ist Ozon jedoch noch aggressiver als Stickstoffdioxid, weshalb

Tabelle 9.3. Einige Angaben für Ozon und Peroxiacetylnitrat (Oxidantien)

Kriterium	Einheit	Ozon O_3	Peroxiacetyl-nitrat (PAN) $CH_3COO_2NO_2$
Molmasse	g/mol	48,0	121
Dichte i.N.	kg/m^3 i.N.	2,14	5,4
Schmelzpunkt	°C	−192,7	
Siedepunkt	°C	−111,9	106[a]
Dampfdruck bei Raumtemp.	mbar	–	20,38
Farbe	–	Blau	Farblos
Geruch, Art	–	Stechend	
Geruch, Schwelle	$\mu g/m^3$	30−110 (3300)	
Augenreizschwelle	$\mu g/m^3$	200, 1080	2700 (?)
MAK	$\mu g/m^3$	200	–

[a] Nach US-Angaben kein wahrer Siedepunkt vorhanden, da vorher Zerfall

die Wirkungsschwellen niedriger liegen (Bild 9.1). VDI 2310 (1974) nennt als MIK-Werte:

1/2-h-Mittel	150 $\mu g/m^3$
Tages- und Jahresmittel	50 $\mu g/m^3$

Als eine Ursache der seit 1944 im Los Angeles Becken beobachteten Schäden an Blattgemüse, Zierpflanzen und landwirtschaftlichen Kulturen wurde 1950 das Ozon erkannt [40]. Erste Beobachtungen über Schadwirkungen von Ozon und Pflanzen liegen seit 1963 für Mitteleuropa vor [22]. Es gelangt (wie auch das PAN) nahezu ausschließlich durch Diffusion über die Spaltöffnungen in das Mesophyll der Blätter [22]. Als (sehr) empfindliche Pflanzenarten seien z.B. Spinat, Tabak, Tomate und Wein genannt. Eine deutliche Differenzierung im Resistenzverhalten der Nadel- und Laubbäume liegt nicht vor [22]. Europäische Lärche, Schwarz-Kiefer, Weiß-Eiche und gewöhnliche Platane gelten als sehr empfindlich, während Rot-Eiche, Rotbuche und gemeine Fichte weniger empfindlich sind [22]. Als *alleinige* Ursache für die neuartigen Waldschäden (gemeinhin Waldsterben genannt) ist die Ozon-Immission nicht anzusehen, doch bietet die mehrere Wechselwirkungen berücksichtigende Ozonhypothese beachtenswerte Ansätze zur Klärung des Phänomens.

Ozon kann insbesondere auf die folgenden organischen Materialien einwirken:

- ungesättigte Polymere,
- Textilfarbstoffe,
- Textilfasern (natürliche und künstliche),
- Anstrichfarben.

Die zahlreichen Kohlenstoff-Doppelbindungen der ungesättigten Polymere, wie Natur- und synthetischer Kautschuk, sind besonders anfällig gegenüber Ozon [22]. Bei mechanischer Belastung (Dehnung) kann Rißbildung und schnelle Zerstörung schon bei Konzentrationen zwischen 20−40 $\mu g/m^3$ (natürliche Immission!) auftreten [22]. Die Industrie hat inzwischen Elastomere ohne oder mit relativ wenigen Doppelbindungen entwickelt, die ozonresistent sind, z.B. Fluorkautschuk (Viton). Bei Textilfarbstoffen können Verfärbungen und Verbleichungen durch Ozon bedingt sein. Während Stickstoffdioxid nur zur Änderung der Farbnuance führt, kann Ozon einen irreversiblen Farbverlust bewirken; allerdings stehen genügend resistente Farbstoffe zur Verfügung [22]. Im Hinblick auf andere Schadensfaktoren wie Licht, Wärme, Nässe-Trockenheit-Zyklen und Mikroorganismen scheinen ozonbedingte Schäden an Textilfasern von untergeordneter Bedeutung zu sein.

9.4.1.3 Wirkungen der PANs

PAN (Peroxiacetylnitrat) ist ein sekundärer luftverunreinigender Stoff, der keine nennenswerten natürlichen Quellen hat [44]. Einige chemisch-physikalische Daten enthält Tabelle 9.3. Es zerfällt in Stickstoffdioxid (NO_2) und Peroxiacetylradikal (CH_3COO_2) mit der Geschwindigkeitskonstanten [22]

$$k = 10^{16,5} \exp\left(-\frac{13\,600}{T}\right) \qquad [k] = s^{-1} \quad [T] = K.$$

Als „Verbindung X" im Los-Angeles-Smog gesucht, wird es für Reizerscheinungen an den Augen verantwortlich gemacht. Seine Phytotoxizität ist stärker als die des Ozons [9]. Es gefährdet vornehmlich die landwirtschaftlichen und gärtnerischen Pflanzenarten sowie mehrere krautige Gewächse des Zierpflanzenbaus [22]. Empfindlich sind z.B. Hafer, Bohne, Salat und Klee, mittelempfindlich z.B. Weizen, Gerste, Zuckerrübe und Spinat [22]. Im Gegensatz zu den krautigen Pflanzen ist über die Wirkung auf Bäume wenig bekannt [9]; die bisher geprüften Gehölzpflanzen haben sich durchweg als weniger empfindlich erwiesen [22]. Der Phytotoxizitätsgrad der höheren Homologe nimmt zwar mit der Molmasse zu, doch sind ihre Immissionen zu gering für eine Pflanzenschädigung [22].

9.4.2 Wirkungen säurehaltiger Niederschläge

Die Folgeprodukte der Stickstoffoxide sind neben den Schwefelverbindungen wesentliche Ursache der säurehaltigen Niederschläge (vgl. Abschn. 7.5.3). Sie können in folgender Weise direkt auf die oberirdischen Teile der Vegetation einwirken [45]:

- Schädigung der pflanzlichen Oberfläche (Nekrosen, Chlorosen),
- physiologische Veränderungen durch eindringen der Bestandteile säurehaltiger Niederschläge über die Kutikula und Stomata in die Pflanze (vermutlich ist dazu eine Beschädigung der äußeren Schutzschicht [Wachsschicht] erforderlich),
- Auswaschen von Stoffen aus der Blattoberfläche,
- Beeinflussung der Mikroorganismen und Flechten auf der Blattoberfläche

Die Erforschung dieses Wirkungsmechanismus begann erst 1973 [45]; eine Übersicht des neuesten Schrifttums ist in [45] enthalten.

Auf die Wirkung säurehaltiger Niederschläge auf Materialien wurde bereits im Abschn. 9.3.3 hingewiesen.

9.4.3 Wirkungen auf Boden und Gewässer

Ein zentraler Bereich des Bodenschutzes ist der Eintrag quantitativ und/oder qualitativ problematischer Stoffe in die Böden, der über den Luft-, Wasser- und Abfallpfad erfolgen kann [46, 47].

Luftverunreinigende Stoffe werden durch die trockene und nasse Ablagerung (Deposition) in die Böden und Gewässer eingetragen (Abschn. 7.4 und 7.5). Dies kann zu einer

- Anreicherung der luftverunreinigenden Stoffe (Schwermetalle)
- Versäuerung (Zunahme der Acidicität)

führen. Die Versauerung der Böden entsteht durch bodeninterne Quellen, Eintrag aus der Atmosphäre (Deposition) und Düngungsmaßnahmen [45]. Sie beeinflußt die

- mikrobiologischen Prozesse im Boden,
- Freisetzung von Schadstoffen im Wurzelbereich, z.B. Aluminium,
- Verfügbarkeit von Nährstoffen,
- und durch Auswaschen der Böden den Säuregrad von Oberflächengewässern [45].

Den neuesten Erkenntnisstand zu diesem äußerst komplizierten Themenkomplex enthalten die deutschen Literaturstellen [45–50].

9.5 Grenzwerte zur Beurteilung der Wirkungen

9.5.1 Maximale Arbeitsplatz-Konzentration und Technische Richtkonzentration

Bevor auf die Immissionsgrenzwerte eingegangen wird, sollen die Grenzwerte der Arbeitsmedizin erwähnt werden. Zur Beurteilung von Schadstoffkonzentrationen in Arbeitsräumen dienen die *M*aximalen *A*rbeitsplatz-*K*onzentrationen (MAK-Werte) und neuerdings die *T*echnischen *R*icht*k*onzentrationen (TRK-Werte). Letztere beziehen sich auf krebserregende Stoffe, weshalb hier weitere Hinweise nicht erforderlich sind. Die bundesdeutschen MAK-Werte sind wie folgt definiert: Der MAK-Wert ist die höchstzulässige Konzentration eines Arbeitsstoffes als Gas, Dampf oder Schwebstoff in der Luft am Arbeitsplatz, die nach dem gegenwärtigen Stand der Kenntnis auch bei wiederholter und langfristiger, in der Regel täglich 8-stündiger Exposition, jedoch bei Einhaltung einer durchschnittlichen Wochenarbeitszeit von 40 Stunden (in Vierschichtbetrieben 42 Stunden je Woche im Durchschnitt von 4 aufeinanderfolgenden Wochen) im allgemeinen die Gesundheit der Beschäftigten nicht beeinträchtigt und diese nicht unangemessen belästigt [51].

Sie gelten in der Regel nur für die Belastung durch den reinen Stoff und sind als Durchschnittswerte für eine 8-stündige Arbeitsschicht zu verstehen. Seit 1983 werden die kurzzeitigen Überschreitungen des MAK-Wertes nach oben durch den

Table 9.4. Maximale Arbeitsplatz-Konzentrationen für Stickstoffoxide (mg/m³)

Staat		Quelle	NO	NO_2	$\Sigma(NO, NO_2)$[a]
BR Deutschland					
1958		[52]	–	–	10
1984	MAK	[51]	–	9	–
	KZW[b]			18[b]	
DDR					
1979		[12]	20	10	
UdSSR					
1978		[53]	–	–	5
1984		[55]	–	2	–
USA					
1953		[54]	–	–	50
1981	TWA[c]	[55]	30	6	–
	STEL[d]		45	10	–

[a] Als NO_2
[b] Kurzzeitwert für Meßzeitintervall von 5 min; Häufigkeit <8mal pro Schicht
[c] TWA = Time Weighted Average; zeitgewichteter Mittelwert
[d] STEL = Short Term Exposure Limit; max. Konzentration bei einer Exposition bis zu 15 min

Kurzzeitwert (KZW) beschränkt. Stickstoffdioxid gehört zur Kategorie I; bis 8 mal pro Schicht darf der MAK-Wert bis 18 000 μg/m³ überschritten werden. Die MAK-Werte für Stickstoffoxide enthält Tabelle 9.4. In der BRD und in den USA ist der Übergang auf eine getrennte Betrachtung von NO und NO_2 bemerkenswert. Der MAK-Wert für NO_2 ist bei uns zumindest seit 1968 *nicht* mehr verändert worden.

Gegenüber den Immissionsgrenzwerten bestehen folgende Unterschiede:

- Der MAK-Wert gilt für den gesunden arbeitenden Menschen im Alter von 18 bis 65 Jahren. Anfällige Gruppen wie Kinder, Schwangere, Kranke und Greise sind nicht berücksichtigt.
- Die Einwirkungsdauer beträgt nur 8 Stunden pro Tag bzw. 40 Stunden pro Woche.

9.5.2 Maximale Immissionskonzentrationen der VDI-Richtlinien

Die Maximalen Immissions-Werte der VDI-Richtlinien werden vom Hauptausschuß III der VDI-Kommission Reinhaltung der Luft festgelegt. Die *M*aximalen *I*mmissions*k*onzentrationen (MIK) der alten Richtlinien waren definiert als diejenigen Konzentrationen in bodennahen Schichten der freien Atmosphäre bzw. bei Staub auch als diejenigen Niederschlagmengen im Gelände, die nach den derzeitigen Erfahrungen im allgemeinen für Mensch, Tier oder Pflanze bei Einwirkung von bestimmter Dauer und Häufigkeit als unbedenklich gelten können. Es wird je ein Wert für dauernde (MIK_D) und für kurzfristige Einwirkungen (MIK_K) genannt. VDI 2105 vom Mai 1960 enthält die ersten deutschen MIK-Werte für Stickstoffoxide (nitrose Gase, Tabelle 9.5). Drei 1/2-h-Mittel konnten täglich den Dauerwert bis zum Kurzzeitwert überschreiten.

Tabelle 9.5. MIK-Werte der VDI-Richtlinien

	Gas	Kurzzeitwert µg/m³		Dauerwert	
		½ h	24 h	Beurteilungszeit	µg/m³
VDI 2105 Mai 1960	NO_x	2000		?	1000[a]
VDI 2310 Sept. 1974	NO	1000	500	1 a	–
	NO_2	200	100		–
VDI 2310 Bl. 12 März 1984	NO_2	200	100[b]	1 a	–
VDI 2310 Bl. 5 Sept. 1978	NO_2	6000	–	7 mon	350

[a] 3mal täglich überschreitbar bis zum Kurzzeitwert
[b] Überschreitung nicht öfters als einmal pro Monat bis höchstens auf das Dreifache

VDI 2310 vom September 1974 gab neue umfassende Definitionen für die MIK-Werte und nannte getrennte Werte für Stickstoffmonoxid und Stickstoffdioxid (Tabelle 9.5). Unterhalb der Maximalen Immissionswerte sind nach dem heutigen Wissensstand Mensch, Tier, Pflanze und Sachgüter geschützt. Sie zielen also darauf ab, eine Gesundheitsschädigung des Menschen, insbesondere auch von Kindern, Alten und Kranken, selbst bei langfristiger Einwirkung zu vermeiden und einen Schutz vor Schädigungen von Tieren, Pflanzen und Sachgütern zu gewährleisten [4].

Die Maximalen Immissions-Werte sind rein wirkungsbezogene wissenschaftlich begründete und aus praktischen Erfahrungen abgeleitete Wert mit medizinischer oder naturwissenschaftlicher Indikation [4]. Sie berücksichtigen nicht die technische Realisierbarkeit, sondern sind Entscheidungshilfen für den Gesetzgeber und die Gerichte.

Der Maximale Immissions-Wert muß um einen Sicherheitsfaktor niedriger liegen als der Wert, der beim Menschen nach dem derzeitigen Stand der Kenntnisse – vermutet oder nachgewiesen – gerade noch zu einer Gesundheitsschädigung führt. Dieser Sicherheitsfaktor (besser Faktor zur Risikoverminderung) berücksichtigt folgende Gegebenheiten [1, 4]:

– Umfang der vorliegenden Wirkungsuntersuchungen (Tier- und Humanexperimente, expidemiologische Studien)
– Kenntnis der Wirkungen auf vorgeschädigte Personen bzw. Risikogruppen
– Berücksichtigung der Kumulation eines Stoffes
– Generelle Unschärfe der Immissions-Wirkungs-Beziehungen.

Eine kritische Durchsicht der Wirkungsliteratur fand 1985 ihren Niederschlag in der neuen VDI 2310 Bl. 12 [14]. Unter Beibehaltung der bisherigen MIK-Werte erübrigte sich die gesonderte Festlegung eines Langzeitwertes [14]. Dem 24 h-Mittel (Tabelle 9.5) liegt ein Sicherheitsfaktor von 4–9 (besser 0,25–0,11) zugrunde [14].

Tabelle 9.5 enthält auch den MIK-Wert zum Schutz empfindlicher Pflanzen. Als Kriterium der Wirkung dienten neben äußeren Schädigungsmerkmalen Auswirkungen auf die Wuchs- und Ertragsleistung sowie auf die Qualität der pflanzlichen Erzeugnisse [26]. Werte für sehr bzw. weniger empfindliche Pflanzen sind im Abschn. 9.3.2 angegeben worden.

9.5.3 Immissionswerte der TAL

Die Grenzwerte für Stickstoffoxide (nitrose Gase) der VDI 2105 vom Mai 1960 wurden in die erste TAL 1964 übernommen (Tabelle 9.6). Das Bundesimmissionsschutzgesetz aus dem Jahre 1974 sieht in § 48 Nr. 1 den Erlaß von „Immissionswerten" vor, die Mensch, Tiere, Pflanzen und andere Sachen vor „schädlichen Umwelteinwirkungen" sowie „erheblichen Nachteilen und erheblichen Belästigungen" schützen sollen. Die Immissionswerte sind also nach üblichem Sprachgebrauch Immissions*grenzwerte.*

Die TAL 1974 legte getrennte Werte für Stickstoffmonoxid (NO) und Stickstoffdioxid (NO_2) fest. Die TAL 1983 enthält keinen Immissionwert für NO, da die festgestellten Immissionen weit von der gesundheitlichen Relevanzschwelle entfernt sind, so daß keine gesundheitliche Beeinträchtigung zu erwarten

Tabelle 9.6. Entwicklung der Immissionsgrenzwerte der TAL für Stickstoffoxide[a] (als NO_2)

Jahr	Beurteilungs-zeitraum[b]	Langzeitwert[b] µg/m³	Kurzzeitwert[c]	
			Perzentil	µg/m²
1964	(6 mon)...1 a	1000[d]	–[e]	2000[d]
1974	(2 mon)...1 a	100	95 s_o-Verf.	300
–			95[f]	
1983	(6 mon)...1 a	80	98	300
–				
1986	(6 mon)...1 a	80	98	200

[a] Meßzeitintervall (Bezugszeit): 30 min
[b] Ab 1974 als IW1-Wert bezeichnet, entspricht jährlichem arithmetischem Mittel
[c] Ab 1974 als IW2-Wert bezeichnet
[d] Grenzwert für nitrose Gase, d.h. $NO_x = \Sigma(NO, NO_2)$ als NO_2
[e] Kurzzeitwert darf nur einmal ½ h innerhalb von 8 h auftreten
[f] Meßwerte aus drei aufeinanderfolgenden Meßzeiträumen liegen nicht vor

ist [56, 57]. In der TAL 1983 ist für NO_2 der Langzeitwert (IW1) von 100 auf 80 µg/m³ herabgesetzt worden. Zur Verbesserung des Gesundheitsschutzes bestand dafür keine Notwendigkeit [56]. Der Wert von 100 µg/m³ wurde des öfteren für vertretbar und ausreichend gehalten [20, 58]. Einige Wissenschaftler bezweifelten jedoch, ob Risikogruppen genügend geschützt sind, „ohne daß hierfür allerdings signifikante Ergebnisse vorgelegt werden konnten" [58]. Als Begründung für die Herabsetzung wird die indirekte Wirkung des NO_2 über seine Beteiligung an der Bildung von Oxidantien genannt [57]. In der TAL 1986 ist der Kurzzeitwert (IW2) von 300 µg/m³ auf 200 µg/m³ gesenkt worden. Damit erfolgte die Anpassung an die EG-Richtlinie über Luftqualitätsnormen für Stickstoffdioxid vom 7.3.1985.

Zum Verständnis und zur Beurteilung der Immissionswerte für Stickstoffdioxid sei auf folgende Gesichtspunkte hingewiesen:

- Die wirkungsbezogenen Grenzwerte bilden die Grundlage für die Festlegung der TAL-Grenzwerte durch die politischen Entscheidungsträger. Sie schließen somit nach der Rechtsprechung *nicht* „jedes nur denkbare Risiko aus" (vgl. [3]). Als rechtsverbindliche Normen gleichen die TAL-Werte den angloamerikanischen „standards" [76].
- Das gleichzeitige Vorhandensein anderer luftverunreinigender Stoffe ist berücksichtigt, da die epidemiologischen Untersuchungen, die die Basis für die IW-Werte bilden, auch das Auftreten anderer Stoffe beinhalten [3].
- Die Immissionsgrenzwerte stehen in untrennbarer Verbindung mit den Verfahren zur Ermittlung der Immissionskenngrößen für die Vor-, Zusatz- und Gesamtbelastung. Danach ist der IW1-Wert ein Jahresmittel, der IW2-Wert hat den Charakter eines 98-Perzentils (in Sonderfällen 95-Perzentil), d.h. selbst wenn der Grenzwert gerade eingehalten wäre, liegen noch 2 % der Meßwerte darüber. Im Gegensatz zu den MIK-Werten des VDI und Auslandes, die sich auf einzelne, kontinuierlich arbeitende Meßstationen beziehen, haben die IW-Werte einen strengen Flächenbezug.
- Gewisse Unsicherheiten bei der Ermittlung der Immissionskenngrößen sind bei den Grenzwerten berücksichtigt. Auf diesen naturwissenschaftlich nicht korrekten Tatbestand weisen Junker u.a. ausdrücklich hin [3].
- Die NO_2-Werte schützen vor Gesundheitsgefahren; eine Überschreitung ist nicht zulässig (vgl. auch § 48 Nr. 1 BImSchG). Sie stellen eine Grenzlinie zwischen schädlichen und unschädlichen Umwelteinwirkungen dar [57, 59].

Aus naturwissenschaftlicher Sicht läßt sich allerdings eine solch scharfe Grenze nicht klar und allgemeingültig ziehen [60]. Bei Einhaltung der Immissionsgrenzwerte ist die Wahrscheinlichkeit des Eintretens schädlicher Wirkungen extrem niedrig; umgekehrt ist die Nichteinhaltung nicht ohne weiteres gleichbedeutend mit dem Vorhandensein von Gefahren [3]. Im Urteil des OVG Münster v. 7.7.1976 heißt es, daß die Immissionswerte „nicht die Bedeutung von starren absoluten Grenzen haben, sondern als Markierungen anzusehen sind, die einen nicht genau bekannten Übergangsbereich zwischen schädlichen und unschädlichen Umwelteinwirkungen kennzeichnen, oder – mit anderen Worten – mit Warntafeln verglichen werden können und in diesem Sinne den Charakter von Richtwerten oder Anhaltspunkten haben" [59].

9.5.4 Bundesdeutsche Richtwerte für die Bauleitplanung

Aus der Sicht der Bauleitplanung fehlen behördlich festgelegte Richtwerte für die Immissionen in Abhängigkeit von Raumnutzungskategorien wie z.B. Wohn-, Gewerbe- oder Industriegebiet. Einige Experten empfehlen in besonders zu schützenden Gebieten ein Jahresmittel von nur 10 µg/m³; für Kurorte gilt nach dem Runderlaß vom 30.12.1974 des Niedersächsischen Sozialministers ein I1-Wert von 20 µg/m³ [77]. Die Richtlinien und Begriffsbestimmungen des Deutschen Bäderverbandes vom 30.6.1979 verlangen, daß 40 % der TAL-Werte in Kurorten nicht überschritten werden dürfen [77, 78].

Kühling hat kürzlich ausgehend von den vorhandenen Grenzwerten (z.B. TAL, VDI-Richtlinie, WHO-Empfehlung usw.) folgende Planungsrichtwerte vorgeschlagen [78]:

	Heilklimatische Kurorte µg/m³	Wohnsiedlung, Freizeit, Erholung µg/m³
I1	25	50
I2 (95-Perz.)	50	100
I2 (98-Perz.)	70	140
24-h-Mittel	50	100
1/2-h-Mittel	100	200

9.5.5 Japanische Immissionsgrenzwerte

Aufgrund des „Article 9 of Basic Law for Environmental Pollution Control" hatte die japanische Environment Agency (EA) am 8.5.1973 erstmals Immissionsgrenzwerte für Stickstoffdioxid erlassen. Sie sind wie folgt zu charakterisieren:

- Meßzeitinterval ist eine Stunde, aus denen Tagesmittel gebildet werden.
- Als Meßmethode wird vor allem die Colorimetrie mit dem Saltzmann-Reagenz (Saltmann-Faktor erst 0,72 heute 0,84) empfohlen.
- Die „environment standards" stellen Zielvorstellungen dar, die mittelfristig erreicht werden sollen. Sie haben damit bei Genehmigungsverfahren nicht die Bedeutung wie bei uns.

Der „standard value", der von den Tagesmitteln der Immissionskonzentration nicht überschritten werden darf, betrug 40 µg/m³ (0,02 ppm) entsprechend einem errechneten Jahresmittel von ca. 20 µg/m³ [61 – 64]. Dieser Immissionsgrenzwert sollte so schnell wie möglich innerhalb von 5 Jahren erreicht werden. In Ballungsgebieten wurde jedoch ein vorläufiger Zielwert für 5 Jahre zugelassen: mehr als 60 % aller Tagesmittel eines Jahres kleiner 40 µg/m³. Die Frist bis zur vollen Einhaltung des „standard values" betrug 8 Jahre [64].

Der sehr niedrige Immissionsgrenzwert des Jahres 1973 enthielt wegen des damals noch begrenzten Wissensstandes einen großen Sicherheitsfaktor [65]. Am 11.7.1978 erhöhte deshalb die EA den Grenzwert auf 80 – 120 µg/m³ (0,04 – 0,06 ppm). In Gebieten mit Immissionen >120 µg/m³ müssen Anstrengungen unternommen werden, ihn in einer Frist von nicht mehr als 7 Jahren zu erreichen. In Gebieten mit Immissionen zwischen 80 und 120 µg/m³ soll das Niveau gehalten werden. Nicht zur Anwendung kommt der Grenzwert in besonderen Industriearealen und Straßen sowie Gebieten ohne ständige Wohnbevölkerung.

9.5.6 Immissionsgrenzwerte der USA

Der erste allgemeine Immissionsgrenzwert für Stickstoffoxide war vermutlich das Stundenmittel 190 µg/m³ (0,1 ppm) im Bundesstaat Colorado. Der Clean Air Act von 1970, der auf den Air Quality Act von 1967 aufbaut, sieht erstmals bundesweite Standards für die Luftqualität vor (National Air Quality Standards, NAQS). Die primären Standards dienen dem Schutz der Gesundheit der Bevölkerung. Die sekundären Standards beschreiben eine Luftqualität, die keine weitergehenden Wirkungen auf menschliches Wohlbefinden, Boden, Wasser, Vegetation, Tiere, Sicht und Klima hat.

Im April 1971 erließ die EPA als national primary und secondary standard für Stickstoffoxide 100 µg/m³, als NO_2 bezogen auf 25 °C und 1 013 mbar [66]. Auf das ebenfalls vorgeschlagene Tagesmittel von 250 µg/m³, da das nur einmal im Jahr überschritten werden durfte, wurde verzichtet [67]. Ferris nennt als möglichen Kurzzeitwert für 1 h 480 µg/m³; eine höhere Immission ist nur 2–3mal innerhalb eines Jahres zulässig [68]. Nach neueren Angaben könnte das Stundenmittel der EPA bei 500–1 000 µg/m³ liegen [67].

Unterhalb des primären Standards sind keine nachteiligen Wirkungen auf andere Akzeptorgruppen beobachtet worden, weshalb der sekundäre Standard gleich dem primären ist.

9.5.7 Immissionsgrenzwerte europäischer Staaten

Die DDR hat folgende Grenzwerte für die NO_x-Immission (als NO_2) [12]:

Kurzzeitwert (20 min)	100 µg/m³
Langzeitwert (24 h)	40 µg/m³.

Die Sowjetunion kennt Immissionsgrenzwerte für Stickstoffoxide schon seit 1951 [69]. Den Kurz- (20–30 min) und Langzeitwert (24 h) für Wohngebiete in Höhe von 85 µg/m³) gibt es schon seit den frühen 70er Jahren. Bulgarien, Jugoslawien und Ungarn haben die Regelung der Sowjetunion übernommen. Eine Zusammenstellung der Grenzwerte für Stickstoffdioxid enthält Tabelle 9.7. Für die Niederlande nennen Bovenkerk u.a. auch Grenzwerte, die auf Tagesmitteln beruhen [70]:

	24-h-Mittel in µg/m³
50-Perzentil	50
95-Perzentil	100
98-Perzentil	120
99,7-Perzentil (24-h-max.)	150

Tabelle 9.7. Immissionsgrenzwerte europäischer Staaten für Stickstoffdioxid (NO_2)

Staat	Langzeitwert		Kurzzeitwert	
	$\mu g/m^3$	Beurteilungs-zeitraum	$\mu g/m^3$	Beurteilungs-zeitraum
Belgien			200	98-Perz.
Bulgarien [71]	85	24 h	85	20 min
Dänemark			200	30 min
CSSR [71]	100	24 h	300	30 min
Finnland [71]	200	24 h	560	30 min
Italien			200	1 h
Jugoslawien [71]	85	24 h	85	20 min
Niederlande [70]	50	1 a	110	95-Perz.
			135	98-Perz.
Norwegen (Vorschlag)	100	1 a		
	200	24 h	400	1 h
Österreich			200	30 min
Polen	19	1 mon		
	190	24 h	430	30 min
Rumänien	100	24 h	300	30 min
Schweden (Vorschlag)	50	Winter (½ a)	130	99-Perz.
Schweiz (LRV)	30	1 a		
	80	24 h	100	95-Perz.
Spanien	100	1 a	400	30 min
	200	24 h		
UdSSR [71]	85	24 h	85	20 min
Ungarn[a] [71]	150	24 h	500	30 min
Ungarn[b]	85	24 h	85	30 min

[a] Geschützte Gebiete
[b] Besonders geschützte Gebiete

In Belgien, Frankreich, Irland und Großbritannien gilt die EG-Richtlinie Luftqualitätsnormen für Stickstoffdioxid (85/203/EWG, s. Abschn. 9.5.8).

Eine allerdings ältere Zusammenstellung von Grenzwerten für Stickstoffoxide (also einschließlich Stickstoffmonoxid) findet man in [71].

9.5.8 Immissionsgrenzwerte der Europäischen Gemeinschaft (EG) und der Weltgesundheitsorganisation (WHO)

Die Kommission der Europäischen Gemeinschaft hat am 7.9.1983 Vorschläge für die Begrenzung der NO_2-Immissionen vorgelegt, die am 7.3.1985 vom Rat verabschiedet wurden. Sie gelten für folgende Bedingungen [72]:

- Die Massenkonzentration bezieht sich auf NO_2 und ein Luftvolumen von 20 °C: (293 K) sowie 1 013 mbar (101,3 kPa).
- Meßzeitintervall ist eine Stunde, Beurteilungszeitraum ein Kalenderjahr.
- Die Meßstationen, d.h. kontinuierlich registrierende Meßgeräte, sollen dort errichtet werden, wo die höchsten NO_2-Konzentrationen zu erwarten sind. Zur Überwachung der Verkehrsimmissionen muß mindestens eine Meßsta-

tion in Straßenschluchten vorhanden sein. Pegelmessungen erfordern ein Meßstellennetz mit wenigstens 3 Stationen pro 100 km^2.

Der Grenzwert zum Schutz der Gesundheit des Menschen beträgt 200 $\mu g/m^3$, definiert als 98-Perzentil der während eines Kalenderjahres gemessenen Stundenmittel. Als Leitwerte sind angegeben:

50-Perzentil 50 $\mu g/m^3$

98-Perzentil 135 $\mu g/m^3$.

Die Leitwerte gelten für Gebiete, in denen die Umwelt besonders zu schützen ist. Die Überschreitung der Leitwerte verpflichtet die Mitgliedstaaten zu besonderer Wachsamkeit und zum Ergreifen von Maßnahmen, damit der Grenzwert nicht überschritten wird. Eine Überschreitung der Grenzwerte muß der betreffende Staat der Kommission mitteilen und gleichzeitig Pläne zur schrittweisen Verbesserung der Luftqualität unterbreiten.

Die Luftqualitätskriterien der WHO aus dem Jahre 1972 reichten zur Angabe eines Grenzwertes für Stickstoffdioxid nicht aus [63]. Die WHO empfahl ein Stundenmittel von 200 – 340 $\mu g/m^3$, das nicht mehr als einmal im Monat überschritten werden sollte [67]. Das Regionalbüro der WHO hat Ende 1987 in den Luftgüteleitlinien folgende Leitwerte für Stickstoffoxid vorgelegt:

400 $\mu g/m^3$ für 1 Stunde

150 $\mu g/m^3$ für 24 Stunden.

9.5.9 Vergleich der nationalen Immissionsgrenzwerte

Der zwischenstaatliche Vergleich von Grenzwerten der Immission ist noch problematischer als bei der Emission. Auf folgende Gesichtspunkte ist zu achten:

- Auch heute ist nicht immer eindeutig zu erkennen, ob es sich um NO_2- oder $NO_x = \Sigma\ (NO + NO_2)$-Werte handelt.
- Bei Massenkonzentrationen kann die Bezugstemperatur unterschiedlich sein:

  Normzustand 1 ppm = 2,05 $\mu g/m^3$

  20 °C 1 ppm = 1,91 $\mu g/m^3$

  25 °C 1 ppm = 1,88 $\mu g/m^3$

- Es ist auf die Bezugszeiträume zu achten, (Tag, Jahr). Bei Perzentilen sind die Meßzeitintervalle von Bedeutung (Halbstunden-, Stunden-, Tagesmittel).
- Die Beurteilungsfläche kann unterschiedlich sein: Punktförmig kontinuierlich registrierende Meßstation oder Flächenmittel mehrerer Meßstellen eines Meßgebietes
- Unterschiedliche rechtliche Bedeutung
- Tatsächliche Überschreitungshäufigkeit der Grenzwerte

Trotzdem folgt eine Gegenüberstellung der Tages- und Jahresgrenzwerte für Stickstoffdioxid:

	Tagesmittel in $\mu g/m^3$
Sowjetunion, Bulgarien, Jugoslawien	85
Japan	80–120
BRD	100
CSSR, Rumänien	100
Finnland	200
	Jahresmittel in $\mu g/m^3$
Schweiz	30
Niederlande	50
EG-Leitwert	50
Japan (umgerechnet)	40– 60
BRD (IW1)	80
Sowjetunion	85

Gerade bei den sehr niedrigen Grenzwerten ist die Frage zu stellen, inwieweit diese auch realisiert werden können bzw. ob sie heute eingehalten werden.

9.5.10 Auslösekonzentration für austauscharme Wetterlagen

In austauscharmen Wetterlagen (Smog-Wetterlage) können sehr hohe Immissionen auftreten. Um zumindest ihr weiteres Ansteigen zu verhindern, hat der Gesetzgeber Maßnahmen zur Senkung der Emissionen verordnet, die meist in drei Stufen wirksam werden. Zur Charakterisierung dieser Alarmstufen dienen neben meteorologischen Parametern vor allem die Immissionskonzentrationen. Bereits 1955 waren in Los Angeles Grenzwerte für Stickstoffoxide für folgende Alarmstufen in Kraft (als NO_2 [73]):

Warngrenze (belästigend)	6 000 $\mu g/m^3$
Reizgrenze (bedenklich)	10 000 $\mu g/m^3$
Gefahrengrenze (bedrohlich)	20 000 $\mu g/m^3$

Für die USA werden folgende Werte (episode criteria) bezogen auf *eine* Meßstation genannt [8, 66]:

	Stundenmittel in $\mu g/m^3$	Tagesmittel in $\mu g/m^3$
Alert level	1 130	282
Warning level	2 260	565
Energency level	3 000	740
Significant harm level	3 750	938

In Japan waren die folgenden Warngrenzen bei austauscharmen Wetterlagen gültig [61]:

Schäden an der Gesundheit	1 000 µg/m³
Schwere Schäden an der Gesundheit	2 000 µg/m³

Sie sind später durch Konzentrationswerte für die Oxidantien ersetzt worden. In Australien (Victoria, Melbourne) gelten folgende Kriterien [8]:

	Stundenmittel in µg/m³	Tagesmittel in µg/m³
Acceptable level	308	123
Detrimental level	513	308
Alert level	1 025	615

Als erste gesetzliche Regelung in der BRD bezog sich die Smog-Verordnung des Landes Nordrhein-Westfalen v. 2.12.1964 nur auf Schwefeldioxid. Später wurde Stickstoffdioxid mit einem Basiswert von 300 µg/m³ (3-h-Mittel) eingeführt. Bezogen auf Stickstoffdioxid allein galt für die Bekanntgabe der Alarmstufen:

Alarmstufe 1 (Vorwarnstufe)	600 µg/m³
Alarmstufe 2	1 200 µg/m³
Alarmstufe 3	1 800 µg/m³

Aufgrund eines wissenschaftlichen Gutachtens von Schlipköter u.a. [19] sind folgende Werte in die vom Länderausschuß für Immissionsschutz im Oktober 1984 erarbeiteten Muster-Smog-VO eingegangen (3-h-Mittel):

Vorwarnstufe	600 µg/m³
Alarmstufe 1	1 000 µg/m³
Alarmstufe 2	1 400 µg/m³

Die im Jahr 1985 erlassenen Smog-VO der Länder haben diese Auslösewerte übernommen.

9.6 Literatur

1 VDI 2310 Bl. 1: Zielsetzung und Bedeutung der Richtlinien Maximale Immissions-Werte. Hrsg. v. VDI, Ausg. 1988

2 Prinz, B.; Scholl, G.: Erhebung über die Aufnahme und Wirkungen gas- und partikelförmiger Luftverunreinigungen im Rahmen eines Wirkungskatasters. Schriftenr. d. LIB d. Landes NW: H. 36 (1975), 62/86. Essen: Giradet

3 Junker, A. u.a.: TA-Luft Kommentar. Deutscher Wirtschaftsdienst: Köln, 1983

4 VDI 2310: Maximale Immissions-Werte. Hrsg. v. VDI, Ausg. Sept. 1974

5 Offermann-Clas, C.: Luftreinhaltung in der Bundesrepublik Deutschland: Gesetzliche Grundlagen, Voraussetzungen, Verfahren und zuständige Behörden für die Genehmigung emittierender Anlagen. Köln: Bundesanzeiger, 1984

6 v. Nieding, G.; Wagner, H.M.: Vergleich der Wirkung von Stickstoffdioxid und Stickstoffmonoxid auf die Lungenfunktion des Menschen. Staub-Reinhaltung Luft 35 (1975) Nr. 5, 175/178

7 Wagner, H.M.: Erkenntnisse der Wirkungsforschung in Emissionsminderung Automobilabgase – Otto-Motoren. VDI-Bericht 531 (1984) 11/32
8 Smith, I.: Nitrogen oxides from coal combustion-environmental effects. Rep. No. ICTIS/TR 10, IEA Coal Research London, Oct. 1980
9 Der Rat von Sachverständigen für Umweltfragen Energie und Umwelt. Sondergutachten März 1981
10 Horn, K.: Lufthygiene. Berin: VEB Verlag Volk und Gesundheit, 1979
11 Leithe, W.: Die Analyse der Luft und ihrer Verunreinigungen 2. Aufl., Stuttgart: Wiss. Verlagsgesellschaft, 1974
12 Mohry, H.; Riedel, H.-G.: Reinhaltung der Luft. Leipzig: VEB Deutscher Verlag für Grundstoffindustrie, 1981
13 Schlipköter, H.W. u.a.: Untersuchung über die psychologischen und physiologischen Auswirkungen von Autoabgasen auf die Bevölkerung in Stadtgebieten. In VDI: EG-ENQUETE Untersuchung der Umweltbelästigung und Umweltschädigung durch den Straßenverkehr in Stadtgebieten, Kurzfassung, Düsseldorf, 1974
14 VDI 2310, Bl. 12: Maximale Immissionskonzentrationen für Stickstoffdioxid. Hrsg. v. Verein Deutscher Ingenieure, Ausg. Juni 1985
15 Oelert, H.H.; Florian, Th.: Erfassung und Bewertung der Geruchsbelästigung durch Abgase von Dieselmotoren. Staub-Reinhaltung-Luft 32 (1972) Nr. 10, 400/407
16 Hesketh, H.E.: Understanding & controlling air pollution. Sec Ed.; Ann Arbor Science Publishers, Inc. Ann Arbor 1974
17 Hine, C.H.: The oxides of nitrogen and the quality of environmental air. 1. Intern. Symposium d. Inst. f. ökologische Chemie der Gesellschaft für Strahlenforschung. München: 1969
18 Gruden, d.: Abgasemission und Abgasgeruch des Viertakt-Fahrzeug-Otto-Motors. ATZ 74 (1972) 5, 180/187
19 Schlipköter, H.W. u.a.: Wissenschaftliches Gutachten über die Kriterien des Smogwarndienstes. Med. Inst. f. Umwelthygiene, Düsseldorf, Nov. 1984
20 Knelson, J.H.: Medizinische Grundlagen des Grenzwertes für NO_2-Immissionen in den USA. Staub-Reinhalt. Luft 35 (1975) Nr. 5, 178/184
21 Umweltbundesamt: Materialien zum Immissionsschutzbericht 1977 der Bundesregierung an den Deutschen Bundestag. Berlin: Erich Schmidt, 1977
22 Umweltbundesamt (Hrsg.): Luftqualitätskriterien für photochemische Oxidantien. Berichte 5/83. Berlin: Erich Schmidt, 1983
23 MacLean, D.C.: Stickstoffoxide als phytotoxische Luftverunreinigungen. Staub-Reinhalt. Luft 35 (1975) Nr. 5, 205/210
24 van Haut, H.: Kurzzeitversuche zur Ermittlung der relativen Phytotoxizität von Stickstoffdioxid. Staub-Reinhalt.-Luft 35 (1975) Nr. 5, 187/193
25 van Haut, H.; Stratmann, H.: Experimentelle Untersuchungen über die Wirkung von Stickstoffdioxid auf Pflanzen. Schriftenr. Landesanstalt für Immissions- und Bodennutzungsschutz Land NW 1967, H. 7, 50/70
26 VDI 2310, Bl. 5, Entw. Sept 1978: Maximale Immissions-Werte zum Schutze der Vegetation. Max. Immissions-Werte für Stickstoffdioxid.
27 Taylor, O.C. et al.: Oxides of nitrogen in: Mudd, J.B. a. T.T. Kozlowski: Responses of plants to air pollutants, 121/139. Academic Press, New York 1975 zit. nach [8]
28 Prinz, B.; Brandt, C.J.: Study on the impact of the principal atmospheric pollutants on the vegetation. EUR 6644 EN, Comm. Eur. Commun., Brüssel 1980
29 Oswald, R. u.a.: Gebäudeschäden durch Luftverschmutzung. Schriftenr. 04 „Bau- und Wohnforschung" Bundesminister. für Raumordnung, Bauwesen u. Städtebau, Heft Nr. 04. 112, 1985
30 Huber, H.; Jörg, F.: Einfluß von Stickstoffoxiden auf Kunststoffe. Staub-Reinhalt. Luft 35 (1975) Nr. 5, 184/187
31 Huber, H.; Jörg, F.: Veränderungen an Polymermaterialien durch die Einwirkung von Stickstoffdioxid, Teil I, Staub-Reinhalt. Luft 41 (1981) Nr. 1, 1/7 und Teil II, Staub-Reinhalt. Luft 41 (1981) Nr. 4, 133/140
32 Uhlmanns Encyklopädie der technischen Chemie Verlag Chemie; Weinheim/Bergstraße
33 Hardinson, L.C.: Techniques for controlling the oxides of nitrogen. Journ. Air Poll. Contr. Assoc. 20 (1970) Nr. 6, 377/382

34 Horvath, H.: On the brown colour of atmosphere haze. Atm. Environment 5 (1971) Nr. 5, 333/344 Kurzref. in Staub-Reinh. Luft 32 (1972) Nr. 5, 227

35 Peters, M.S.: Ursachen, Bedeutung und Kontrolle der Stickstoff/Sauerstoffverbindungen in der Luftverunreinigung. Chemie-Ing.-Techn. 41 (1969), 593/596

36 Schmölling, J.; Jörß, K.E.: Räumliche Verteilung und zeitliche Entwicklung von Emissionen der Vorläufer saurer Niederschläge und Oxidantien. VDI-Berichte Nr. 500 (1983), 13/19

37 Becker, K.H.: Simultationsexperimente zur photochemischen Luftverschmutzung. Staub-Reinhalt. Luft 38 (1978) Nr. 7, 278/283

38 Möller, F.: Einführung in die Meteorologie Bd. 1. Bibliographisches Institut/Mannheim/Wien/Zürich 1973

39 Schlipköter, H.-W.; Goettert, L.: Einflüsse von Luftverunreinigungen auf die Gesundheit von Menschen in Buchwald/Engelhardt (Hrsg.): Handbuch für Planung, Gestaltung und Schutz der Umwelt Bd. 2, 175/188. München Bern Wien: BLV 1978

40 Arndt, U.; Lindner, G.: Zur Problematik phytotoxischer Ozon Konzentrationen im süddeutschen Raum. Staub-Reinhalt. Luft 41 (1981) Nr. 9, 349/352

41 Prinz, B. u.a.: Vorläufiger Bericht der Landesanstalt für Immissionsschutz über Untersuchungen zur Aufklärung der Waldschäden in der Bundesrepublik Deutschland. LIS-Berichte Nr. 28, Essen: 1982

42 Arndt, U. u.a.: Die Beteiligung von Ozon an der Komplexkrankheit der Tanne (Abics alba Mill) - eine prüfenswerte Hypothese. Staub-Reinhalt. Luft 42 (1982) Nr. 6, 243/247

43 Prinz, B.: Waldschäden in den USA und in der Bundesrepublik Deutschland – Betrachtungen und Ursachen. Sammelband VGB-Konferenz „Kraftwerk und Umwelt 1985“, 42/50. Essen: VGB-Kraftwerkstechnik

44 Bruckmann, P.; Mülder, W.: Die Messung von Peroxiacetylnitrat (PAN) in der Außenluft – Verfahren und erste Ergebnisse. Schriftenr. Landesanstalt für Immissionsschutz d. Landes NW H. 47 (1979), 20

45 VDI-Kommission Reinhaltung der Luft (Hrsg.): Säurehaltige Niederschläge – Entstehung und Wirkungen auf terrestrische Ökosysteme. Düsseldorf: 1983

46 Kleinhort, H.: Strategien zur Verminderung der Bodenbelastung durch Luftverunreinigungen. Vorträge des 5. Int. Kongr.: Bodenschutz – Lösung durch Technik, Feb. 1986, 43/45, Essen: Vulkan

47 Schwarz, U.: Bodenschutz – Beitrag durch Luftreinhaltetechnik, s. [46], 46/52

48 VDI-Kommission Reinhaltung der Luft (Hrsg.): Saure Niederschläge – Ursachen und Wirkungen. VDI-Berichte 500. Düsseldorf: VDI, 1983

49 Matzner, E. u.a.: Zur Beteiligung des Bodens am Waldsterben. Staub Reinhalt. Luft Bd. 45 (1985) Nr. 6, 278/284

50 Jockel, W. u.a.: Belastungs-Beurteilung. Energie Jg. 38 (1986) Nr. 6, 59/67

51 Bek. des BMA: Technische Regeln für gefährliche Arbeitsstoffe (TRgA 900). Bundesarbeitsblatt 10/1984, 58/96

52 VDI-Richtlinie 2105: Maximale Immissions-Konzentration – Nitrose Gase. Hrsg. v. Verein Deutscher Ingenieure, Ausg. Mai 1960

53 Kettner, H.: Maximale Arbeitsplatz-Konzentration 1978 in der Sowjetunion. Grundlagen der Normierung. Staub-Reinhalt. Luft 31 (1979) Nr. 1, 1/6 und Nr. 2, 56/62

54 Koelsch, F.: Lehrbuch der Arbeitshygiene, Bd. I, 3. Aufl., Stuttgart: Ferdinand Enke, 1954

55 Brauer, L.: Auer-Technikum, 10. Ausgabe 1982, Auergesellschaft Berlin 44

56 Alfke, G.; Bayran: Aktuelles Immissionsschutzrecht Luftreinhaltung, Karlsfeld: Wilhelm Jüngling

57 Jost, D.: Die neue TA-Luft. Kissing: WEKA

58 Deutscher Bundestag 8. Wahlperiode: Unterrichtung durch die Bundesregierung. Erster Immissionsschutzbericht der Bundesregierung, Drucksache 8/2006 vom 24.7.1978

59 Ule, H.: Bundes-Immissionsschutzgesetz. Neuried: Hermann Luchterhand

60 Schlipköter, H.-W.: Zukünftige Aufgaben der Lufthygiene. Staub-Reinh. Luft 40 (1980) Nr. 9, 356/357

61 Brocke, W.: Informationen, Beobachtungen und Eindrücke über Umweltaktivitäten in Japan und den USA, Luftverunreinigung 1974, 12

62 Yanagisawa, S.: Air quality standards national and international. JAPCA Vol. 23 (1973) No. 11, 945/948

63 Yanagisawa, S.: Air quality criteria and guides for urban air pollution. Rep. WHO Committee Nr. 500, Genf 1972, zit. n. Staub-Reinhalt. Luft 33 (1973) Nr. 9, 384/385

64 Yanagisawa, S.: Air quality standards reinforced Japan Environment Summary. Vol.1 (1973) No. 1, 3 Environment Agency Tokyo

65 Yanagisawa, S.: Ambient air quality standard for nitrogen dioxide revised. Japan: Environment Summary. Vol. 6 (1978) No. 8, 1/2

66 Seinfeld, J.H.: Air pollution: physical and chemical fundamentals. McGraw-Hill, Inc. 1975

67 NO_2: The air standard and healt effects. Environm. Scie. and Technology 13 (1979) No. 6, 642/644

68 Ferris, B.G.: Health effects of exposure to low levels of regulated air pollutants. Journ. Air Pol. Contr. Ass. Vol. 28 (1978)

69 Izmerov, N.F.: Control of air pollution in the UdSSR. Geneva: World Health Organization, 1973

70 Bovenkerk, M. u.a.: An air quality management system as a tool for establishing a SO_2- and NO_x-policy. Atm. Environment Vol. 18 (1984) No. 3, 519/529

71 Umweltbundesamt: Luft-Reinhaltung 1981. Berlin: Erich Schmidt, 1981

72 Richtlinie des Rates v. 7. März 1985 über Luftqualitätsnormen für Stickstoffdioxid. ABl Nr. L87/1 v. 27. März 1985

73 Die Verunreinigung der Luft. Weinheim/Bergstraße: Chemie 1964

74 Rogge, H.-D.: Grenzwertvorschlag für Stickstoffdioxid. In Winter, G. (Hrsg.): Grenzwerte, 95/102. Düsseldorf: Werner, 1986

75 Guderian, R.; Tingey, D.T.: Notwendigkeit und Ableitung von Grenzwerten für Stickstoffoxide. Ber. Umweltbundesamt 1/87 Berlin: Erich Schmidt, 1987

76 v. Nieding, G.; Wagner, H.M.: Prinzipien der Grenzwertfestlegung. Staub-Reinhalt. Luft 42 (1982) Nr. 8, 315/317

77 Menger, W.: Luftqualität in Reinluftgebieten, insbesondere in Kurorten. Staub-Reinhalt. Luft 44 (1984) Nr. 3, 138/139

78 Dirnagl, K.: Luftqualität in Kurorten. Staub-Reinhalt. Luft 44 (1984), 139/140

79 Kühling, W.: Planungsrichtwerte für die Luftqualität. Entwicklung von Mindeststandards zur Vorsorge vor schädlichen Immissionen als Konkretisierung der Belange empfindlicher Raumnutzungen. Dortmund: ILS-Schriftenr. Materialien Bd. 4 045, 1986

80 Bundesminister für Umwelt, Naturschutz und Reaktorsicherheit: Auswirkungen der Luftverunreinigungen auf die menschliche Gesundheit. Bonn, 1987

10 Anhang

10.1 Literatur zur Emissions- und Immissionsmeßtechnik

1 Scales, J.W.: Air quality instrumentation. Vol. 1, Instrument society of America Pittsburgh, 1972

2 Brencheley, D.L. u.a.: Industrial source sampling. Ann Arbor Michigan 48 106: Ann arbor science publishers Inc., 1973

3 Breitenbach, L.P.; Shelef, M.: Development of a method for the analysis of NO_2 and NH_3 by NO-measuring Instruments Jour. Air Poll. Contr. Association Vol. 23 (1973) No. 2, 128

4 Sigsby, J.E. u.a.: Chemiluminescent method for analysis of nitrogen compounds in mobile source emissions (NO, NO_2 and NH_3). Environm. Science & Technology Vol. 7 (1973) No. 1, 51/54

5 Allen, J.D.: A review of methods of analysis for oxides of nitrogen. Journ. of Fuel 1973, 123/133

6 VDI 2456, Bl. 1: Messung gasförmiger Emissionen; Messen der Summe von Stickstoffmonoxid und Stickstoffdioxid, Phenoldisulfonsäureverfahren. Herausg. v. Verein Deutscher Ingenieure, Ausg. Dez. 1973

7 VDI 2456, Bl. 2: Messung gasförmiger Emissionen; Messen der Summe von Stickstoffmonoxid und Stickstoffdioxid, Titrationsverfahren. Herausg. v. Verein Deutscher Ingenieure, Ausg. Dez. 1973

8 Cooper, H.B.H.; Rossano, A.T.: Source testing for air pollution controll. New York: McGraw-Hill, 1974

9 Driscoll, J.N.: Fuel gas monitoring techniques. Ann Arbor: Ann arbor science publishers Inc., 1974

10 Leithe, W.: Die Analyse der Luft und ihrer Verunreinigungen. Stuttgart: Wiss. Verlagsgesellschaft, 1974

11 VDI 2456, Bl. 3.: Messen gasförmiger Emissionen; Messen von Stickstoffmonoxid. Infrarotabsorptions-Geräte URAS, UNOR, BECKMANN Modell 315. Herausg. v. Verein Deutscher Ingenieure, Ausg. Mai 1975

12 Braß, W. u.a.: Probleme und Erfahrungen bei der NO_x-Bestimmung. VGB-Kraftwerkstechnik 55 (1975) H. 3, 170/174

13 Forwerg, W.: Messen von Emissionen und Immissionen der Stickstoffoxide. Staub-Reinhaltung Luft 35 (1975) Nr. 4, 142

14 VDI 2456, Bl. 4: Messung gasförmiger Emissionen; Messen von Stickstoffdioxid-Gehalten, Ultraviolettabsorptions-Gerät-LIMAS G. Herausg. v. Verein Deutscher Ingenieure, Ausg. Mai 1976

15 VDI 2456, Bl. 5: Messen gasförmiger Emissionen; Messen von Stickstoffmonoxid-Gehalten, Chemilumineszens-Analysator, Thermo Electron Modell 10 Herausg. v. Verein Deutscher Ingenieure, Ausg. Mai 1978

16 VDI 2456, Bl. 6: Messen von gasförmigen Emissionen; Messen der Summe von Stickstoffmonoxid und Stickstoffdioxid als Stickstoffmonoxid unter Einsatz eines Konverters. Herausg. v. Verein Deutscher Ingenieure, Ausg. Mai 1978

17 Birkle, M.: Immissions-Meßtechnik. München/Wien: R. Oldenbourg, 1979

18 VDI 2456, Bl. 7: Messung gasförmiger Emissionen; Messen von Stickstoffmonoxid-Gehalten, Chemilumineszenz-Analysatoren (Atmosphärendruckgeräte) Herausg. v. Verein Deutscher Ingenieure, Ausg. April 1981

19 Guggenberger, J. u.a.: Ein Beitrag zur Emissionsmessung von Stickoxiden. Staub-Reinhaltung Luft 42 (1982) Nr. 11, 418/424
20 Margeson, J.H.: Integrated sampling and analysis methods for determining NO_x emissions at electric utility plants. J. Air Pollut. Control Assoc. 32 (1982) No. 12, 1 210/1 215
21 Eickel, K-H.: Meßverfahren u. Meßgeräte zur Überwachung der Stickstoffoxid-Emissionen aus Großfeuerungsanlagen BWK 36 (1984) No. 1–2, 21/23
22 Schott, M.: Problematik bei der Messung von Stickoxiden in Gasen. VGB-Kraftwerkstechnik 64 (1984) H. 2, 164/171
23 Umweltbundesamt: Luftreinhaltung – Leitfaden zur kontinuierlichen Emissionsüberwachung. Bericht 2/84. Berlin: Erich Schmidt, 1984
24 Hübner, K.: Meßtechnische Probleme im Zusammenhang mit NO_x-Minderungsmaßnahmen in: NO_x-Minderung bei Feuerungen, VGB-TB 310, 145/155. Essen: VGB-Kraftwerkstechnik, 1985
25 Bitter, W. u.a.: Emissionsmeßtechnik in Großfeuerungsanlagen BWK Bd. 37 (1985) Nr. 9, 62/66
26 Lützke, K.; Burk, H.-D.: Meß- und Überwachungstechnik bei der Emissionsminderung von Stickstoffoxiden. Special: Automatisierte Meßsysteme im Umweltschutz März 1988 M14/M19. Sonderteil in BWK, Techn. Überwachg., Umwelt Nr. 3 (1988)

10.2 Häufig benutzte Abkürzungen

ACCR	Activated Carbon Catalytic Reduction. Selektive Reduktion mittels Kohlenstoff-Katalysatoren
AH	Air preheater. Luftvorwärmer (Luvo)
BACT	Best Available Control Technology. Beste in den USA zur Verfügung stehende Minderungstechnik zur Einhaltung örtlicher Immissionswerte, wo die NSPS nicht ausreichen
BImSchG	Bundes-Immissionsschutzgesetz v. 15.3.1974
13. BImSchV	13. Verordnung zum Bundes-Immissionsschutzgesetz v. 22.6.1983, auch: Verordnung über Großfeuerungsanlagen (GFAVO)
BOOS	Burners out of Service, Primärmaßnahme
CVS	Constant Volume Sampling
DKEG	Dampfkessel-Emissionsgesetz. Bundesgesetz vom 27.11.1980 über die Begrenzung der Emissionen von Dampfkesselanlagen, Österreich
DVO	Durchführungsverordnung zum DKEG in Österreich
EA	Environmental Agency. Japanische Umweltbehörde
EBDS	Electron beam dry scrubbing. Elektronenstrahlverfahren
ECE	Economic Commission for Europe, Genf. Europäische Wirtschaftskommission der Vereinten Nationen
EDTA	Äthylendiamintetraessigsäure. Chelatkomplexbildner für Eisen-II, Zusatzstoff für nasses Simultanverfahren
Eko	Ekonomiser (Speisewasservorwärmer)
EMEP	European Monotoring and Evaluation Program. Programm zur Messung und Berechnung des überregionalen Transports von Luftverunreinigungen
EPA	Environmental Protection Agency, Washington D.C., USA
EPRI	Electric Power Research Institute Palo Alto (Calif.) Institut der EVUs der USA für gemeinsame Forschungs- u. Entwicklungsaufgaben der Kraftwerkstechnik (seit 1972)
ESP	Electrostatic precipitator. Elektro-Filter (E-Filter)
EVU	Elektrizitäts- oder Energieversorgungsunternehmen
FBC	Fluidized bed combustion. Wirbelschichtfeuerung
FGR	Flue Gas Recirculation. Abgasrezirkulation, Abgasrückführung

FTP	Federal Test Procedure. US-Fahrzyklus für Pkw
GFAVO	s. 13. BImSchV
g.l.c.	ground level concentration. Immissionskonzentration
HC	Hydrocarbons. Gesamtkohlenwasserstoffe (C_mH_n)
HEI	Health Effects Institute. Von der EPA und Kfz-Herstellern im Dez. 1980 gegründetes Institut für die Wirkungsforschung
IUPPA	International Union of Air Pollution Prevention Associations. Internationale Vereinigung regierungsunabhängiger Luftreinhalteorganisationen, BRD ist vertreten durch die VDI-Kommission Reinhaltung der Luft, die Gründungsmitglied ist
LAER	Lowest Achievable Emission Rate. Emissionsbegrenzung nach dem Stand der Technik für neue modifizierte Anlagen in den USA, keine wirtschaftlichen Gesichtspunkte
LAI	Länderausschuß für Immissionsschutz
LIS	Landesanstalt für Immissionsschutz des Landes Nordrhein-Westfalen
LRTAP	Long Range Transport of Air Pollutants. Großräumiger Transport von Luftverunreinigungen, Forschungsprojekt der OECD 1973–1976
LRV	Luftreinhalteverordnung der Schweiz
MACT	Mitsubishi Advanced Combustion Technology. Kombination von Primärmaßnahmen
NAA	Non Attainmet Area. Gebiet in den USA mit Überschreitung der Immissionsgrenzwerte, Belastungsgebiet
NAAQS	National Ambient Air Quality Standards. Bundeseinheitliche Immissionsgrenzwerte in den USA
NCR	Nonselective catalytic reduction. Nichtselektive katalytische Reduktion, Dreiweg-Katalysator
NMHC	Non Methane Hydrocarbons. Kohlenwasserstoffe C_nH_m ohne Methan (CH_4), stellen in erster Näherung die reaktiven Kohlenwasserstoffe dar
NSPS	New Source Performance Standards. Von der EPA festgelegte Emissionsgrenzwerte und Abscheidegrade in den USA
OECD	Organisation for Economic Cooperation and Development
OFA	Over Fire Air. Primärmaßnahme
OSC	Off stoichiometric combustion. Nahstöchiometrische Verbrennung
PAN	Peroxyacetylnitrate. Summenformel $CH_3CO_3NO_2$; sekundär, durch photochemische Vorgänge entstehender luftverunreinigender Stoff
SCR	Selective catalytic reduction. Katalytische Reduktion mittels Ammoniak
SFGT	Shell flue gas treating. Simultanverfahren
SNCR, SNR	Selective noncatalytic reduction. Thermische (nichtkatalytische) Reduktion meist mittels Ammoniak
TAL	Technische Anleitung zur Reinhaltung der Luft, auch 1. BImSchVwV
UBA	Umweltbundesamt, West-Berlin. Durch Gesetz vom 22.7.1974 errichtet; dem Bundesminister für Umwelt, Naturschutz u. Reaktorsicherheit nachgeordnete, selbständige Bundesoberbehörde zur zentralen Wahrnehmung von Aufgaben des Umweltschutzes
UMK	Umweltminister-Konferenz. Zusammenkunft der für den Umweltschutz zuständigen Minister der Länder und des Bundes

10.3 Wichtige Maßeinheiten und Umrechnungen

Volumenkonzentrationen
Die Einheit ppm (parts per million) kann in den Naturwissenschaften masse- und volumenbezogen sein. Bei gasförmigen luftverunreinigenden Stoffen ist sie volumenbezogen, was manchmal durch die Bezeichnungen vppm, ppm (V), ppm (V/V) oder vpm verdeutlicht wird. Als Einheiten sind inzwischen gebräuchlich:

Einheit	Definition	Raumteile (Mol-)	Vol-%
ppm	parts per million	10^{-6}	10^{-4}
pphm	parts per hundred million	10^{-8}	10^{-6}
ppb	parts per billion (billion amerikanisch gleich Milliarde)	10^{-9}	10^{-7}
ppt	parts per trillion (trillion gleich Billion)	10^{-12}	10^{-10}
ppq	parts per quadrillion (quadrillion gleich Billiarde)	10^{-15}	10^{-13}

Als relative Einheiten sind sie von Temperatur und Druck unabhängig.
Massenkonzentration
Definition:

$$\frac{\text{Masse des luftverunreinigenden Stoffes}}{\text{Volumen des Abgases bzw. der Außenluft}}$$

Die Masse der Stickstoffoxide wird als NO, NO_2 oder $NO_x = \Sigma NO, NO_2$ angegeben. NO_x wird in der Regel, in der Bundesrepublik Deutschland inzwischen ausschließlich, als NO_2 genannt, d.h., das NO ist umgerechnet als NO_2 mit enthalten.

$$1\,\text{mg NO} \mathrel{\hat{=}} 1{,}53\,\text{mg } NO_2\,.$$

Bei den Angaben in der ausländischen Literatur ist stets zu beachten, ob NO_x oder NO_2 angegeben wird. Bei Emissionskonzentrationen ist das Abgasvolumen in der Bundesrepublik Deutschland wie folgt definiert:

- Kubikmeter im Normzustand ($T_0 = 273\,K$, $p_0 = 1\,013\,mbar = 1\,013\,hPa$). Umrechnung vom Zustand p, T auf Normzustand:

$$E_0 = \frac{p_0}{T_0} \cdot \frac{T}{p} E_{p,T}$$

- Abzug des Wasserdampfgehaltes (d.h bezogen auf den trockenen Kubikmeter). Umrechnung der auf feuchtes Abgasvolumen bezogenen Konzentration E_f mit der Feuchte f (in Vol.-teile) auf trockenes Abgasvolumen (tr):

$$E_{tr} = \frac{E_f}{(1-f)}$$

– Bezugssauerstoffgehalt (Bezugs-O_2, $O_{2,B}$):

Brennstoff bzw. Anlagenart	BRD Volumen-%	Japan Volumen-%
Gase	3	5
Heizöle	3	4
Kohlen		6
Schmelzfeuerungen	5	
Trockenfeuerungen >50 MW	6	
Rostfeuerungen	7	
Wirbelschichtfeuerungen	7	
Torf, Holz, Holzreste <50 MW	11	6
Müll >0,75 t/h	11	12
Stationäre Gasturbinen	15	–
Stationäre Verbrennungsmotoren	5	–

Die bundesdeutschen Werte sind von Österreich und der Schweiz übernommen worden.

Umrechnung von gemessenen Werten E_M bei $O_{2,M}$ auf Bezugs-O_2:

$$E_B = \frac{21 - O_{2,B}}{21 - O_{2,M}} \cdot E_M$$

Bei den Immissionskonzentrationen gibt es keinen einheitlichen Bezugszustand. Sie können sich z.B. auf 15 oder 20 °C beziehen; die Grenzwerte der VDI-Richtlinien gelten für 20 °C.

Umrechnung von Volumen- in Massenkonzentration

Für die Umrechnung von ppm in mg/m^3 i.N. gilt:

1 ppm N_2O = 1,98 mg/m^3 i.N.
1 ppm NO = 1,34 mg/m^3 i.N.
1 ppm NO_2 = 2,05 mg/m^3 i.N.
1 ppm NO_x = 2,05 mg/m^3 i.N. NO_x als NO_2

Bei Immissionskonzentrationen ist von folgenden Beziehungen auszugehen:

Bezugstemperatur 15 °C:

1 ppm NO = 1,27 mg/m^3

1 ppm NO_2 = 1,94 mg/m^3

Bezugstemperatur 20 °C:

1 ppm NO = 1,25 mg/m^3

1 ppm NO_2 = 1,91 mg/m^3

Energiebezogene Emissionsfaktoren

$$\text{Emissionsfaktor} = \frac{\text{Emissionsmassenstrom z.B. g/h}}{\text{Eingebrachter Energiestrom z.B. GJ/h}}$$

In den USA wird der eingebrachte Energiestrom (Brennstoffwärmestrom, Feuerungswärmeleistung) üblicherweise mit dem Brennwert H_0 (oberer Heizwert) gebildet.

Manchmal ist der Emissionsfaktor auf den aus der Anlage austretenden Energiestrom (Nutzwärme, elektrischer Strom, output) bezogen.

$$1\ \text{g/GJ} = 3{,}6 \cdot 10^{-3}\ \text{g/kWh}$$

$$1\ \text{g/kWh} = 278\ \text{g/GJ}$$

$$1\ \text{lb}/10^6\text{Btu} = 430\ \text{g/GJ} = 1{,}55\ \text{g/kWh}\,.$$

Sachverzeichnis